潮汕地区非典型基坑工程案例集

黄上进　许希婉　王　瑶　汪必胜　编著

中国建筑工业出版社

图书在版编目（CIP）数据

潮汕地区非典型基坑工程案例集/黄上进等编著
. —北京：中国建筑工业出版社，2023.4
ISBN 978-7-112-28358-3

Ⅰ. ①潮⋯ Ⅱ. ①黄⋯ Ⅲ. ①深基坑-基坑工程-案
例-潮汕地区 Ⅳ. ①TU46

中国国家版本馆 CIP 数据核字（2023）第 026186 号

本书收集了 29 个潮汕地区近年来的基坑工程案例，从工程概况、地质条件、设计方
案选型、施工及施工过程遇到的问题、基坑变形监测等多方面进行了介绍，针对潮汕地区
软弱土层浅埋深、厚度大、含水率高、压缩性大、抗剪强度低等特点，探讨了如何既保证
基坑的安全稳定、变形可控，又能方便施工、节约成本。
本书可供从事基坑工程设计、施工、管理等工作的专业人员参考使用。

策划编辑：武晓涛
责任编辑：刘婷婷
责任校对：张　颖

潮汕地区非典型基坑工程案例集
黄上进　许希婉　王　瑶　汪必胜　编著

＊

中国建筑工业出版社出版、发行（北京海淀三里河路 9 号）
各地新华书店、建筑书店经销
霸州市顺浩图文科技发展有限公司制版
临西县阅读时光印刷有限公司印刷
＊
开本：787 毫米×1092 毫米　1/16　印张：19¼　字数：477 千字
2023 年 3 月第一版　　2023 年 3 月第一次印刷
定价：**268.00** 元
ISBN 978-7-112-28358-3
（40295）

2018 年由汕头市岩石力学与工程学会组织编写、中国建筑工业出版社出版的《潮汕地区深基坑工程案例精析》一书，我有幸参与了其中一些篇章的编写工作。书籍出版后，在潮汕地区岩土工程界广受好评，这也鼓励我更加注重基坑工程的理论研究、设计方法的探索、施工管理手段的思考及基坑变形监测数据的分析，不断总结各种支护形式的基坑工程案例在实施过程中的经验和教训。

基坑工程的地域性较强，各地差异性较大。潮汕地区的软弱土层具有浅埋深、厚度大、含水率高、压缩性大、抗剪强度低等特点，基坑工程不可避免地存在土压力大，支护结构和止水帷幕的造价偏高等问题。因此，保证支护结构的稳定性，控制其变形，防止基坑渗、漏水，减小对周边环境的不利影响，成为潮汕地区基坑工程设计、施工的重点。如何既保证基坑的安全稳定、变形可控，又能方便施工、节约成本，一直是困惑潮汕地区基坑工程设计和施工的难题和挑战。

本书收集的 29 个工程案例，均为我们设计团队近年来在潮汕地区设计的基坑工程项目。每篇案例的内容比较详实，从工程概况、地质条件、设计方案选型、施工及施工过程遇到的问题、基坑变形监测等多方面作了介绍，并配有较多的施工现场图片。其中包括：一层地下室，基坑开挖深度 4～5m，采用钢板桩、工法桩、水泥搅拌桩等支护形式；二层地下室，基坑开挖深度约 8m，采用台阶形格构式水泥搅拌桩、水泥搅拌桩＋放坡、钢板桩＋放坡、双排钻孔灌注桩、单排钻孔灌注桩＋一道钢筋混凝土支撑（或斜支撑）等支护形式；三层地下室，基坑开挖深度 12～13m，采用单排钻孔灌注桩＋一道钢筋混凝土支撑、双排钻孔灌注桩＋钢管斜支撑、双排钻孔灌注桩＋二道钢支撑等支护形式。每篇工程实例都具有各自的特点，采用因地制宜的设计方法和实用可行的施工手段，具有鲜明的潮汕地方特色，可作为《潮汕地区深基坑工程案例精析》一书的有益的补充。希望本书能为潮汕地区从事基坑工程设计、施工、管理等工作的专业人员提供参考和借鉴，以共同提高基坑工程的技术水平。

本书在编写过程中，查阅和参考了国内众多专家、学者的相关著作和论文，并从中获得很多启迪，同时得到中国建筑工业出版社编辑的大力支持、指导和帮助，在此表示诚挚的感谢和敬意。

由于知识和经验的局限性，加之时间仓促，书中难免会出现错误和疏漏，敬请广大读者批评指正。

黄上进
2022 年 10 月

目录
CONTENTS

潮州·揭阳·汕尾篇

案例 01　财富中心 B 区基坑工程

1　工程概况

本工程位于潮州市潮汕路与安揭公路交界处，枫溪环岛广场到枫溪陶瓷城展览中心之间。基坑北面临新枫路、东面临售楼中心、南面临多幢多层住宅楼、西面临泰安路（图1-1）。主要建筑物为1幢25层写字楼和1幢7层办公楼。设二层地下室，采用桩基础。现有场地标高约为−0.500m，二层地下室板面标高为−8.900m，底板垫层底标高为−9.650m，基坑开挖深度为9.150m。地下室边线距北面红线4.2m，距东面红线50m，距南面红线5.9m，距西面红线9.4m。基坑环境等级、支护结构安全等级：南面为一级，其余三面为二级。

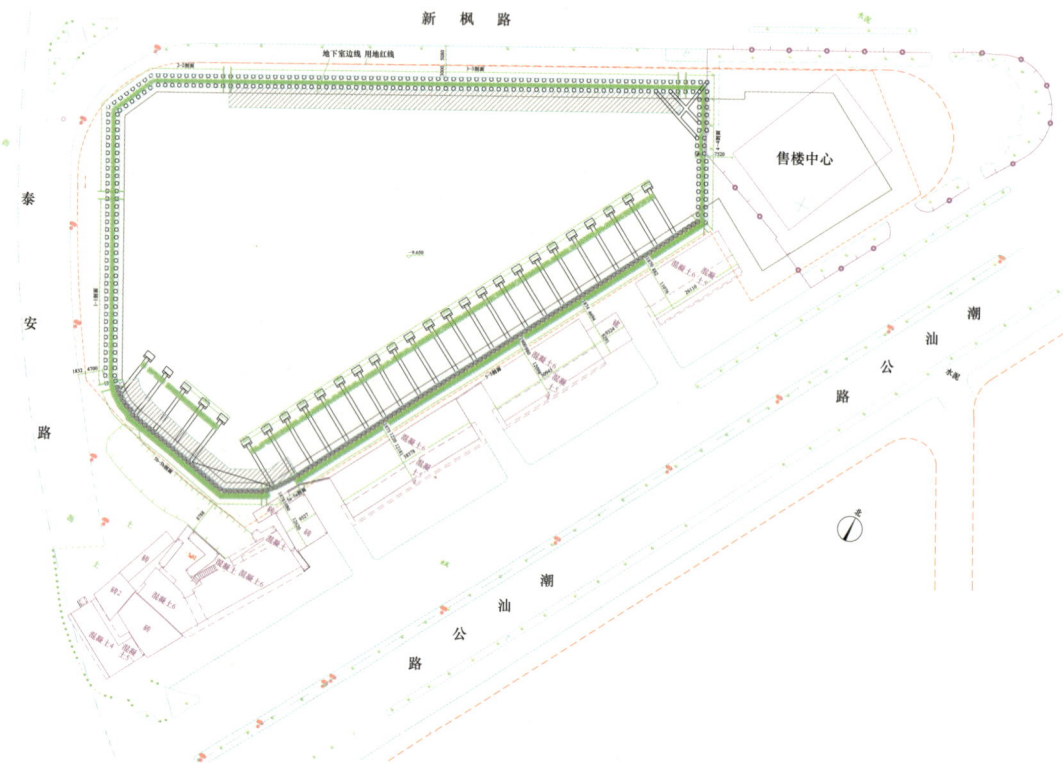

图 1-1　周边环境示意

2　地质条件

场地地貌单元属韩江三角洲冲积平原后缘，地势相对较平坦。场地勘探深度范围内，根据土（岩）层的分布规律及成因类型，自上而下可划分为：

①人工填土层（Q_4^{ml}）：为久年填土，填龄大于5年。

②第四系陆相冲积层（Q_4^{al}）：为第2层粉质黏土。

③第四系海陆交互相沉积层（Q_4^m）：为第3层淤泥、第4层黏土夹中砂、第5层淤泥质土、第6层细砂、第7层黏土夹中砂、第8层粗砂。

④中生代侏罗纪下统金鸡群沉积岩（J_3^{mc}）：为全风化泥质粉砂岩。

场地钻探深度范围内，地下水类型主要为第四系孔隙浅水和基岩裂隙水。第四系孔隙浅水包括上层滞水和承压水，承压水主要埋藏在第6层细砂、第8层粗砂中。

地质剖面图如图2-1所示。

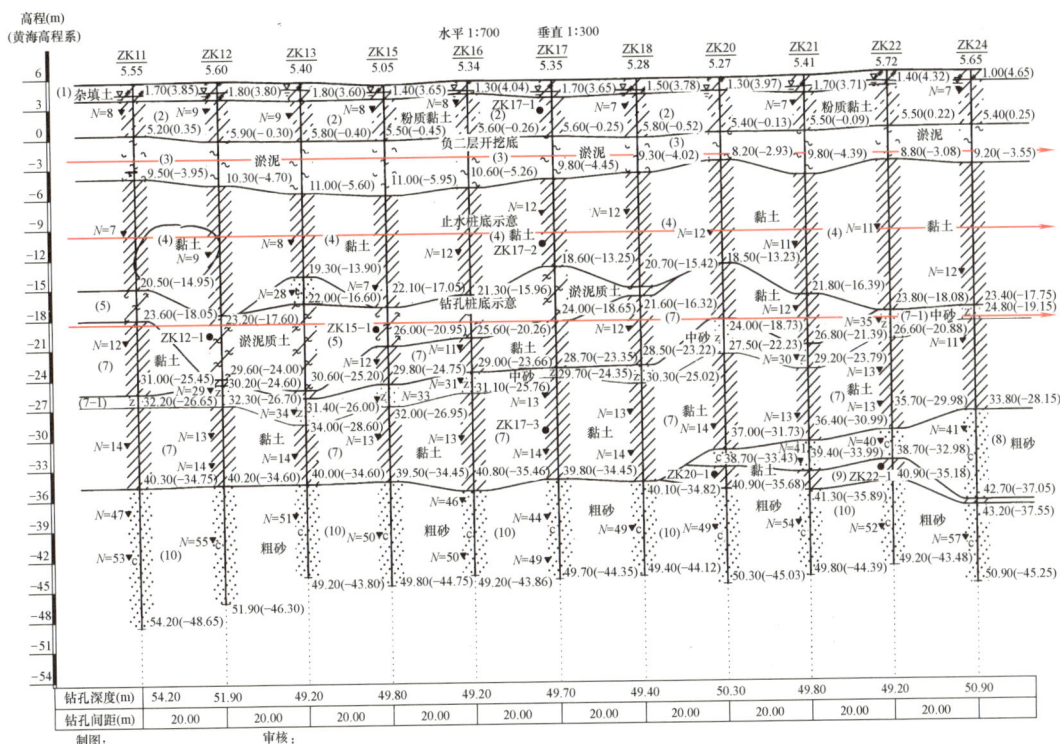

图2-1 工程地质剖面示意图

3 设计方案

3.1 本基坑工程的特点

（1）基坑场地周边环境非常复杂，北面和西面是城市主要干道，车流量很多；东面为售楼中心；南面与多幢5～7层住宅楼相邻，距离很近，这些住宅楼的基础形式大多为条形或筏板，个别打了预制短桩，但长度不大。

（2）地下室的平面尺寸不规则，东西方向长，南北方向为东段短、西段长。材料运输、出土通道只能设置在基坑北边中部，场地十分狭窄。

3.2 基坑支护方案选择

根据本工程周边环境、基坑开挖深度及地质条件，结合相关工程的实施经验，对两个基坑支护设计方案进行比选：①全部采用单排钻孔灌注桩＋一道钢筋混凝土支撑＋外侧双排或三排水泥搅拌桩挡土止水方案，坑底局部位置采用格构式水泥搅拌桩加固。②北面、东面、西面采用双排钻孔灌注桩＋前后排灌注桩之间双排水泥搅拌桩挡土止水支护方案，西南及南面采用单排钻孔灌注桩＋土体放坡＋一道钢筋混凝土斜支撑＋外侧三排水泥搅拌桩挡土止水支护方案，坑底被动区部位局部采用格构式水泥搅拌桩加固。

一开始拟选择方案①，但考虑到支撑梁布置、挖土、运土的困难及高层塔楼施工进度等因素，最终放弃方案①，选择方案②。

3.3 基坑支护平面布置（图 3-1）

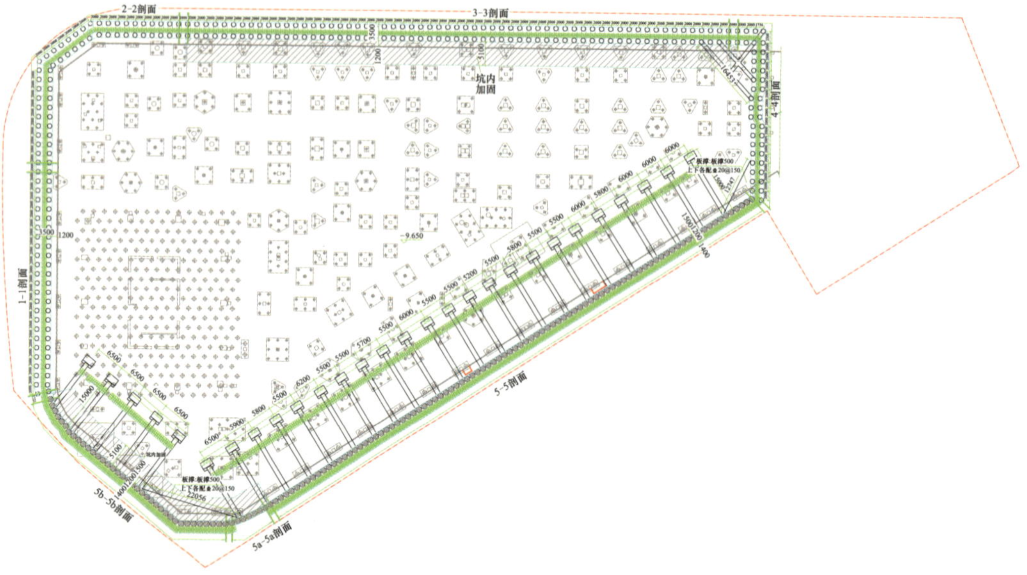

图 3-1　基坑支护平面图

3.4 基坑支护剖面（图 3-2～图 3-7）

钻孔灌注桩配筋表

编号	支护形式	前排钻孔桩钢筋笼											后排钻孔桩钢筋笼										
		桩径 D (mm)	L (m)	L_1 (m)	L_2 (m)	L_3 (m)	Ag1-1 Ag1-2	Ag2-1 Ag2-2	Ag3-1 Ag3-2	贯通钢筋	Ag5-1 Ag5-2	加劲内环箍	桩径 D (mm)	L (m)	L_1 (m)	L_2 (m)	L_3 (m)	Ag1-3 Ag1-4	Ag2-3 Ag2-4	Ag3-3 Ag3-4	贯通钢筋	Ag5-3 Ag5-4	加劲内环箍
1-1支护剖面	双排桩	1000	25	8	8	9	7Φ25 5Φ25	5Φ25 7Φ25+2Φ22	5Φ20 5Φ22	2Φ18	Φ10@200 Φ8@200	Φ20@2000	1000	25	8	8	9	9Φ25 5Φ25	5Φ25 7Φ25+2Φ22	5Φ20 5Φ22	2Φ18	Φ10@200 Φ8@200	Φ20@2000

桩顶连梁配筋表

剖面编号	截面	面筋	底筋	箍筋	腰筋	梁面标高	桩顶标高
1-1	1000×800	6Φ22	8Φ20	Φ10@150(4)	2Φ16	-0.850	-1.650

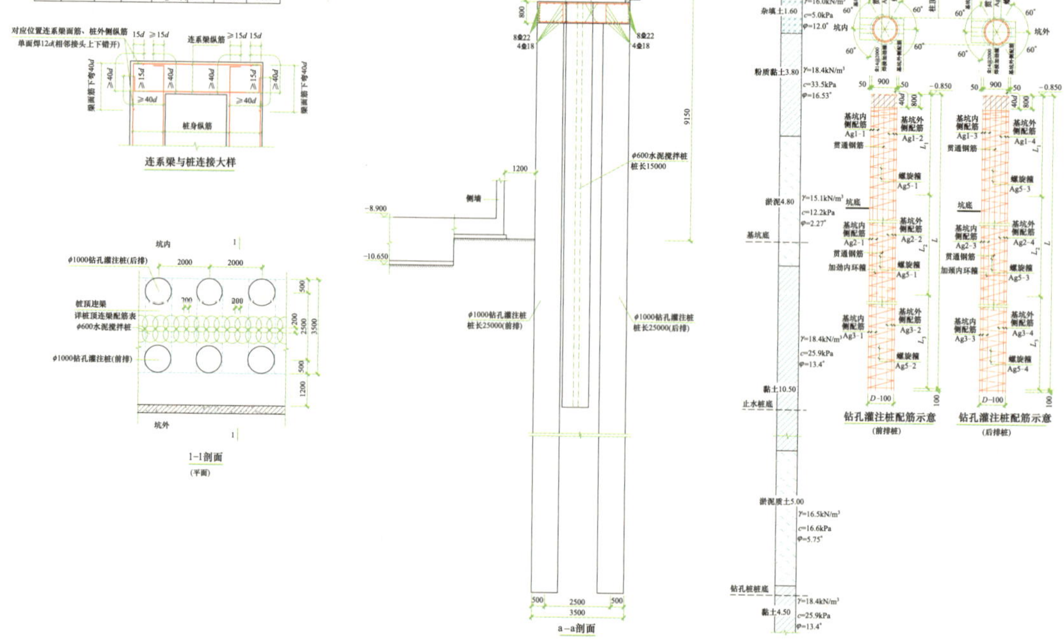

图 3-2　东面、西面二层地下室基坑支护剖面图

注：采用双排钻孔灌注桩＋前后排灌注桩之间双排水泥搅拌桩挡土止水支护方案。

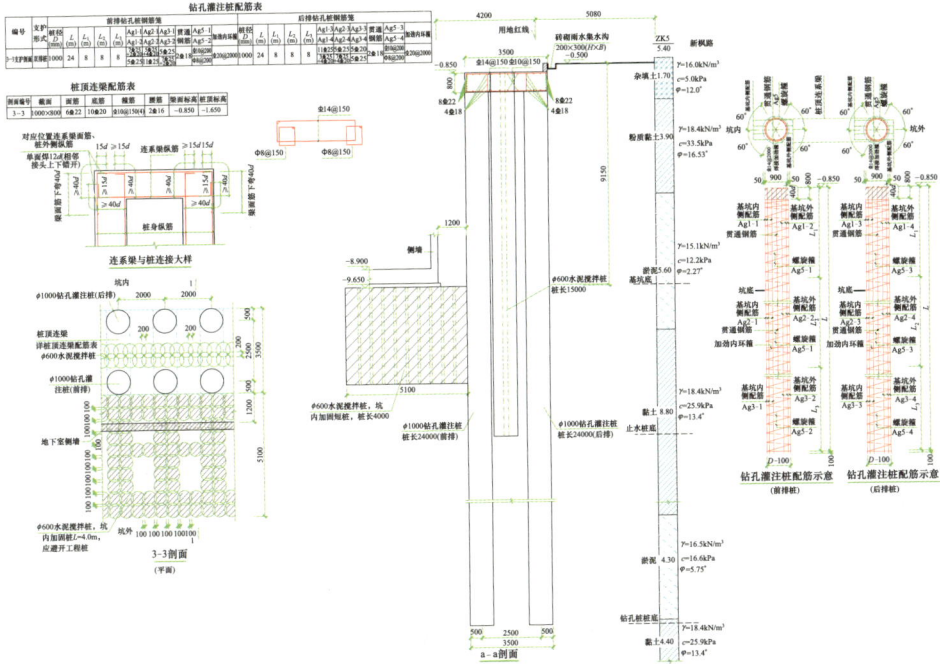

图3-3　北面二层地下室基坑支护剖面图

注：采用双排钻孔灌注桩＋前后排灌注桩之间双排水泥搅拌桩＋坑底被动区水泥搅拌桩加固挡土止水支护方案。

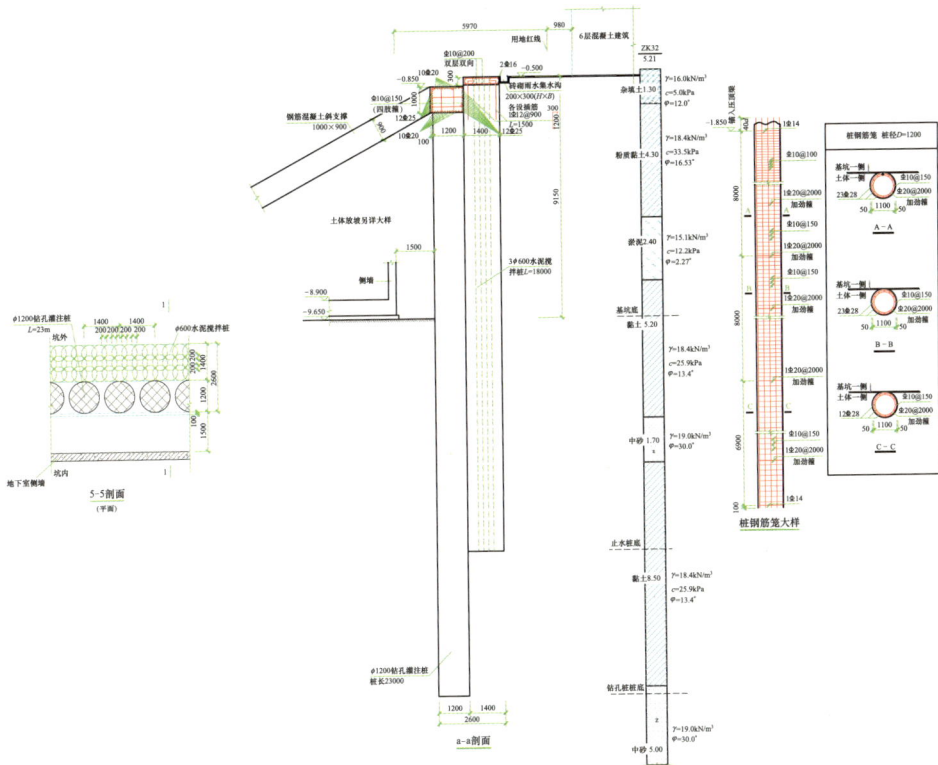

图3-4　南面二层地下室基坑支护剖面图

注：采用单排钻孔灌注桩＋土体放坡＋一道钢筋混凝土斜支撑＋外侧三排水泥搅拌桩挡土止水支护方案。

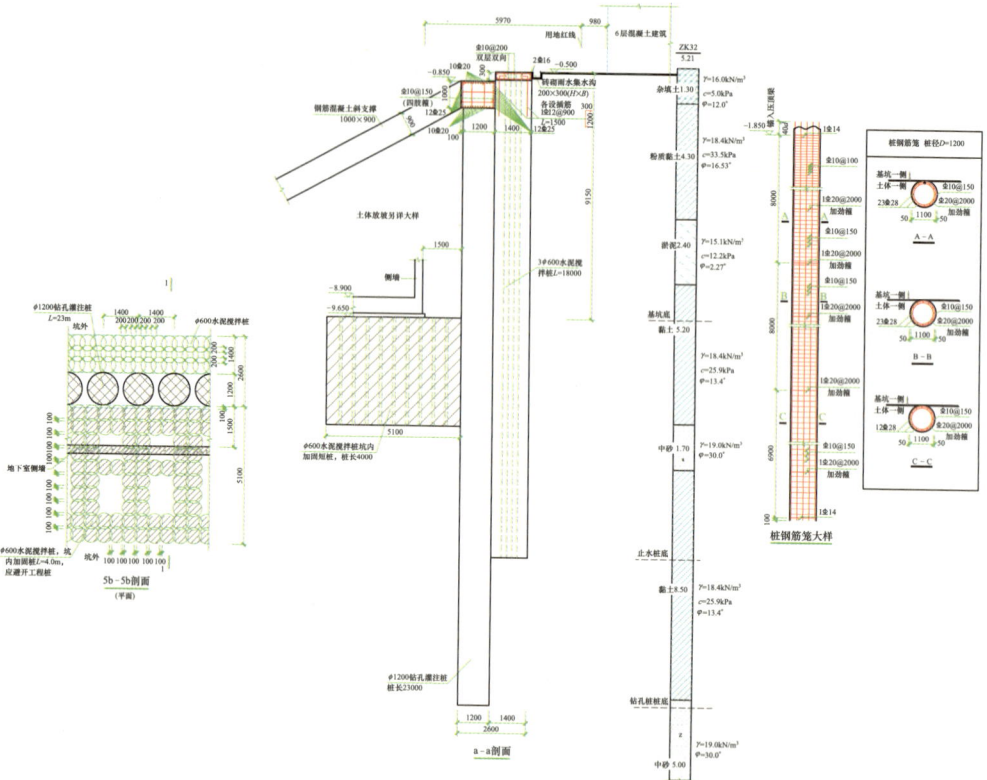

图 3-5　西南及南面二层地下室基坑支护剖面图

注：采用单排钻孔灌注桩＋土体放坡＋一道钢筋混凝土斜支撑＋外侧三排水泥搅拌桩＋
坑底被动区水泥搅拌桩加固挡土止水支护方案。

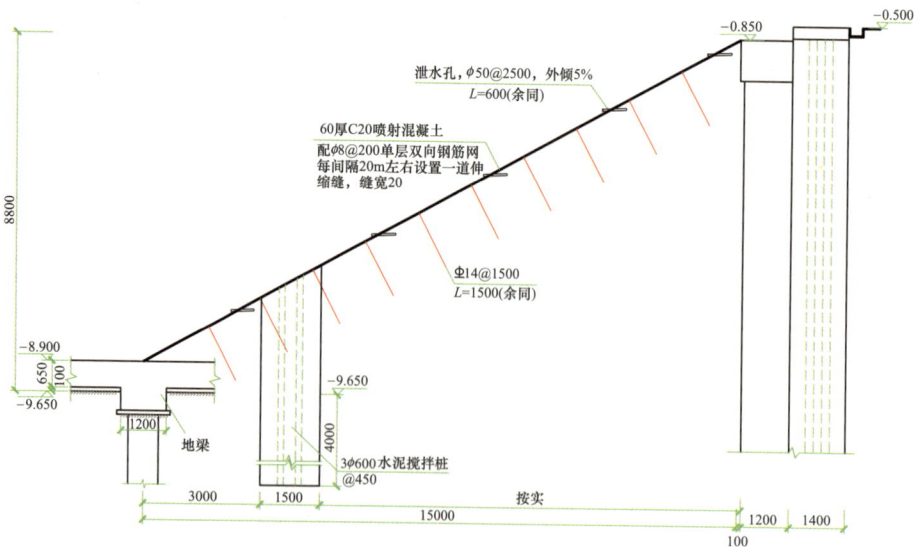

图 3-6　西南及南面土体放坡剖面图

注：沿基坑边先预留土体放坡，土体下方采用三排水泥搅拌桩，直径 600mm，搭接 150mm，桩长约 8m。

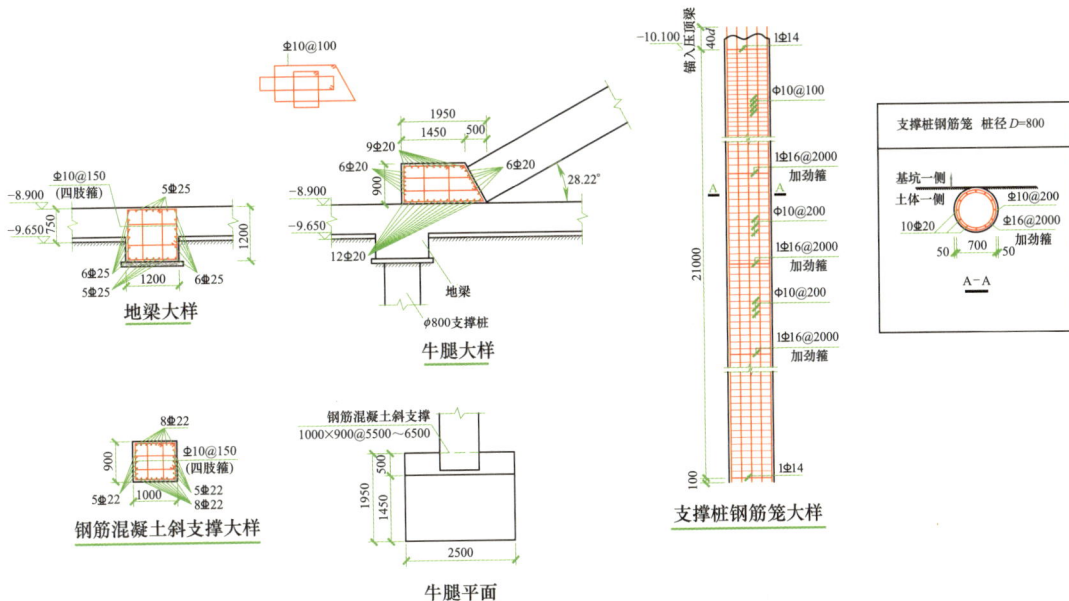

图 3-7 斜支撑梁及支撑桩连接构造大样图

注：支撑桩采用钻孔灌注桩，直径 800mm，间距 5.2～6.5m，桩长 21m；地梁截面 1200mm×1200mm。

4 施工过程

4.1 施工顺序

（1）施工主体结构工程桩→水泥搅拌桩→支护桩（支撑桩）→冠梁、连梁、压顶板。

（2）基坑土方开挖及承台、底板施工共分为六个区（图 4-1），按分区开挖一至六的顺序进行，分层、分段开挖土方，浇筑承台、底板，分段长度不宜超过 30m。

（3）第四区的施工顺序与其他区不同：①按图 3-6 所示土体放坡要求，分段预留斜支撑梁范围的放坡土体；②坡面插设短钢筋并喷射钢筋混凝土面层；③施工放坡体坡脚处的底板、地梁、支撑牛腿及斜支撑梁，达到设计强度后，方可挖除斜支撑梁范围的预留放坡土体；④施工斜支撑梁范围的承台、底板、地下室侧墙、一层地下室楼板；⑤待底板混凝土传力带、侧墙防水批荡、肥槽回填石屑并夯实、一层地下室楼板混凝土传力带施工完毕后，方可拆除斜支撑梁。

4.2 基坑土方开挖应采取的措施

（1）基坑土方开挖时，应随挖方布置临时集水井或降水坑，以降低坑内地下水位，方便施工。

（2）根据本工程周边环境条件，出土口只能设置在基坑北面中部。

（3）开挖的土方应随挖随运，严禁堆积在基坑顶及周边场地。

4.3 施工过程遇到的问题及处理措施

（1）在基坑南侧地下室第四区的施工过程中，由于没有按分段开挖土方、护坡、抢做斜支撑梁的设计要求作业，导致南边有个别住宅楼出现较大沉降。处理措施：马上停止开挖土方，坡角反压砂包、抢做斜支撑梁，同时加密变形监测频率，主要是控制变形速率，使其达到稳定状况后，方可进行下一步施工。待斜支撑梁施工完毕、发挥作用后，基坑支

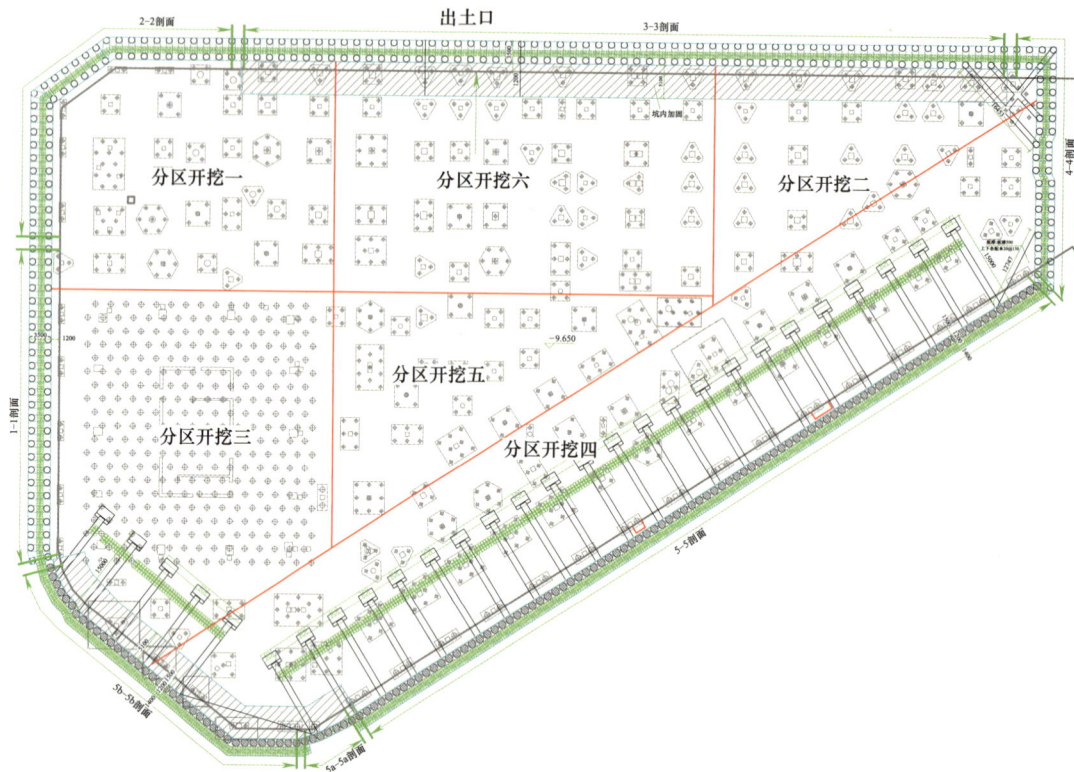

图 4-1　基坑土方开挖分区

护的变形和坑外房屋沉降也趋于稳定状况。

（2）基坑北侧地下室第六区最后开挖，由于坑边堆放钢筋、出土口车辆挤压、坑底被动区水泥搅拌桩加固质量等多种因素，造成支护结构水平变形最大值达到 253mm。为了保证基坑支护结构的安全，控制变形，必须采取加固措施（图 4-2），沿第六区基坑北侧 70m 范围，在双排灌注桩内侧加设 1～2 道锚索。

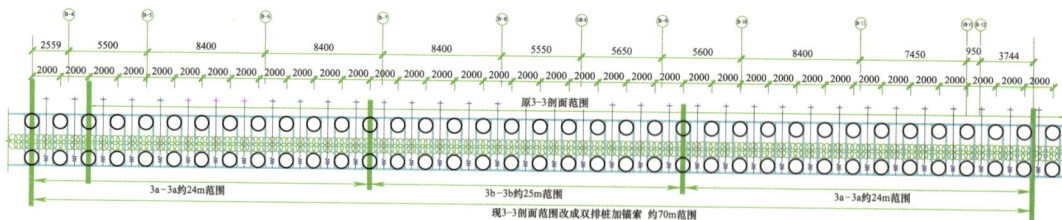

图 4-2　北侧基坑支护局部加固平面图

东、西两段各 24m 范围，变形较小处，采用 1 道 $3\phi^S15.2$、锚索间距 2.0m、直径 150mm 的锚固体进行加固，倾角 25°，长度为 34m，自由段长度为 5.5m。如图 4-3 所示。

中段 22m 范围，变形较大处，采用 2 道 $3\phi^S15.2$、锚索间距 2.0m、直径 150mm 的锚固体进行加固，倾角 25°，长度分别为 42m、21m，自由段长度分别为 8.0m、5.5m。如图 4-4 所示。

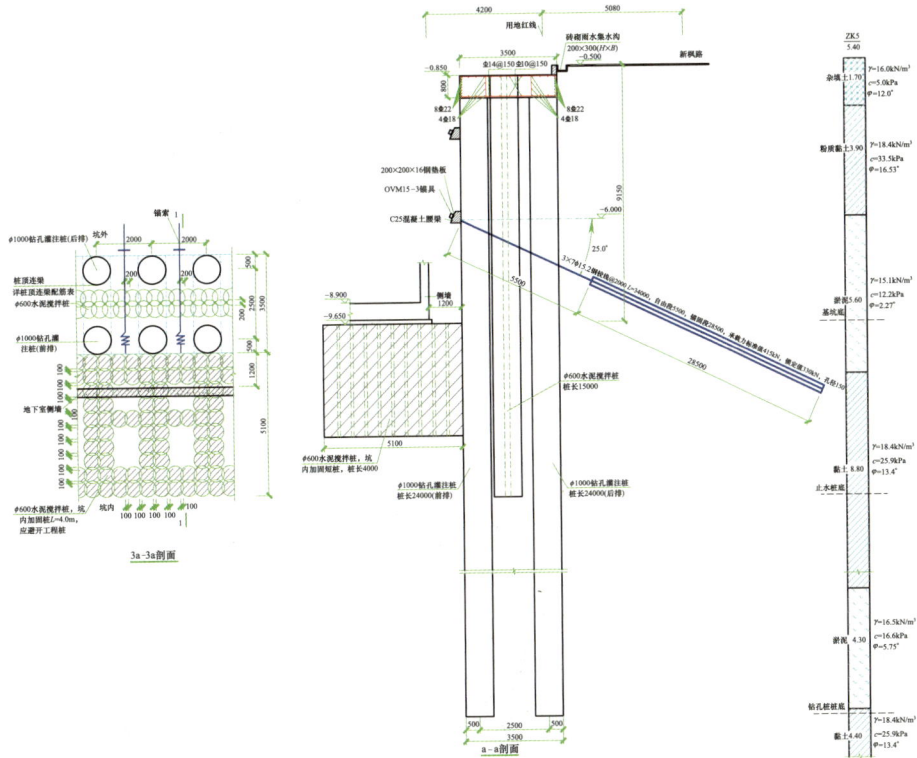

图4-3 基坑北侧局部加固剖面图（东、西两段各24m范围，变形较小处）

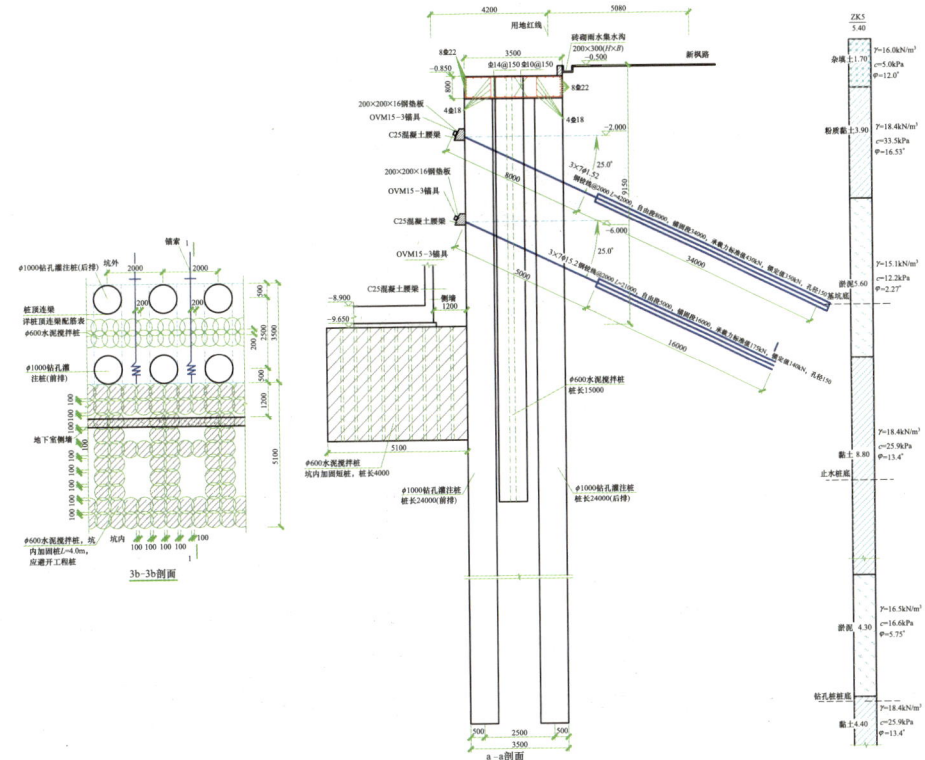

图4-4 基坑北侧局部加固剖面图（中段22m范围，变形较大处）

4.4 施工现场

本基坑工程施工现场如图4-5～图4-10所示。

图4-5 潮州财富中心A、B区结构封顶鸟瞰全景

图4-6 地下室西面塔楼承台钢筋绑扎

图4-7 分段施工钢筋混凝土斜支撑梁过程

图4-8 开挖放坡土体

图4-9 钢筋混凝土斜支撑梁下放坡土体
开挖完成（局部）

图 4-10 基坑北面锚索加固完成

4.5 基坑监测结果

本基坑工程委托第三方监测机构对土方开挖和地下室施工的全过程进行了动态监测，真正做到了用监测数据来指导基坑土方开挖和地下室的施工，确保了支护结构的安全。

第三方基坑监测单位的监测数据（图 4-11～图 4-17）表明，在基坑开挖及地下室施工过程中，虽有个别监测点超过规范允许值，随着地下室底板、承台浇筑完成，支护结构的位移变形、周边建筑物的沉降变形逐渐趋向平缓，位移变形得到有效控制。

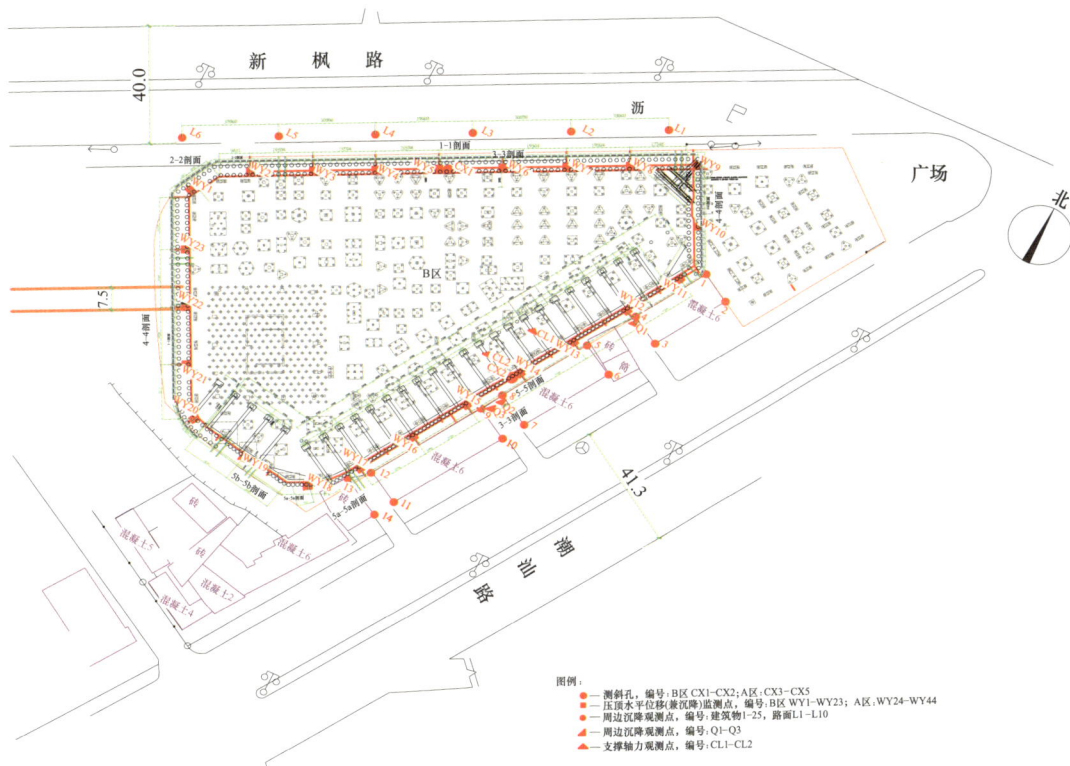

图 4-11 基坑监测平面布置图

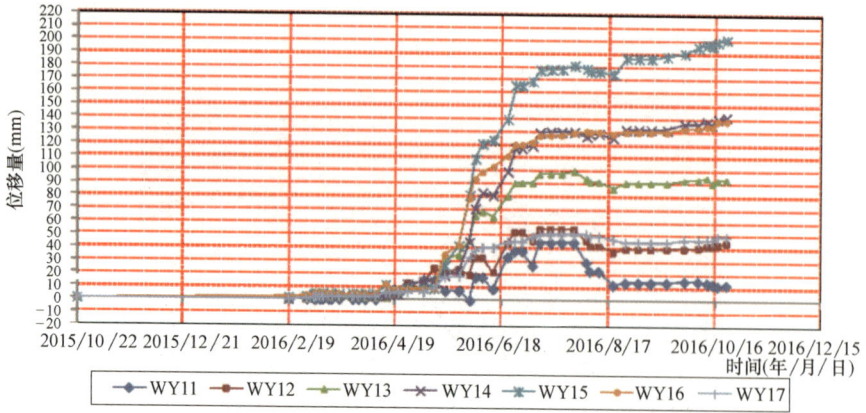

图 4-12　基坑压顶水平位移与时间关系曲线（南面）

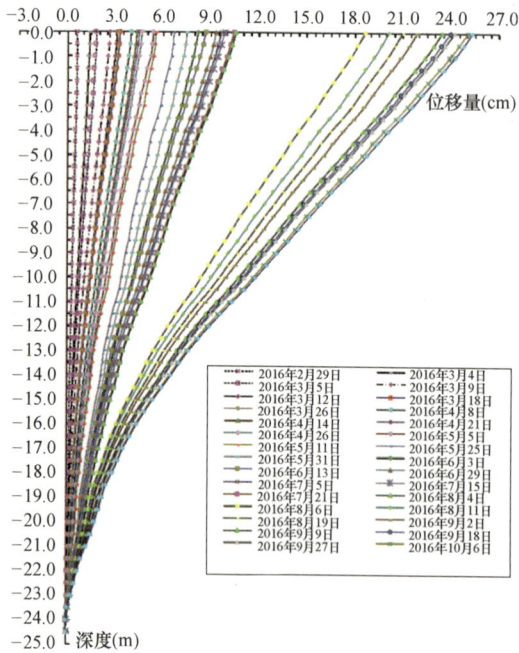

图 4-13　测斜孔 CX1 累计位移曲线（北面）

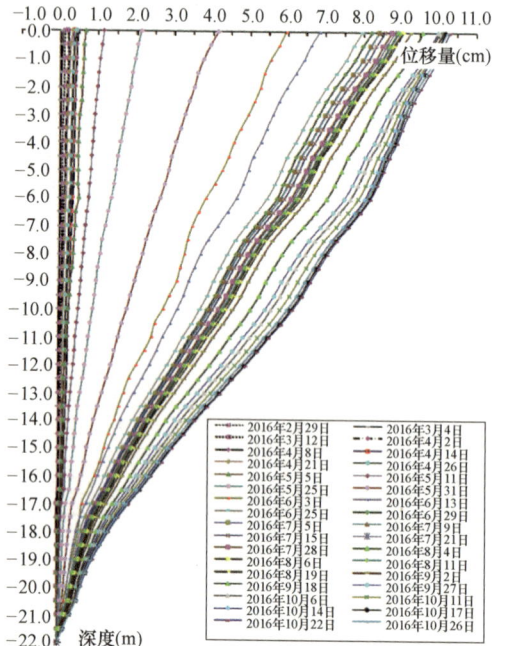

图 4-14　测斜孔 CX2 累计位移曲线（南面）

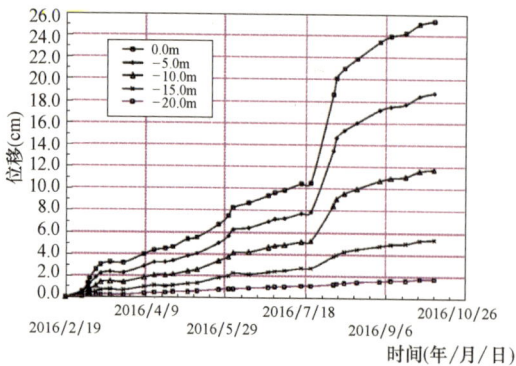

图 4-15　测斜孔 CX1 不同深度位移量与
时间关系曲线（北面）

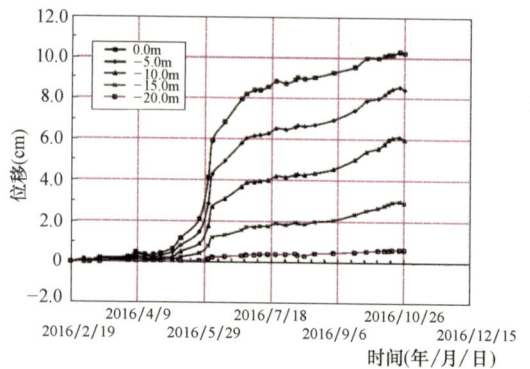

图 4-16　测斜孔 CX2 不同深度位移量与
时间关系曲线（南面）

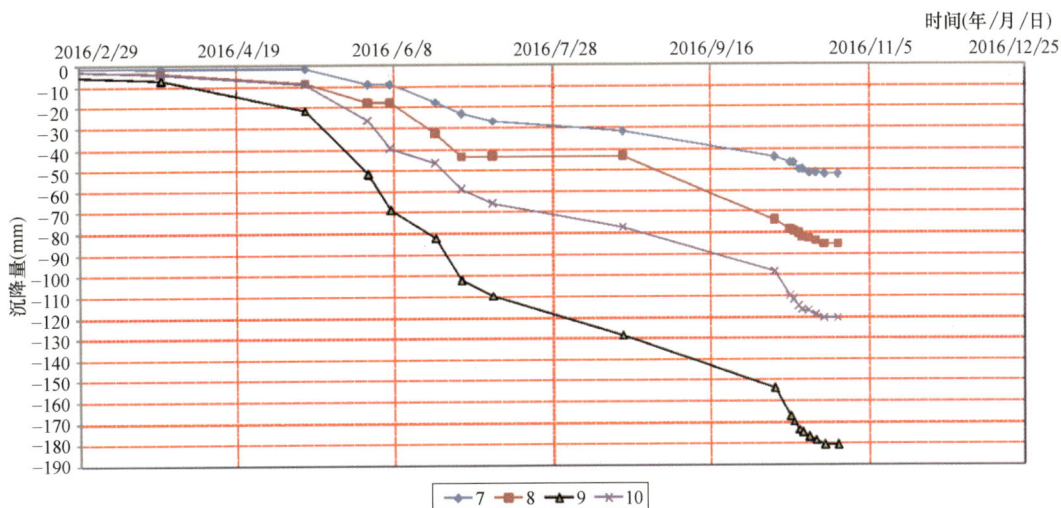

图 4-17 周边建筑物沉降量与时间关系曲线（南面）

5 结语

本工程基坑开挖深度为 9.15m，塔楼开挖深度为 10.90m。北、东、西三面采用双排钻孔灌注桩＋前后排灌注桩之间双排水泥搅拌桩挡土止水支护方案；南面由于场地窄小且靠近多层民宅，对支护结构的变形非常敏感，设计上采用单排钻孔灌注桩＋土体放坡＋一道钢筋混凝土斜支撑＋外侧三排水泥搅拌桩挡土止水支护方案是可行的。虽然在土方开挖和地下室施工过程中，出现了基坑变形超过规范允许值的情况，但通过信息化的施工手段，用监测数据指导施工进度，发现问题后及时处理，最终使支护结构变形可控。

需注意的是，上述支护结构形式中的放坡土体可能存在一些不稳定因素，因此对放坡土体应采用水泥搅拌桩加固，增加其强度，提高稳定性，减小放坡体和支护桩的变形。

案例02　星钻园基坑工程

1　工程概况

本工程位于潮州潮安区郭陇四村，北面是龙川公园，西面是潮安大道，南面和东面临村中巷道；平面形状近似长方形，长约174m，宽约84m（图1-1）。总用地面积为14610.57m²，一层地下室面积为10700m²，二层地下室面积为4758m²。设置一、二层地下室，±0.000相当于"1985国家高程"4.500m，现场地标高为2.500m。一层地下室开挖深度为3.100～4.100m，二层地下室开挖深度为7.550m。东面地下室外墙距红线最近处5m，南面地下室外墙距红线最近处5m，西面地下室外墙距红线最近处5.4m，北面地下室外墙距红线4m，但可利用空间有10m。基坑环境等级、支护结构安全等级均为二级。

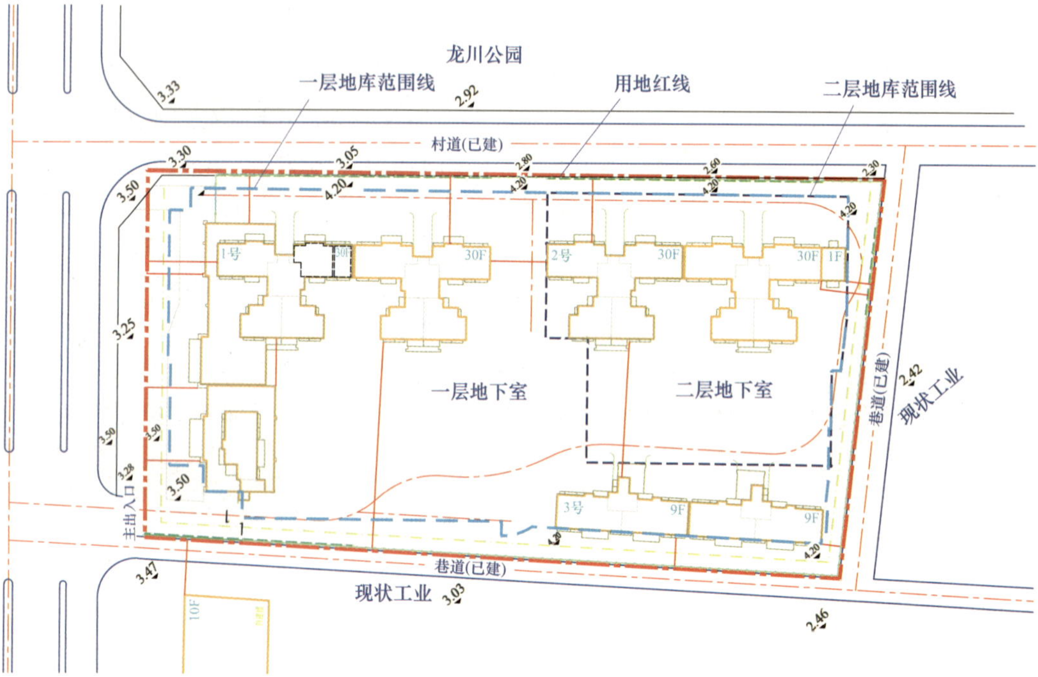

图1-1　周边环境示意

2　地质条件

本场地原地貌属于冲积平原地貌，勘察钻孔标高为2.49～2.88m。根据勘察结果，岩土层的地质成因及形成时代可自上而下划分为：

①素填土：灰色，灰褐色，松散，土性主要为粉质黏土，含少许碎石，底部含细砂，顶部含水泥混凝土，堆填时间在10年以上。

②₁淤泥、淤泥质土：灰黑色，灰色，饱和，流塑状为主，黏性好，稍具臭味。

②₂中砂：灰褐色，灰白色，饱和，松散—稍密，以稍密状为主，颗粒分选性差，含

少许细砂、粗砂和黏粒等。

②₃ 淤泥质土：灰黑色，灰色，饱和，流塑状为主，黏性好，稍具臭味，含多层薄层粉细砂。

②₄ 粉质黏土：褐黄色，灰褐色，稍湿，可塑，黏性好。

②₅ 中砂：灰褐色，灰白色，饱和，稍密—中密，颗粒分选性差，含少许黏粒。

②₆ 粉质黏土：灰黄色，灰褐色，灰白色，稍湿，硬可塑，黏性好，含少许砂粒。

②₇ 粗砂：灰褐色，灰黄色，饱和，中密状为主，颗粒分选性差，含少许黏粒。

根据钻探揭露及钻孔地下水位观测，勘察期间测得场地的地下水初见水位埋藏深度为 0.30～1.00m，稳定混合水位埋藏深度为 0.70～1.40m。上层滞水主要赋存于填土中，补给来源主要为大气降水，补给量受季节的影响明显。第四系潜水主要赋存于中、粗砂（②₂、②₅、②₇）层中，透水性强，水量较大。

地质剖面图如图 2-1 所示。

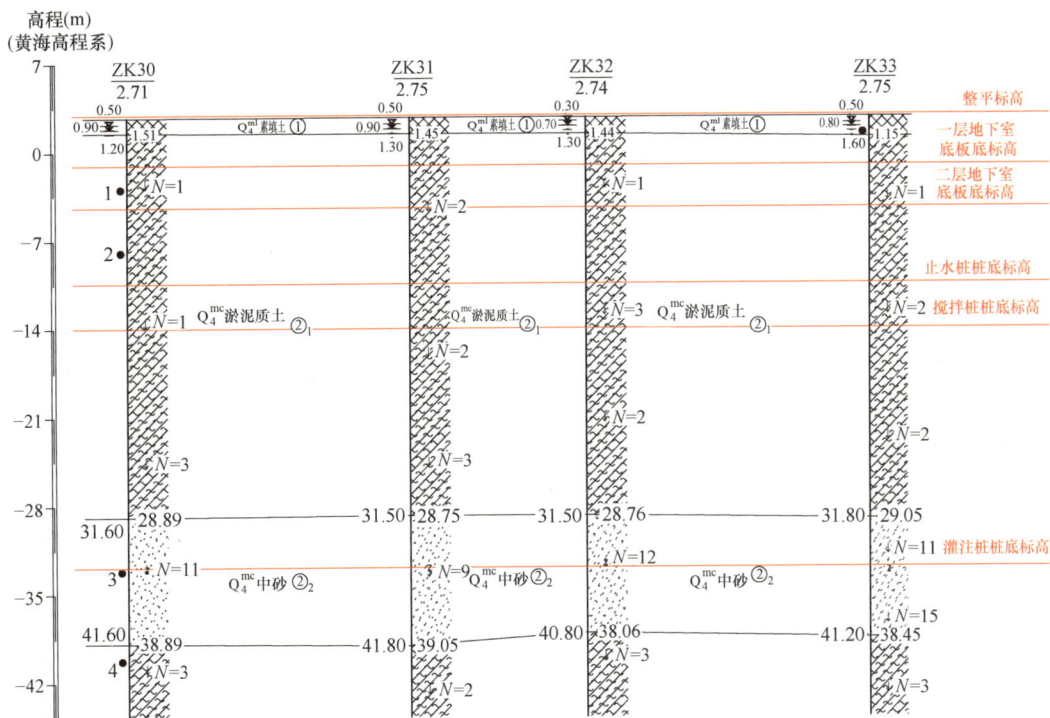

图 2-1　工程地质剖面示意图

3　设计方案

3.1　本基坑工程的特点

（1）工程地质条件复杂，上部淤泥及淤泥质土层厚度超过30m，且含水率高，力学性能偏低。

（2）按项目的进度要求，先开挖一层地下室土方，浇筑承台、底板、侧墙并施工上部结构；二层地下室等一层地下室的顶板完成后才开挖土方。

（3）二层地下室布置在东北方向，其南侧为一层地下室，东侧地下室侧墙距离围墙太近，净距不到4m，若采用双排钻孔灌注桩支护方案，施工操作空间不够，只能采用单排钻孔灌注桩＋一道钢筋混凝土支撑的支护形式。

（4）二层地下室东南角的支撑梁布置有两种选择：①抬高一、二层地下室交界处南侧支护结构面标高，使其与东侧冠梁及角撑梁面标高相同，但交界处支护结构受力复杂，成本会提高；②一、二层地下室交界处南侧支护结构面标高设在一层地下室底板以下，将角支撑梁做斜，两端有超过2m的高差，角支撑梁施工和拆除不太方便。

3.2 基坑支护方案选择

根据本工程周边环境、地质资料、基坑开挖深度，因地制宜，不同部位采用不同的支护方式：①一层地下室北面有放坡空间，采用土体放坡＋水泥搅拌桩挡土止水支护方案；②一层地下室其他部位和一、二层地下室交界处部分位置，采用格构式水泥搅拌桩＋间隔4.05m在水泥搅拌桩中插单根钻孔灌注桩＋坑底被动区水泥搅拌桩加固挡土止水支护方案；③二层地下室北面采用双排钻孔灌注桩＋前后排灌注桩之间双排水泥搅拌桩＋坑底被动区水泥搅拌桩加固挡土止水支护方案；④二层地下室东北角、东面、东南角采用单排钻孔灌注桩＋一道钢筋混凝土支撑＋外侧双排水泥搅拌桩＋坑底被动区水泥搅拌桩加固挡土止水支护方案。

3.3 基坑支护平面布置（图3-1）

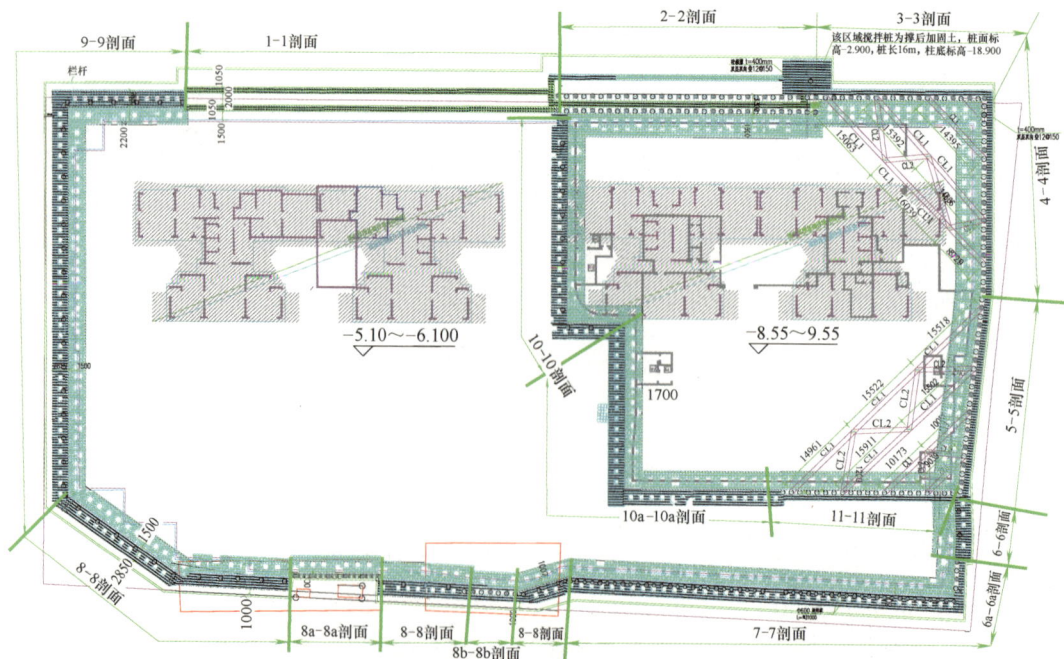

图3-1 基坑支护平面图

3.4 基坑支护典型剖面（图 3-2～图 3-8）

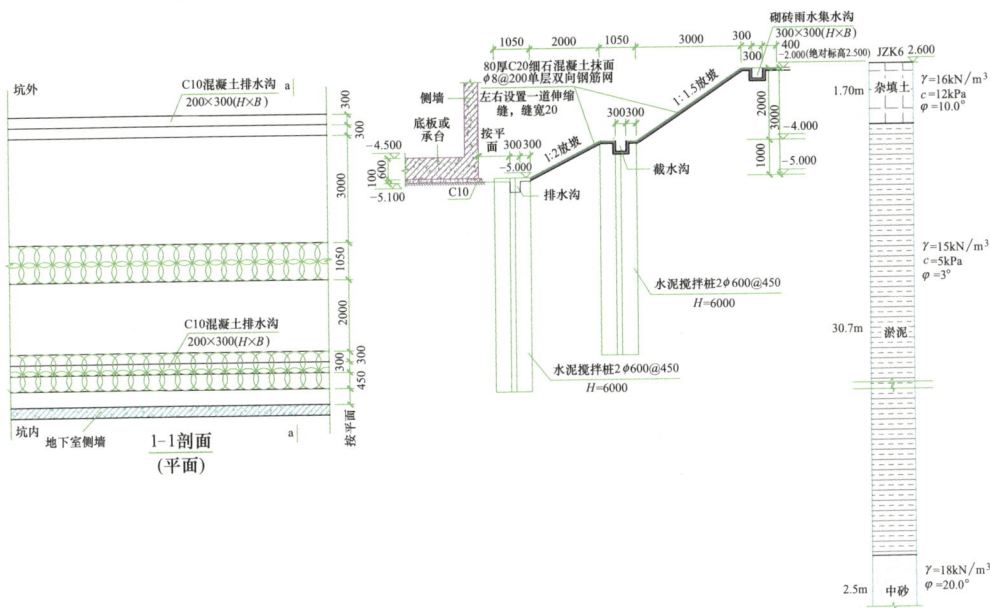

图 3-2 一层地下室北面支护剖面图

注：采用土体放坡＋水泥搅拌桩挡土止水支护方案。

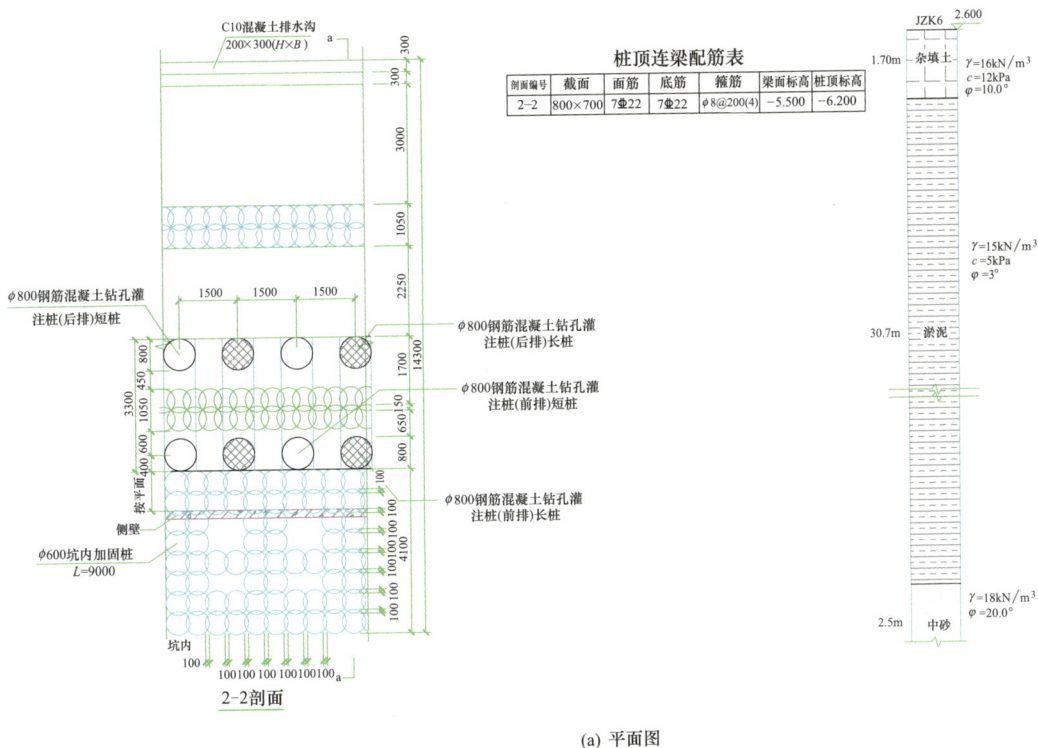

桩顶连梁配筋表

剖面编号	截面	面筋	底筋	箍筋	梁面标高	桩顶标高
2-2	800×700	7Φ22	7Φ22	φ8@200(4)	-5.500	-6.200

(a) 平面图

图 3-3 二层地下室北面支护平面及剖面图（一）

注：采用双排钻孔灌注桩＋前后排灌注桩之间双排水泥搅拌桩＋坑底被动区水泥搅拌桩加固挡土止水支护方案。

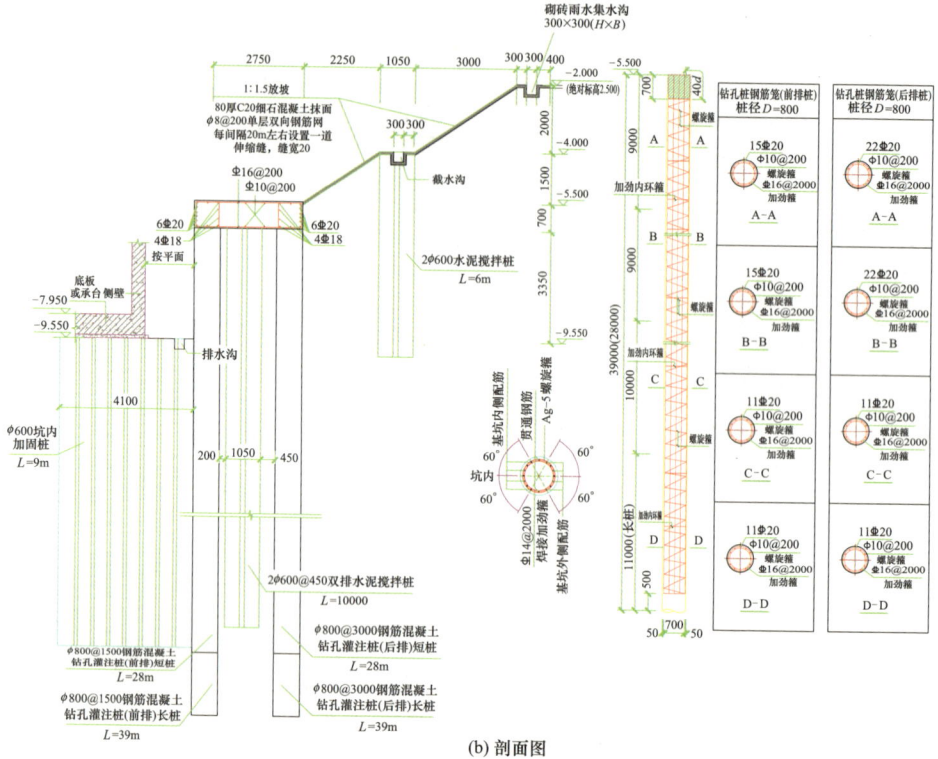

(b) 剖面图

图 3-3　二层地下室北面支护平面及剖面图（二）

注：采用双排钻孔灌注桩＋前后排灌注桩之间双排水泥搅拌桩＋坑底被动区水泥搅拌桩加固挡土止水支护方案。

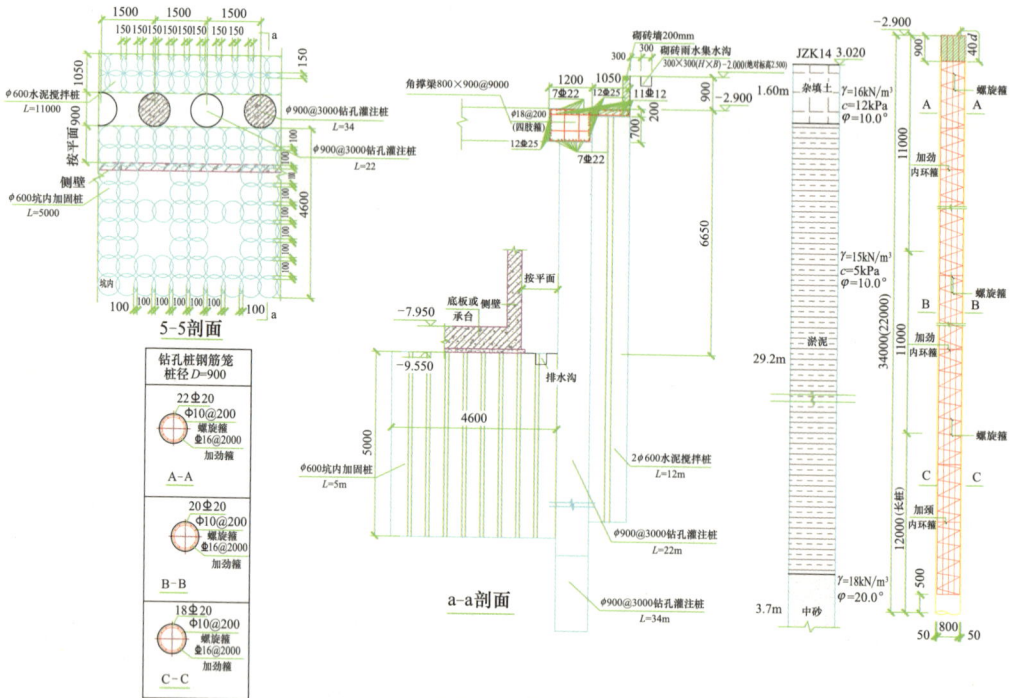

图 3-4　二层地下室东北角及东面支护剖面图

注：采用单排钻孔桩灌注桩＋一道钢筋混凝土支撑＋外侧双排水泥搅拌桩＋坑底被动区水泥搅拌桩加固挡土止水支护方案。

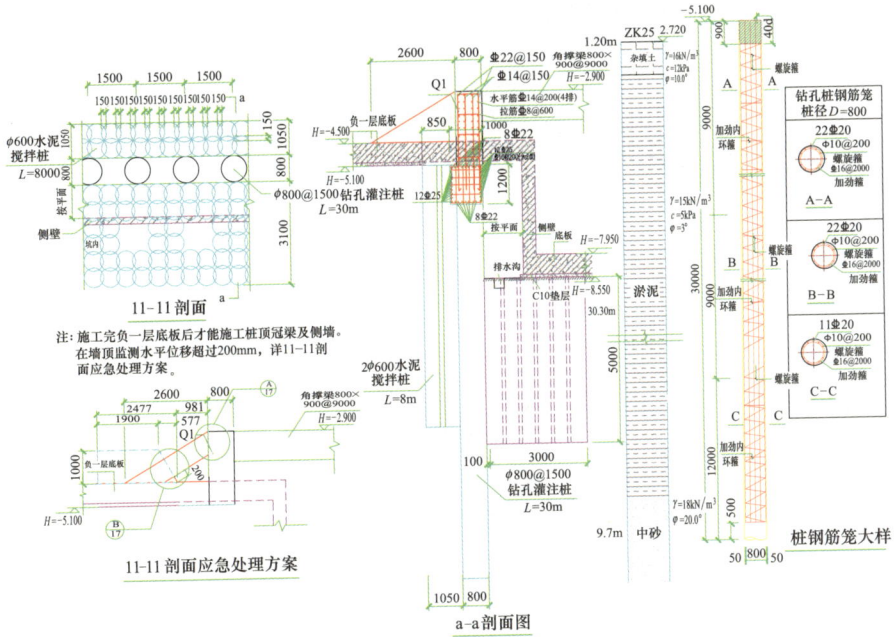

图 3-5 一、二层地下室交界处东南面支护剖面图

注：采用单排钻孔桩灌注桩＋一道钢筋混凝土支撑＋外侧双排水泥搅拌桩＋坑底被动区水泥搅拌桩加固挡土止水支护方案。

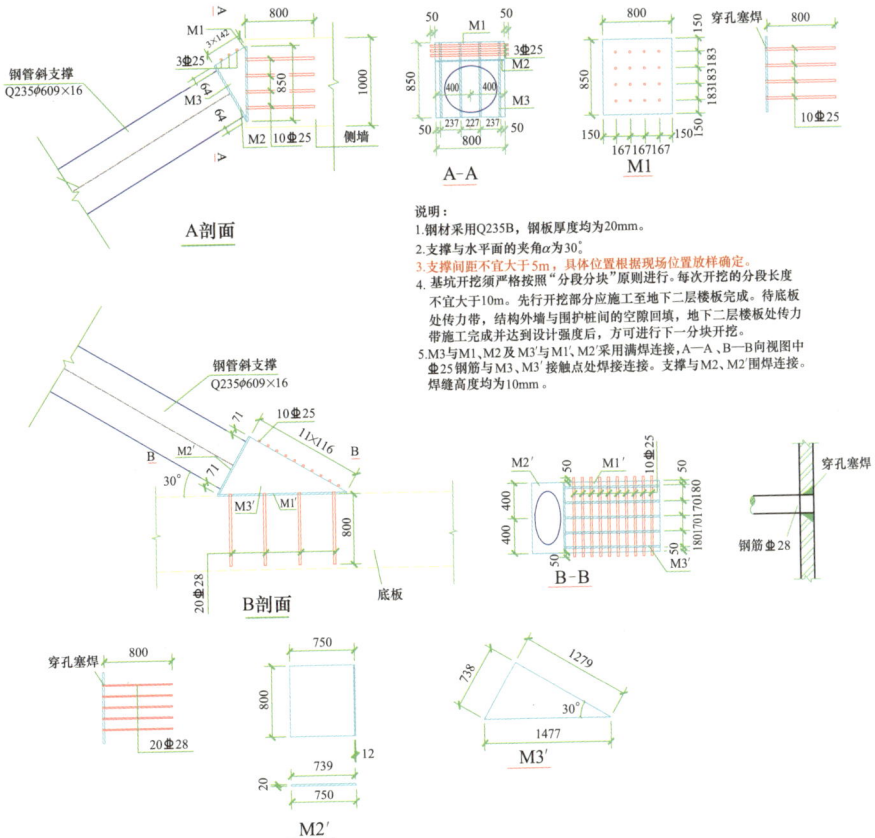

说明：
1. 钢材采用Q235B，钢板厚度均为20mm。
2. 支撑与水平面的夹角α为30°。
3. 支撑间距不宜大于5m，具体位置根据现场位置放样确定。
4. 基坑开挖须严格按照"分段分块"原则进行。每次开挖的分段长度不宜大于10m。先行开挖部分应施工至地下二层楼板完成。待底板处传力带、结构外墙与围护桩间的空隙回填，地下二层楼板处传力带施工完成并达到设计强度后，方可进行下一分块开挖。
5. M3与M1、M2及M3′与M1′、M2′采用满焊连接，A—A、B—B向视图中Φ25钢筋与M3、M3′接触点处焊接连接。支撑与M2、M2′围焊连接。焊缝高度均为10mm。

图 3-6 一、二层地下室交界处应急措施节点大样图

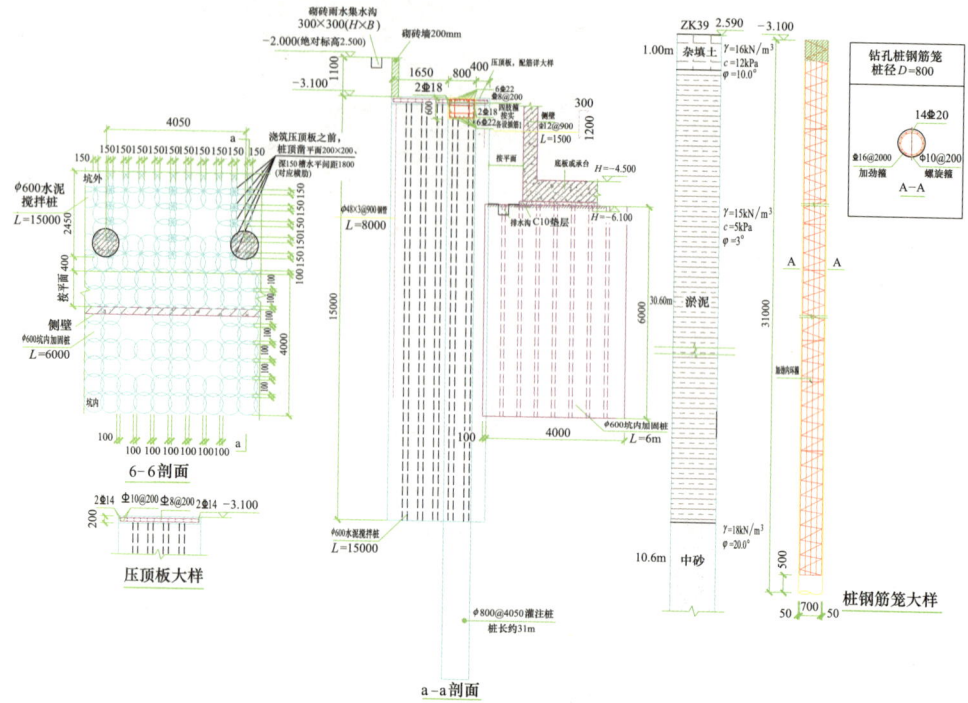

图 3-7 一层地下室典型剖面图

注：采用格构式水泥搅拌桩＋中间插单排钻孔灌注桩＋坑底被动区水泥搅拌桩加固挡土止水支护方案。

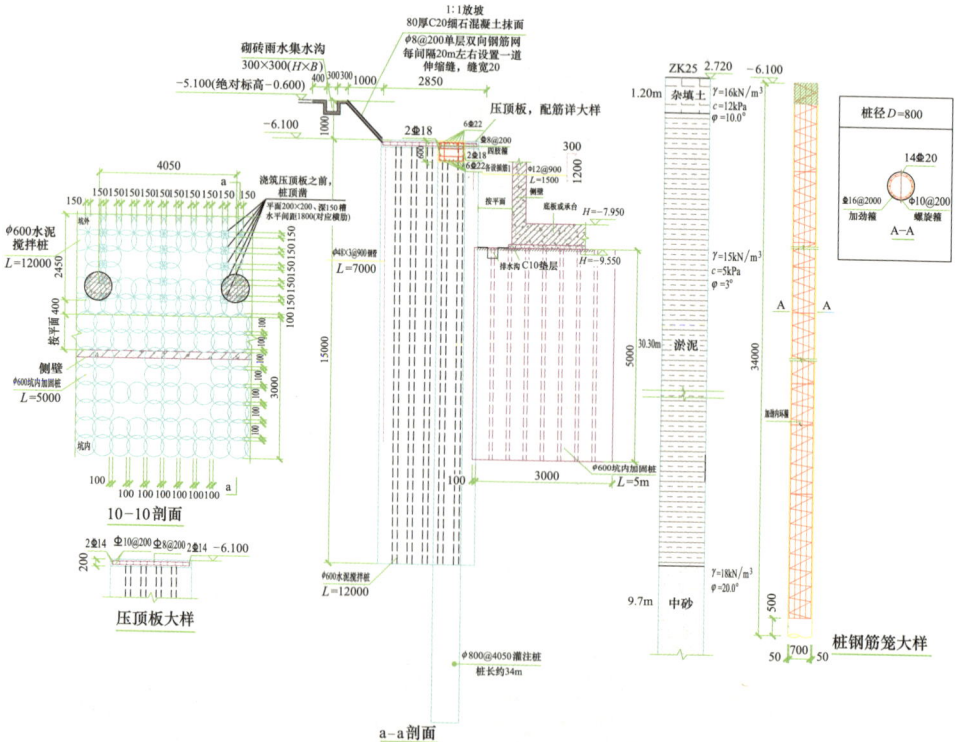

图 3-8 一、二层地下室交界处其他部位支护剖面图

注：采用格构式水泥搅拌桩＋中间插单排钻孔灌注桩＋坑底被动区水泥搅拌桩加固挡土止水支护方案。

4　施工过程

4.1　施工顺序

一层地下室：施工主体结构工程桩→水泥搅拌桩→灌注桩→基坑开挖到底板垫层底标高、承台垫层底标高→主体结构承台、底板。

二层地下室：施工主体结构工程桩→水泥搅拌桩→钻孔灌注桩（立柱桩）→土方开挖至标高-3.800m，浇筑冠梁、支撑梁→待冠梁达到设计强度的80%后，基坑分层、分块、对称开挖到底板垫层底标高、承台垫层底标高→北侧一、二级土体放坡→混凝土面层及截水沟、排水沟→主体结构承台、底板→3-3～5-5剖面及11-11剖面→待二层地下室底板承台、一层地下室部分梁板施工完毕，传力带全部施工完成，方可拆除角支撑。

按项目进度要求，本工程需要在二层地下室南侧的9层楼房结构封顶及西侧塔楼也基本结构封顶的情况下，方可进行二层地下室的土方开挖及承台、底板浇筑和支撑拆除。

4.2　基坑土方开挖的技术要求

（1）基坑开挖前要求查明场地范围内的地下管线、地下构筑物情况。如有管线不能拆移时，应采取切实可行的加固保护措施，确保施工期间地下管线的安全和正常使用。地下管线的迁改和保护须征得管线权属部门、业主等有关单位同意后方可施工。

（2）基坑土方应分块、分层开挖，每层开挖深度一般不大于1.5m，淤泥层开挖深度不大于1m，分段长度不大于30m，严禁超挖及大锅底式开挖。开挖到坑底应及时浇筑混凝土垫层，承台需逐个开挖浇筑，底板需分块浇筑。

（3）出土口设置需施工方便且为最优路线。一层地下室的施工出土通道设在西侧中部；二层地下室的施工出土通道设在北侧中部。凡开挖的土方应随挖随运走，严禁堆积在基坑顶及周边场地。

4.3　基坑降、排水措施

（1）坡顶2m范围按要求进行硬地化或喷混凝土护面施工，按设计要求布置截水沟，截水沟每间隔25m布置集水井。

（2）基坑地下室采用管井降水方案，一层地下室降水井长度为5m，二层地下室降水井长度为10m，要求坑内地下水位降至承台底500mm以下。坑外水位控制在地面以下1000～1500mm范围，否则应及时采取回灌水措施，防止坑外水位下降过大。

4.4　施工现场

本基坑工程施工现场如图4-1～图4-6所示。

图4-1　一层地下室西侧裙楼土方开挖到坑底

图4-2　一层地下室西侧裙楼、塔楼、南侧9层楼出正负零，中间塔楼土方开挖到坑底

图4-3　一层地下室南侧9层楼房结构封顶，二层地下室土方开挖

图4-4　二层地下室塔楼北侧和西侧土方开挖到坑底

图4-5　二层地下室东北角土方开挖到坑底

图4-6　二层地下室支撑梁拆除

4.5 基坑监测结果

根据有关基坑监测技术规范，针对本基坑工程周边环境，设置了支护结构水平位移、竖向位移及深层水平位移，对撑轴力、角撑轴力，立柱和周边建筑物沉降以及地下水位的观测点，对基坑土方开挖、地下室的施工进行全过程监测，监测结果与设计预期基本一致（图 4-7～图 4-10）。

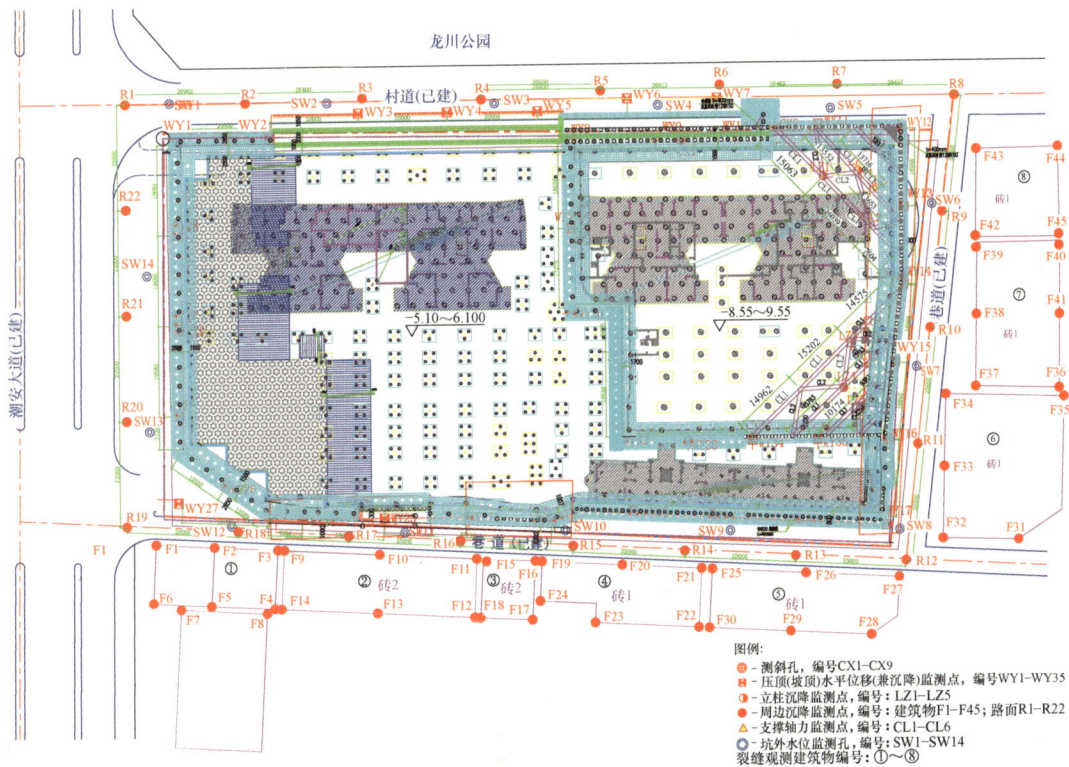

图 4-7 基坑及周边监测点布置图

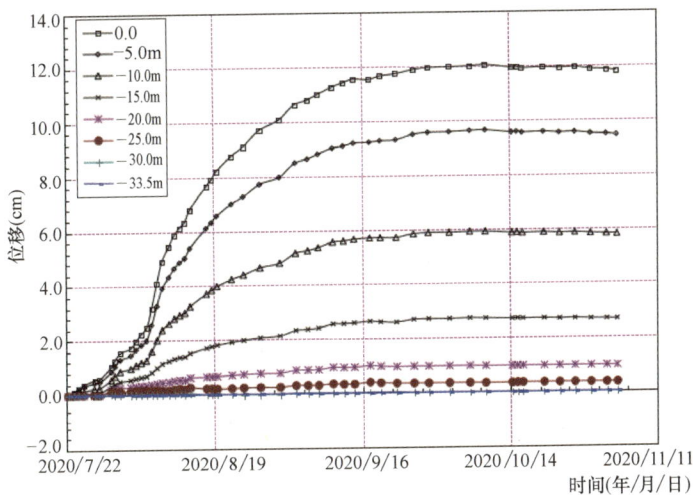

图 4-8 测斜孔 CX1 不同深度位移与时间关系曲线

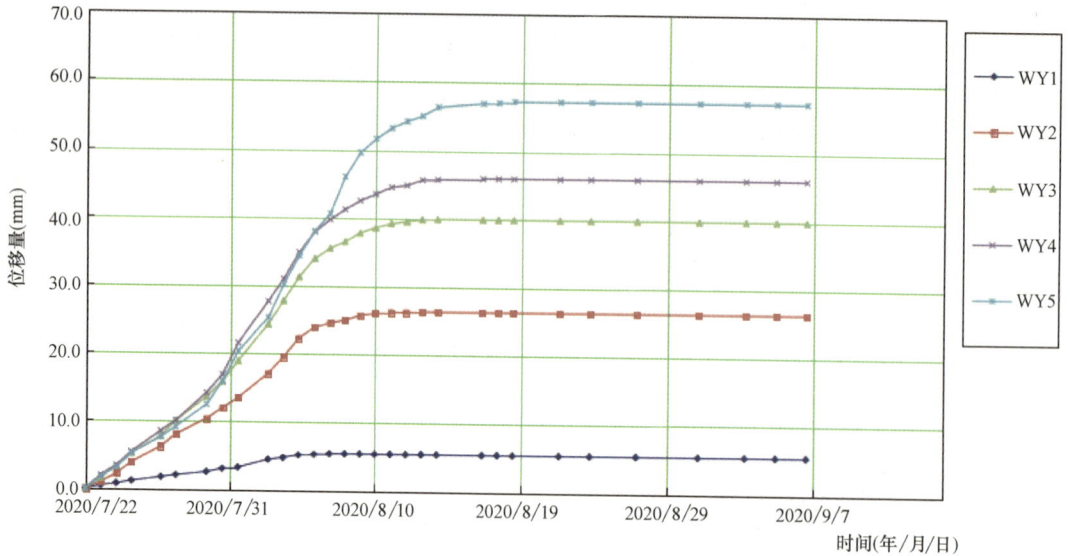

图 4-9　一层地下室压顶（北边）水平位移与时间关系曲线

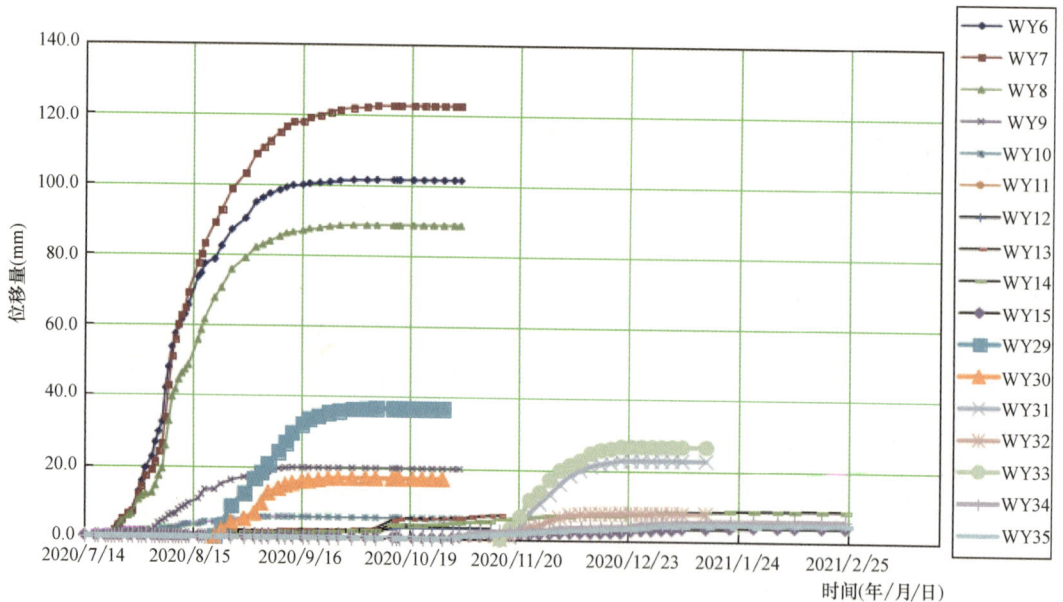

图 4-10　二层地下室压顶水平位移与时间关系曲线

5　结语

（1）在周边环境比较复杂，上部淤泥、淤泥质土的厚度超过 30m 且含水率高、力学性能差的场地，对于一层地下室及一、二层地下室交界处，开挖深度为 4.0～5.5m 的基坑支护而言，其支护方案的选择是较有难度的。若选择格构式水泥搅拌桩重力式挡墙支护方案，为了保证整体稳定的要求，桩长超过 30m，显然不合情理；若选择钻孔灌注桩支护方案，不仅桩数多、造价高，变形也可能比较大。

（2）本工程一层地下室及一、二层地下室交界处，基坑采用格构式水泥搅拌桩＋间隔

4m 左右插入单根钻孔灌桩的组合式支护方案，有人担心是否安全可靠，特别是一、二层交界处南侧的 9 层楼房已经结构封顶，二层地下室的土方开挖及施工，是否会造成 9 层楼房的倾斜？基坑开挖后，支护结构变形小，不渗水，经受住了考验。需特别指出的是，这种组合式支护结构的受力机理还有待于进一步探索。

（3）二层地下室东南角采用单排钻孔灌注桩＋一道钢筋混凝土角支撑梁支护方案，为施工方便，放弃采用角支撑梁两端面标高不一致的方式，在南侧加高冠梁断面并通过节点构造措施，较好地解决了支撑梁两端反力的平衡问题。

案例03 伍洲城一期基坑工程

1 工程概况

工程场地位于潮州市潮安区枫溪镇蔡陇路段（原凤城火力发电厂厂址），总用地面积约30747m²，场地东北侧紧靠用地红线的为旧蔡陇路，道路路面标高约7.5m；东南侧为空地、鱼塘及旧南堤路，局部区域地势稍高（标高约7.5～8.1m）；西南、西北侧均紧靠用地红线的为简易厂房区，其地面标高相差不大（标高约7.4～7.7m），南端局部区域稍低（标高约6.6m）。西侧、南侧、局部北侧设置两层地下室，东侧及大部分北侧设置一层地下室，现有场地标高约为7.700～8.000m，负一层底板垫层底标高为3.400m，负二层地下室承台垫层底标高为0.500m，一层地下室开挖深度约4.600m，二层地下室开挖深度为7.200～7.500m。项目北面、东面临公路，南面、西面为旧厂房和多层住宅（图1-1）。地下室侧墙距离北面红线5.5m，东面红线7.8m，南面红线5.0m，西面红线5.5m。基坑的环境等级：西侧、南侧为一级，其余位置为二级；支护结构的安全等级为二级。

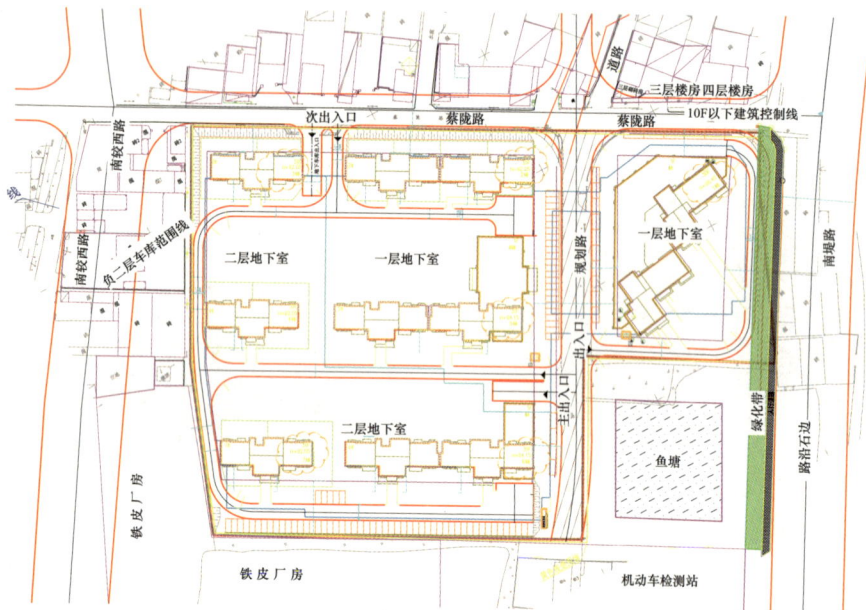

图1-1 周边环境示意

2 地质条件

场地属滨海平原地貌，场地微地貌形态为已拆火力发电厂旧址，场地地形起伏变化不大。场地岩土层按地质成因分为第四系填土层（Q^ml）和海陆交互沉积土层（Q^mc），现自上而下分述如下：

①粉质黏土（Q^mc）：灰黄色、浅灰色，软塑—可塑，黏性较好，主要由粉、黏粒组成，干强度中等，韧性中等，稍具光泽。

②淤泥（Q^mc）：灰黑色、深灰色，饱和，流塑，稍有臭味，含少量腐木，韧性低，干强度高。

③粉砂（Q^{mc}）：深灰色、灰色，饱和，稍密—中密，矿物成分以石英为主，级配较差，局部夹薄层淤泥质土。

④淤泥质土（Q^{mc}）：灰黑色、深灰色，饱和，流塑，稍有臭味，含少量腐木，局部夹薄层粉砂，韧性低，干强度高。

⑤粉砂（Q^{mc}）：浅灰色、灰色，饱和，中密，局部密实，矿物成分以石英为主，级配较差，含少量黏粒。

⑥粗砂（Q^{mc}）：浅灰色、灰黄色，饱和，密实，矿物成分以石英为主，次棱角形，级配良好，局部为中砂或砾砂。

⑦粉质黏土（Q^{mc}）：灰黄色、浅灰色，软塑—可塑，黏性较好，主要由粉、黏粒组成，干强度中等，韧性中等，稍具光泽。

⑧粉砂（Q^{mc}）：浅灰色、灰黄色，饱和，中密—密实，矿物成分以石英为主，级配较差，含少量黏粒。

⑨圆砾（Q^{mc}）：灰黄色、浅灰色，饱和，密实，局部中密，圆砾、卵石成分以砂岩、硅质岩等为主，级配较好，含少量黏粒，卵石粒径为 $2\sim5cm$，最大为 $10\sim15cm$，含量约占 $5\%\sim15\%$，个别孔段卵石含量达 $20\%\sim30\%$。

⑩粉质黏土（Q^{mc}）：灰黄色、浅灰色，局部褐黄色，可塑—硬塑，黏性较好，主要由粉、黏粒组成，干强度中等，韧性中等，稍具光泽。

⑪粉土（Q^{mc}）：灰白色、灰黄色，局部浅灰色，湿，密实，黏性较差，下部含较多粗颗粒，局部夹中砂，韧性低，干强度中等。

⑫砾砂（Q^{mc}）：浅灰色，饱和，密实，矿物成分以石英为主，级配较好，含少量黏粒及卵石，卵石粒径为 $2\sim5cm$，含量约占 $5\%\sim10\%$，个别孔段卵石含量达 15%。

⑬中砂（Q^{mc}）：灰白色、灰黄色，饱和，密实，矿物成分以石英为主，次棱角形，级配良好，局部含少量圆砾。

场地位于滨海平原地貌区，地下水类型为孔隙潜水，主要赋存于砂层和碎石土层孔隙中，接受降水补给，以蒸发为主的方式排泄，水位受季节影响，年变幅约 $1\sim2m$；由于各含水层之间存在相对隔水的黏性土层（含软土层），在无外力作用下，各含水层之间的水量补给、排泄作用较为微弱，场地勘探深度内的中下部地下水具一般承压性。

地质剖面图如图 2-1 所示。

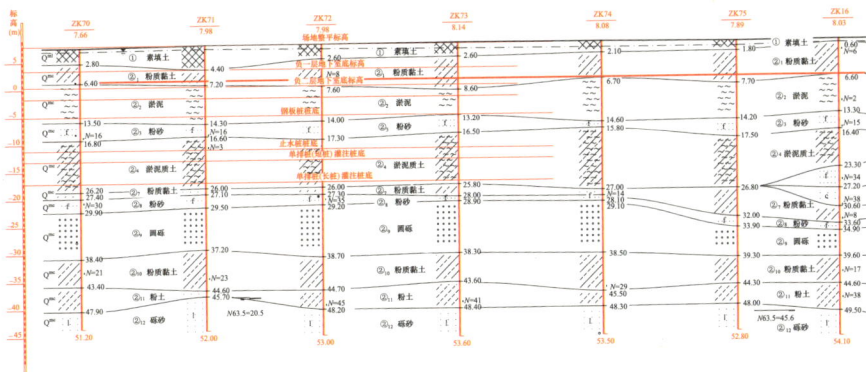

图 2-1　工程地质剖面示意图

3 设计方案

3.1 本基坑工程的特点

（1）按项目原进度计划，先开挖、施工二层地下室，后开挖、施工一层地下室，即先深后浅；出土口设置在一层地下室的东侧。支护桩施工完成后，项目进度计划调整为先施工一层地下室，再施工二层地下室，且一层地下室顶板浇筑后继续往上施工塔楼，由此产生的问题是，二层地下室开挖的出土口只能设置在西侧。

（2）二层地下室的南侧和西侧靠近旧厂房和多层住宅，这些房子都没有打桩，对基坑的变形特别敏感。

3.2 基坑支护方案选择

根据本工程周边环境、地质条件及基坑开挖深度，综合考虑各方面的因素，基坑支护实施方案为：

一层地下室：①场地条件允许时，采用单排钢板桩＋桩顶卸土放坡挡土止水支护方案；②场地无条件卸土放坡，但对变形不敏感的位置，采用单排钢板桩＋坑底被动区水泥搅拌桩加固挡土止水支护方案；③场地无条件卸土放坡，对变形要求严格的位置，采用单排钻孔灌注桩＋外侧双排水泥搅拌桩＋坑底被动区水泥搅拌桩加固挡土止水支护方案。

二层地下室：采用单排钻孔灌注桩＋一道钢筋混凝土支撑＋外侧双排水泥搅拌桩＋坑底被动区水泥搅拌桩加固挡土止水支护方案。

一、二层地下室交界处：采用格构式水泥搅拌桩＋外排钢板桩挡土止水方案。

3.3 基坑支护平面布置（图3-1）

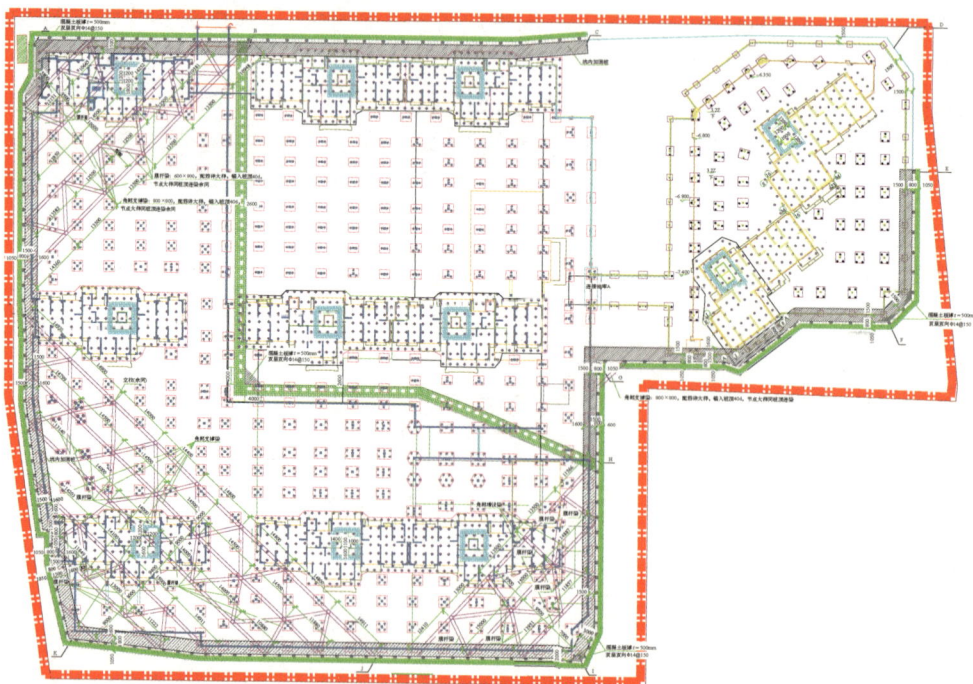

图 3-1 基坑支护平面图

3.4 基坑支护剖面（图3-2～图3-6）

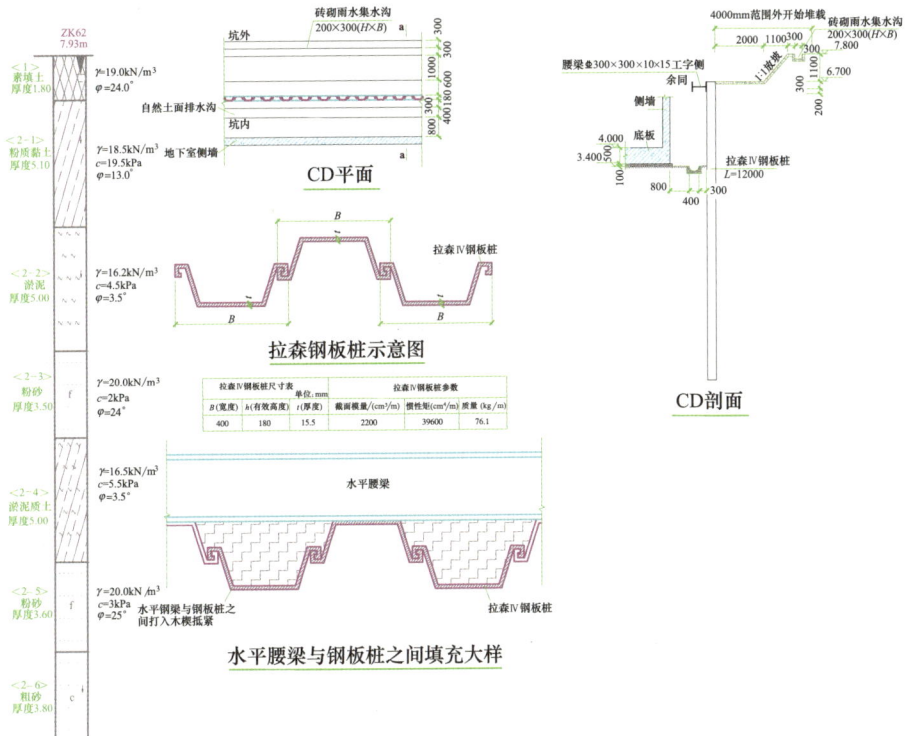

图3-2 一层地下室基坑支护剖面图1

注：采用单排钢板桩＋桩顶卸土放坡挡土止水支护方案。

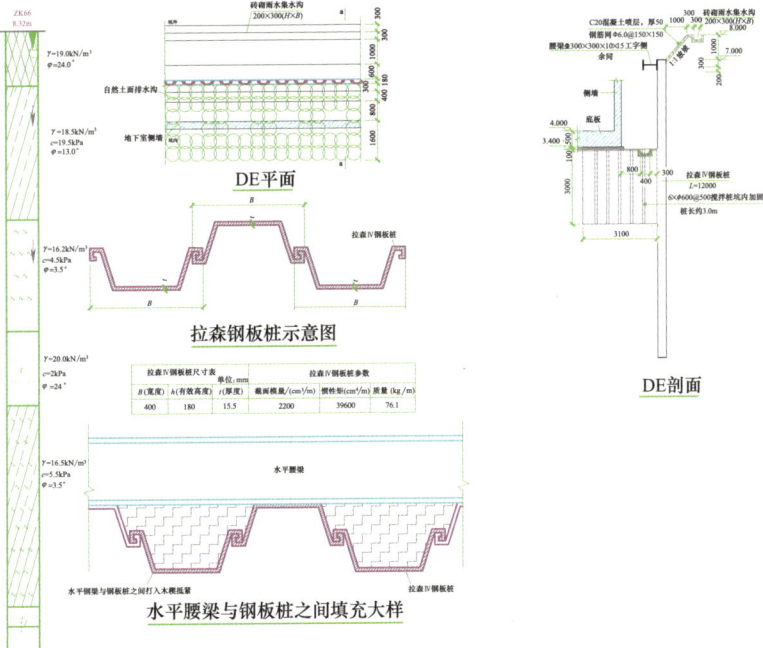

图3-3 一层地下室基坑支护剖面图2

注：采用单排钢板桩＋坑底被动区水泥搅拌桩加固挡土止水支护方案。

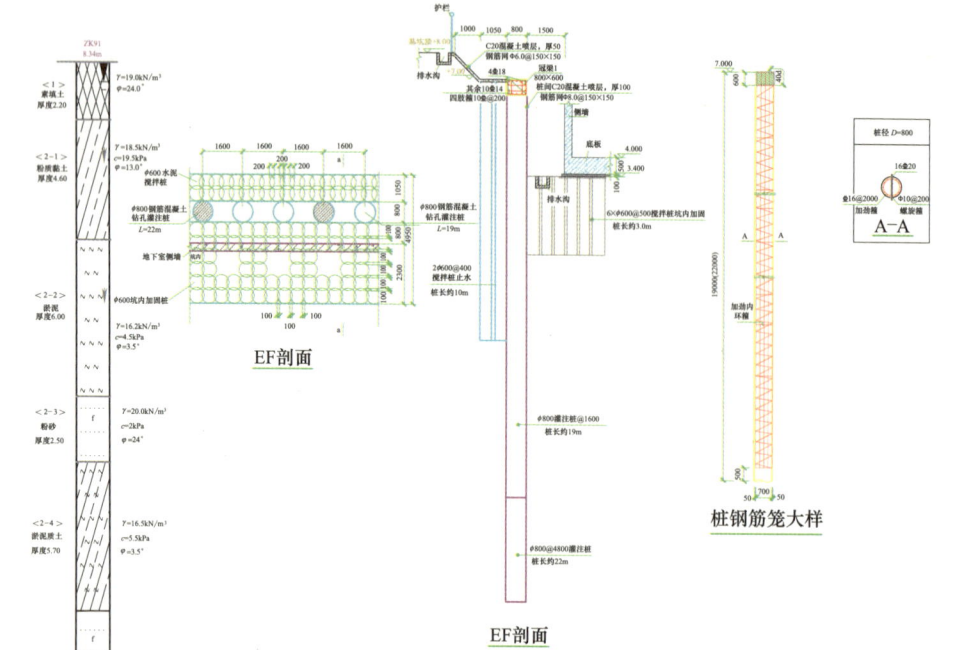

图 3-4　一层地下室基坑支护剖面图 3

注：采用单排钻孔灌注桩＋外侧双排水泥搅拌桩＋坑底被动区水泥搅拌桩加固挡土止水支护方案。

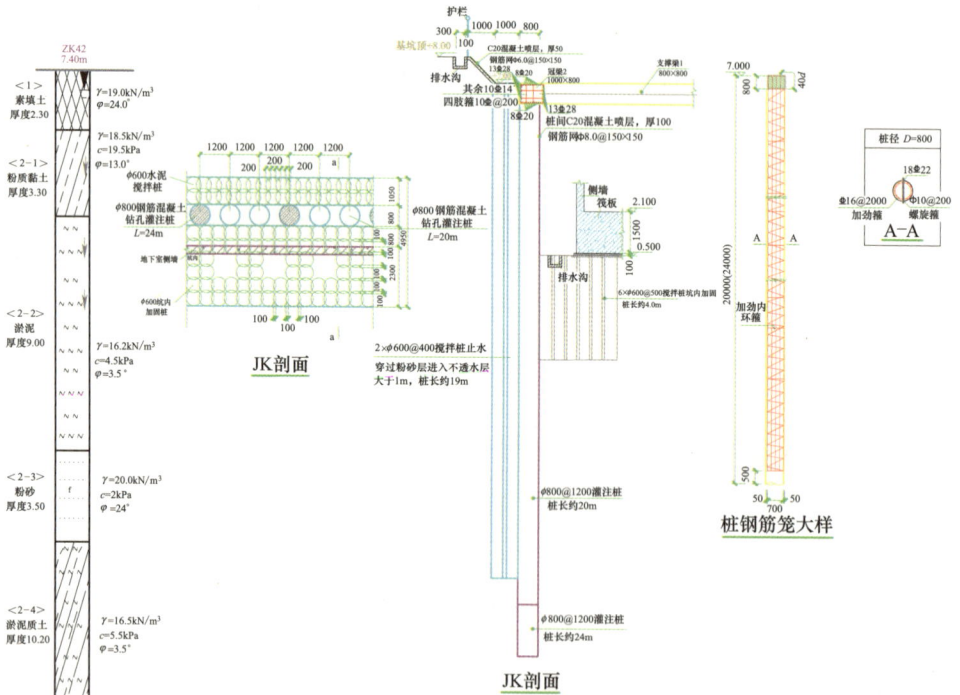

图 3-5　二层地下室基坑支护剖面图

注：采用单排钻孔灌注桩＋一道钢筋混凝土支撑＋外侧双排水泥搅拌桩＋
坑底被动区水泥搅拌桩加固挡土止水支护方案。

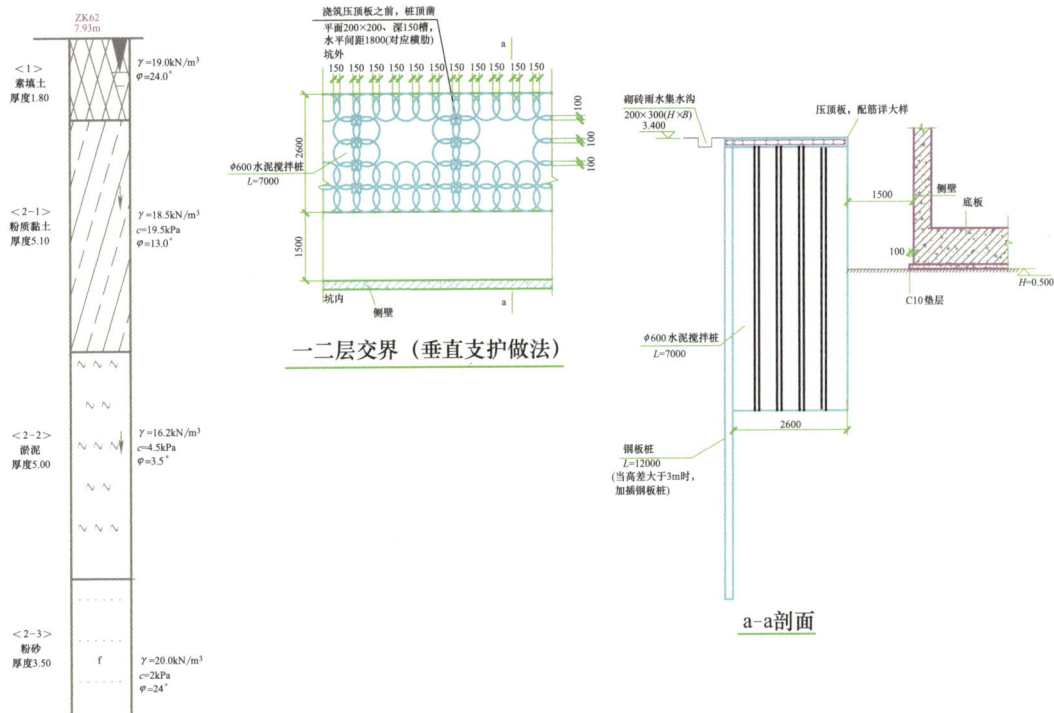

图3-6　一、二层地下室交界处基坑支护剖面图

注：采用格构式水泥搅拌桩＋外排钢板桩挡土止水支护方案。

4　施工过程

4.1　施工顺序

（1）施工主体结构工程桩后，先施工一层地下室支护：钢板桩→被动区加固格构式水泥搅拌桩→水泥搅拌桩→灌注桩土方开挖至一层地下室坑底标高→混凝土垫层，浇筑底板、承台、地下室侧墙和顶板。

（2）施工二层地下室支护：被动区加固格构式水泥搅拌桩→支护桩→水泥搅拌桩→施工内支撑梁及桩顶梁、板→待内支撑及冠梁混凝土强度达到80％设计强度后进行土方开挖，开挖时应分段、分块、分层、对称挖至二层地下室坑底标高→抢做垫层，尽快施工地下室承台、底板。

（3）施工地下室承台、底板后，在底板、承台与支护桩之间的空隙用C30素混凝土浇捣填实，形成传力带→施工一层地下室梁、板，在楼板与支护桩之间的空隙回填密实砂土，浇筑C30素混凝土条状传力带→待地下一层楼板及传力带混凝土强度达到80％设计强度后，方可拆除支撑。

4.2　基坑土方开挖应采取的措施

（1）根据本工程周边环境和施工计划，一层地下室的出土口设置在东侧；二层地下室的出土口设置在西侧。

（2）分段、分层开挖地下室土方，分块浇筑地下室底板、承台。

（3）开挖的土方应随挖随运，严禁堆积在基坑顶及周边场地。

4.3 基坑降、排水措施

（1）坡顶 2m 范围按要求进行硬地化或喷混凝土护面施工，按设计要求布置截水沟，截水沟每间隔 25m 布置集水井。

（2）基坑地下室采用管井降水方案，二层地下室降水井长度为 11m，一层地下室降水井长度为 5m，要求坑内地下水位降至承台底 500mm 以下。坑外水位控制在地面以下 1000～1500mm 范围，否则应及时采取回灌水措施，防止坑外水位下降过大。

4.4 施工过程遇到的问题及处理措施

由于项目进度计划的调整，地下室基坑开挖由先二层、后一层，变为先一层、后二层，二层地下室的出土口不得不设置在西侧（图 4-1）。由此带来的问题是，出土通道坡度太陡，在支撑梁的局部位置要行走运土车。采取针对性的设计加强措施如下：①根据运土车实际行走路线，增大支撑梁的截面和配筋；②支撑梁上铺设钢板等构造加强；③基坑内外出土通道加固处理（图 4-2）。

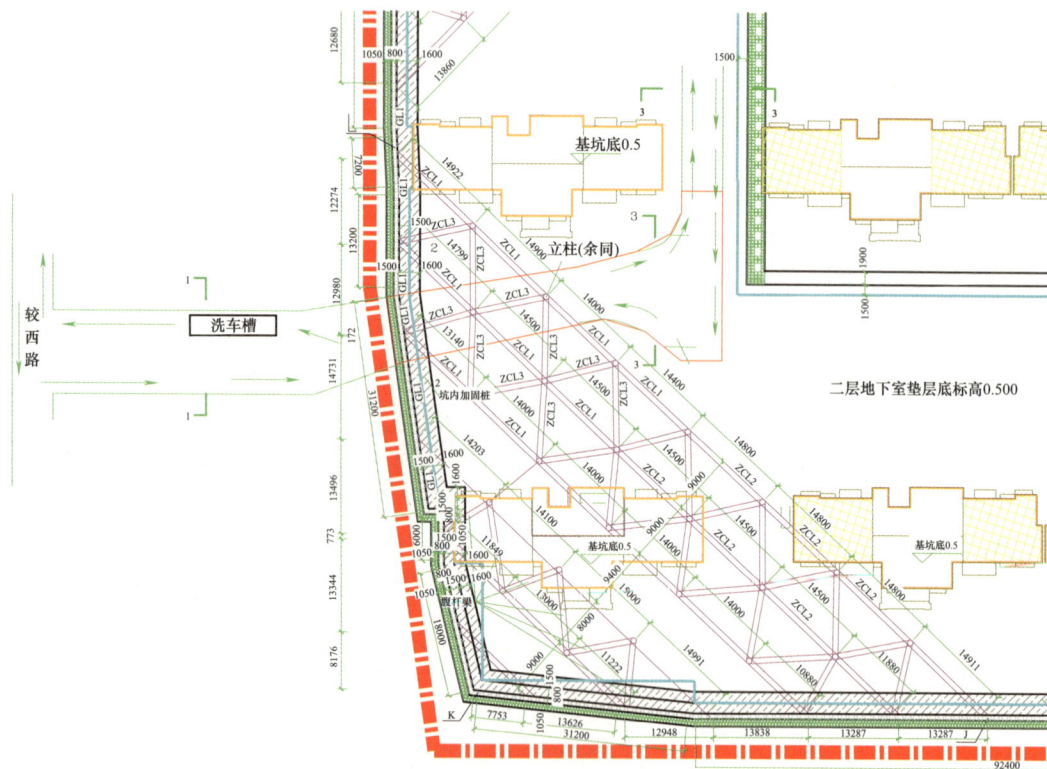

图 4-1 场地西南角调整平面图

同时，要求施工方案作相应调整，将二层地下室的土方开挖和底板施工分为八个板块（J、K、L、M、N、O、P、Q）；冠梁及内支撑梁的施工顺序为①→②→③。土方的出土顺序按照内撑的施工顺序安排施工，出土过程再根据现场的分区板块需要出土，真正做到开挖一块，浇筑一块。如图 4-3 所示。

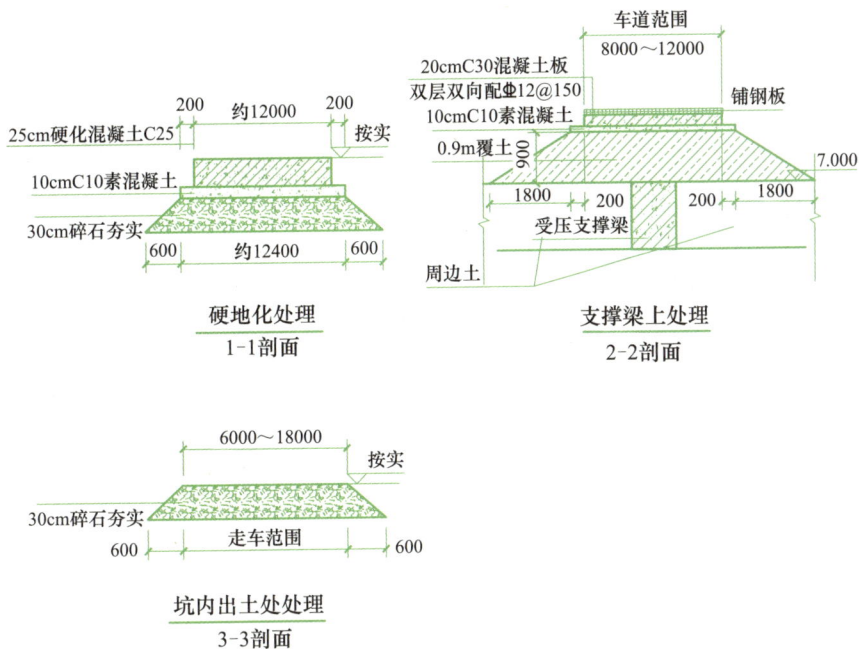

硬地化处理
1-1剖面

支撑梁上处理
2-2剖面

坑内出土处理
3-3剖面

说明：1. 在支撑施工及运土过程中，除密切关注支护变形外，还应对支撑系统、立柱等进行观测，如发现异常情况，立即启动应急预案。
2. 立柱竖向位移控制在25～35mm，水平位移控制在50mm。

图4-2　二层地下室出土通道加固构造大样剖面图

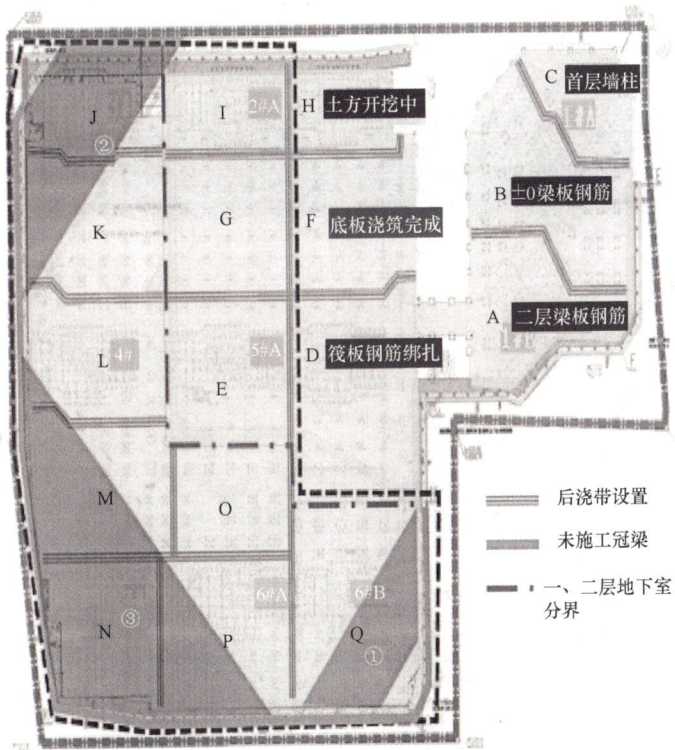

图4-3　土石方开挖流程

4.5 施工现场

本基坑工程施工现场如图 4-4～图 4-11 所示。

图 4-4 一层地下室东北角支护

图 4-5 一层地下室钢板桩支护与
钻孔灌注桩支护交界处

图 4-6 二层地下室西南角土方开挖

图 4-7 支撑立柱桩

图 4-8 二层地下室东南角开挖到坑底

图 4-9 二层地下室南侧塔楼承台钢筋绑扎

图 4-10 一、二层地下室交界处
裙楼承台钢筋绑扎

图 4-11 二层地下室北侧负一层
楼板浇筑完成现场

4.6 基坑监测

第三方监测单位对基坑土方开挖、地下室施工的全过程进行了监测，监测结果显示，支护结构水平变形、坑外地面沉降均在可控范围。对于局部位置出现较大变形的情况，通过及时启动施工应急预案，化解了风险，支护结构和周边环境整体安全可控。

5 结语

（1）本工程周边环境比较复杂，场地窄小，邻近未打桩的旧厂房和住宅。根据地质资料和基坑开挖深度，因地制宜，不同部位采用不同的支护方式：一层地下室主要采用钢板桩和钻孔灌注桩支护方案；一、二层地下室交界处采用格构式水泥搅拌桩＋外侧钢板桩支护方案；二层地下室采用钻孔灌注桩＋一道钢筋混凝土支撑支护方案。虽然支护形式较多，但满足了项目的进度要求，同时节约了成本、加快了工期。

（2）出土口由原来东侧一个出土口变为东、西两个出土口，一层地下室的土方从东侧运出；二层地下室的土方从西侧运出。虽然对二层地下室的土方开挖、运输及地下室施工造成了一定的困难，但通过对部分支撑梁和运土通道的加固处理及土方开挖、承台、底板浇筑顺序的调整，二层地下室施工过程总体仍比较顺利，可供类似工程参考。

（3）西南角外侧的支撑梁长度达到120m，超过普通的支撑梁长度，属于超长支撑梁。因局部位置要走运土车，通过仔细分析，调整其截面和配筋，虽然在施工过程中存在一定的变形，但通过支撑梁桁架式构造，整体受力变形协调，经受住了考验。

案例 04 东岸国际基坑工程

1 工程概况

本工程位于潮州市潮安区安南路东段北侧，主要建筑物为 5 幢 24～27 层商住楼，钢筋混凝土框架-剪力墙结构，拟采用桩基础。现有场地标高北面约为－3.000m、东面约为－3.200m，南面为－1.100m、西面约为－1.300m。负一层地下室底板面标高为－3.400m，底板垫层底标高为－4.000m，开挖深度为 2.700m；负二层地下室底板面标高为－7.000m，底板垫层底标高为－7.700m，开挖深度为 6.600m。场地北侧为道路，距离基坑边约 22m；东侧为小溪，距离基坑边约 10～23m；南侧为安南路，距离基坑边约 12m；西侧为单层和 5 层厂房，距离基坑边分别约 18m 和 8m（图 1-1）。基坑环境等级、支护结构安全等级为二级。

图 1-1 周边环境示意

2 地质条件

场区属韩江三角洲平原地貌。场地原为厂房，现已拆除平整，场地勘探深度范围内，土层的成因及形成地质年代自上而下可划分为：

① 杂填土：松散，主要由花岗岩风化土、中细砂及建筑垃圾等组成。

② 粉质黏土：可塑，以黏粒为主，混约 10% 粉砂粒。

③ 中细砂：稍密—中密，以中细砂粒为主，混少量粗砂粒。

④ 淤泥：流塑，混少量粉砂粒及腐殖物。

⑤ 粉细砂：中密，以粉细砂粒为主，混少量中砂粒。

⑥ 含卵石中砂：密实，以中砂粒为主，混约5%卵石。

拟建场区勘探深度内，地下水主要为上层滞水及第四纪孔隙潜水。

地质剖面图如图2-1及图2-2所示。

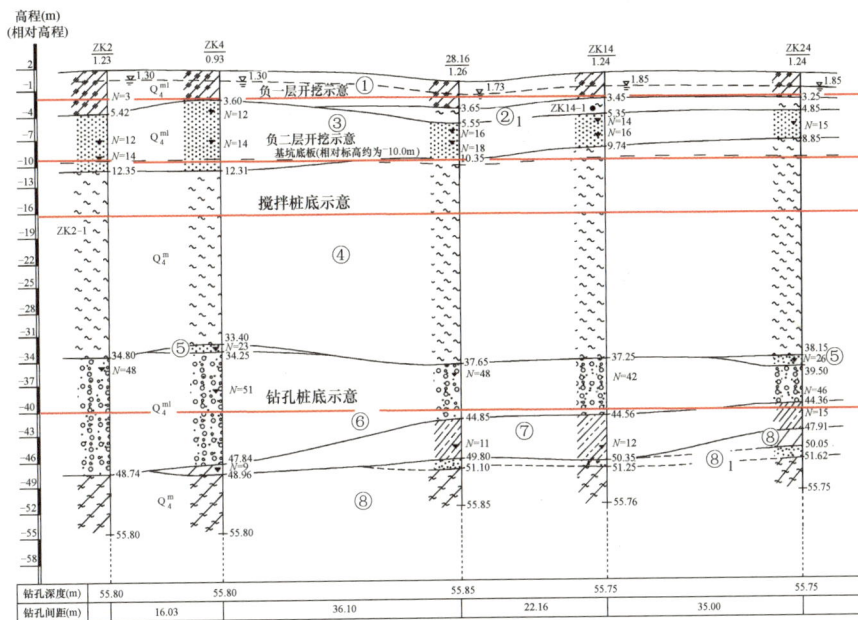

图2-1 工程地质剖面示意图1（南北）

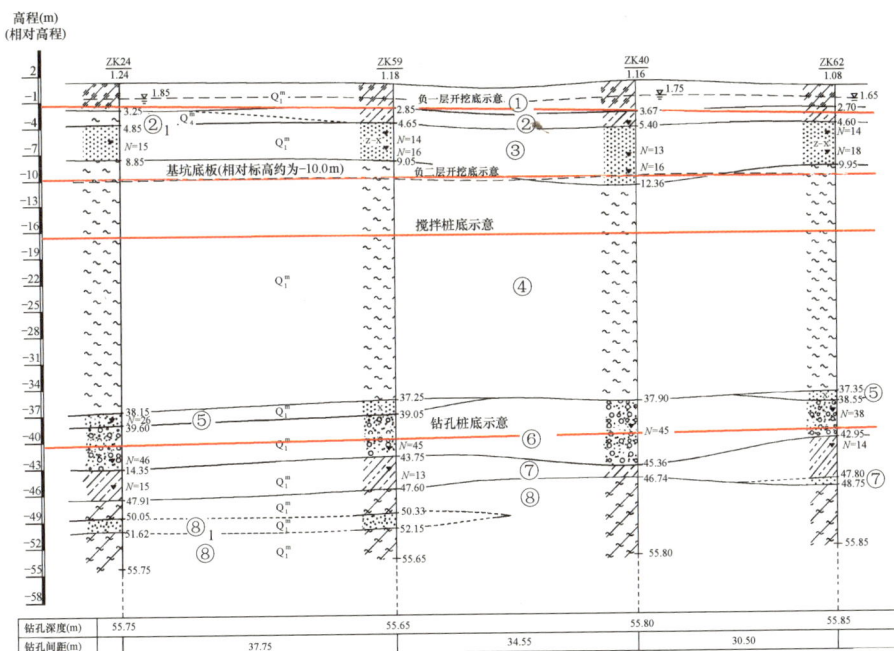

图2-2 工程地质剖面示意图2（南北）

3 设计方案

3.1 本基坑工程的特点

（1）现有场地北面、东面标高较低，南面、西面标高较高。

（2）地质条件比较复杂，上部为以建筑垃圾为主的松散杂填土，基坑开挖范围的土层为中细砂、淤泥，淤泥层厚 19.61～29.30m，含水率高，力学性能差。

（3）一层地下室西侧基坑开挖深度为 2.7m，二层地下室东侧基坑开挖深度为 4.5m，采用格构式水泥搅拌桩挡土止水支护方案比较合理。二层地下室南侧、西侧基坑开挖深度为 6.4～6.6m，不宜采用格构式水泥搅拌桩挡土止水支护方案，改为采用单排钻孔灌注桩支护方案，所需桩的直径大，间距小，桩长 38m 以上，成本高、不经济。考虑能否采用格构式水泥搅拌短桩＋间隔 4m 左右在水泥搅拌桩中插单根钻孔灌注长桩的组合式挡土止水支护方案。

3.2 基坑支护方案选择

根据本工程周边环境、基坑开挖深度及地质条件，结合相关工程的实施经验，一层地下室北面、东面采用自然放坡开挖，西面采用格构式水泥搅拌桩挡土止水支护方案；二层地下室东面采用格构式水泥搅拌桩挡土止水支护方案，南面、西面采用格构式水泥搅拌桩＋间隔 3.15～4.05m 在水泥搅拌桩中插单根钻孔灌注桩挡土止水支护方案；一、二层地下室交界处采用格构式水泥搅拌桩挡土止水支护方案。

3.3 基坑支护平面布置（图 3-1）

图 3-1 基坑支护平面图

3.4 基坑支护典型剖面（图3-2～图3-5）

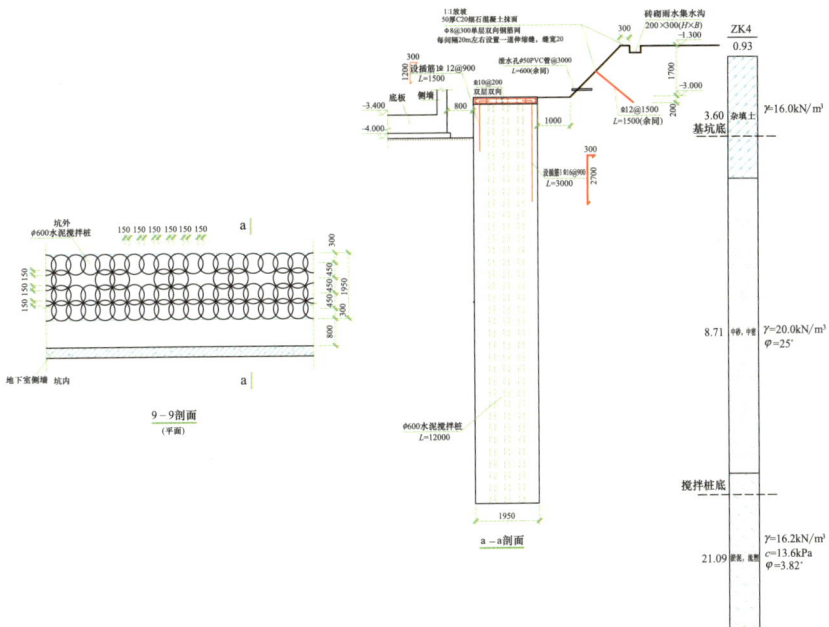

图3-2 一层地下室西面基坑支护剖面图
注：采用格构式水泥搅拌桩挡土止水支护方案。

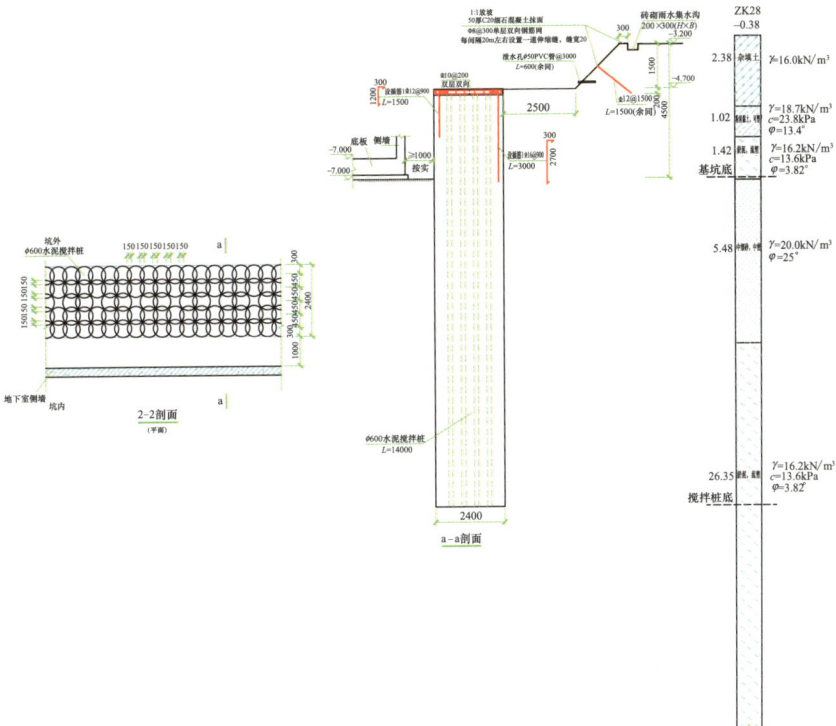

图3-3 二层地下室东面基坑支护剖面图
注：采用格构式水泥搅拌桩挡土止水支护方案。

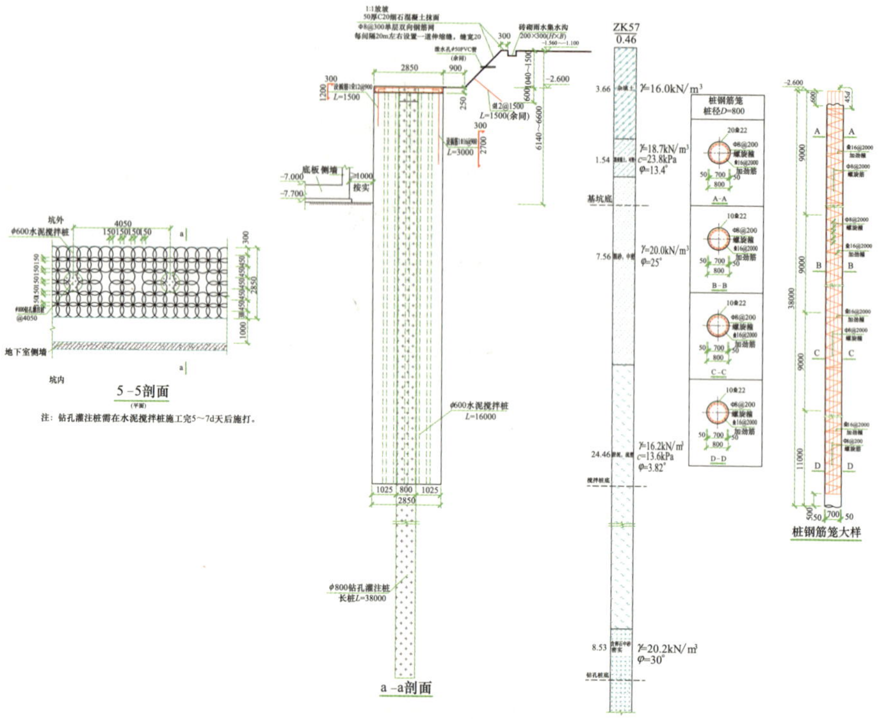

图 3-4　二层地下室南面、西面基坑支护剖面图

注：采用格构式水泥搅拌桩＋中间插单排钻孔灌注桩挡土止水支护方案。

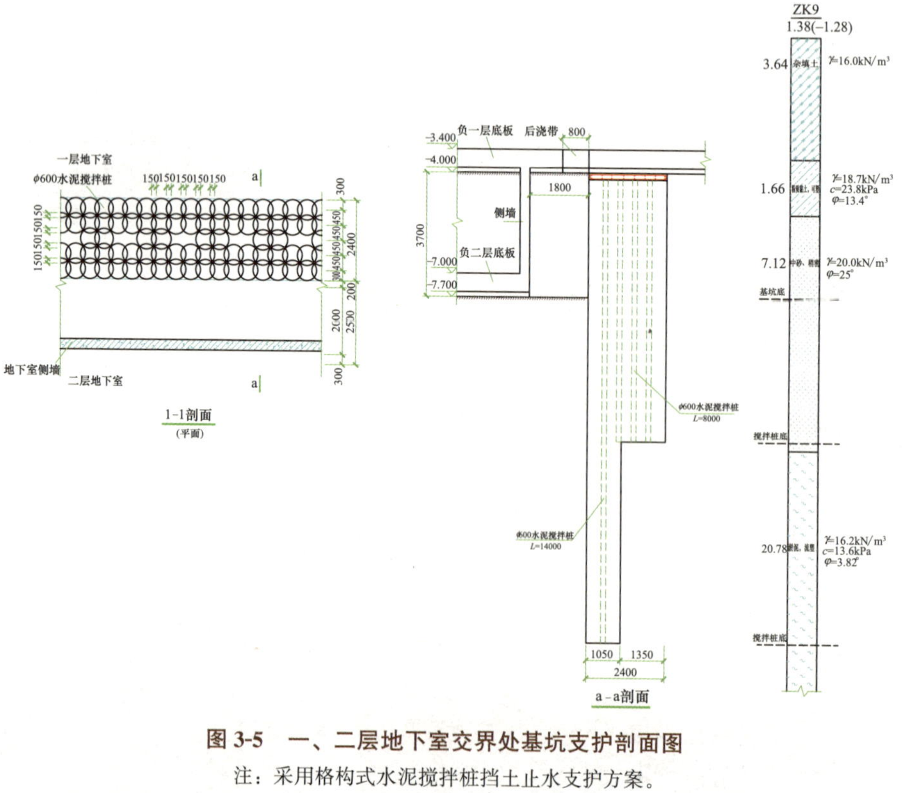

图 3-5　一、二层地下室交界处基坑支护剖面图

注：采用格构式水泥搅拌桩挡土止水支护方案。

4 施工过程

4.1 施工顺序

施工主体结构工程桩→格构式水泥搅拌桩→钻孔桩→压顶板、梁→基坑开挖到底板垫层底标高、承台垫层底标高→主体结构承台、底板。

4.2 基坑土方开挖应采取的措施

（1）根据本工程周边环境，出土口设置在东面中部。

（2）分段、分层开挖地下室土方，分块浇筑地下室底板、承台。

（3）开挖的土方应随挖随运，严禁堆积在基坑顶及周边场地。

4.3 基坑降、排水措施

基坑采用明降明排的降水施工方案，随挖方布置临时集水井或降水坑，以降低坑内地下水位，方便施工。

4.4 施工现场

本基坑工程施工现场如图 4-1～图 4-7 所示。

图 4-1 基坑全景

图 4-2　二层地下室东面土方开挖

图 4-3　二层地下室西面底板浇筑

图 4-4   二层地下室东面底板钢筋绑扎

图 4-5   二层地下室中部底板浇筑

图 4-6　二层地下室东面基坑顶

图 4-7　二层地下室东南角底板浇筑

4.5 基坑监测结果

第三方基坑监测单位的监测数据表明，在基坑开挖及地下室施工过程中，支护结构的顶部水平位移、坑外地面及西面建筑物沉降均在规范允许范围内，支护结构和周边环境安全可控。

5 结语

本工程地质条件比较复杂，上部为以建筑垃圾为主的杂填土及透水性较好的中、细砂，下部为力学性能差、高压缩性、呈流塑状的淤泥（深度为19.61～29.30m）。二层地下室的南侧和西侧，基坑开挖深度为6.4～6.6m，采用格构式水泥搅拌桩＋间隔3.15～4.05m在水泥搅拌桩中插单根钻孔灌注桩挡土止水方案。水泥搅拌桩（短桩）可控制支护结构水平变形、防止基坑侧壁渗水；钻孔灌注桩（长桩）可保证支护结构整体稳定、抗倾覆。发挥两种桩型各自优势，形成组合式支护结构。基坑开挖后，支护结构不渗水，水平变形小，总体效果较好，降低了成本，值得推广应用。

案例 05　江山帝景基坑工程

1　工程概况

本工程场地位于揭阳市榕城区渔湖镇，北侧临三横路，南侧为规划市政道路，西侧临环岛路，东侧为田园场地（图 1-1）。拟建建筑主要为多栋高层建筑，采用管桩基础，整个场地设置一层地下室。本工程现有场地标高（黄海高程标高）为 2.000m（1.500m）。坑底标高随地平有所变化，一层地下室底板底标高为−0.950～−1.250m，筏板底标高为−2.250～−3.300m；开挖深度约 2.450～4.800m。场地周边环境简单，地下室边线北面、南面距离红线超过 10m，西面和东面地下室边线变化曲折，距离红线位置不等，在 3～10m 之间，支护局部允许超过红线。基坑周围地段受基坑工程扰动程度小，北侧临主干路 20m 以上，环境等级、支护安全等级为二级；南侧、东侧为受扰动较小区，环境等级、支护安全等级为三级。

图 1-1　周边环境示意

2 地质条件

场地属于冲积平原地貌，后经人工填土平整，地形较平坦，地貌较简单；勘察钻孔地面高程为1.04～2.22m。

在钻探控制深度范围内，岩土层自上而下划分为：

① 素填土层：灰色，灰褐色，松散，土性主要为粉质黏土，含植物根系，偏耕植土。

②$_1$ 淤泥质土：灰黑色，灰色，饱和，流塑，黏性好，稍具臭味。层面埋深1.00～2.00m，厚度为9.50～11.80m，平均10.43m。

②$_2$ 粉质黏土：灰黄色，褐黄色，灰褐色，湿，可塑，黏性好。层面埋深20.10～23.30m，平均21.67m；厚度为0.90～5.90m，平均2.83m。

②$_3$ 中砂：灰褐色，灰黄色，饱和，稍密，颗粒分选性差，含少许黏粒。层面埋深11.00～13.80m，平均12.03m；厚度为0.70～0.80m，平均0.77m。

②$_4$ 粉质黏土：灰色，灰褐色，灰白色，湿，可塑，黏性好，干强度高。

②$_5$ 粗砂：灰褐色，灰黄色，饱和，稍密，颗粒分选性差，含少许黏粒。层面埋深11.00～13.80m，平均12.03m；厚度为0.70～0.80m，平均0.77m。

②$_6$ 黏土：灰色，灰褐色，湿，可塑，黏性好。层面埋深11.80～14.50m，平均12.80m；厚度为2.70～3.20m，平均3.00m。

③ 粉质黏土：灰色，灰黄色，灰褐色，稍湿，硬塑，黏性好，为炭质灰岩残积土。层面埋深40.10～43.30m，平均41.67m；厚度为0.90～5.90m，平均2.83m。

④ 强风化石灰岩：灰色，灰黑色，风化强烈，岩芯呈土夹碎石状，半岩半土状为主，土状遇水崩解，碎石状锤击易碎，岩质极软，岩体基本质量等级为Ⅴ级。

地下水概况：填土层、淤泥、淤泥质土、粉质黏土属弱透水层，淤泥质土层为含水而不透水层，粗砂、中砂层为中等—强透水层。在砂层分布范围内，地下水较丰富。场地内地下水类型属承压水。

上层滞水主要赋存于填土中，补给来源主要为大气降水，补给量受季节的影响明显。第四系潜水主要赋存于②$_3$ 中砂层中，透水性强，水量较大。第四系承压水主要赋存于②$_5$ 粗砂层中，这些砂层的顶板、底板均有粉质黏土、黏土作为稳定的隔水层，使得上述粗砂层成为场地的承压含水层，透水性强，水量较大。

地质剖面图如图2-1所示。

3 设计方案

3.1 本基坑工程的特点

（1）基坑周边环境空旷，东、南、西三面现状为耕地，北面距离现有三横路20m以上。

（2）西北处的展示区（售楼中心、泳池、园林绿化等）先施工，基坑支护结构和地下室后施工。

（3）工程地质条件复杂，上部淤泥层较厚，含水率高，力学性能偏低。

（4）场地虽有不少可以放坡的空间，但在淤泥层放坡，根据类似工程的经验，坡率至少要达到1:4以上，坡体方可稳定，且还需要护坡措施，开挖的土方量也很大。故选择垂直开挖的方式比较合理。

3.2 基坑支护方案选择

根据本工程周边环境、地质条件及开挖深度，结合相关工程的实施经验，基坑大部分位置采用双排钢板桩挡土止水方案；电梯井位置采用单排钢板桩＋一道钢支撑挡土止水支

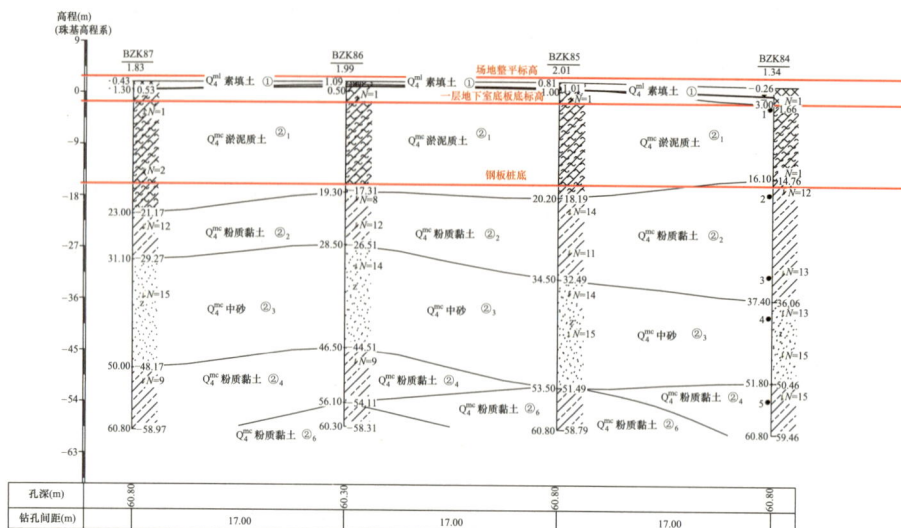

图2-1　工程地质剖面示意图

护方案；展示区局部位置，由于场地条件限制，采用工法桩＋坑底被动区格构式水泥搅拌桩加固挡土止水支护方案。

3.3　基坑支护平面布置（图3-1）

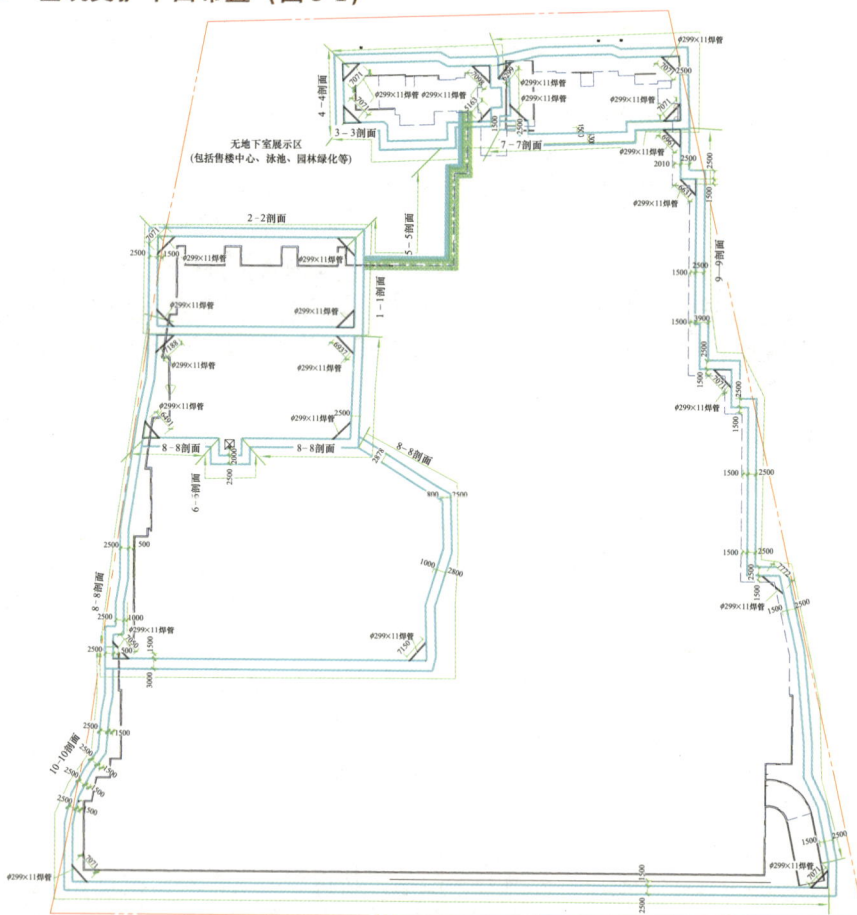

图3-1　基坑支护平面图

3.4　基坑支护剖面（图3-2～图3-4）

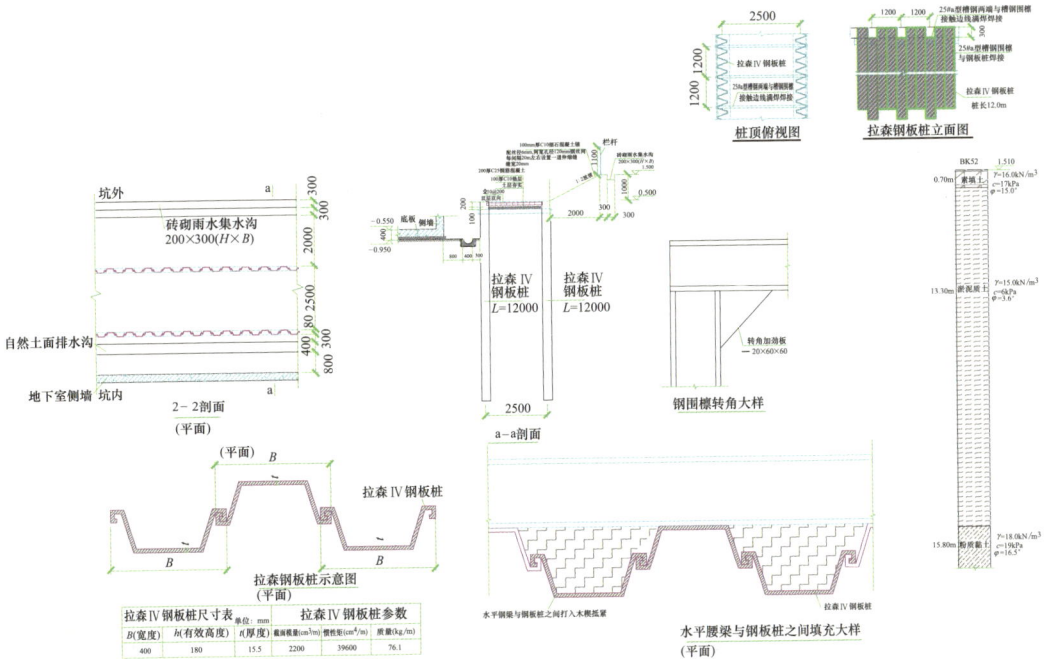

图3-2　一层地下室基坑支护剖面图

注：采用双排钢板桩挡土止水支护方案。

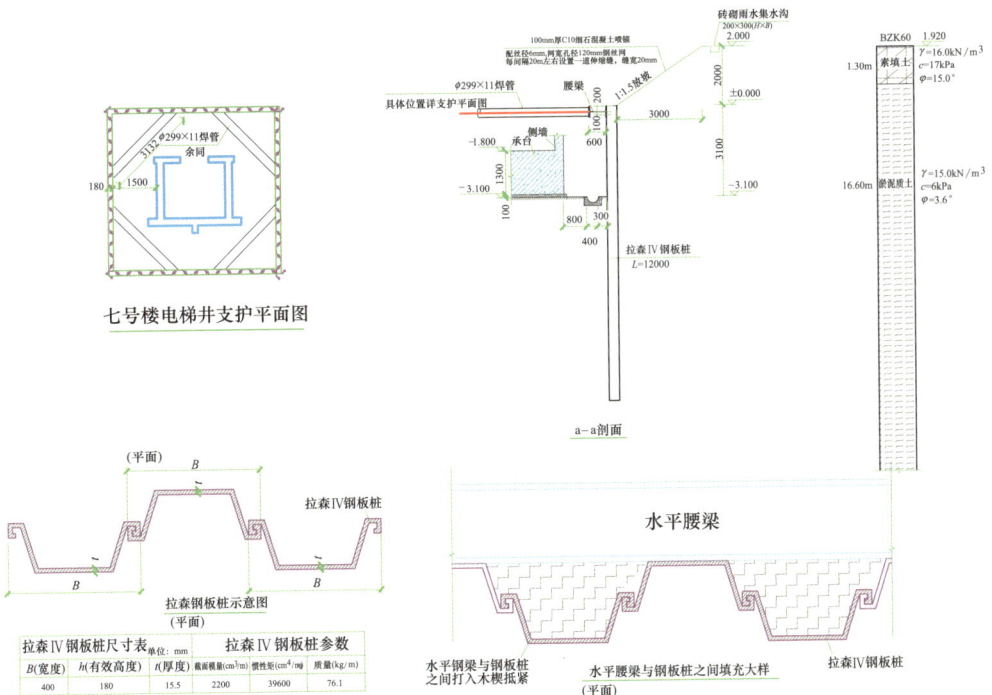

图3-3　电梯井处基坑支护剖面图

注：采用单排钢板桩＋一道钢支撑挡土止水支护方案。

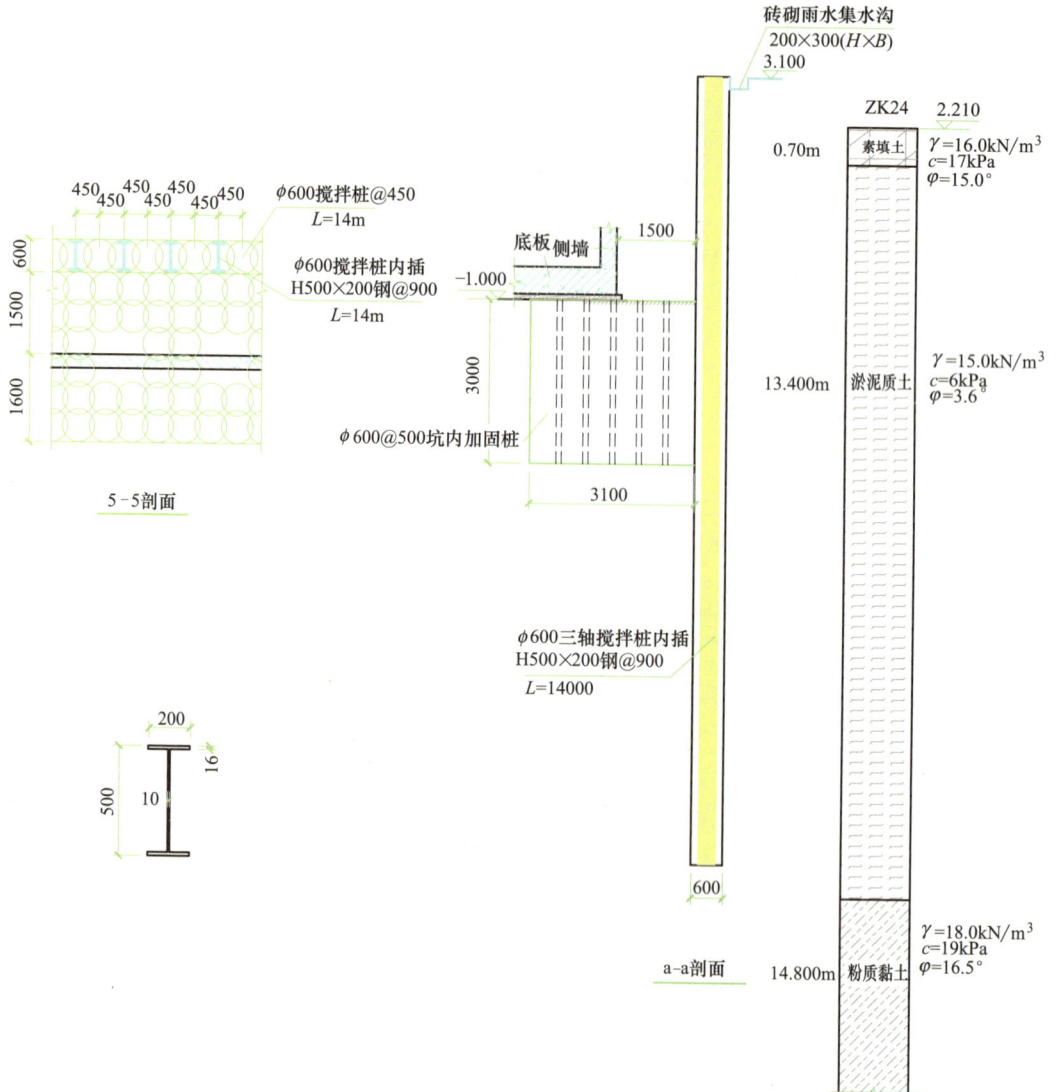

图 3-4　展示区局部位置处基坑支护剖面图

注：采用工法桩＋坑底被动区格构式水泥搅拌桩加固挡土止水支护方案。

4　施工过程

4.1　施工顺序

（1）施工主体结构工程桩→单、双排钢板桩→土方开挖至±0.000→钢支撑→电梯井开挖→电梯承台→主体底板（承台）。

（2）在各栋塔楼承台施工时，一般要求先施工电梯井部位承台，后施工其他承台，即先深后浅。但基坑北侧的塔楼，电梯井靠基坑边比较近，开挖深度超过设计假定，只能采取相应的施工措施，即先施工电梯井周边的承台并在北侧、南侧紧贴钢板桩，形成一个支撑系统，然后开挖电梯井位置的土方，用钢板桩做永久侧模，不拔除，施工电梯井承台（图 4-1）。

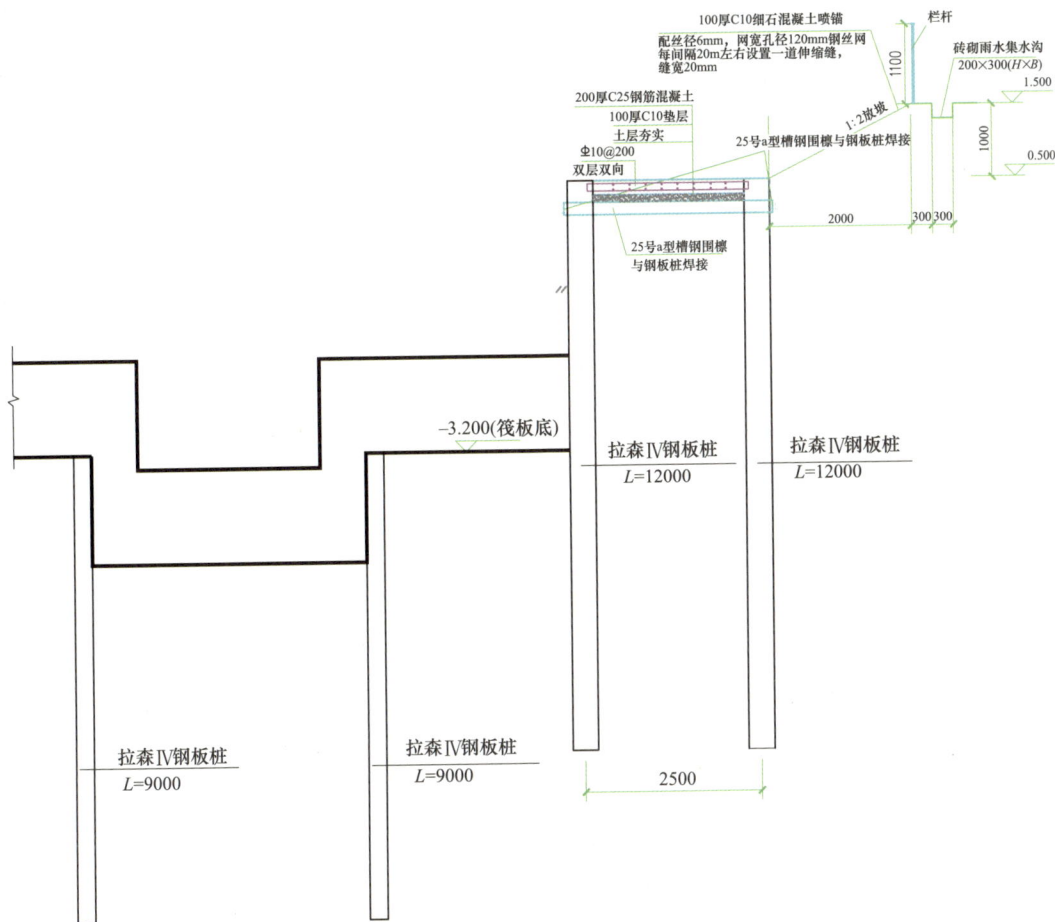

图 4-1 北侧塔楼电梯井施工剖面图

（3）展示区局部位置的工法桩，由于项目要求加快施工进度，取消了坑底被动区格构式水泥搅拌加固桩，采用图 4-2 所示方法处理。

图 4-2 中工况一、二分别为：

工况一：①工法桩内侧原状土体放坡，宽度 4.5m，高度 3.0m；②坡角反压砂包，坡面喷射混凝土面层护坡。

工况二：①快速浇筑放坡体以外的地下室垫层、底板；②每隔 5m 左右在底板和工法桩之间加设工字钢临时斜支撑；③挖除放坡土体；④浇筑垫层、底板和侧墙；⑤工法桩与地下室之间的肥槽回填石屑；⑥拆除工字钢斜支撑。

4.2 基坑土方开挖应采取的措施

（1）基坑土方开挖要分层、分段，淤泥层的分层厚度不超过 1.0m，严禁一次性开挖到坑底。分段长度不超过 20m，分块浇筑地下室底板、承台。

（2）开挖的土方应随挖随运，严禁堆积在基坑顶及周边场地。

（3）基坑开挖时，采用明降明排的降水方案，并随挖方布置临时集水井或降水坑，以降低坑内的地下水位，方便施工。

4.3 施工现场

本基坑工程施工现场如图 4-3～图 4-9 所示。

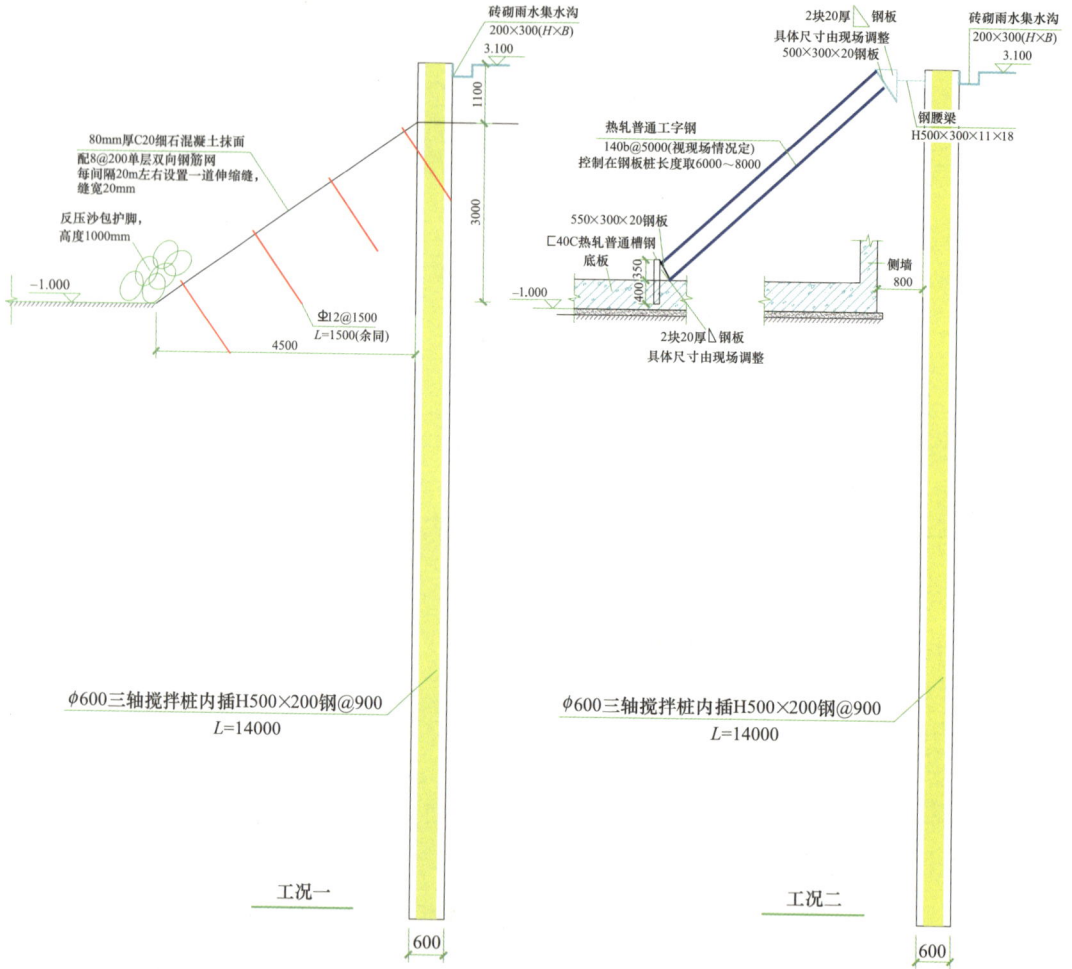

砖砌雨水集水沟
200×300(H×B)
3.100
1100

80mm厚C20细石混凝土抹面
配8@200单层双向钢筋网
每间隔20m左右设置一道伸缩缝，
缝宽20mm

反压沙包护脚，
高度1000mm

-1.000

Φ12@1500
L=1500(余同)

4500

3000

φ600三轴搅拌桩内插H500×200钢@900
L=14000

工况一

600

2块20厚 钢板
具体尺寸由现场调整
500×300×20钢板

砖砌雨水集水沟
200×300(H×B)
3.100

热轧普通工字钢
140b@5000(视现场情况定)
控制在钢板桩长度取6000~8000

钢腰梁
H500×300×11×18

550×300×20钢板
[40C热轧普通槽钢
底板

-1.000

400/350

侧墙
800

2块20厚 钢板
具体尺寸由现场调整

φ600三轴搅拌桩内插H500×200钢@900
L=14000

工况二

600

图4-2 展示区局部位置基坑支护修改剖面图

图4-3 钢板桩施打

图 4-4 西北侧塔楼（靠近售楼处）基坑支护

图 4-5 基坑东北处塔楼承台施工

图 4-6 中部基坑开挖

图 4-7　北侧电梯井施工

图 4-8　基坑北侧底板施工

图 4-9　基坑承台底板施工

4.4　基坑监测

第三方监测单位对基坑土方开挖、地下室施工的全过程进行了监测，监测结果显示，钢板桩的水平变形、坑外地面和展示区的沉降均在可控范围。对于局部位置出现较大变形的情况，通过及时启动施工应急预案，化解了风险，支护结构和周边环境整体安全可控。

5　结语

在淤泥层较厚、含水率高、力学性能偏低的软土地区采用钢板桩支护形式，有一定的挑战性，主要问题是钢板桩的刚度小，位移控制难度比较大。但钢板桩施工速度快，成本低，只要周边环境允许，钢板钢支护形式的优势明显。本工程的顺利实施，是一次成功的尝试。

案例06　泰都钢厂沉淀池基坑工程

1　工程概况

本工程位于揭阳市广东泰都钢铁厂厂区内，北、南、西三面为空旷场地，东面距离主厂房6m（图1-1）。现有场地标高为−0.300m，沉淀池底板垫层底标高为−10.900m，基坑的开挖深度为10.600m。基坑环境等级：东面为一级，其他三面为二级；支护结构安全等级为一级。

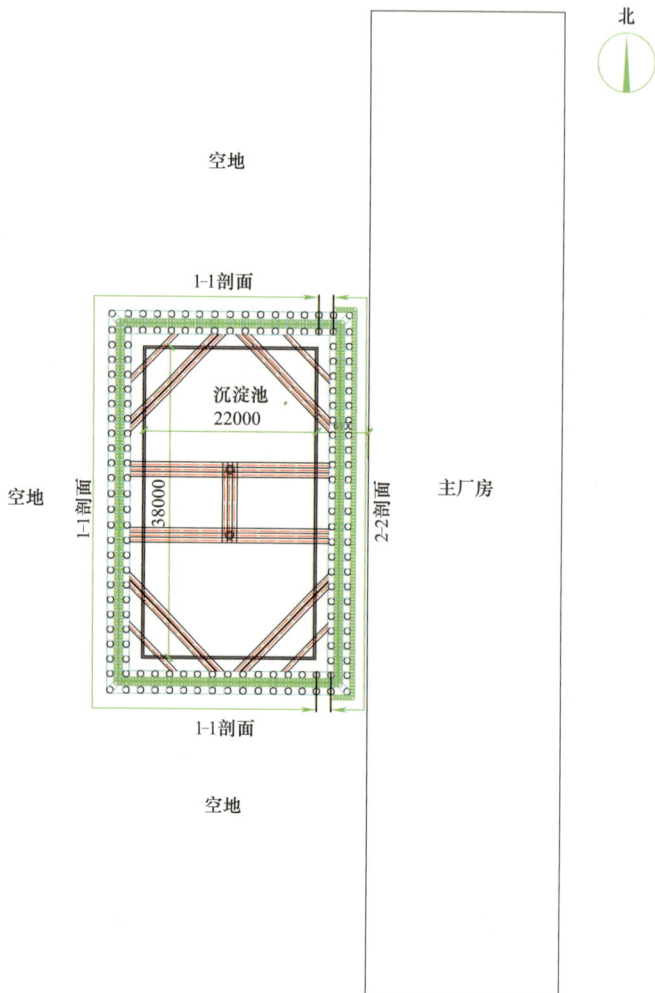

图1-1　周边环境示意

2　地质条件

场址在勘探深度内的土层根据其地质成因、沉积韵律及工程物理力学性质特征等，自上而下可划分为：

①杂填土：灰黄色，松散，稍湿，由砂土、黏性土混杂碎石及建筑垃圾组成，主要为填筑的砂石。

②黏土：浅灰、灰黄色，可塑，以黏粒为主，黏性较好。

③淤泥：灰黑、深灰色，流塑，含少量腐殖质，黏手感强，具臭味。

④细、中粗砂：灰白色、灰黄色，饱和，密实，以中粗砂为主，多泥质，级配良好。

⑤粉质黏土：灰白色、灰黄色，可塑，以粉黏粒为主，含较多砂粒，黏性一般。

⑥砾质黏性土：灰白色、灰黄色，可塑，以粉黏粒为主，含较多砂粒，黏性一般。

场地勘探深度内，地下水按其含水介质和赋存条件及水力特征，主要存在孔隙潜水、孔隙承压水及基岩裂隙水。场地地下水呈透镜体分布，属浅循环水。地下水补给、径流、排泄条件及地下水动态保持天然状态。

地质剖面图如图2-1所示。

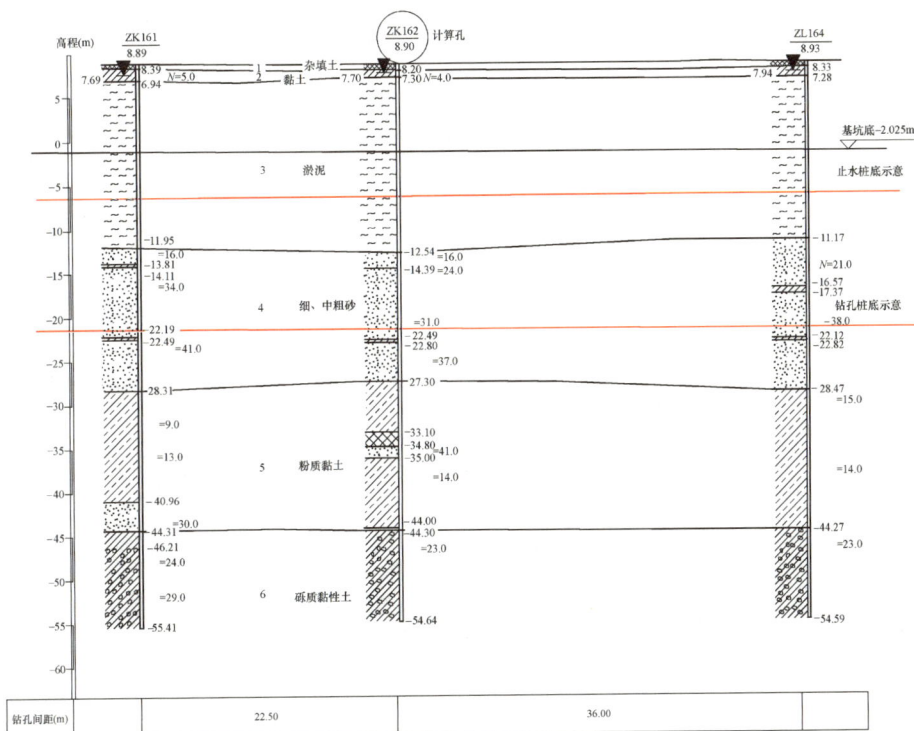

图2-1　工程地质剖面示意图

3　设计方案

3.1　本基坑工程的特点

（1）基坑开挖深度超过10m，坑底以下为深厚淤泥层，含水率高，力学性能很差。

（2）建设单位要求采用钢支撑梁，开挖深度超过10m；深厚淤泥层中采用钻孔灌注桩＋钢管支撑支护设计方案，在潮汕地区可能是首例。

3.2　基坑支护方案选择

根据本工程周边环境、基坑开挖深度及地质条件，基坑支护采用双排钻孔灌注桩＋前后排灌注桩之间双排水泥搅拌桩＋二道钢管支撑＋坑底水泥搅拌桩满堂布置加固挡土止水支护方案。同时，考虑到基坑东侧6m处为主厂房，为了不影响厂房正常生产，需减少和控制基坑东面的水平变形及地面沉降，故在后排钻孔灌注桩外侧增加单排水泥搅拌桩加固。

3.3 基坑支护平面布置（图 3-1～图 3-3）

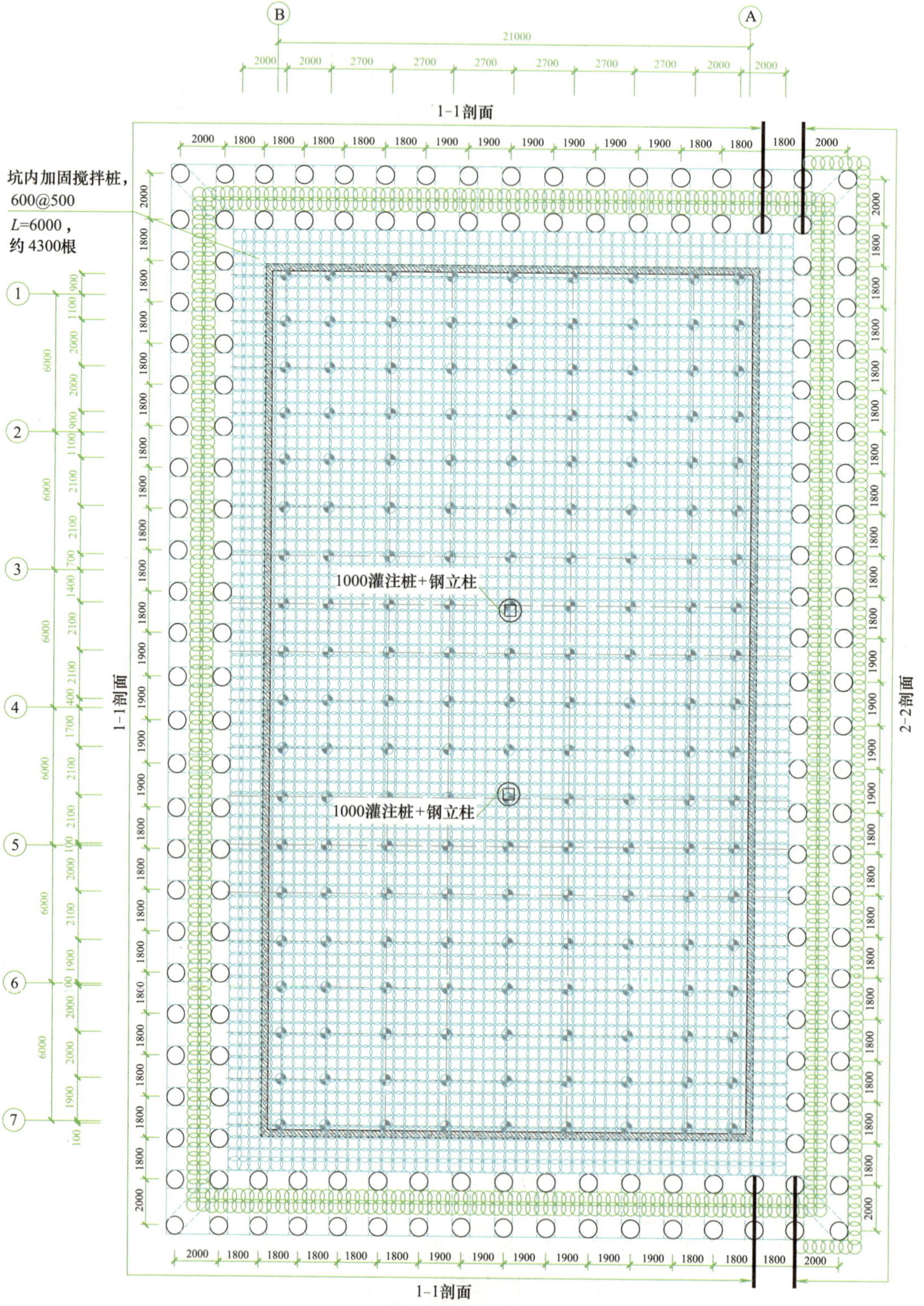

图 3-1 基坑支护平面图

（支护结构顶面标高−0.300）

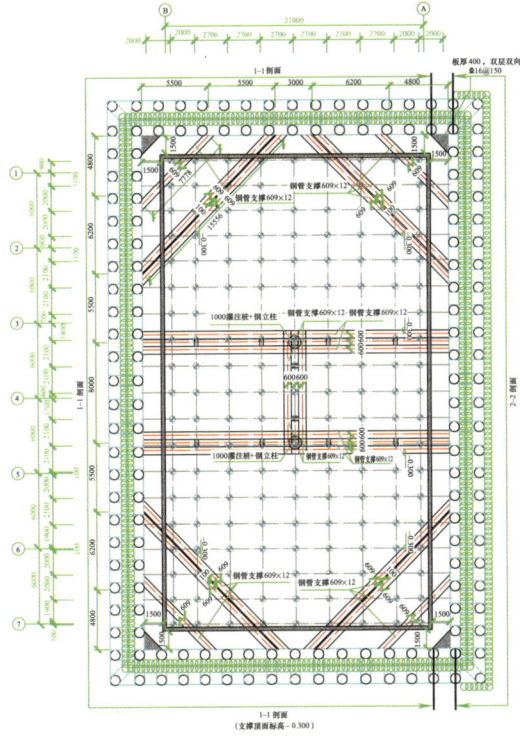

图 3-2 基坑支护第一道支撑平面图

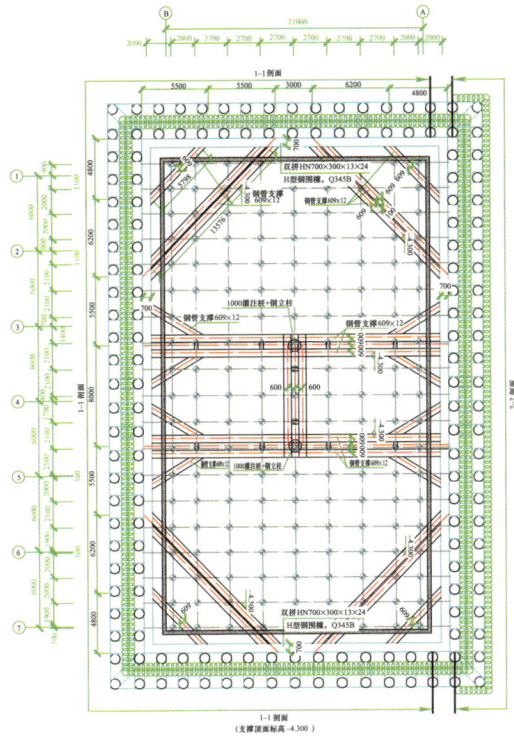

图 3-3 基坑支护第二道支撑平面图

3.4 基坑支护剖面（图3-4～图3-7）

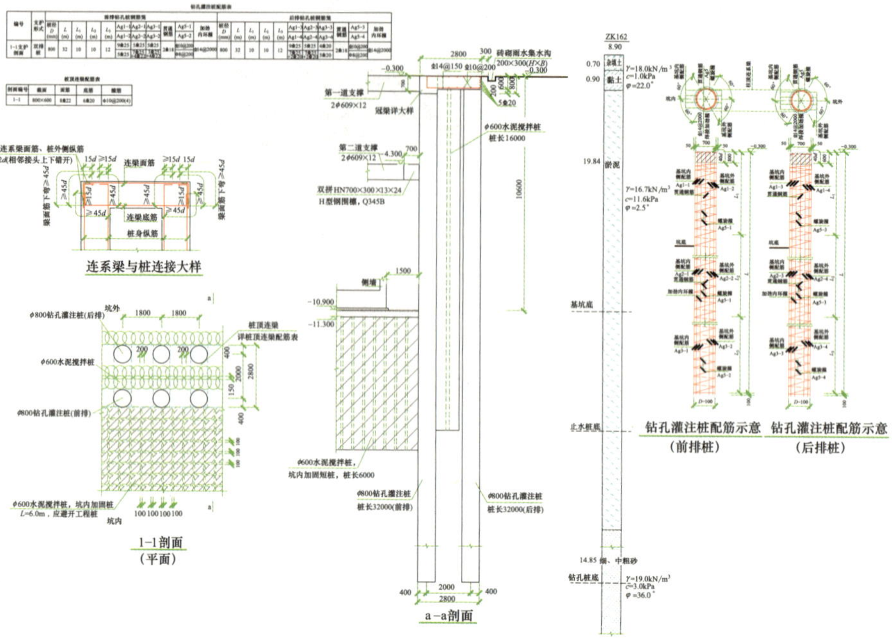

图3-4 北面、南面、西面基坑支护剖面图

注：采用双排钻孔灌注桩＋前后排灌注桩之间双排水泥搅拌桩＋二道钢管支撑＋坑底水泥搅拌桩满堂布置加固挡土止水支护方案。

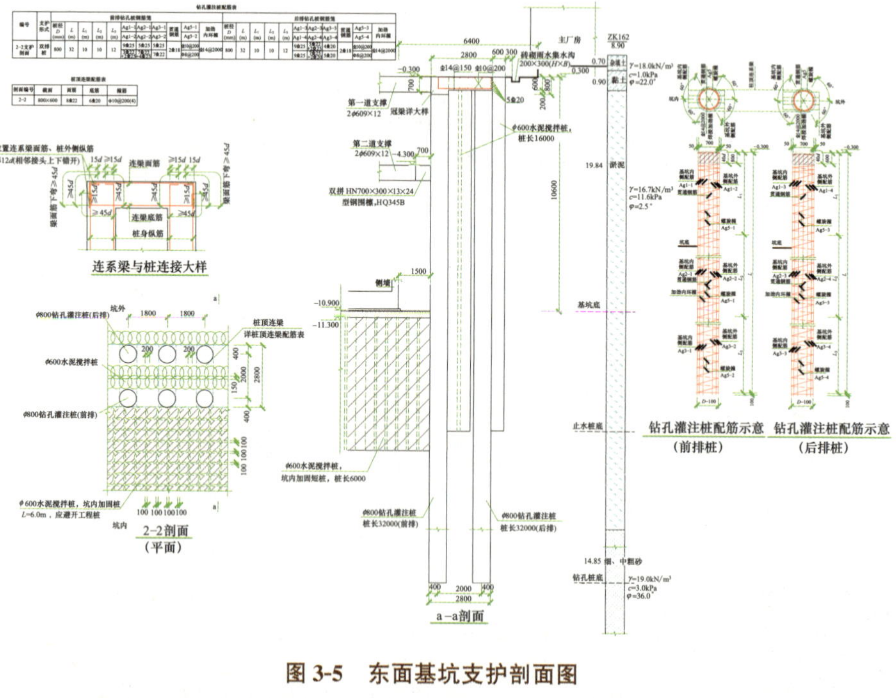

图3-5 东面基坑支护剖面图

注：采用双排钻孔灌注桩＋前后排灌注桩之间双排水泥搅拌桩＋后排钻孔灌注桩外侧单排水泥搅拌桩＋二道钢管支撑＋坑底水泥搅拌桩满堂布置加固挡土止水支护方案。

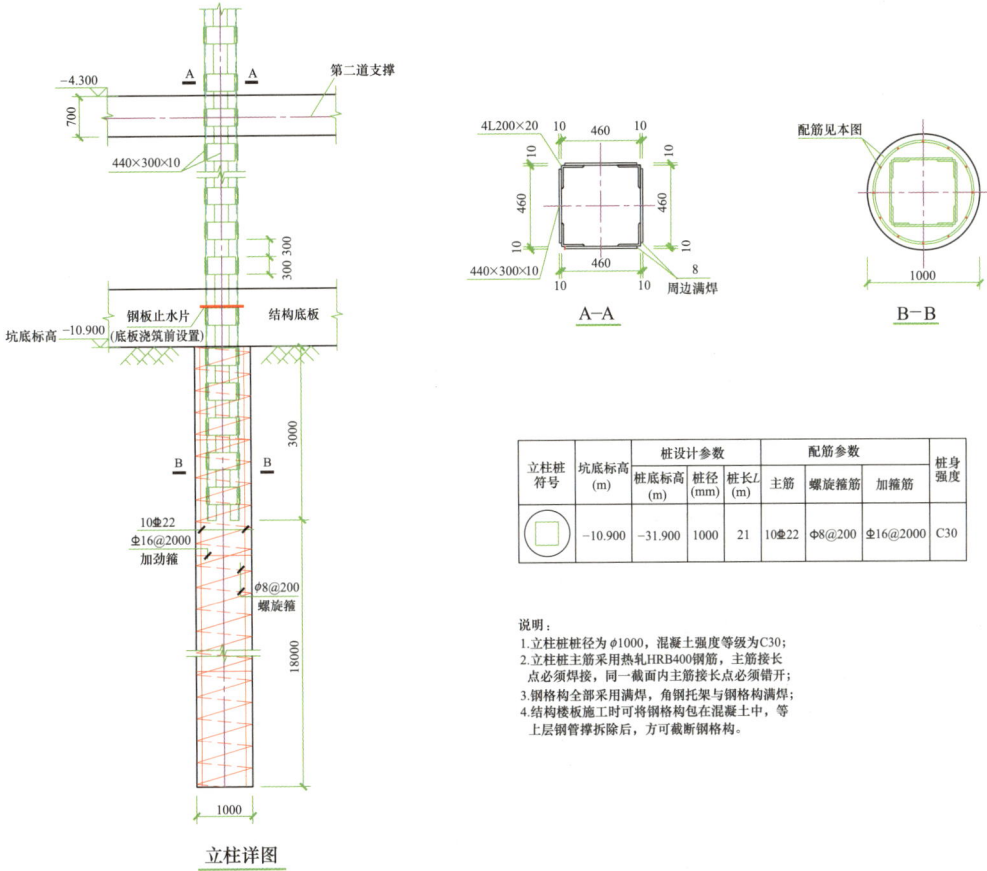

图 3-6 角钢格构柱（桩）大样图

注：立柱（桩）采用460mm×460mm角钢格构＋钻孔灌注桩直径1000mm，桩长约32m。

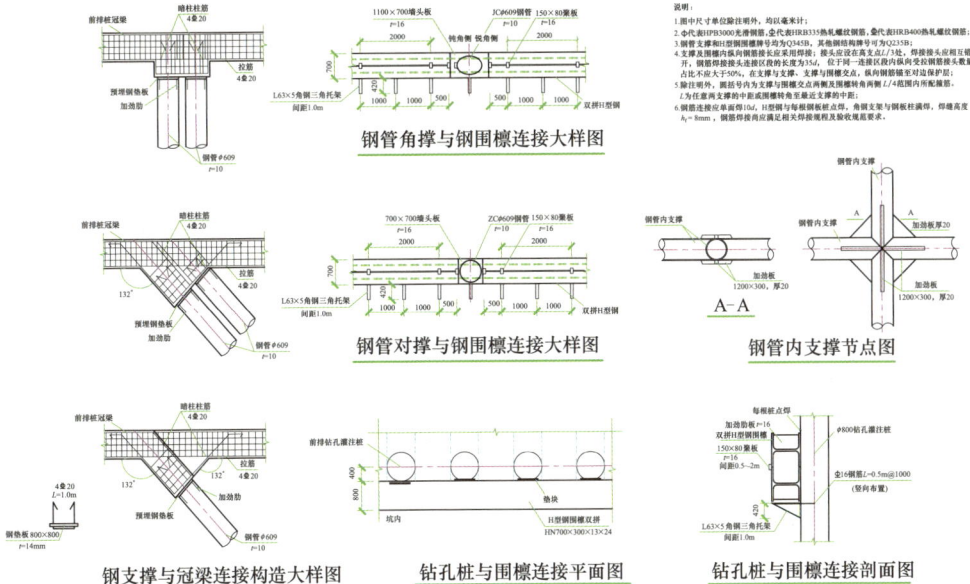

图 3-7 钢管支撑及相关节点大样图

4 施工过程

4.1 施工顺序

（1）施工主体结构工程桩→水泥搅拌桩→支护桩（立柱桩）→土方开挖至标高－1.000m，浇筑冠梁及安装第一道钢管支撑→待冠梁达到设计强度的80％后，分层、分块、对称、平衡开挖至标高－5.000m，第二道支撑底标高→第二道H型钢围檩及钢管支撑→钢结构体系安装完毕后，分层、分块、对称、平衡开挖至基坑底标高→浇筑基底垫层、基础底板，基坑周边设置换撑板带，并在结构缺失区域设置临时换撑构件。

（2）底板、承台与支护桩之间的空隙用C25素混凝土浇捣填实→浇筑侧壁、隔墙，回填密实碎石至标高－5.500m，拆除第二道支撑→浇筑沉淀池侧墙、隔墙，回填密实碎石至标高－1.500m，基坑周边设置换撑板带，并在结构缺失区域设置临时换撑构件→拆除第一道支撑→浇筑沉淀池顶板结构，待顶板达到设计强度的80％，基坑周边密实回填后，拆除内部临时换撑。

拆除支撑步骤如图4-1所示。

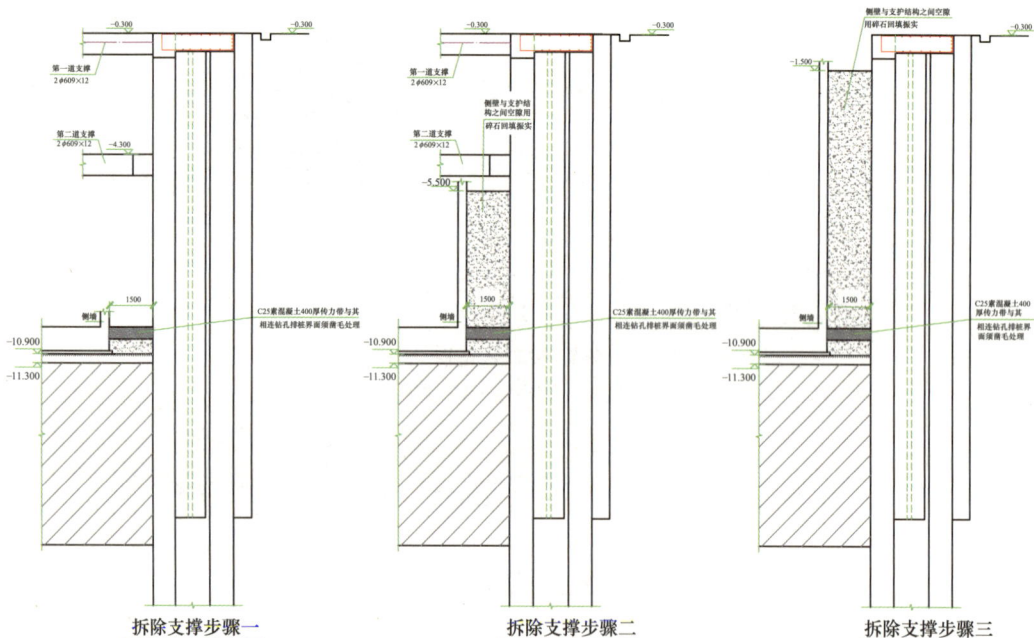

拆除支撑步骤一　　　　拆除支撑步骤二　　　　拆除支撑步骤三

拆除基坑支撑施工说明：

为便于地下室顶板的施工，在完成地下室底板结构7d后可进行支撑转换处理。处理方法是：在地下室底板结构与灌注桩间隔部位，先用碎石回填夯实后，沿周边均匀浇筑400mm厚的C25素混凝土；侧壁做完防水批荡层后，回填碎石至标高－5.500m，可拆除第二道支撑，施工侧墙、做完防水批荡层后，回填碎石至标高－1.500m，可拆除第一道支撑，支撑拆除过程中必须进行施工过程的变形监测，若监测到支护结构水平位移大于40mm，必须及时停止施工，通知设计人员，做出相关加固换撑处理。

图4-1 拆除支撑步骤

4.2 基坑土方开挖应采取的措施

基坑土方开挖时，采用明降明排的降水施工措施，随挖方布置临时集水井或降水坑，以降低坑内地下水位，方便施工。

基坑土方开挖时，尽量缩短基坑无支撑暴露时间，普遍区域土体无支撑暴露时间不超过48h；开挖面支护体无支撑暴露长度不大于15m。开挖期间，地面荷载限值为10kPa。支撑和围檩上不得堆载。

4.3 施工现场

本基坑工程施工现场如图 4-2～图 4-7 所示。

图 4-2 基坑全景（从北往南）

图 4-3 基坑全景（从南往北）

图 4-4　基坑东侧中部

图 4-5　基坑东南角

图 4-6　沉淀池隔墙支模（第二道钢支撑拆除）

图 4-7　沉淀池施工（第一道钢支撑拆除）

4.4　基坑监测

基坑监测数据表明，在土方开挖及沉淀池施工过程中，支护结构的顶部和深层水平位移、坑外地面及东侧主厂房地面沉降均在规范允许范围内，支护结构和周边环境安全可控。

5　结语

基坑开挖深度超过 10m，软弱淤泥层厚度大于 20m，采用双排钻孔灌注桩＋前后排灌注桩之间双排水泥搅拌桩＋二道钢管支撑＋坑底水泥搅拌桩满堂布置加固的支护结构形式，在软土地区鲜有案例，本基坑工程的成功实施，是一次有意义的探索。

案例 07　丽景湾基坑工程

1. 工程概况

本工程位于揭阳市原揭阳电力厂，北侧、西侧、东侧为 3～8 层住宅楼，南侧为金溪大道（图 1-1）。地下室边线距北侧 8 层住宅楼约 13m，距东侧住宅楼约 18m，距南侧金溪大道约 21m，距西侧 3 层商业楼约 19m。本工程主要由 4 栋 17～18 层高层住宅及配套用房组成，分南、北两个区，北区设二层地下室，南区设一层地下室，采用桩基础。本工程 ± 0.000 相当于绝对标高 6.000m，地下室周边场地现有标高为 $-1.950 \sim -2.600$m。一层地下室板面标高为 -4.900m，底板垫层底标高为 -5.400m，地下室开挖深度约 $2.800 \sim 3.100$m；二层地下室板面标高为 -8.500m，底板垫层底标高为 -9.150m，开挖深度约 $7.200 \sim 6.850$m。基坑环境等级、支护结构安全等级均为二级。

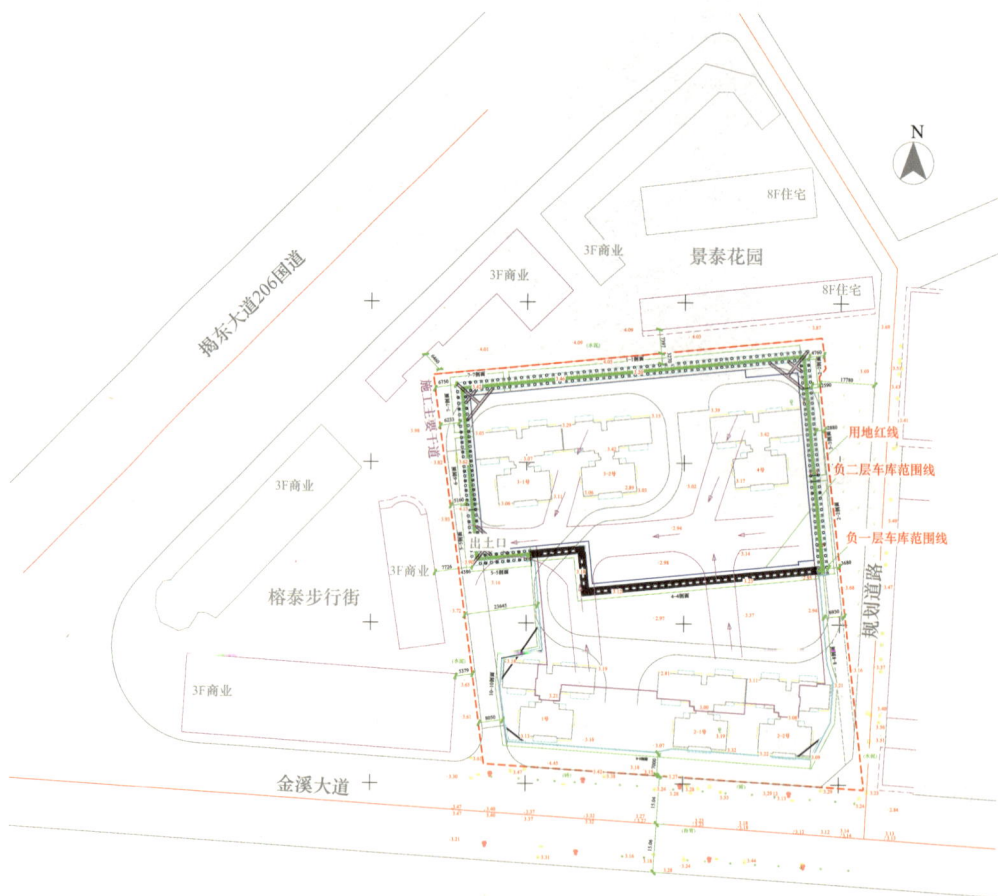

图 1-1　周边环境示意

2　地质条件

现场地旧有建筑物已拆除，地形平坦，上部分布杂填碎石、块石等建筑垃圾。据本次钻探揭露情况，场区岩土层自上而下可划分为：

① 填土层：分布全区，层厚0.30～3.20m，灰白—杂色，干—稍湿—湿—饱和；以杂填土为主，素填土次之。

② 黏土：少数地段分布，层厚0.30～2.60m，青灰色，稍湿，可塑态；以黏粒为主，土质较纯。

③ 淤泥：少数地段缺失，层厚1.10～8.60m，灰黑—灰色，饱和，流塑，局部略固结；土质稍纯，含少量砂粒；局部土质不纯，含较多砂粒。

④ 粗砂、粉质黏土：全区分布，层厚10.10～21.90m，灰黑—灰黄—灰白色；以粉质黏土、粗砂为主，泥炭质土、灰色黏土次之，细砂、中砂、黏土再次之。

⑤ 灰色黏土：部分地段分布，层厚0.90～10.20m。灰黑—灰色，饱和，可塑态；土质较纯，含有机质及少量砂粒，局部含砂粒较多。

⑥ 粗砂、黏土：部分地段分布，层厚0.80～6.10m；灰黄—灰白色；以粗砂为主，黏土次之。

⑦ 砂质黏性土层：全区分布，层厚1.70～31.80m，灰绿—灰白—灰红色，稍湿—湿，可塑—硬塑。

⑧ 全风化花岗岩岩带：少数地段缺失，层厚2.60～9.20m，灰绿—灰白—灰红色，稍湿—湿，硬。

⑨ 强风化花岗岩带：仅ZK31钻孔缺失，部分钻孔未钻穿，已揭示及控制层厚2.10～23.80m，灰黄—灰白色，稍湿—湿，坚硬，属软岩。

⑩ 中风化花岗岩带：部分钻孔钻及，未穿，已控制层厚2.20～6.40m，灰绿—灰白等斑杂色，呈粗粒花岗结构，块状构造，致密坚硬，裂隙较发育。

场区勘察深度内地下水类型主要为孔隙潜水、层间承压水和基岩裂隙弱承压水。

地质剖面图如图2-1所示。

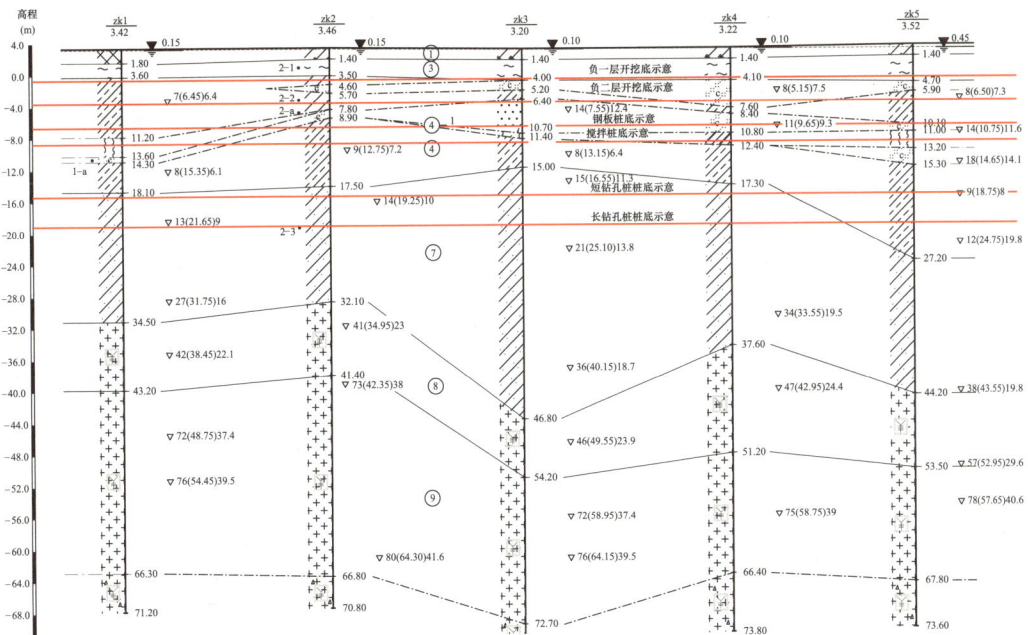

图2-1 工程地质剖面示意图

3 设计方案

3.1 本基坑工程的特点

本工程按项目的进度要求，南区主体结构基本封顶后才开始北区二层地下室的土方开挖和施工。

3.2 基坑支护方案选择

根据本工程周边环境、基坑开挖深度及地质条件，结合相关工程的实施经验，北区二层地下室基坑支护结构，北面、东面、西面采用双排钻孔灌注桩＋前后排灌注桩之间双排水泥搅拌桩挡土止水支护方案；南区一层地下室基坑支护结构，东面、南面、西面采用单排钢板桩挡土止水支护方案；一、二层地下室交界处采用格构式水泥搅拌桩挡土止水支护方案。

3.3 基坑支护平面布置（图3-1）

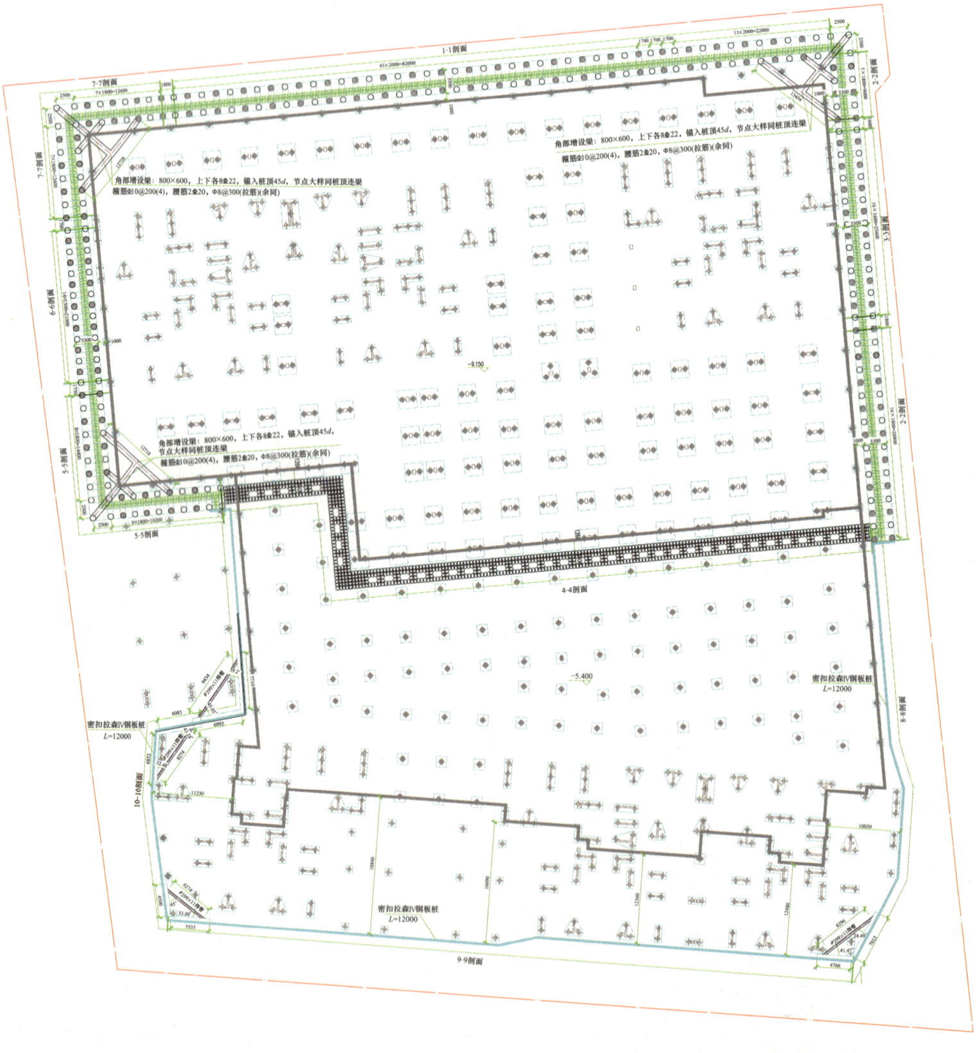

图3-1 基坑支护平面图

3.4　基坑支护剖面（图3-2～图3-6）

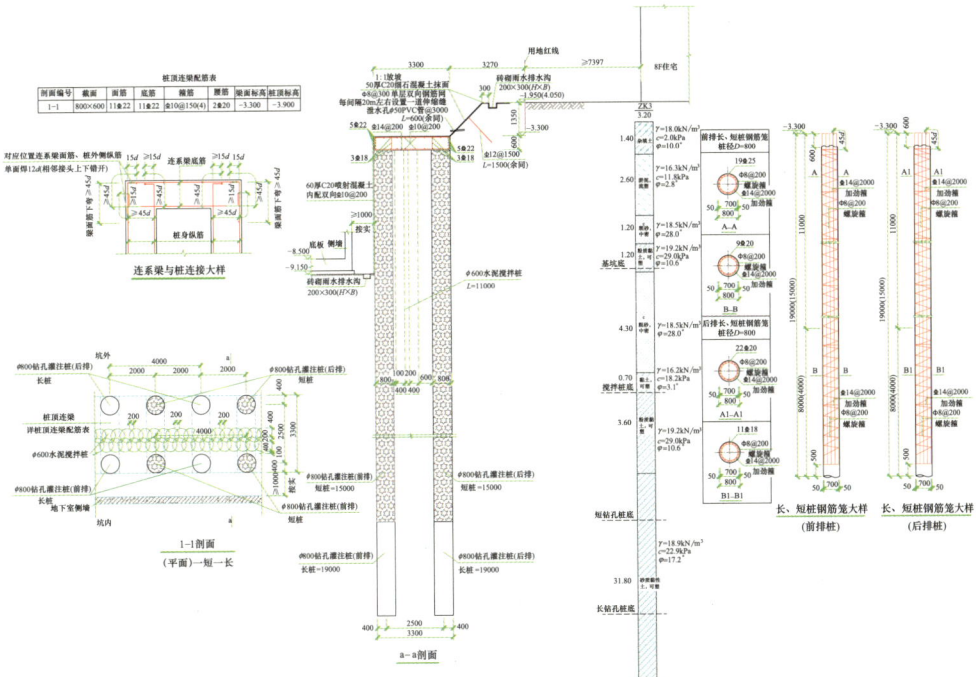

图3-2　北区二层地下室北面、西面基坑支护剖面图

注：采用双排钻孔灌注桩＋前后排灌注桩之间双排水泥搅拌桩挡土止水支护方案。

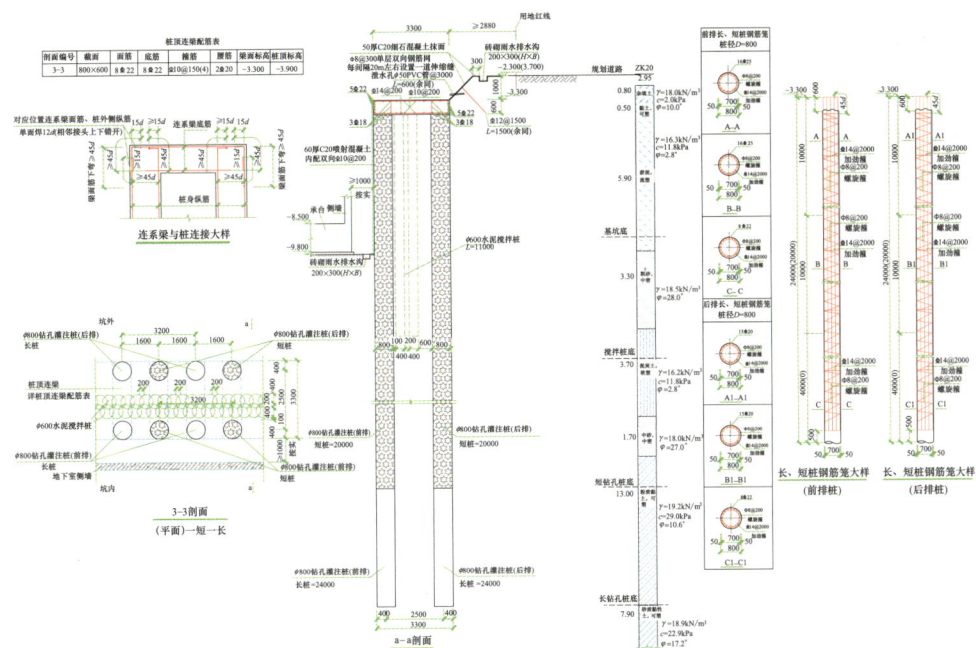

图3-3　北区二层地下室东面基坑支护剖面图

注：采用双排钻孔灌注桩＋前后排灌注桩之间双排水泥搅拌桩挡土止水支护方案。

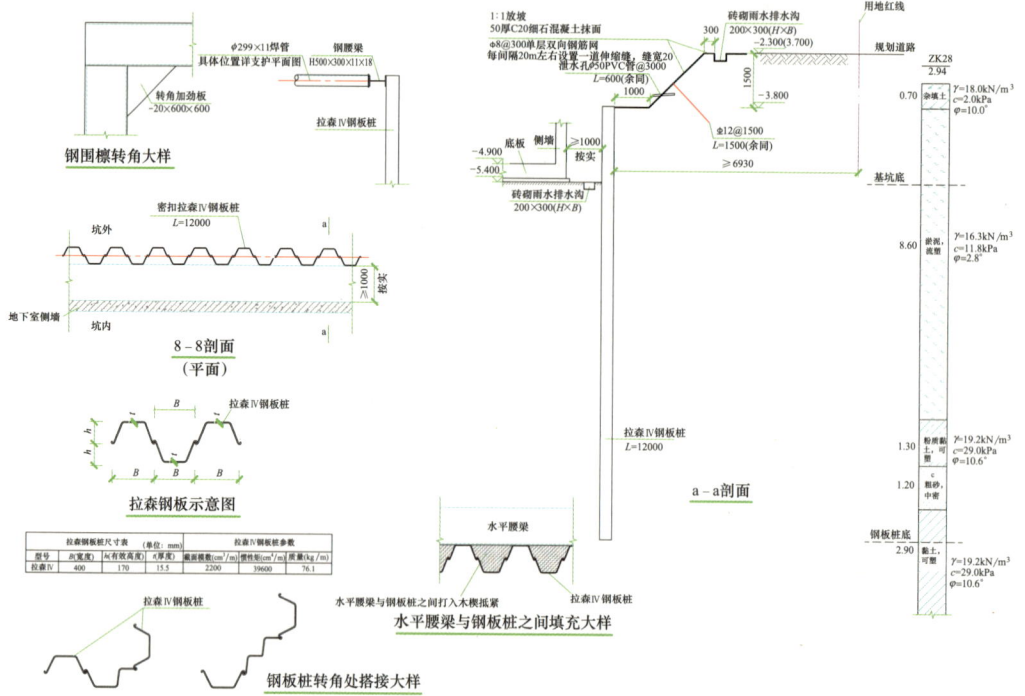

图 3-4 南区一层地下室东面、西面基坑支护剖面图
注：采用单排钢板桩挡土止水支护方案。

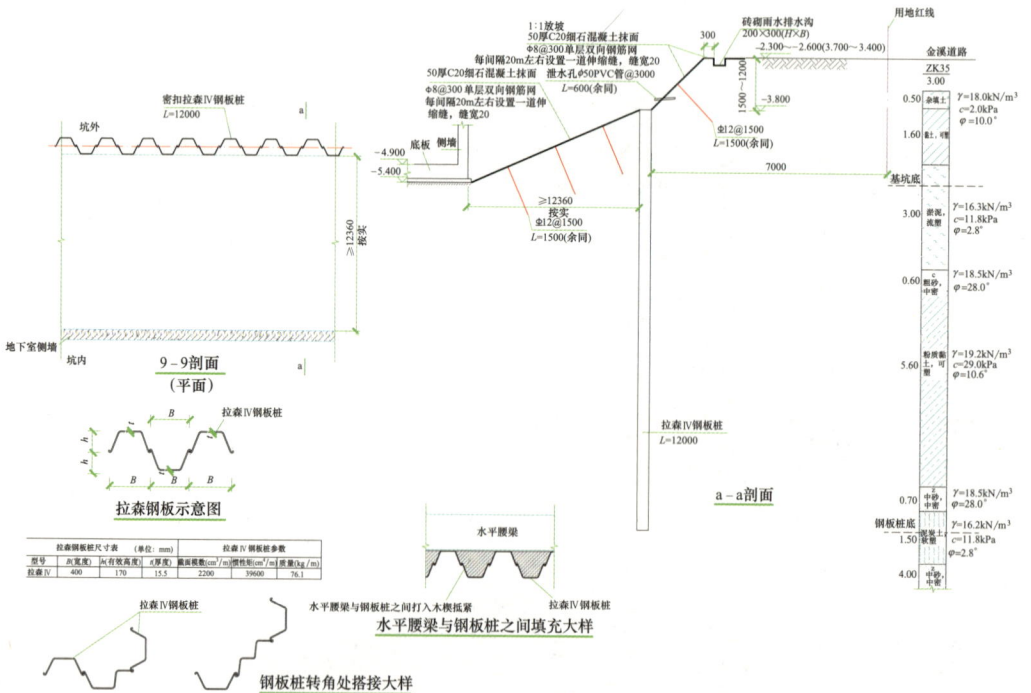

图 3-5 南区一层地下室南面基坑支护剖面图
注：采用单排钢板桩挡土止水支护方案。

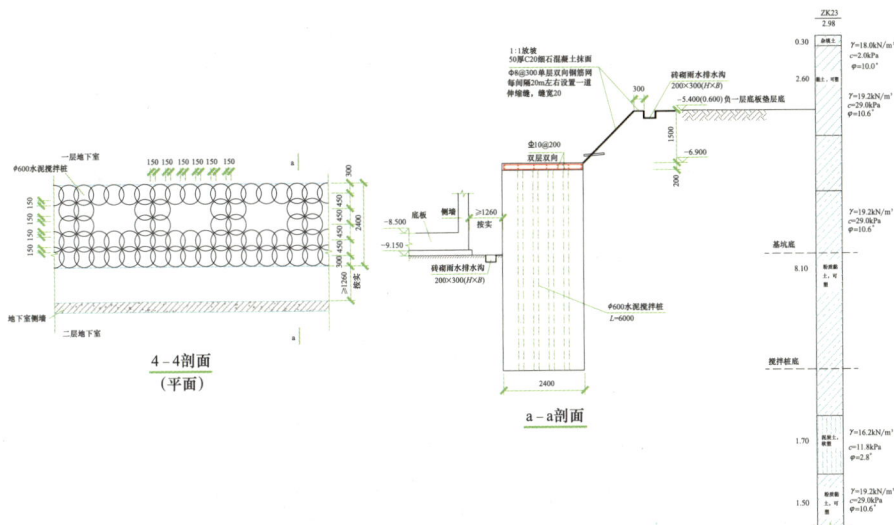

图 3-6　一、二层地下室交界处基坑支护剖面图

注：采用格构式水泥搅拌桩挡土止水支护方案。

4　施工过程

4.1　施工顺序

施工主体结构工程桩→水泥搅拌桩→钢板桩→钻孔桩→压顶梁、板→基坑开挖到底板垫层底标高、承台垫层底标高→主体结构承台、底板。

4.2　基坑土方开挖应采取的措施

（1）结合本工程周边环境，北区、南区出土口设置在西面中部，土方开挖顺序为从南、北两端往中部开挖。分段长度不超过 30m，分块浇筑地下室底板、承台。

（2）开挖的土方应随挖随运，严禁堆积在基坑顶及周边场地。

4.3　基坑降、排水措施

基坑土方开挖时，采用明降明排的方法降水，随挖方布置临时集水井或降水坑，以降低坑内地下水位，方便施工。

4.4　施工现场

本基坑工程施工现场如图 4-1～图 4-8 所示。

图 4-1　南区一层地下室东侧钢板桩支护、承台浇筑完成

图 4-2　南区一层地下室西南角开挖到坑底

图 4-3　南区主体结构封顶全景

图 4-4　北区二层地下室北面开挖到坑底

图 4-5　北区二层地下室西面土方开挖

图4-6 北区二层地下室东侧底板钢筋绑扎

图4-7 北区二层地下室施工全景1

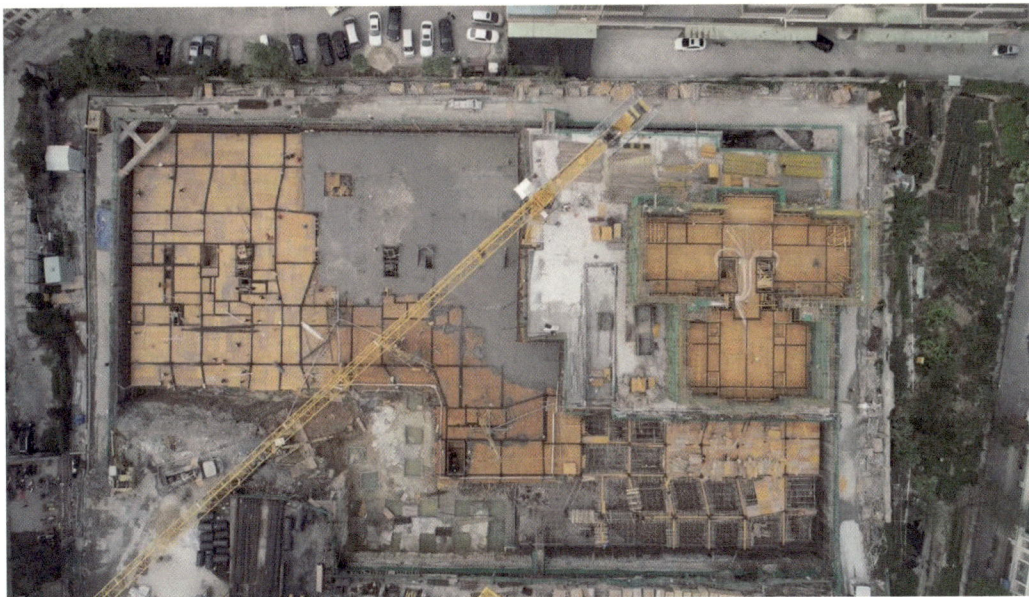

图 4-8 北区二层地下室施工全景 2

4.5 基坑监测

根据有关基坑监测技术规范，针对本基坑工程周边环境，设置了支护结构水平位移、竖向位移及深层水平位移，周边建筑物及道路沉降以及地下水位的观测点，对基坑土方开挖、地下室施工的全过程进行监测。

第三方基坑监测单位的监测数据表明，支护结构的顶部和深层水平位移、周边建筑物及道路沉降均在规范允许范围内，支护结构和周边环境安全可控。

5 结语

本基坑工程地处城市主要干道北侧，其他三面距离住宅较近，周边环境比较复杂。北区二层地下室基坑采用双排钻孔灌注桩支护方案；南区一层地下室基坑采用单排拉森钢板桩支护方案；一层与二层地下室交界处采用格构式水泥搅拌桩支护方案。南区一层地下室基坑先开挖，待主体结构封顶后，才开始二层地下室的开挖和施工，较好地配合了地产公司的开发节奏，保证了工期要求。整个地下室施工进度快，造价省，基坑变形不大，不渗水，可供类似工程参考。

1　工程概况

本工程位于揭阳市揭东经济开发区人民大道东北侧，龙翔路南侧，龙港路北侧（图1-1）；主要由15栋26层商业住宅楼组成，外围设2层商铺。分两期施工，北区为一期，设一层地下室；南区为二期，设二层地下室。本工程±0.000相当于黄海高程4.800m。地下室周边场地现有标高为−1.800m，一层地下室板面标高为−4.950m，底板垫层底标高为−5.450m，地下室开挖深度约为3.65m；二层地下室板面标高为−8.550m，底板垫层底标高为−9.150m，地下室开挖深度约为7.350m。基坑北侧、西侧、南侧分别为龙翔路、人民大道南、龙港路，距道路边线约6～10m；基坑东侧为规划路，距道路标线约6m；基坑四周地下埋设管道及基础设施。基坑环境等级、支护结构安全等级均为二级。

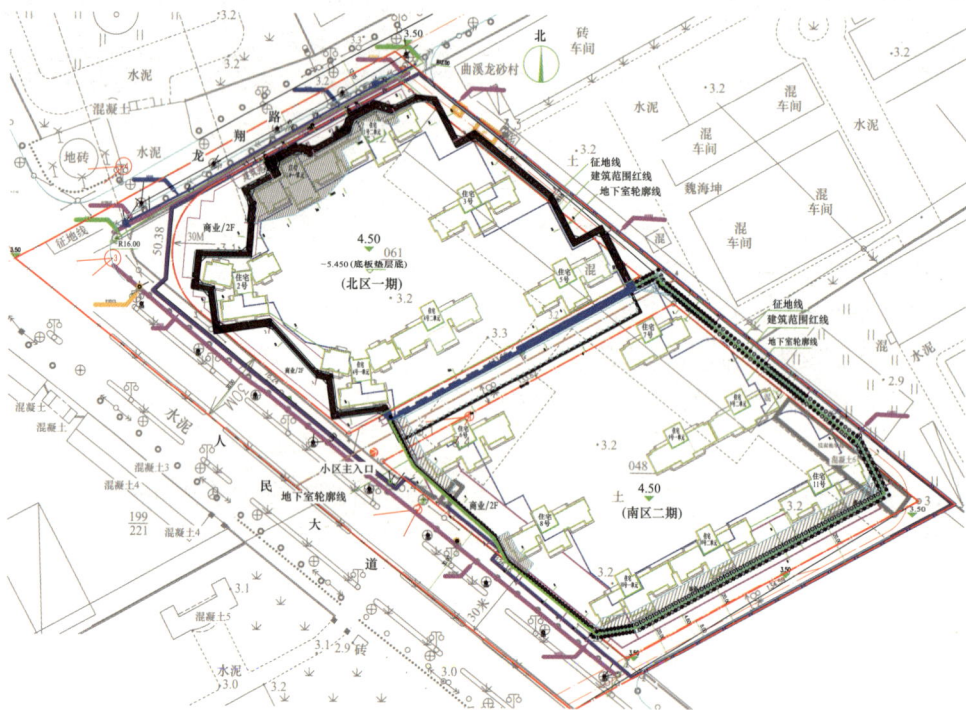

图 1-1　周边环境示意

2　地质条件

场地地貌单元属榕江冲积平原，原始地形开阔平坦，地势较低，原场地为旧厂房及学校，后经拆除形成拟建场地。场址在勘探深度内的土层根据其地质成因、沉积韵律及工程物理力学性质特征等，自上而下可划分为：

①杂填土：灰黄色，松散，稍湿，由砂土、黏性土混杂碎石及建筑垃圾组成，主要为填筑的砂石。

②黏土：浅灰、灰黄色，可塑，以黏粒为主，黏性较好。

③淤泥：灰黑、深灰色，流塑，含少量腐殖质，黏手感强，具臭味。

④粉质黏土：灰白色、灰黄色，可塑，以粉黏粒为主，含较多砂粒，黏性一般。

⑤淤泥质土：灰黑色，流塑，以粉黏粒为主，含少量腐殖质，黏手感强。

⑥粉质黏土：灰白色、灰黄色，可塑，以粉黏粒为主，含较多砂粒，黏性一般。

⑦粗砂：灰白色、灰黄色，饱和，密实，以中粗砂为主，多泥质，级配良好。

⑧淤泥质土：灰黑色，流塑，以粉黏粒为主，含少量腐殖质，黏手感强。

⑨粉质黏土：灰白色，可塑，以粉黏粒为主，含较多砂粒，黏性一般。

⑩粗砂：灰白色、灰黄色，饱和，密实，以中粗砂为主，多泥质，级配良好。

⑪砂质黏性土：灰黄色、黄褐色，可塑—硬塑，为花岗岩风化残积土，遇水易软化崩解。

⑫全风化花岗岩：灰黄色、黄褐色，原岩结构基本破坏，但尚清晰，岩芯呈坚硬土状。

⑬强风化花岗岩：灰黄色、灰白色，由长石、石英、云母及暗色矿物组成，岩石风化强烈，岩芯呈坚硬土状。

场地勘探深度内，地下水按其含水介质、赋存条件及水力特征，主要存在孔隙潜水、孔隙承压水及基岩裂隙水。场地地下水呈透镜体分布，属浅循环水。地下水补给、径流、排泄条件及地下水动态保持天然状态。

地质剖面图如图 2-1 所示。

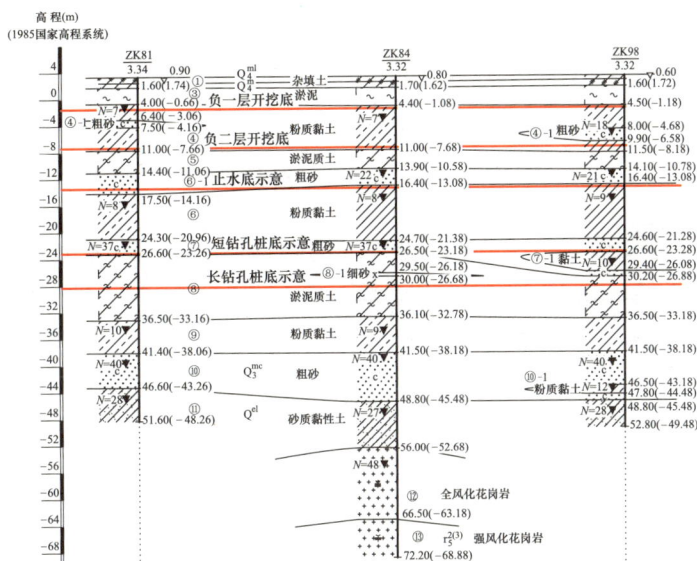

图 2-1　工程地质剖面示意图

3　设计方案

3.1　本基坑工程的特点

本工程分北、南两个区，北区一期为一层地下室，先施工；南区二期为二层地下室，按项目的进度要求，北区主体结构基本封顶后才开始南区二层地下室的土方开挖和施工。但北区有两栋塔楼距离南区二层地下室比较近，一、二期交界处南区土方开挖和承台、底板施工是否会对北区两栋塔楼安全造成影响？这是支护设计和施工重点考虑的问题。

3.2 基坑支护方案选择

根据本工程周边环境、基坑开挖深度及地质条件，结合相关工程的实施经验，北区一期基坑支护结构，北面、东面、西面采用格构式水泥搅拌桩挡土止水支护方案；南面（一、二期交界）采用土体放坡＋坡顶单排水泥搅拌桩＋坡底水泥搅拌桩挡土止水支护方案。南区二期基坑支护结构，东面、南面采用双排钻孔灌注桩＋前后排灌注桩之间双排水泥搅拌桩＋局部坑底被动区水泥搅拌桩加固挡土止水支护方案；西面采用单排钻孔灌注桩＋双排水泥搅拌桩＋一道锚索＋局部坑底被动区水泥搅拌桩加固挡土止水支护方案。

3.3 基坑支护平面布置（图3-1）

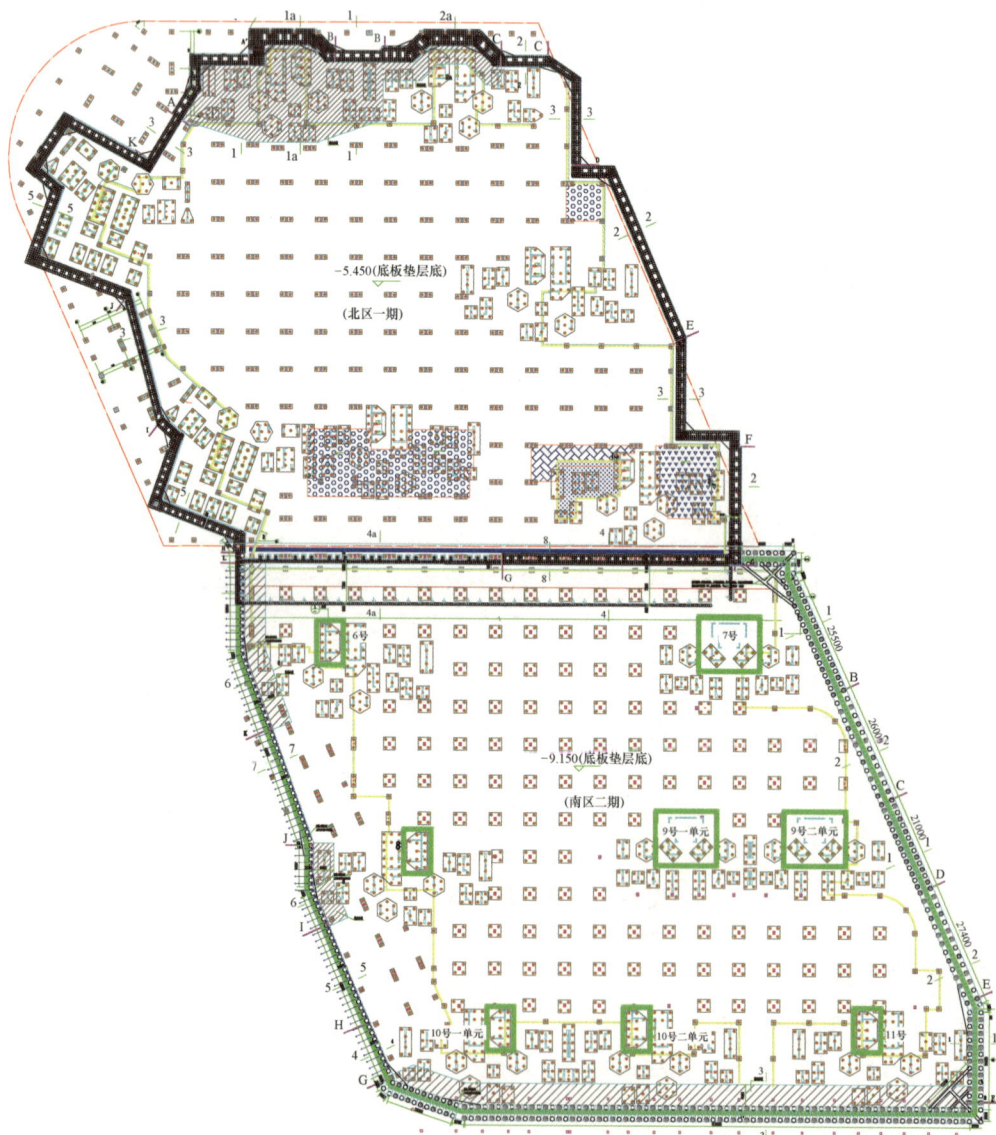

图3-1 基坑支护平面图

3.4　基坑支护剖面（图3-2～图3-8）

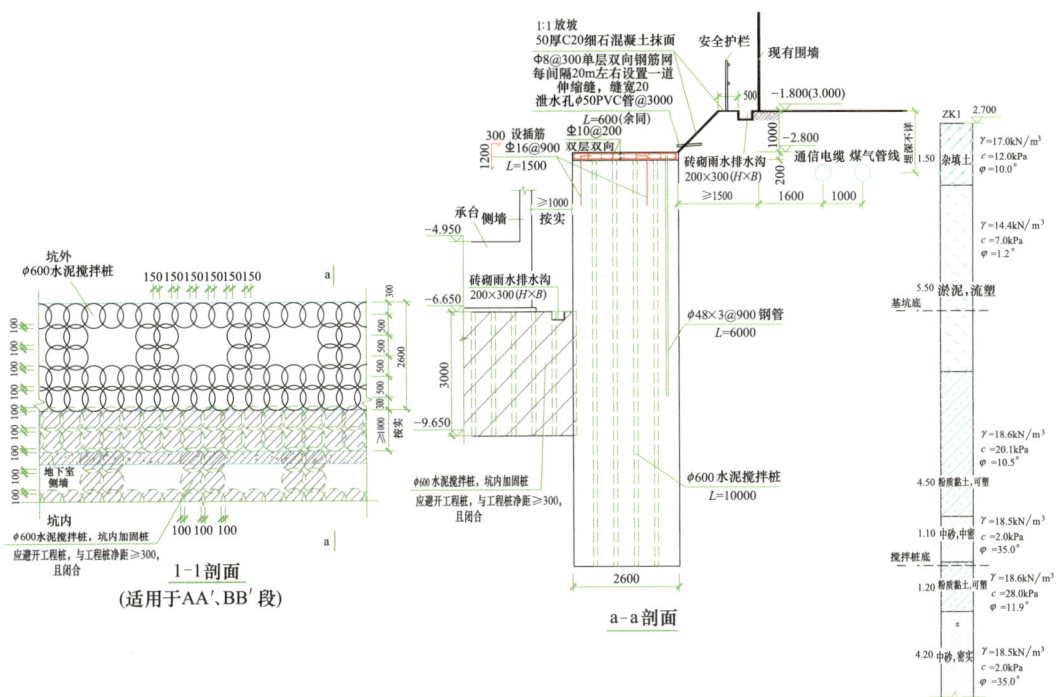

图3-2　北区北面一层地下室基坑支护剖面图

注：采用格构式水泥搅拌桩挡土止水支护方案。

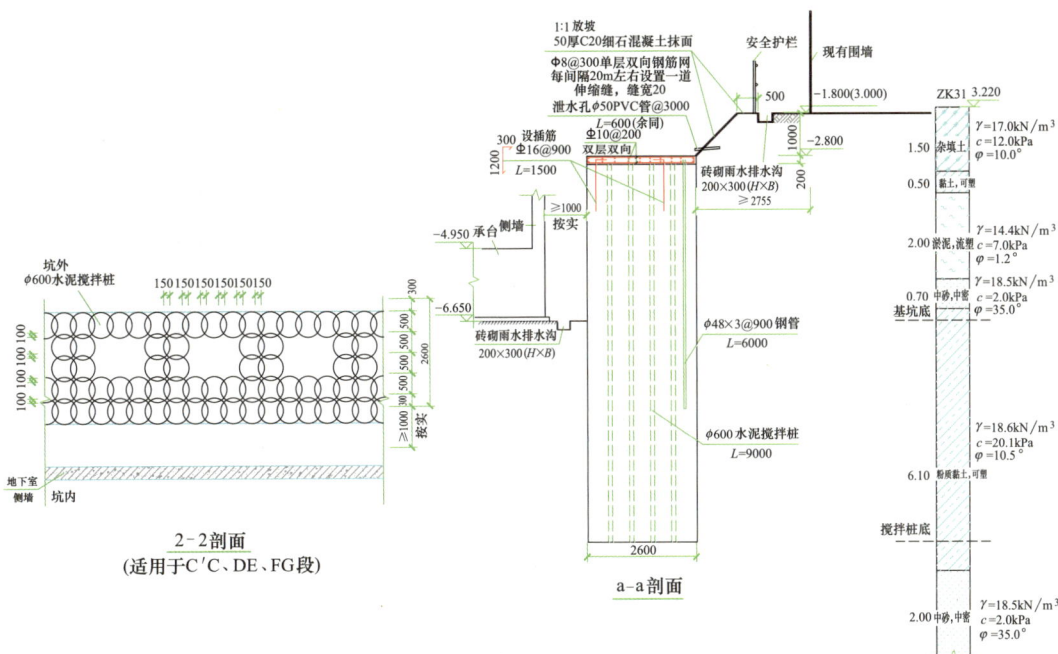

图3-3　北区东面、西面一层地下室基坑支护剖面图

注：采用格构式水泥搅拌桩挡土止水支护方案。

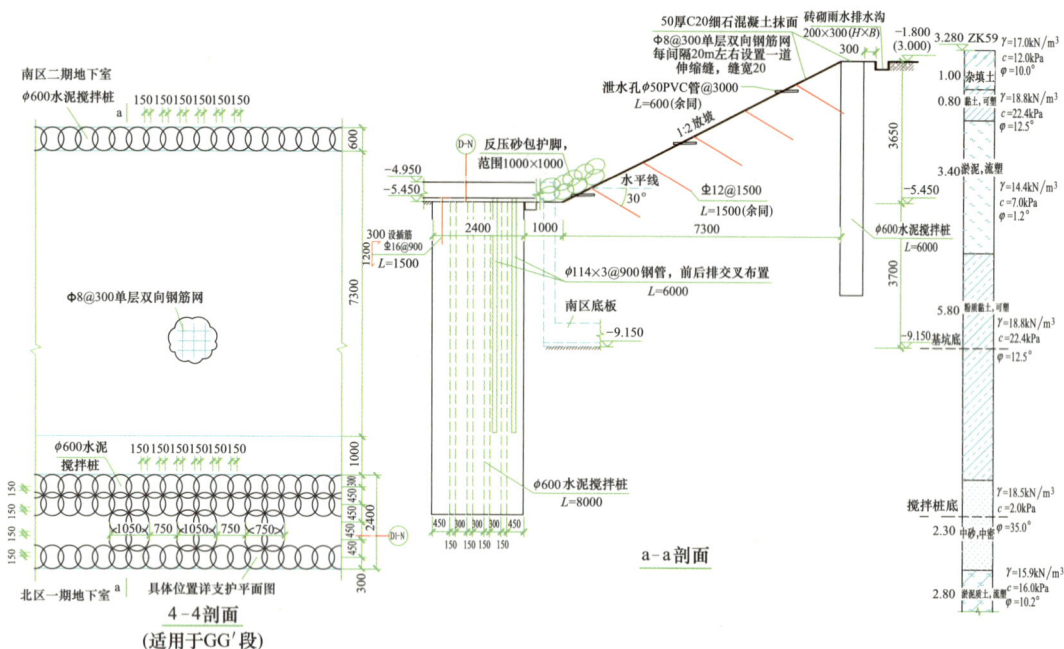

图3-4　北区南面一、二层地下室交界处基坑支护剖面图（靠近塔楼处）
注：采用土体放坡＋坡顶单排水泥搅拌桩＋坡底水泥搅拌桩挡土止水支护方案。

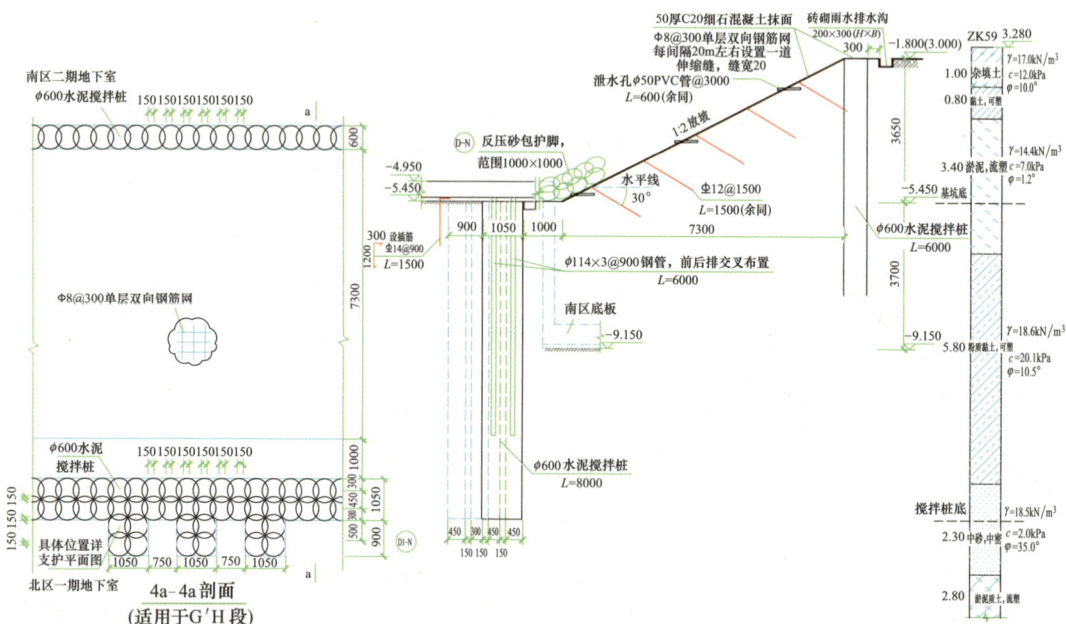

图3-5　北区南面一、二层地下室交界处基坑支护剖面图（靠近裙楼处）
注：采用土体放坡＋坡顶单排水泥搅拌桩＋坡底水泥搅拌桩挡土止水支护方案。

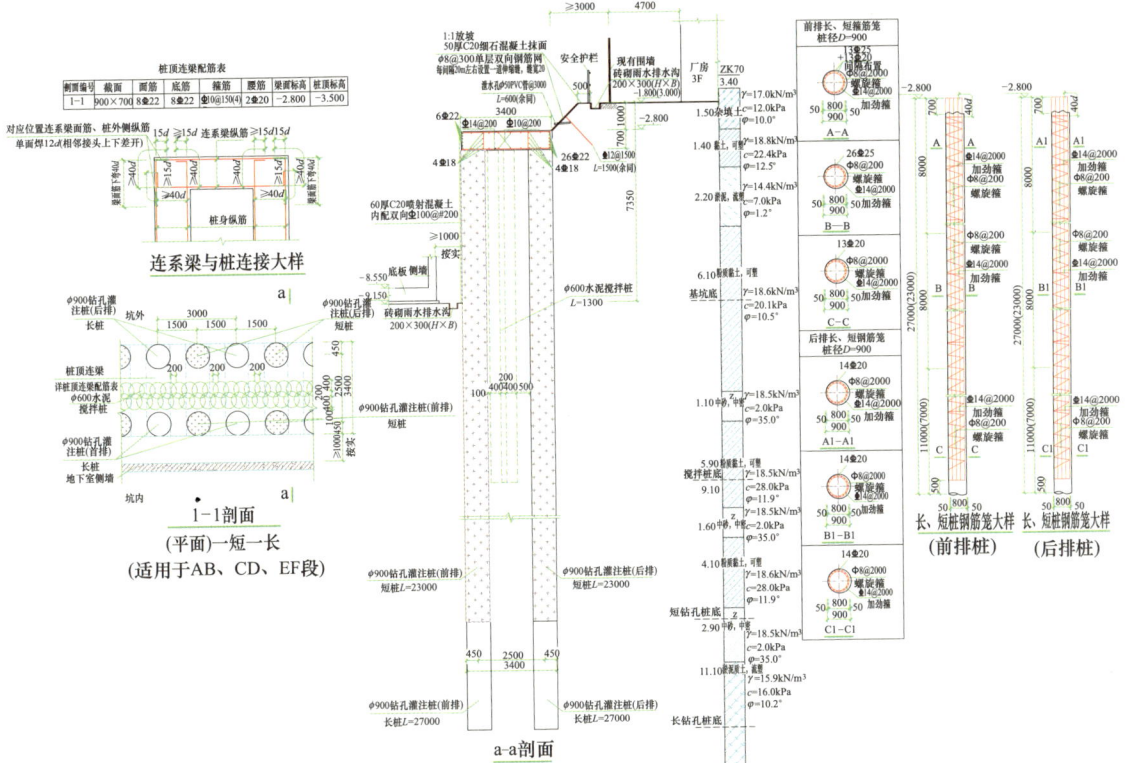

图 3-6 南区东面二层地下室基坑支护剖面图

注：采用双排钻孔灌注桩＋前后排灌注桩之间双排水泥搅拌桩挡土止水支护方案。

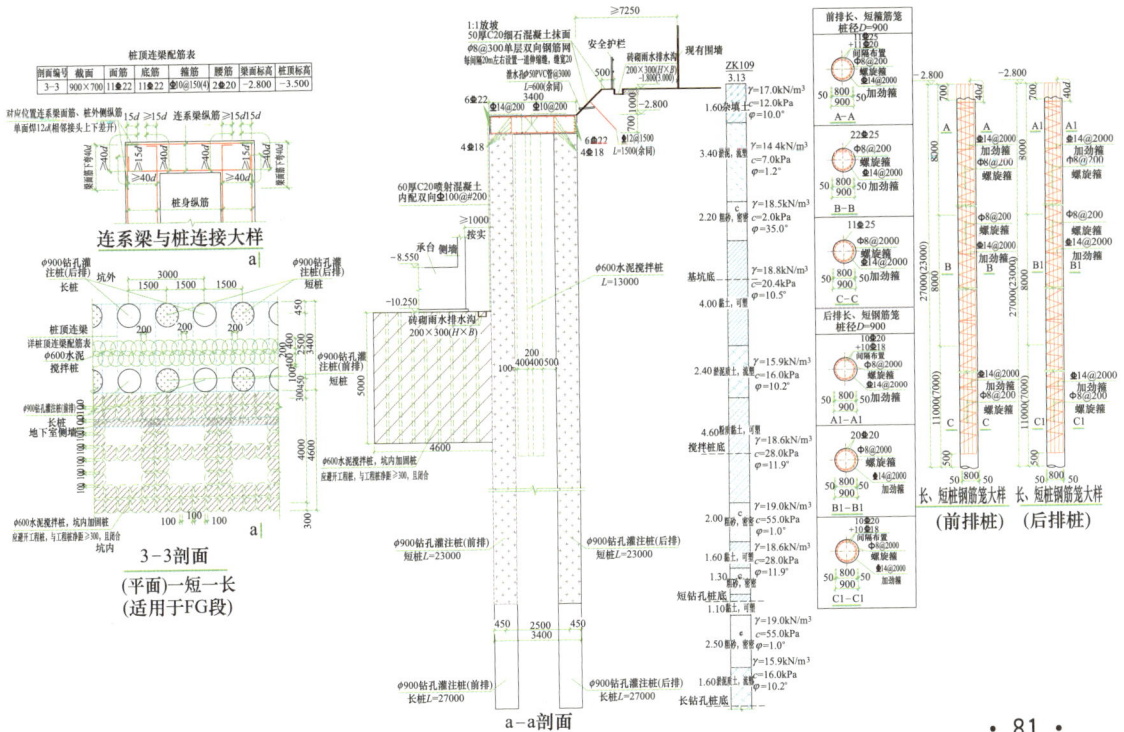

图 3-7 南区南面二层地下室基坑支护剖面图

注：采用双排钻孔灌注桩＋前后排灌注桩之间双排水泥搅拌桩＋坑底被动区水泥搅拌桩加固挡土止水支护方案。

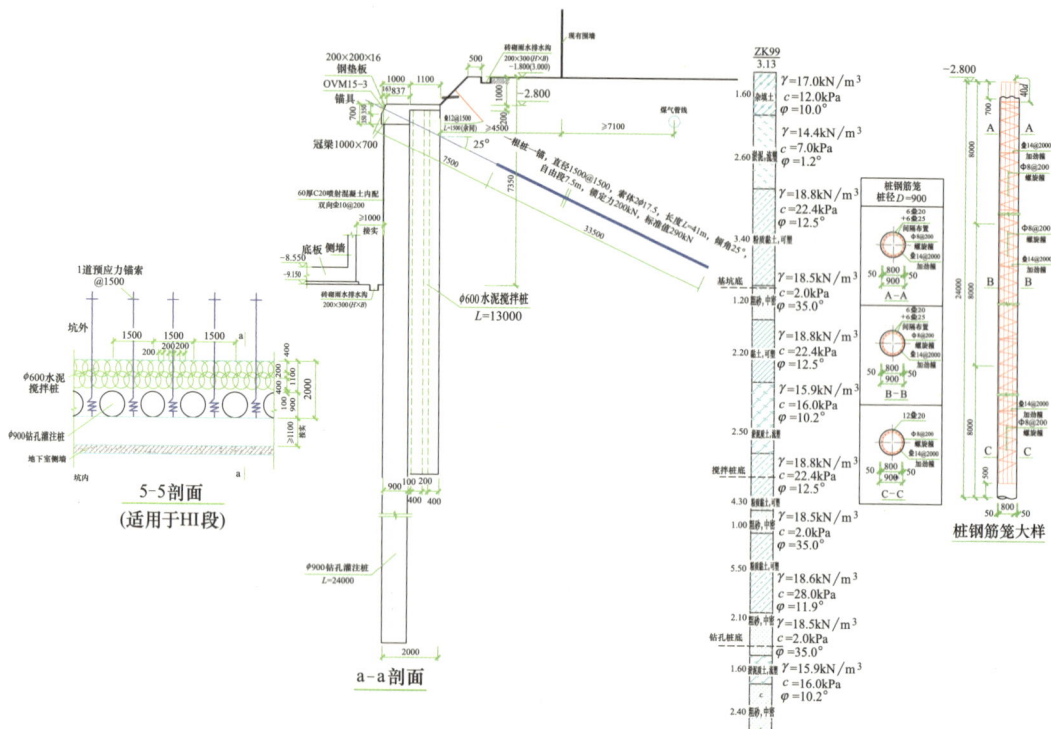

图 3-8　南区西面二层地下室基坑支护剖面图

注：采用单排钻孔灌注桩＋双排水泥搅拌桩＋一道锚索挡土止水支护方案。

4　施工过程

4.1　施工顺序

施工主体结构工程桩→水泥搅拌桩→钻孔桩→压顶梁、板、锚索→基坑开挖到底板垫层底标高、承台垫层底标高→主体结构承台、底板。

4.2　基坑土方开挖应采取的措施

（1）结合本工程周边环境，北区、南区出土口设置在西侧中部，土方开挖顺序为从南、北两端往中部开挖。分段长度不超过 30m，分块浇筑地下室底板、承台。

（2）开挖的土方应随挖随运，严禁堆积在基坑顶及周边场地。

4.3　基坑降、排水措施

基坑土方开挖时，采用明降明排的方法降水，随挖方布置临时集水井或降水坑，以降低坑内地下水位，方便施工。

4.4　施工现场

本基坑工程施工现场如图 4-1～图 4-9 所示。

图 4-1　北区一层地下室西北角开挖到坑底

图 4-2 北区一层地下室东面开挖到坑底

图 4-3 南区西面冠梁锚索锁头

图 4-4 北区、南区一、二层地下室
交界处水泥搅拌桩支护

图 4-5 北区、南区一、二层地下室交界处施工

图 4-6 北区、南区一、二层地下室
交界处南区底板钢筋绑扎

图 4-7   南区东面土方开挖至坑底

图 4-8   南区西面土方开挖

图 4-9　南区土方开挖、地下室施工全景

4.5　基坑监测

根据有关基坑监测技术规范，针对本基坑工程周边环境，设置了支护结构水平位移、竖向位移及深层水平位移，周边建筑物及道路沉降以及地下水位的观测点，对基坑土方开挖、地下室施工的全过程进行监测。

第三方基坑监测单位的监测数据表明，支护结构的顶部和深层水平位移、周边建筑物及道路沉降均在规范允许范围内，支护结构和周边环境安全可控。

5　结语

本基坑工程分北、南两个区，北区为一层地下室，南区为二层地下室，北区主体基本封顶后才开始南区二层地下室的土方开挖和施工，且北区有两栋塔楼距二层地下室比较近。对于一、二层地下室交界处采用双排搅拌桩＋水泥搅拌桩和 4 排格构式水泥搅拌桩的支护形式是否过于节省、不安全的疑问，事实证明，在土方开挖和地下室施工过程中，支护结构变形小、不渗水，安全可靠，且节省了投资。

案例 09 岭峰公寓基坑工程

1 工程概况

本工程位于揭阳市临江北路与才华路交界处的西南面,为一栋 19 层公寓楼,框架-剪力墙结构,设二层地下室。±0.000m 相当于"1985 国家高程"2.900m,现场地标高为−0.600m。地下室底板垫层底标高为 9.60m,基坑开挖深度为 9.00m。地下室北面为才华路,面墙距红线 13.0m;东面为临江北路,面墙距红线 9.2m;南面靠近在建派出所,面墙距红线 6.0m;西面为小区路,面墙距红线 7.0m(图 1-1)。基坑环境等级、支护结构安全等级均为一级。

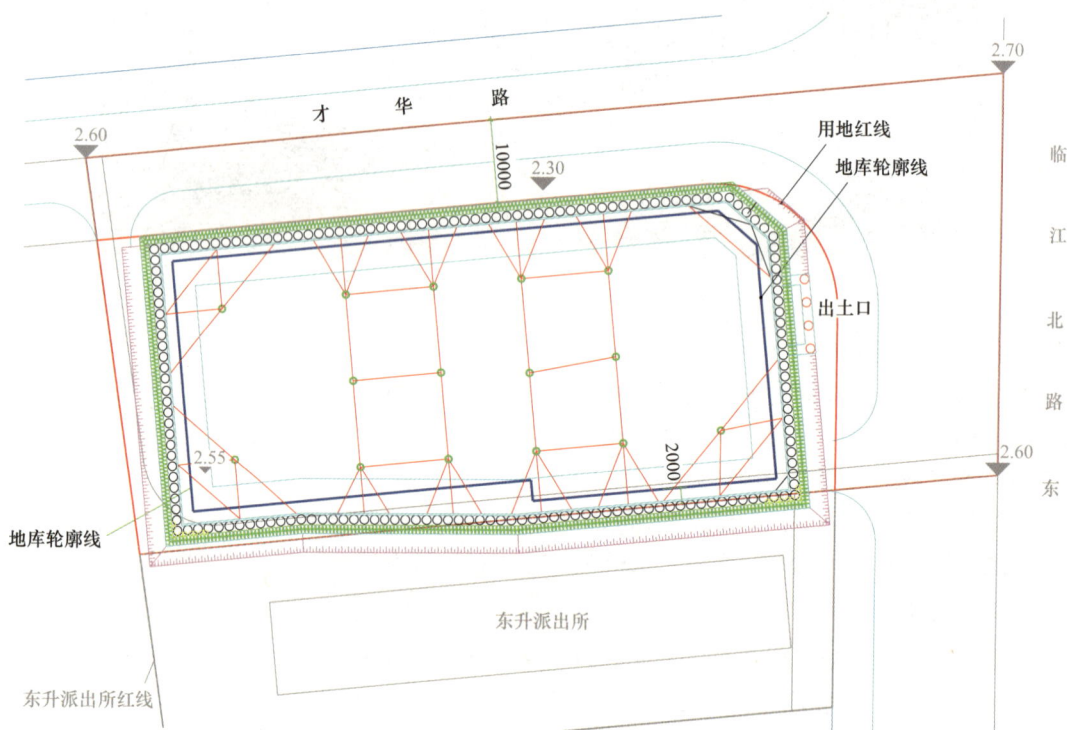

图 1-1 周边环境示意

2 地质条件

场地地貌属韩江下游三角洲冲积平原。现状地形开阔,场地堆积大量淤泥及生活垃圾。根据钻探结果揭示,场地地基土按成因类型自上而下可划分为:

①杂填土层:灰褐杂色,由砂土、碎石、建筑垃圾等组成,欠压实,未固结,不均匀,层厚 0.3~0.7m。

②黏土:土黄色,湿,软塑,中—高压缩性,不均匀,层厚 1.0~1.5m。

③淤泥:深灰色,饱和,流塑,高压缩性,含有机质、腐殖质等,不均匀,层厚 8.0~8.5m。

④粉质黏土:灰白色,饱和,软可塑,中压缩性,不均匀,层厚 1.5~2.5m。

⑤中砂：灰黄色，饱和，稍密—中密，泥质胶结，黏粒含量大于10%，不均匀，层厚4.2～5.5m。

⑥淤泥质黏土：褐黑色，饱和，流塑，高压缩性，含有机质、腐殖质、朽木等，不均匀，层厚2.5～4.5m。

⑦粗砂：灰黄色，饱和，中密，部分稍密，泥质胶结，局部含泥较多，硬软差异大，不均匀，层厚5.5～10.0m。

⑧淤泥质黏土：灰黑色，饱和，流塑，高压缩性，含有机质、腐殖质、朽木等，不均匀，层厚5.5～8.6m。

⑨粗砂：灰黄色，饱和，中密，局部稍密，密实度不均匀，泥质胶结，分选性差，级配不良，不均匀，层厚2.6～4.1m。

场区地下水类型以层间承压水为主，潜水次之。潜水主要储存在填土、含砂的黏性土的孔隙及花岗岩裂隙中，受大气降水和地表水补给与控制，水量小（除降雨外），径流、排泄条件差，水位随季节变化；层间承压水主要储存在⑤、⑦、⑨、⑪砂层中，受降雨和区域性补给与控制，其径流、排泄条件较好，有一定水量。在勘探时测得的稳定混合水位埋深为1.57～2.05m，水位年变化幅度约为3m。

地质剖面图如图2-1所示。

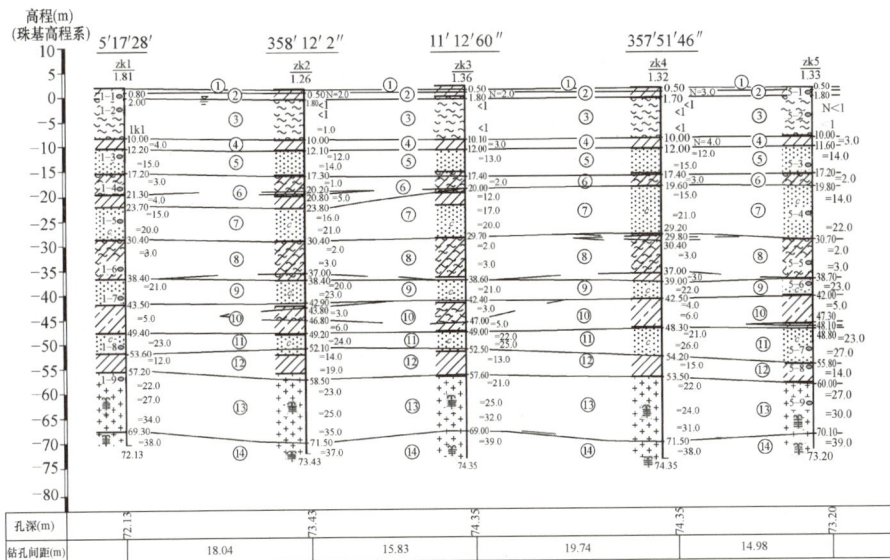

图2-1　工程地质剖面示意图

3　设计方案

3.1　本基坑工程的特点

（1）场地周边环境较为复杂，基坑北、东、西三面临路，南面为在建的派出所办公楼，设有一层地下工程，与本地下室面墙距离仅8.0m。

（2）坑底处于淤泥层中，其下⑤、⑦、⑨、⑪中、粗砂层均含有承压水。

3.2　基坑支护方案选择

根据本工程周边环境、地质资料及基坑开挖深度，经技术经济比较并结合相关工程的实施经验，基坑采用单排钻孔灌注桩＋一道钢筋混凝土支撑＋灌注桩外侧双排水泥搅拌桩＋坑底被动区水泥搅拌桩加固挡土止水支护方案。

3.3　基坑支护平面布置（图3-1）

图 3-1　基坑支护平面图

3.4　基坑支护剖面（图3-2、图3-3）

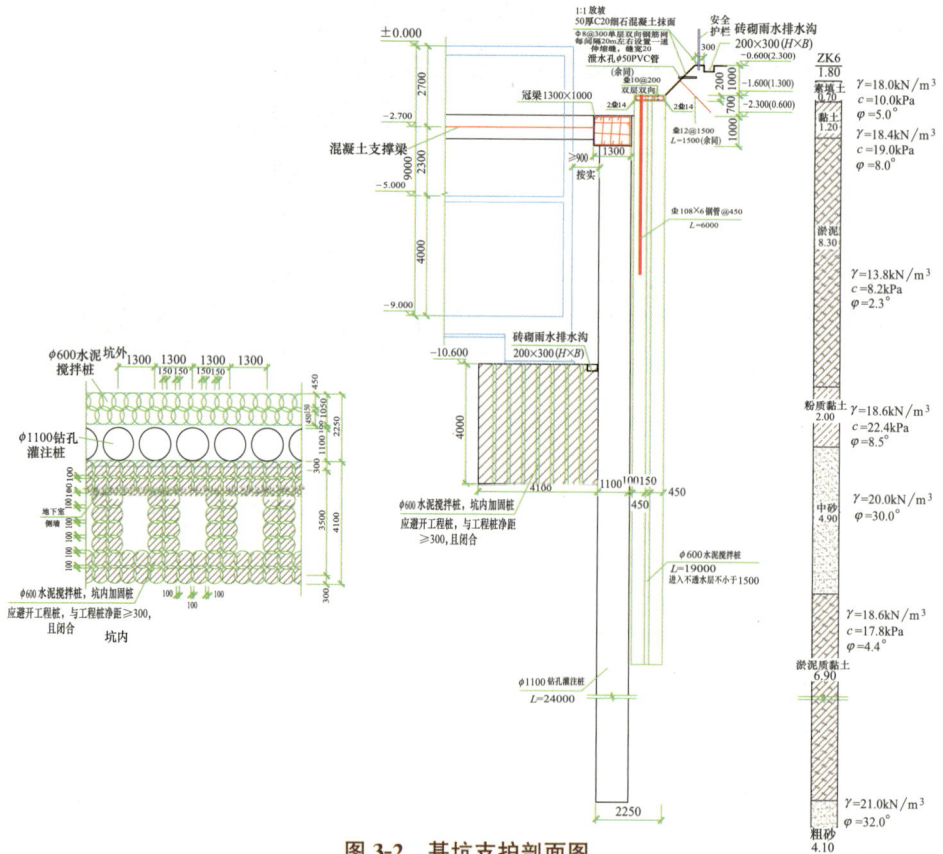

图 3-2　基坑支护剖面图

注：采用单排钻孔灌注桩＋一道钢筋混凝土支撑＋灌注桩外侧双排
水泥搅拌桩＋坑底被动区水泥搅拌桩加固挡土止水支护方案。

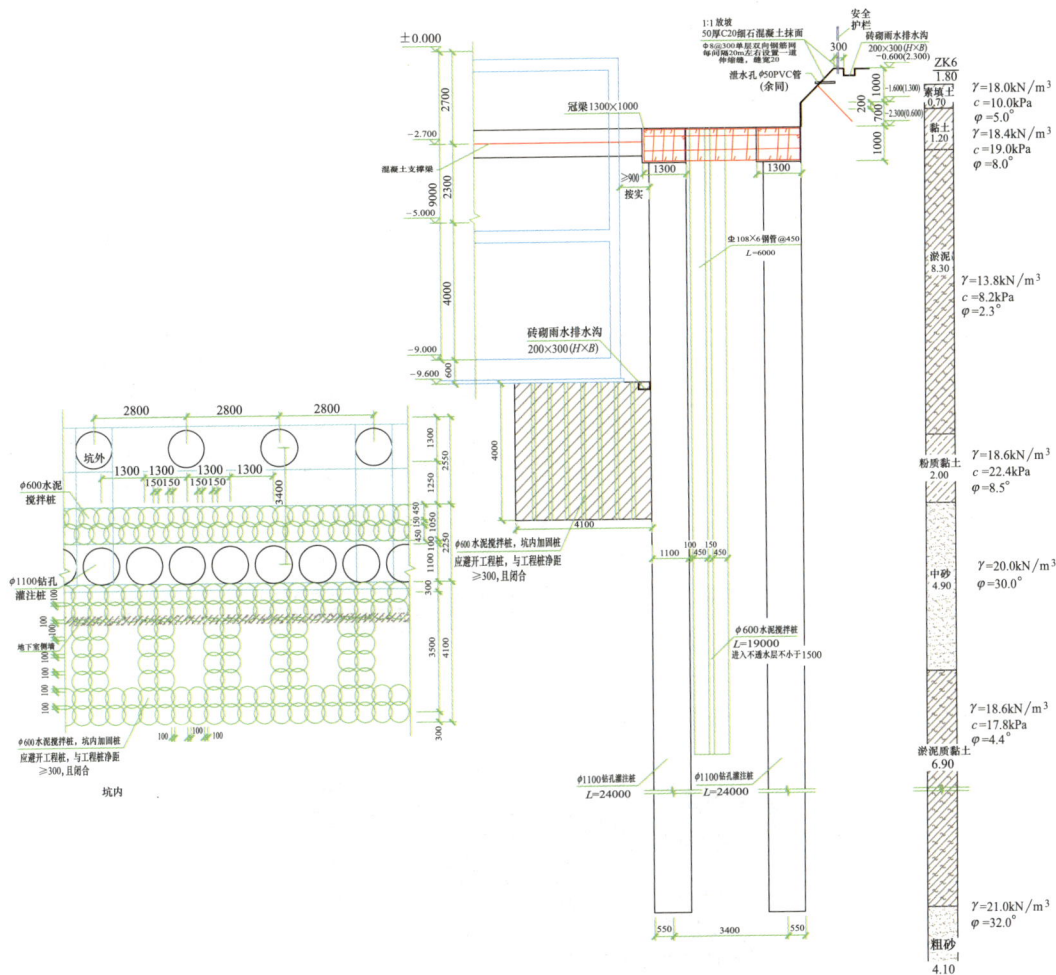

图 3-3　东面出土口位置基坑支护剖面图

注：采用双排钻孔灌注桩＋一道钢筋混凝土支撑＋前后排灌注桩之间双排
水泥搅拌桩＋坑底被动区水泥搅拌桩加固挡土止水支护方案。

4　施工过程

4.1　基坑土方开挖的技术要求

（1）基坑开挖前要求查明场地范围内的地下管线、地下构筑物情况，如有管线不能拆移时，应采取切实可行的加固保护措施，确保施工期间地下管线的安全和正常使用，地下管线的迁改和保护须征得管线权属部门、业主等有关单位同意后方可施工。

（2）由于止水帷幕只穿过⑤中砂层，考虑到⑦、⑨、⑪砂层中的水有一定的承压性，因此要求在土方开挖前，对所有的地质钻探孔进行封堵，以防承压水突涌。

（3）基坑土方分块、分层、对称开挖，每层开挖深度一般不大于1.5m，分段长度不大于30m，严禁超挖及大锅底式开挖。开挖到坑底应及时浇筑混凝土垫层，承台需逐个开挖浇筑，底板需分块浇筑。

（4）出土口设置在东面中部。凡开挖的土方应随挖随运走，严禁堆积在基坑顶及周边场地。

4.2 基坑降、排水措施

（1）坡顶 2m 范围按要求进行硬地化或喷混凝土护面施工，按设计要求布置截水沟，截水沟每间隔 25m 布置集水井。

（2）基坑采用集水井明排、明降的方式，在土方开挖时，随挖方布置临时集水井，以降低坑内地下水，方便施工。

4.3 支撑的拆除

待负一层地下室底板浇筑完成，在负二层至负一层楼板范围，支护结构与地下室面墙间空隙分层回填石屑，施工混凝土传力板带，待达到龄期后，方可拆除支撑。

4.4 施工过程遇到的问题及处理措施

基坑的西北角开挖到坑底时，突然坑底冒水，冒水的位置在地质钻探孔 ZK1 附近（图 4-1），从工程桩面壁往上涌（图 4-2），刚开始采用砂包反压，无奈根本不起作用（图 4-3），承压水很快涌满了整个基坑。

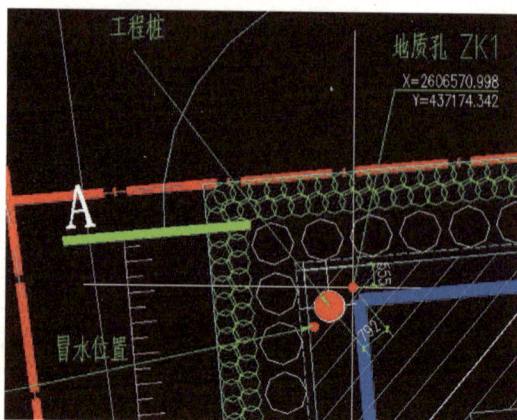

图 4-1 冒水位置示意

图 4-2 坑底冒水现场

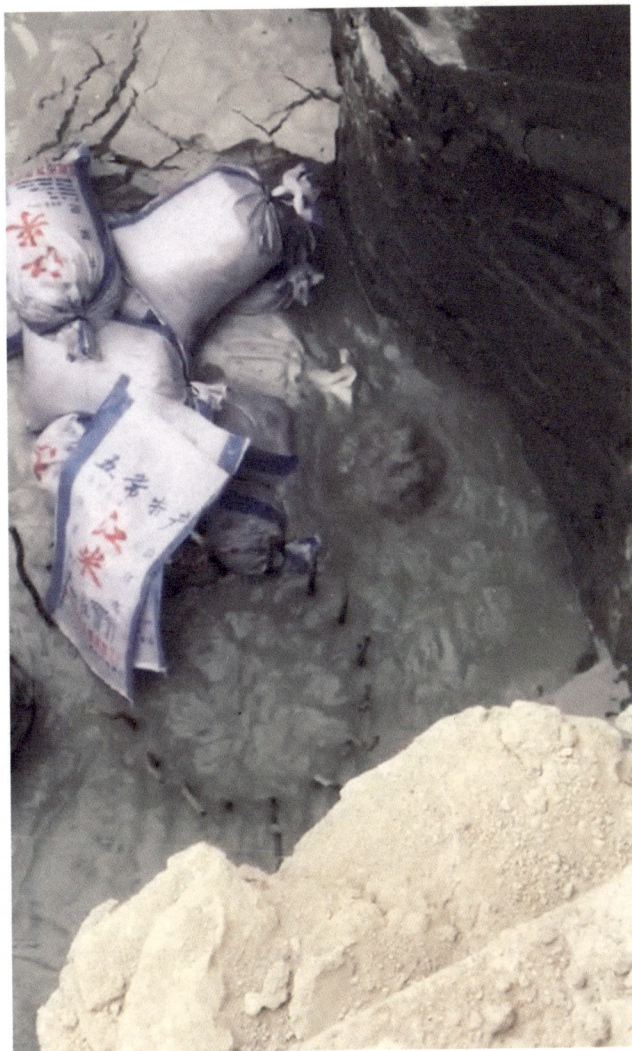

图 4-3　坑底冒水处采用砂包反压

分析事故原因，主要是地质钻探孔未能有效封堵，或承压水头过大，导致承压水从地质钻探孔及工程桩涌入基坑内。通过现场调查和研究，初步判断只是局部问题，处理措施如下：

（1）回填土方，抽干基坑里的水。

（2）在基坑西北角的北面和西面 12m 范围，钻孔灌注桩间加设一根 18m 长高压旋喷止水桩；同时在冒水点附近 2.0m×2.0m 范围，坑底以下采用高压旋喷桩封底，桩长不小于 10m。如图 4-4 所示。

通过采用高压旋喷桩内外封堵承压水等一系列及时、有效的处理措施，使得基坑重新开挖后，未再发生坑底冒水现象。

4.5　施工现场

本基坑工程施工现场如图 4-5～图 4-10 所示。

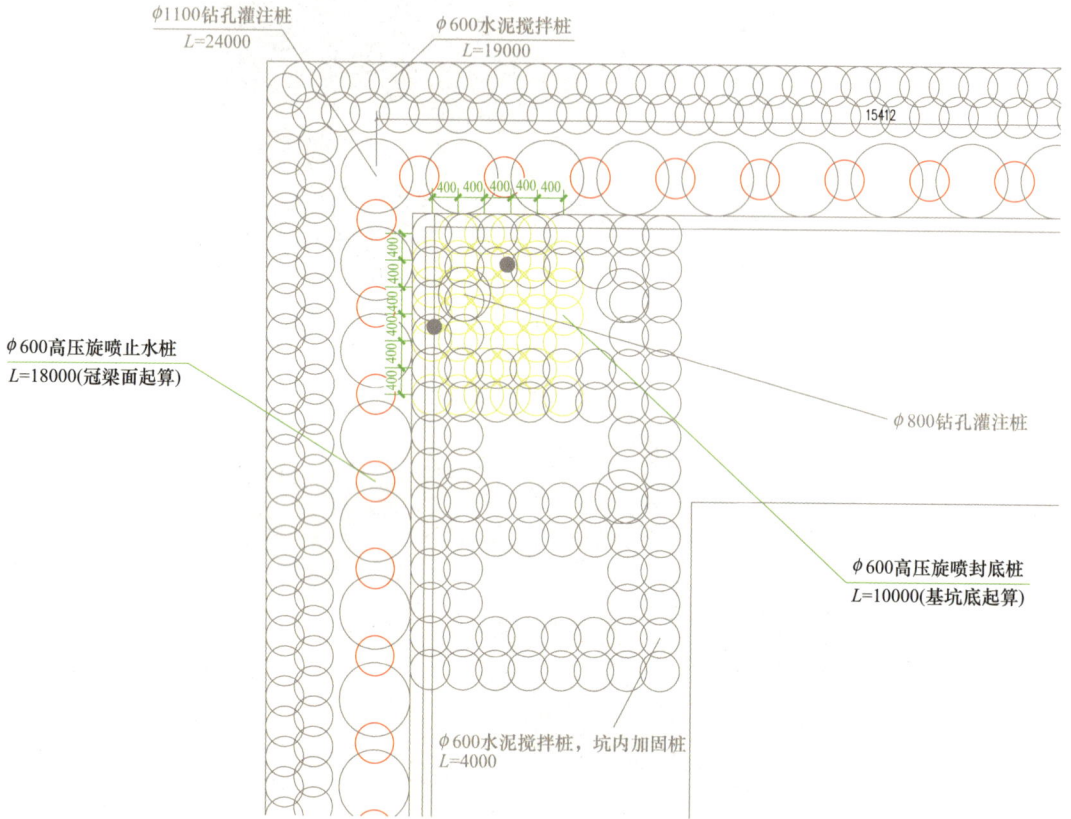

图 4-4 坑底冒水处高压旋喷桩封底平面示意图

图 4-5 基坑西北角坑底冒水，很快涌满整个基坑

图 4-6　基坑从东往西回填土方

图 4-7　基坑西北角用高压旋喷桩封底后重新开挖到坑底

图 4-8　西面地下室底板浇筑完成

图 4-9　基坑东面土方开挖

图 4-10　地下室东面底板钢筋绑扎、中部一层地下室板支模

5　结语

根据场地的周边环境、地质条件及基坑开挖深度，本项目基坑工程采用单排钻孔灌注桩＋一道钢筋混凝土支撑＋灌注桩外侧双排水泥搅拌桩＋坑底被动区水泥搅拌桩加固挡土止水支护方案，整体实施效果较好，支护结构水平变形和坑外地面、道路沉降均在规范允许范围以内，周边建筑物的沉降未见异常。虽然在基坑开挖过程中，西北角坑底出现冒水险情，但通过现场调查研究，及时采取有效的处理措施，化解风险，为类似工程提供了宝贵的经验和教训。

案例 10　中南春风南岸基坑工程

1　工程概况

本工程位于揭阳市原揭阳糖厂，北面为金溪大道、南面为滨江路、东面为区间路、西面为住宅小区（图 1-1）。基坑支护周长约 1297m，主要由多栋高层住宅及配套用房组成，分 A、B、C 区三个部分，A 区设 1 层地下室，B、C 区局部 2 层地下室。A 区±0.000m相当于绝对标高 4.800m；B 区±0.000m 相当于绝对标高 3.800m。地下室 A 区周边场地整平至绝对标高 3.900～5.700m，地下室开挖深度约为 5.200～3.400m；地下室 B 区周边场地整平至绝对标高 3.500m，地下室开挖深度约为 4.500～8.500m；地下室 C 区周边场地整平至绝对标高 4.500～8.500m，地下室开挖深度约为 6.900～10.900m。地下室四周为区间道路，道路边线为红线，北面地下室边线距红线约 6m，东面地下室边线距红线约 10m，南面地下室边线距红线约 12.5m，西面地下室边线距红线约 10.5m。基坑环境等级、支护结构安全等级均为二级。

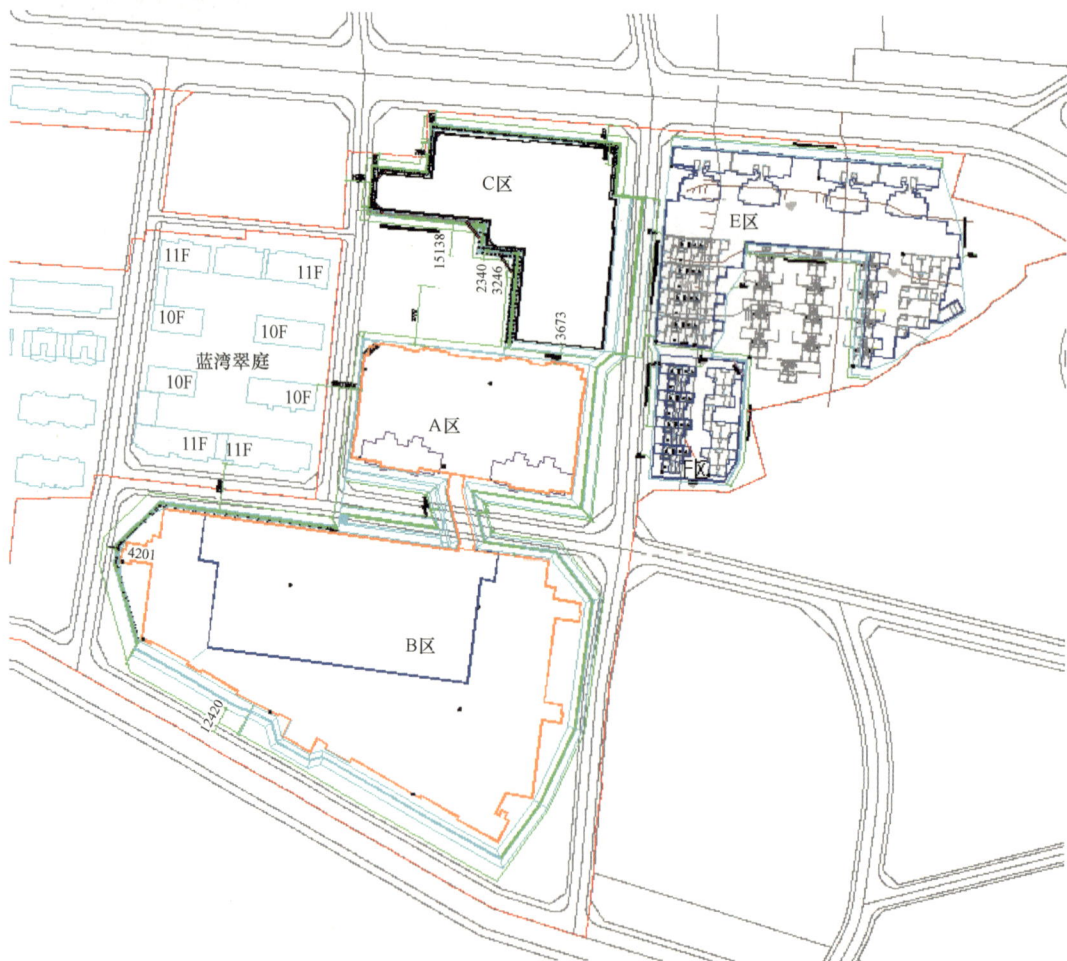

图 1-1　周边环境示意

2 地质条件

场地地貌属山前丘陵地带，原为糖厂，现已拆除，仅保留原办公楼，场地大部分较平整，东北面为小山丘，最大高程约为17.48m。根据钻探结果揭示，场地地基土按成因类型自上而下可划分为：

①填土层；②耕植土；③淤泥；④黏土质砂、粉质黏土；⑤砂质黏性土层；⑥全风化花岗岩岩带。

场区地处亚热带，属海洋性季风气候，气候温和，雨量充沛，旱季雨季降水量变化较大，其中4~9月降雨量集中，10~11月为平水期，12月~次年3月为枯水期。孔隙潜水：赋存于第1层填土的孔隙中，补给来源为大气降水，以蒸发、渗漏及人工排水方式排泄，地下水水质易受污染，受季节及气候影响，水位不稳定。层间孔隙承压水：赋存于第4层砂土夹层中，具承压性，水量较丰。地下水位因季节变化、降雨而异，根据地区经验，本场地地下水位年变化幅度为1.0~2.0m。

地质剖面图如图2-1所示。

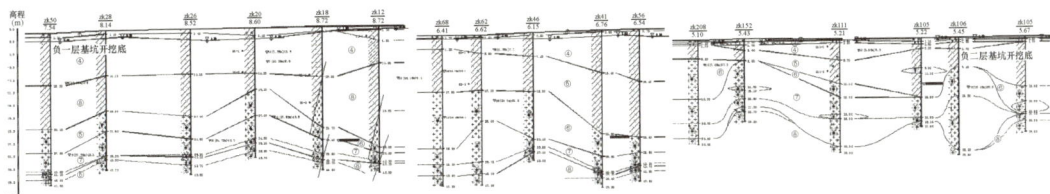

图2-1 工程地质剖面示意图

3 设计方案

3.1 本基坑工程的特点

(1) 现有场地周边环境较为复杂，C区北面邻近城市主要干道，东面靠近小山坡，南面、西面靠近需要保护的旧建筑物和区间道路；A、B区北、东、西三面为区间道路，南面为城市主要干道。

(2) 地下室的平面不规则，南北方向的总长度达360m；基坑开挖深度变化较大，支护结构的形式各不相同。

3.2 基坑支护方案选择

根据本工程周边环境、地质资料及基坑开挖深度，经技术经济比较并结合相关工程的实施经验，基坑A区主要采用单排钢板桩挡土止水支护方案，靠近B、C区及东面采用多级放坡＋水泥搅拌桩挡土止水支护方案；基坑B区南面采用多级放坡＋钢板桩挡土止水支护方案，西面和北面西段部分采用单排钻孔灌注桩＋一道锚索＋灌注桩外侧双排水泥搅拌桩挡土止水支护方案，东面采用多级放坡＋水泥搅拌桩挡土止水支护方案；基坑C区北面及西南角局部采用单排钻孔灌注桩＋一道锚索＋灌注桩外侧双排水泥搅拌桩挡土止水支护方案，东面采用多级放坡＋水泥搅拌桩挡土止水支护方案，南面采用双排钻孔灌注桩＋桩间双排水泥搅拌桩挡土止水支护方案，西面采用单排钻孔灌注桩＋灌注桩外侧双排水泥搅拌桩挡土止水支护方案。

3.3 基坑支护平面布置（图 3-1）

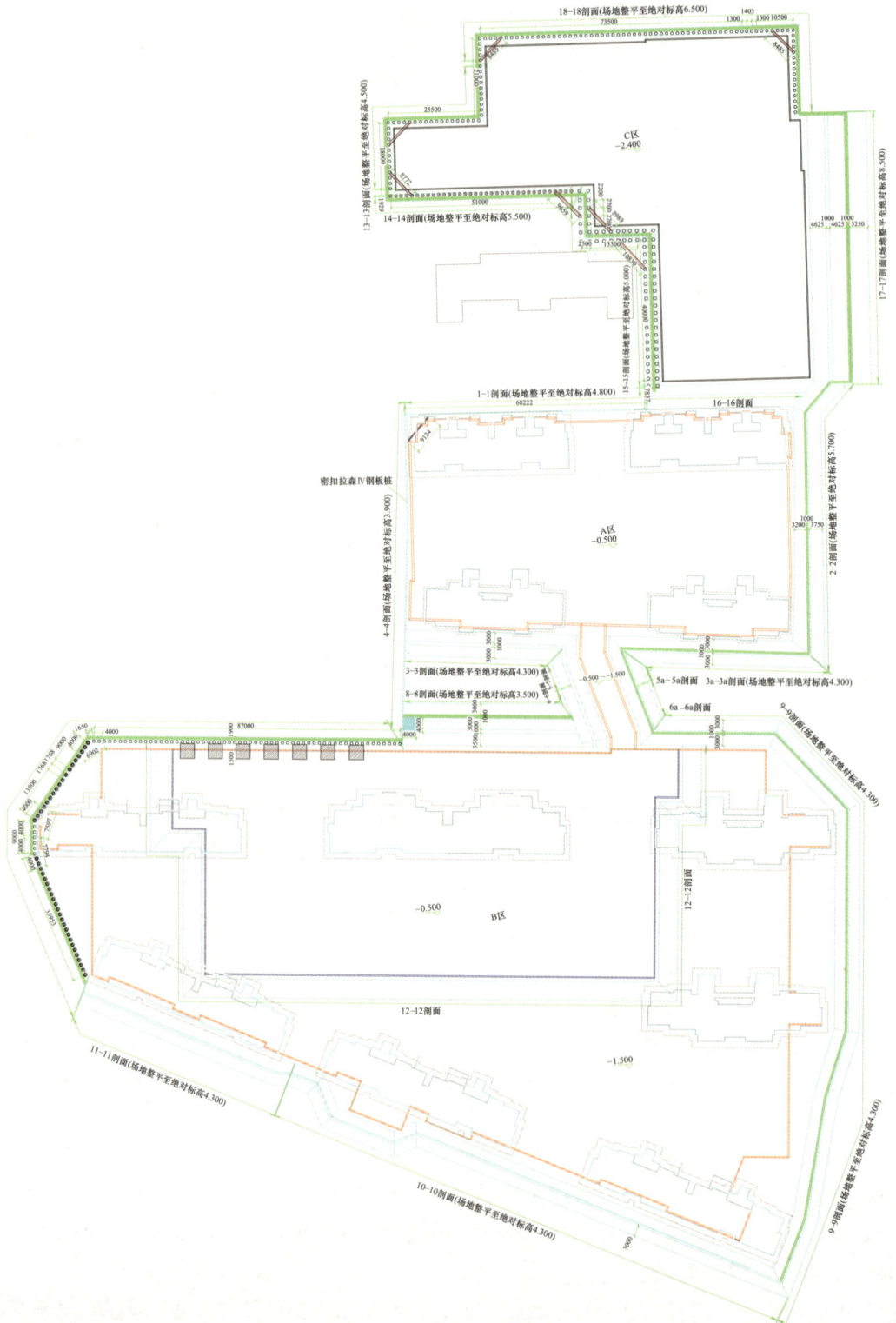

图 3-1 基坑支护平面图

3.4 基坑支护剖面（图3-2～图3-9）

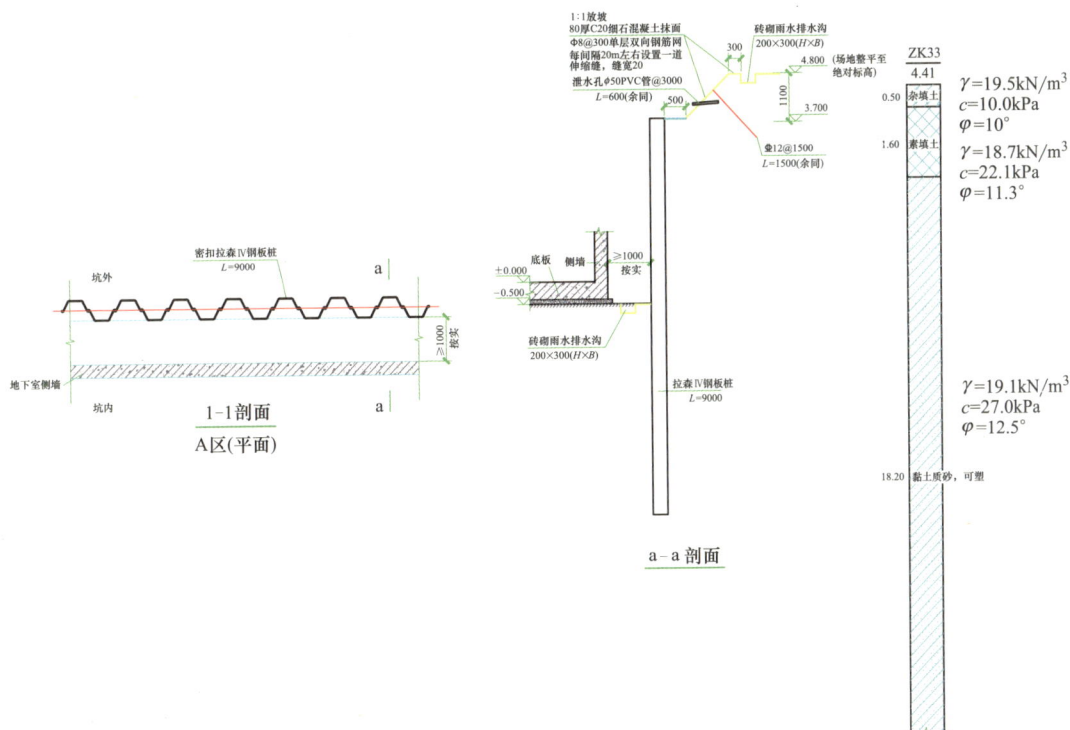

图3-2 A区北面西段及西面地下室支护剖面图

注：采用单排钢板桩挡土止水支护方案。

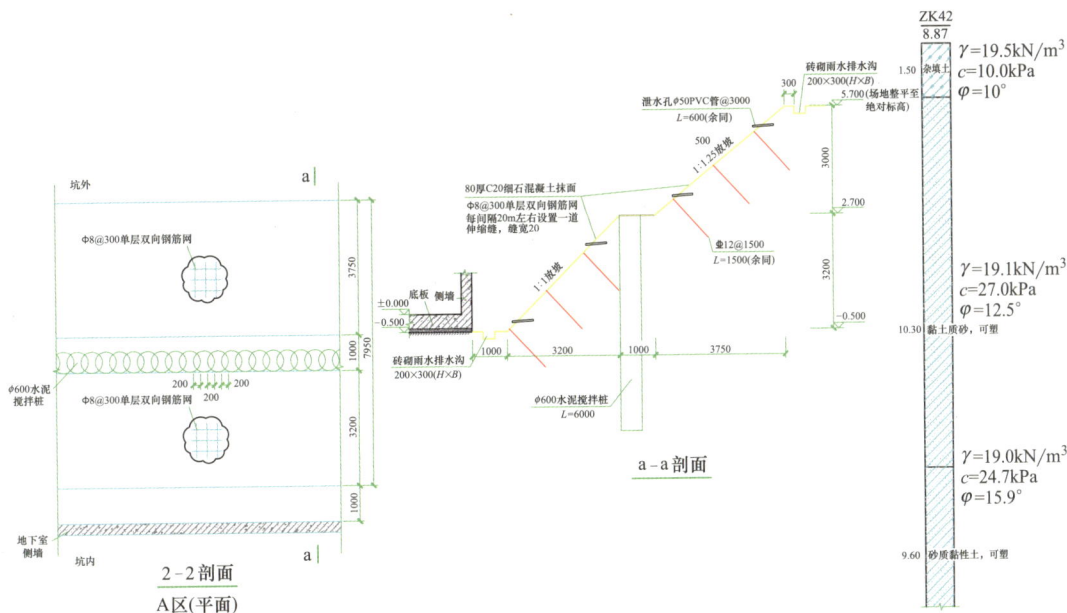

图3-3 A区东面地下室支护剖面图

注：采用多级放坡＋水泥搅拌桩挡土止水支护方案。

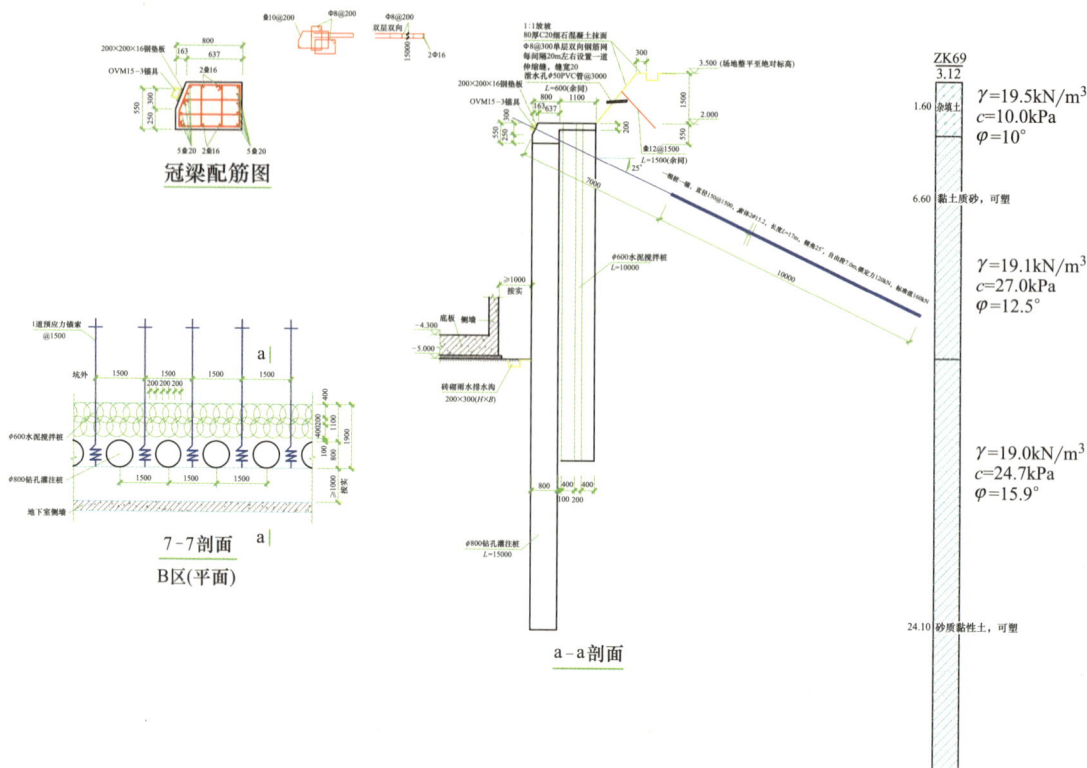

图3-4　B区西面及北面西段地下室支护剖面图

注：采用单排钻孔灌注桩＋一道锚索＋灌注桩外侧双排水泥搅拌桩挡土止水支护方案。

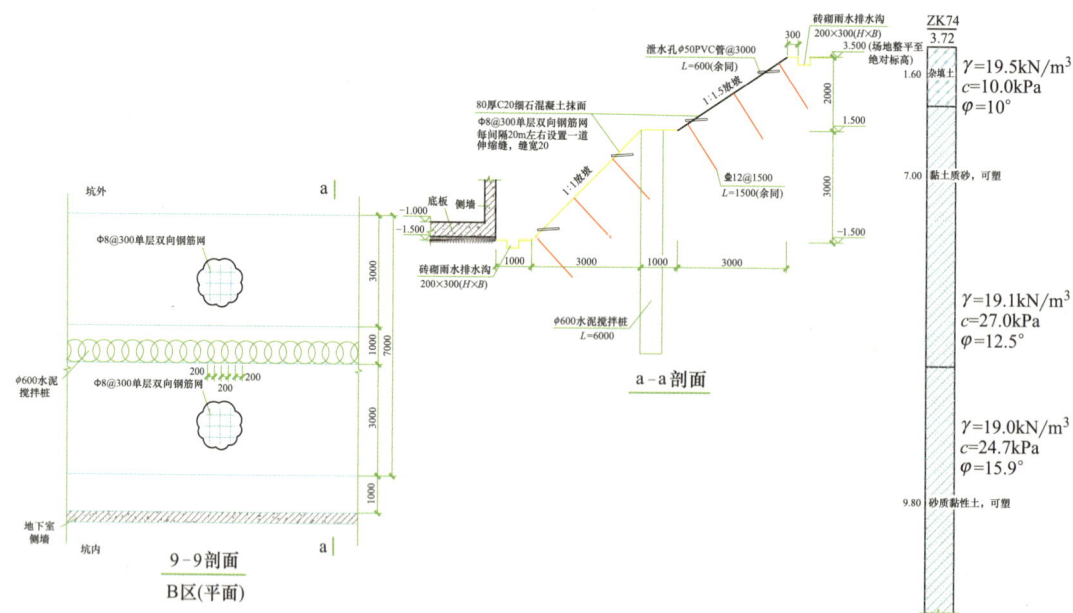

图3-5　B区东面地下室支护剖面图

注：采用多级放坡＋水泥搅拌桩挡土止水支护方案。

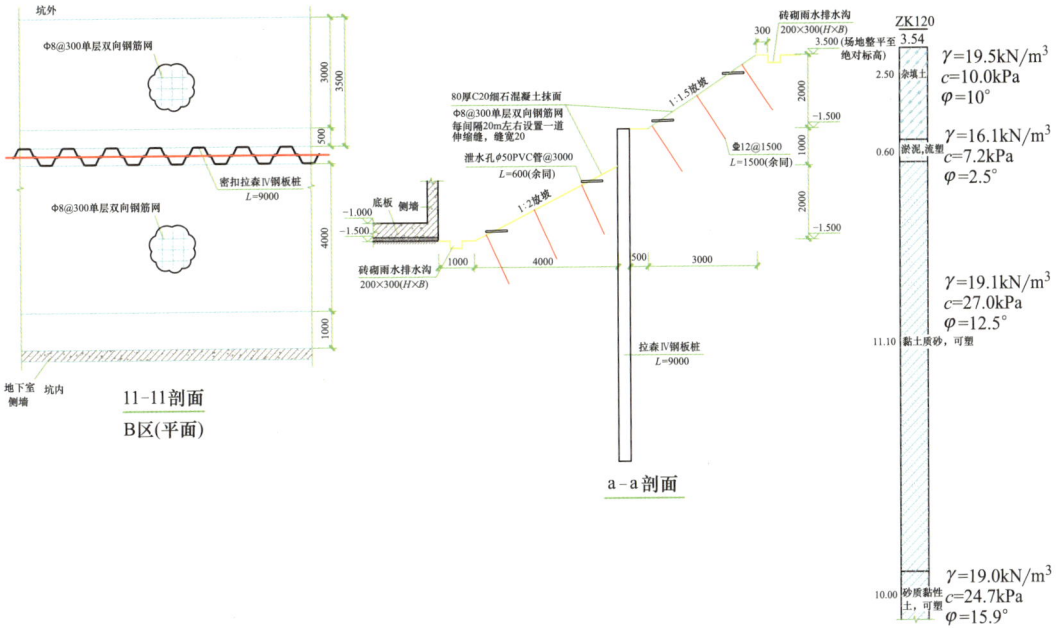

图 3-6 B 区南面地下室支护剖面图

注：采用多级放坡＋钢板桩挡土止水支护方案。

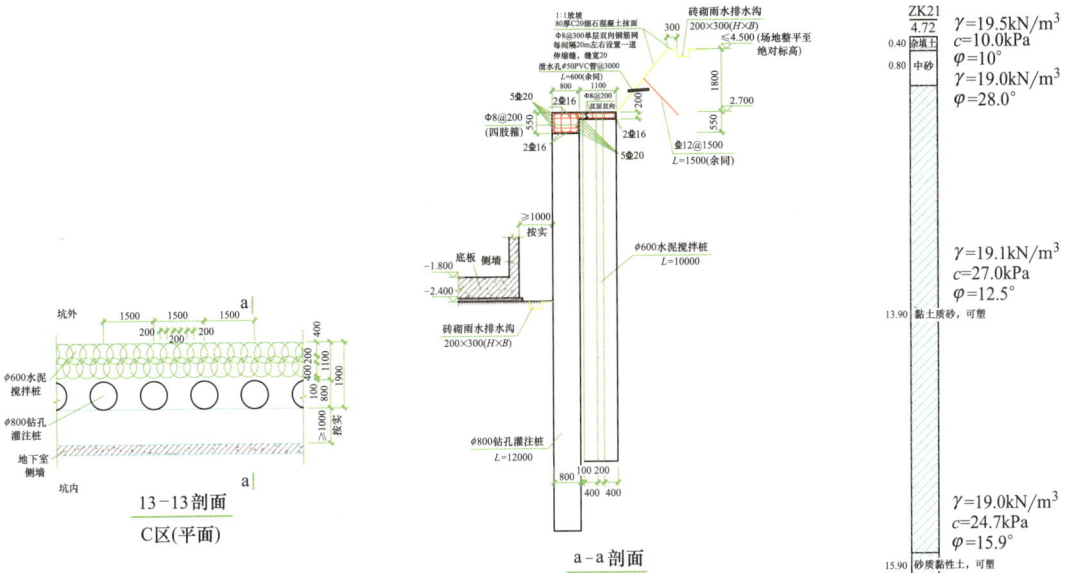

图 3-7 C 区西面地下室支护剖面图

注：采用单排钻孔灌注桩＋灌注桩外侧双排水泥搅拌桩挡土止水支护方案。

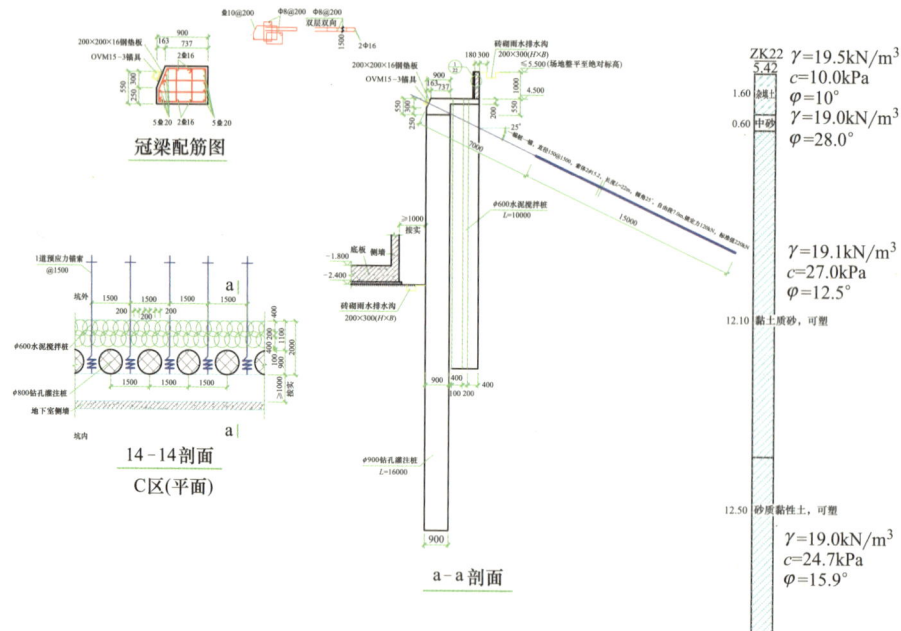

图 3-8　C 区北面及西南角地下室支护剖面图

注：采用单排钻孔灌注桩＋一道锚索＋灌注桩外侧双排水泥搅拌桩挡土止水支护方案。

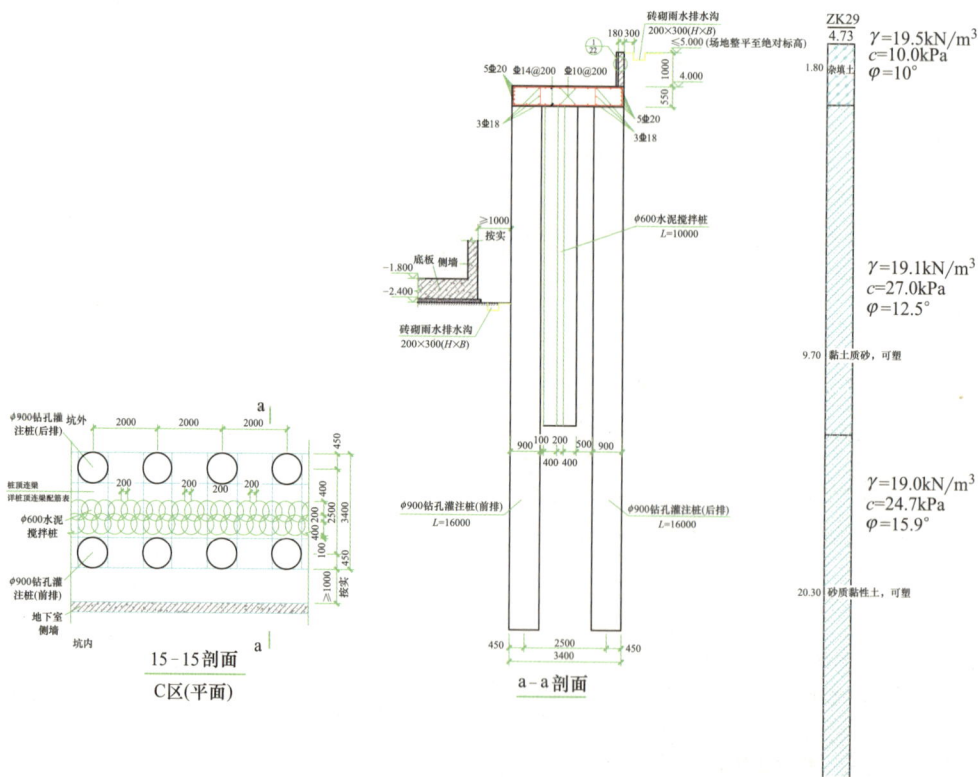

图 3-9　C 区南面地下室支护剖面图

注：采用双排钻孔灌注桩＋桩间双排水泥搅拌桩挡土止水支护方案。

4　施工过程

4.1　施工顺序

施工主体结构工程桩→水泥搅拌桩、钢板桩和钻孔灌注桩→冠梁、连梁→土方分层、分段开挖到底板垫层底标高，局部逐个开挖至承台垫层底标高→地下室承台、底板→地下室面墙防水批荡完成，与支护桩之间肥槽回填石屑，拔除钢板桩。

4.2　基坑土方开挖的技术要求

（1）基坑开挖前要求查明场地范围内的地下管线、地下构筑物情况，重点为北面金溪大道以及项目周边较近的住宅现状。如有管线不能拆移时，应采取切实可行的加固保护措施，确保施工期间地下管线的安全和正常使用。地下管线的迁改和保护须征得管线权属部门、业主等有关单位同意后方可施工。

（2）基坑土方应分块、分层开挖，每层开挖深度一般不大于 1.5m，分段长度不大于 30m，严禁超挖及大锅底式开挖。开挖到坑底应及时浇筑混凝土垫层，承台需逐个开挖浇筑，底板需分块浇筑。

（3）设置两个出土口，一个在西面中部，一个在南面中部。凡开挖的土方应随挖随运走，严禁堆积在基坑顶及周边场地。

4.3　基坑降、排水措施

（1）坡顶 2m 范围按要求进行硬地化或喷混凝土护面施工，按设计要求布置截水沟，截水沟每间隔 25m 布置集水井。

（2）基坑采用集水明排降水方案，要求坑内地下水位降至承台底 500mm 以下。坑外水位控制在地面以下 1000～1500mm 范围，否则应及时采取回灌水措施，防止坑外水位下降过大。

（3）基坑土方开挖时，应随挖方布置临时集水井，以降低坑内地下水位，方便施工。

4.4　施工过程遇到的问题及处理措施

基坑 B 区北面西段开挖坑底，暴露时间较长且受降雨影响，通过第三方基坑监测单位的变形监测发现，支护结构水平变形远超控制值，同时出现了锚索锚头松动的险情（图 4-1），立即

图 4-1　B 区北面锚索锚头松动

启动应急预案，在变形最大的位置反压砂包加固，以控制变形。加固方案如图 4-2 所示。

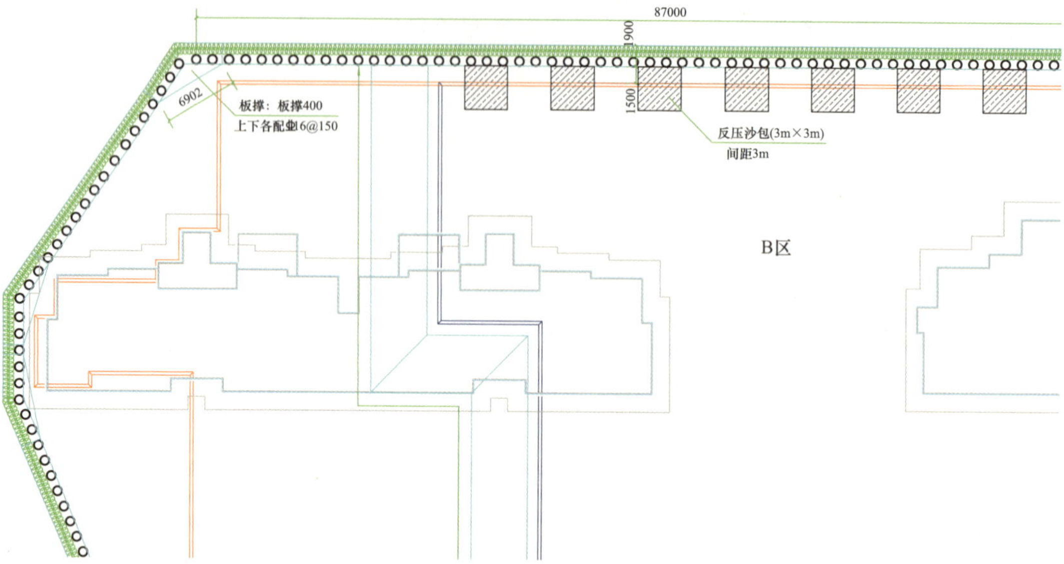

图 4-2　B 区北面现场变形较大区域采用砂包反压方案示意

4.5　施工现场

本基坑工程施工现场如图 4-3～图 4-7 所示。

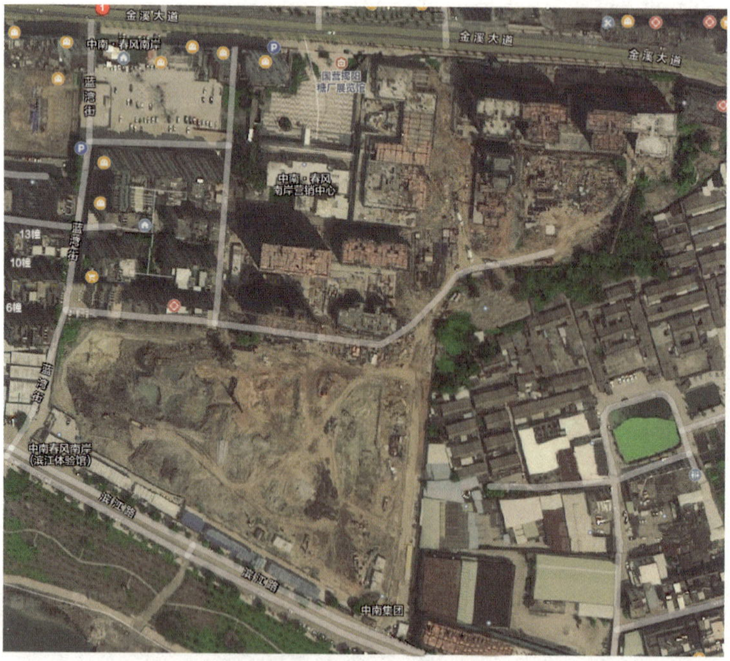

图 4-3　基坑卫星全景

图 4-4　A 区西面单排钢板桩支护

图 4-5　B 区单排钻孔灌注桩＋锚索支护

图 4-6　锚索张拉完成

图 4-7　A、B 区西北角开挖到坑底

5　结论

本项目基坑工程结合现场环境条件，采用多种形式支护方案，其特点是能满足不同部位基坑支护的要求，既安全可控，成本又相对较低。基坑开挖后实际效果良好，支护结构变形不大，对周边环境影响较小，施工速度较快，获得相关单位的好评。值得注意的是，桩＋锚索支护结构，如果遇到极端天气，如雨期长、雨量特别大的时候，应及时巡视、检查锚索锚头是否出现松动现象，避免造成安全隐患。

案例 11 绿地国际空港城地块三基坑工程

1 工程概况

本工程位于揭阳市榕城区崇学路与建设大道交汇的西北角。场地西、北两面为规划用地，南面为崇学路，东面为建设大道（图 1-1）。建筑物为框架剪力墙结构，拟采用桩基础，设置一、二层地下室，靠近东面为一层地下室。±0.000 相当于"1985 国家高程" 3.050m，现场地标高为－0.200～－0.450m，开挖深度为 5.000～9.250m。基坑东面地下室外墙距售楼中心停车场较近，红线外为建设大道；南面地下室外墙距红线 9.3m，红线外为崇学路；西面地下室外墙距红线较远，北段为施工材料堆场用地，南段可以放坡，红线外为天福东路；北面红线外为规划道路，地下室外墙距红线 8.5m。基坑环境等级、支护结构安全等级均为二级。

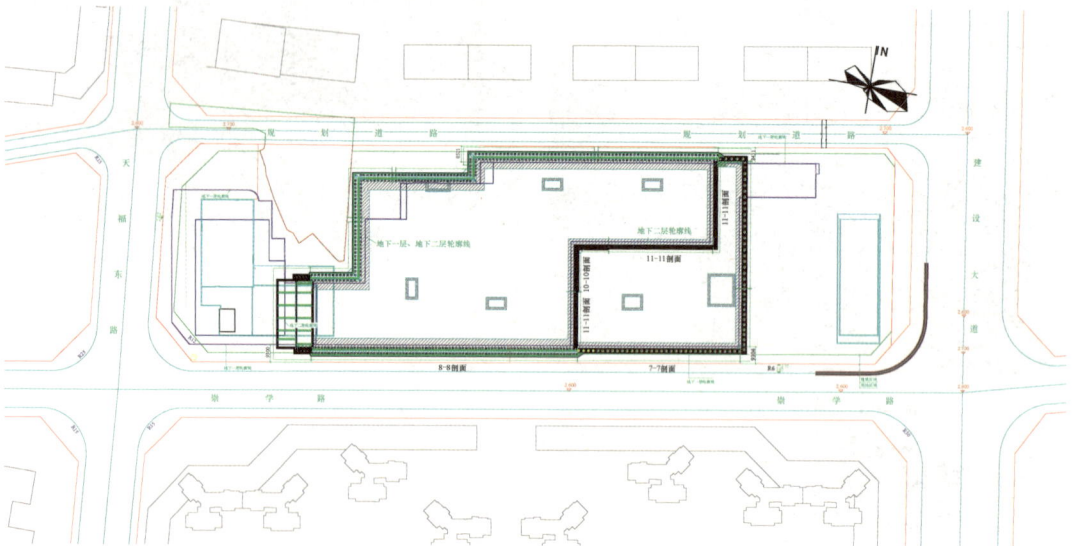

图 1-1 周边环境示意

2 地质条件

场地属榕江下游三角洲冲积平原地貌。大部分地段场地较平坦，部分地段稍有起伏，场地钻孔孔口地面高程约 2.42m。根据钻探结果揭示，场地地基土按成因类型自上而下可划分为：

①素填土：灰色，褐黄色，湿，松散，主要由粉黏土、粉细砂及少量碎石块等组成，均匀性差，局部地段含混凝土块，为新近填土。

②淤泥：灰黑、深灰色，流塑为主，主要为黏粒，无摇振反应，切面较光滑，干强度较高，黏性较好，含粉细砂、少量腐植质。

③粉质黏土：浅灰色，灰黄色，湿，可塑，土质较不均匀，黏性较好。

④中砂：灰黄色，灰白色，饱和，稍密—中密为主，局部密实，分选性较差，含黏粒及粗砂薄层。

⑤粉质黏土：灰黄色，灰白色，湿，可塑，土质较不均匀，黏性较好，含粉细砂。

⑥淤泥质土：深灰色，灰黑色，饱和，流塑—软塑状，含有机质，局部夹淤质粉砂。

⑦中砂：灰白色，灰黄色，饱和，中密为主，局部密实，主要成分为石英砂，分选性较差，含少量砾及黏粒。

⑧淤泥质土：深灰色，灰黑色，饱和，流塑—软塑状，含有机质，局部夹淤质粉砂。

⑨粉质黏土：浅灰蓝色，灰黄色，湿，可塑，土质较不均匀，黏性较好，局部含砂质。

⑩粗砂：浅黄色，浅灰白色，饱和，密实为主，顶部局部中密，分选性较差，局部含黏粒。

⑪淤泥质土：深灰色，灰黑色，饱和，流塑—软塑状，含有机质，局部夹淤质粉砂。

⑫粉质黏土：浅灰色，浅灰蓝色，湿，可塑，黏性较好，土质较不均匀，含砂质。

⑬粗砂：灰白色，浅灰黄色，饱和，密实为主，分选性较差，含少量粉黏粒。

勘察期间，场地钻孔均在钻探深度范围内遇地下水，初见水位埋深为0.20～1.60m，稳定水位埋深为0.60～4.50m，稳定水位标高为−2.66～2.33m。场地地下水主要包括：上层滞水，主要赋存于填土中，补给来源主要靠大气降水，补给量受季节的影响明显；第四系孔隙水，主要赋存于冲积层中（粗）砂层及部分填土层中，透水性中等，分布范围广，水量较大，地下水性质属承压水；岩层中的裂隙水，与基岩的裂隙发育及其连通性有关，主要的补给来源为邻近的裂隙水，补给量受岩体破碎程度及地势起伏程度的影响明显。

地质剖面图如图2-1所示。

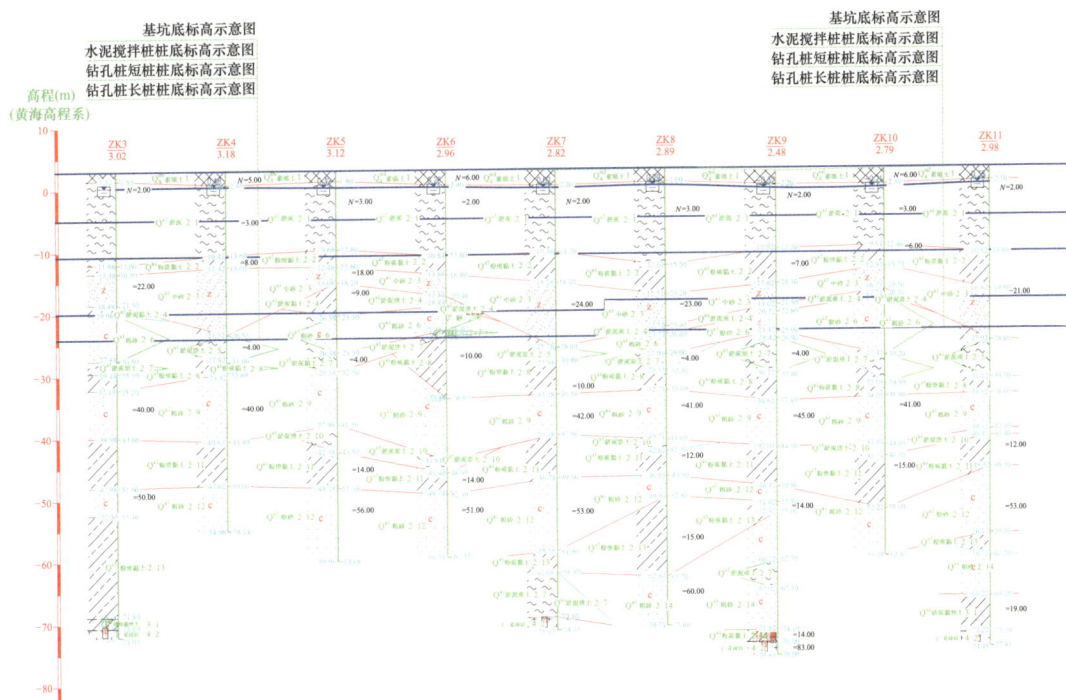

图2-1　工程地质剖面示意图

3 设计方案

3.1 本基坑工程的特点

（1）基坑的南面靠近崇学路，为城市主要干道，车流量大，动荷载对支护结构的水平位移影响较大。

（2）场地仅西面南段有部分放坡空间，其余只能考虑采用垂直开挖土方的支护方式。

（3）基坑底为较厚的淤泥层，含水率高，力学性能差。

3.2 基坑支护方案选择

根据本工程周边环境、地质资料及基坑开挖深度，结合相关工程的实施经验，各部位的基坑支护形式为：①北面二层地下室采用双排钻孔灌注桩＋前后排灌注桩之间双排水泥搅拌桩＋坑底被动区水泥搅拌桩加固挡土止水支护方案；北面一层地下室采用单排钻孔灌注桩＋灌注桩外侧双排水泥搅拌桩＋坑底被动区水泥搅拌桩加固挡土止水支护方案。②东面一层地下室采用单排钻孔灌注桩＋灌注桩间高压旋喷桩＋坑底被动区水泥搅拌桩加固挡土止水支护方案。③南面二层地下室采用双排钻孔灌注桩＋前后排灌注桩之间双排水泥搅拌桩＋坑底被动区水泥搅拌桩加固挡土止水支护方案；南面一层地下室采用格构式水泥搅拌桩内插钻孔灌注桩＋坑底被动区水泥搅拌桩加固挡土止水支护方案。④西面北段二层地下室采用双排钻孔灌注桩＋前后排灌注桩之间双排水泥搅拌桩＋坑底被动区水泥搅拌桩加固挡土止水支护方案；西面南段二层地下室采用二级放坡＋放坡体水泥搅拌桩加固挡土止水支护方案。⑤一、二层地下室交界处采用格构式水泥搅拌桩挡土止水支护方案。

3.3 基坑支护平面布置（图 3-1）

3.4 基坑支护剖面（图 3-2～图 3-7）

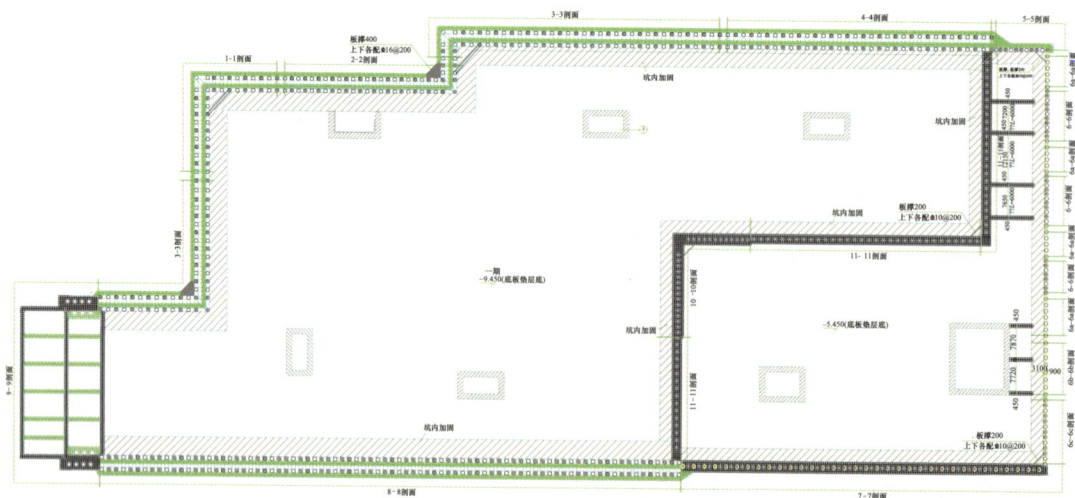

图 3-1 基坑支护平面图

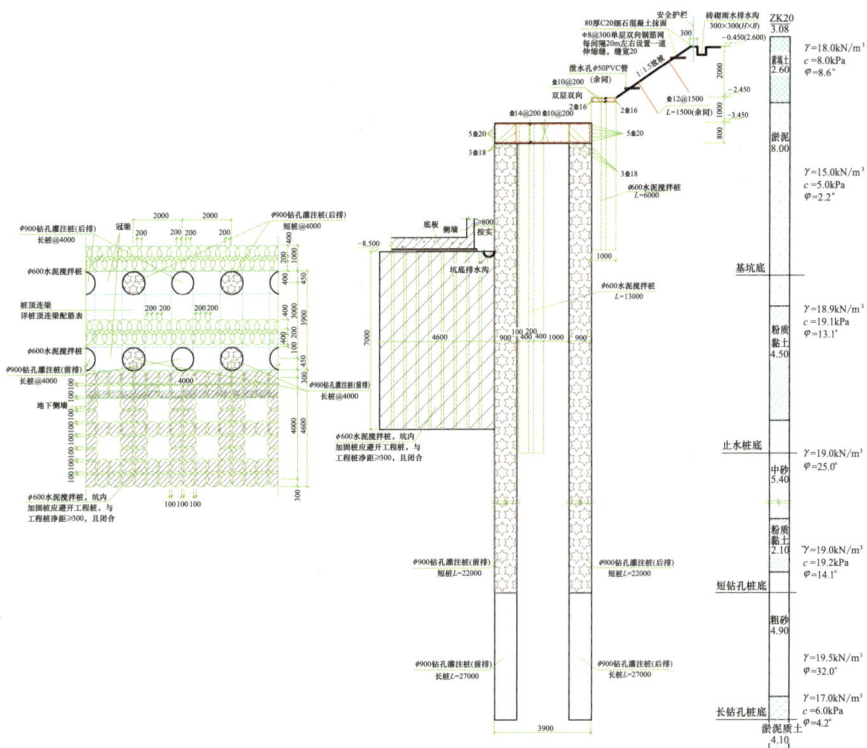

图 3-2 二层地下室北面、西面北段及南面基坑支护剖面图

注：采用双排钻孔灌注桩＋前后排灌注桩之间双排水泥搅拌桩＋坑底被动区水泥搅拌桩加固挡土止水支护方案。

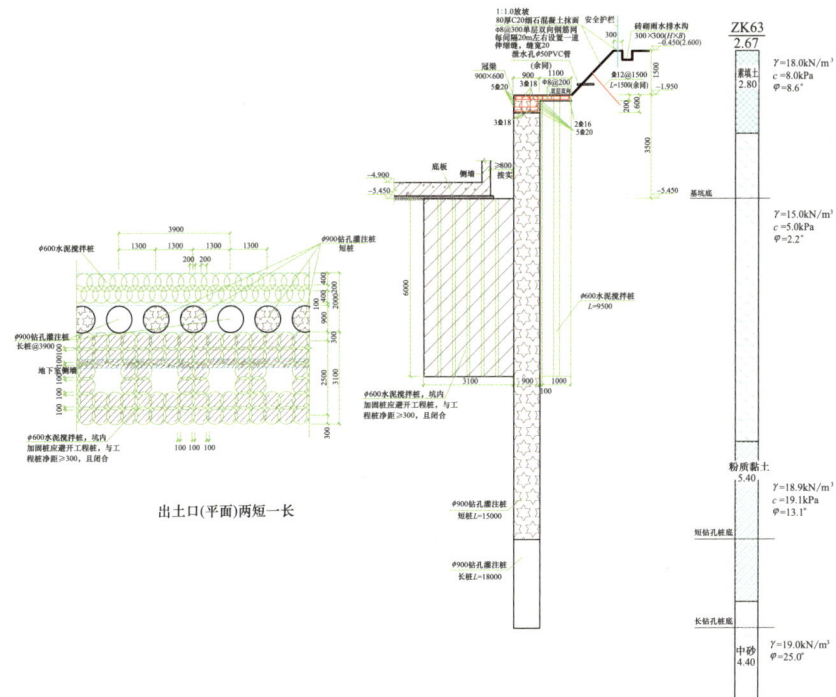

图 3-3 一层地下室北面基坑支护剖面图

注：采用单排钻孔灌注桩＋灌注桩外侧双排水泥搅拌桩＋坑底被动区水泥搅拌桩加固挡土止水支护方案。

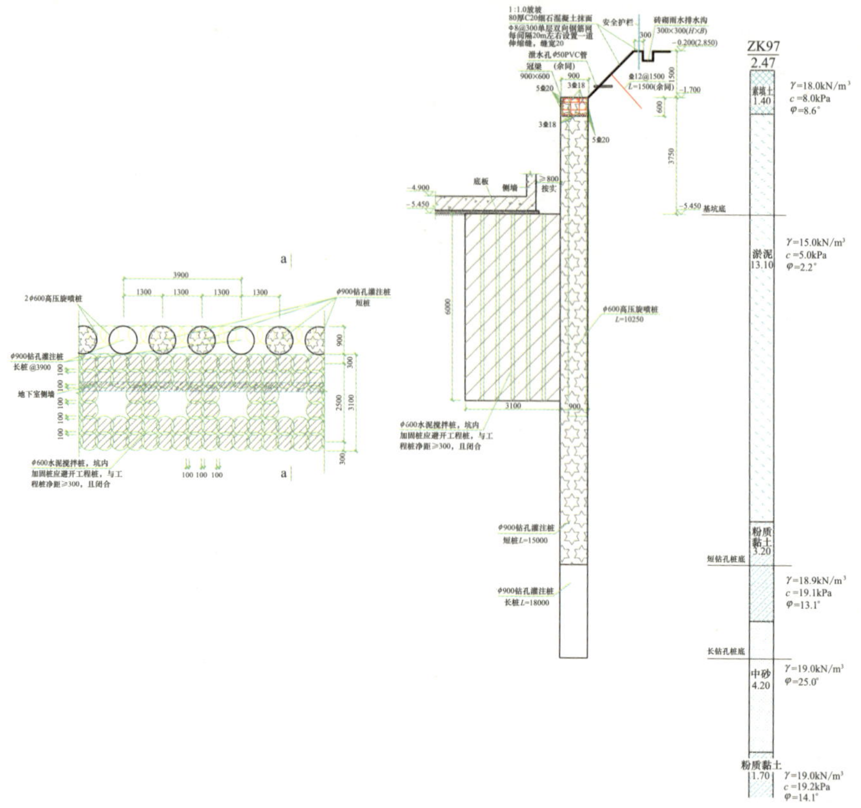

图 3-4　一层地下室东面基坑支护剖面图

注：采用单排钻孔灌注桩＋灌注桩间高压旋喷桩＋坑底被动区水泥搅拌桩加固挡土止水支护方案。

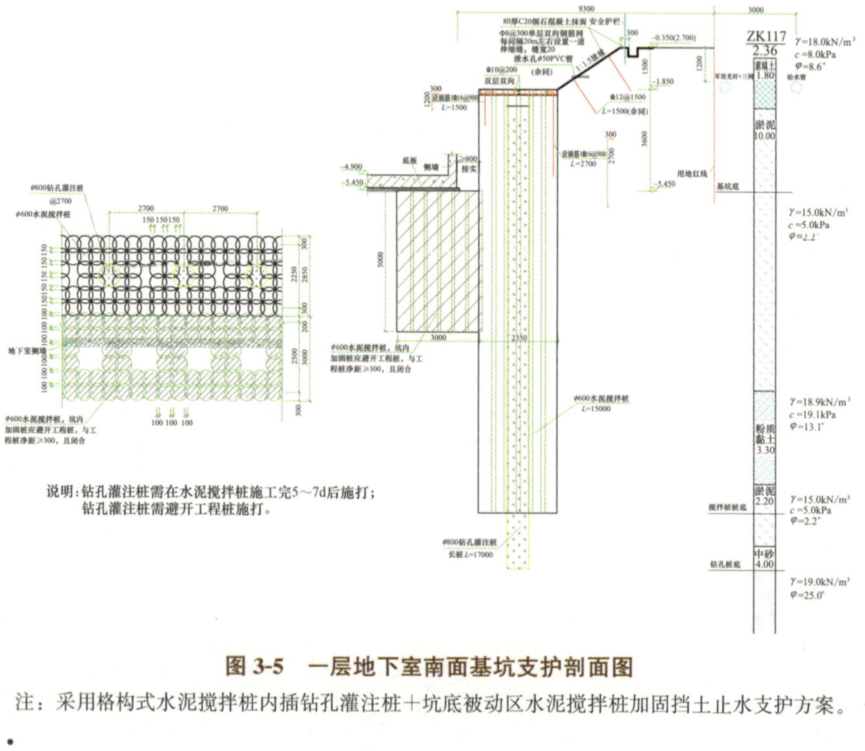

图 3-5　一层地下室南面基坑支护剖面图

注：采用格构式水泥搅拌桩内插钻孔灌注桩＋坑底被动区水泥搅拌桩加固挡土止水支护方案。

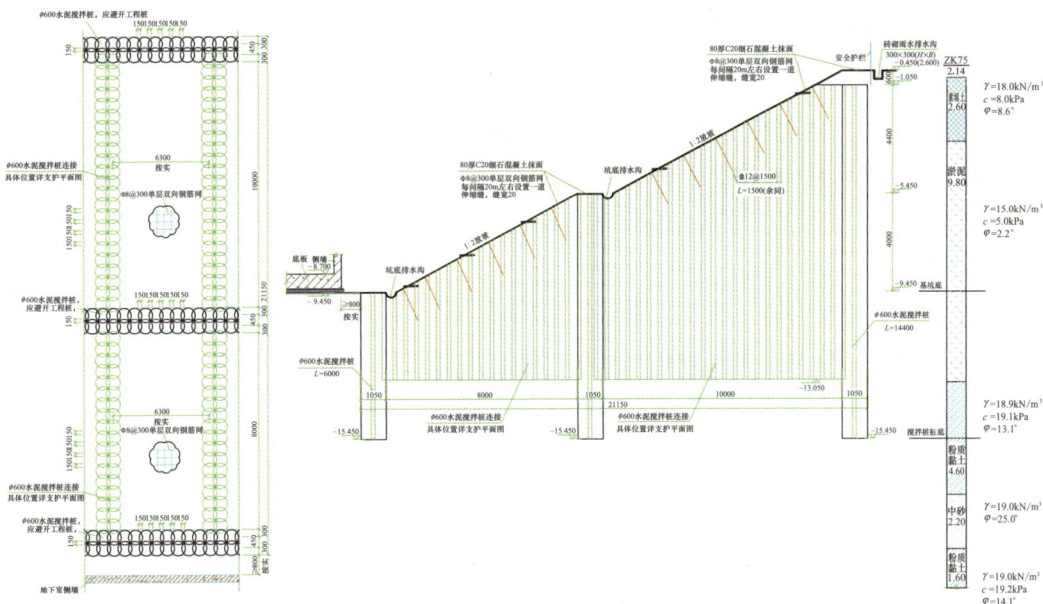

图 3-6　二层地下室西面南段基坑支护剖面图

注：采用二级放坡＋放坡体水泥搅拌桩加固挡土止水支护方案。

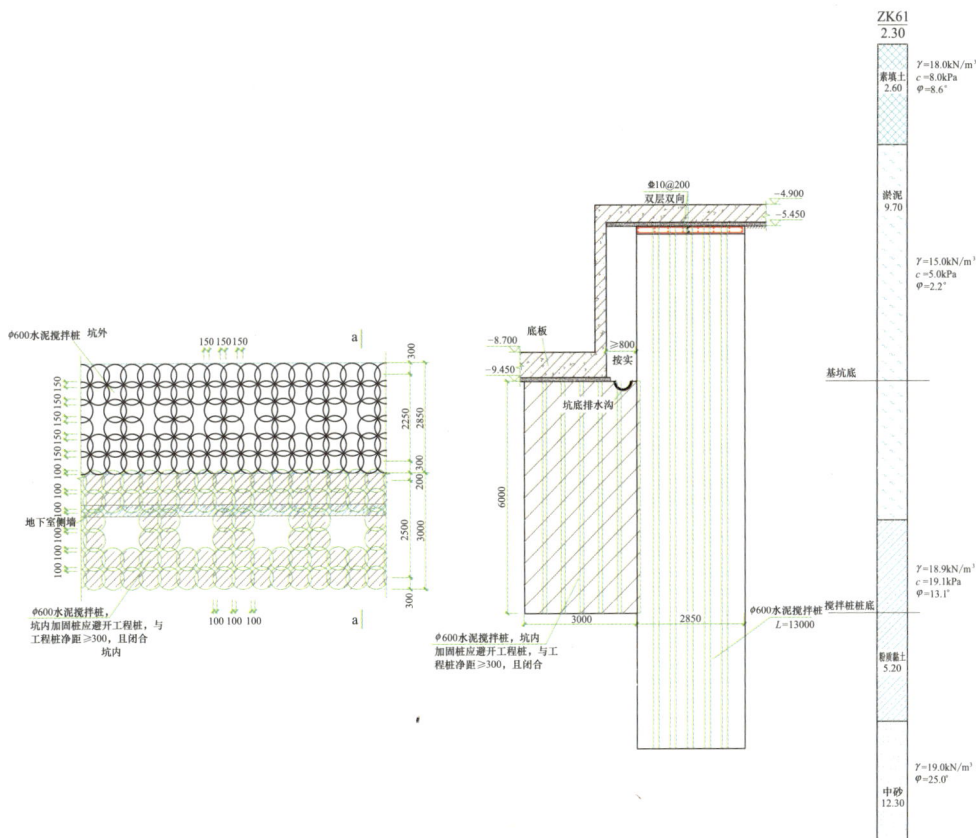

图 3-7　一、二层地下室交界处基坑支护剖面图

注：采用格构式水泥搅拌桩挡土止水支护方案。

4 施工过程

4.1 施工顺序

（1）一层地下室部分：施工主体结构工程桩→水泥搅拌桩、灌注桩、高压旋喷桩→截水沟、排水沟→土方分层、分段开挖到底板垫层底标高，局部逐个开挖至承台垫层底标高→地下室承台、底板→一层地下室面墙防水批荡完成，与支护桩之间肥槽回填石屑。

（2）二层地下室部分：施工主体结构工程桩→止水桩及钻孔灌注桩→冠梁、连梁、支撑梁→土方分层、分段开挖到底板垫层底标高，局部逐个开挖至承台垫层底标高→地下室承台、底板→面墙及负二层地下室至负一层地下室楼板底→混凝土传力带→地下室面墙与支护桩之间分层夯实，回填石屑。

出土口及材料运输通道设置在场地东北角。

4.2 基坑开挖应采取的措施

地下室坑底处于深厚的淤泥土层中，工程桩采用预应力管桩。以往工程中，由于土方开挖方式不当，造成管桩倾斜、挤断、支护结构水平变形过大的案例不少。因此，要求土方开挖时严格按照经专家论证并审查通过的施工方案实施。分块、分段、分层开挖土方，分层厚度不得大于 1.0m，分段长度不得大于 20m；开挖一块土方，浇筑一块混凝土垫层、承台及底板；同时加密基坑变形监测的频率，组织专人现场检查。

4.3 基坑降、排水措施

（1）坡顶 2m 范围进行硬地化或喷混凝土护面施工，布置截水沟，截水沟间隔 20～25m 布置集水井。

（2）基坑开挖时，采用明降明排的降水方式，并随挖方布置临时集水井或降水坑，以降低坑内的地下水位，方便施工。

4.4 施工过程遇到的问题及处理措施

一层地下室东面基坑土方开挖时，由于没有按照分段、分层的方式操作，而是一次性开挖到坑底，长度超过 60m，造成支护结构水平变形达到 200mm。立即启动应急预案，抢险、加固措施如下：回填土方及反压砂包，稳定变形；支护结构边 6m 以外的承台先施工，在承台里预埋工字钢作为支撑点；承台浇筑完成后做工字钢斜支撑，再挖去斜支撑下的土方，尽快施工底板（图 4-1）。

4.5 施工现场

本基坑工程施工现场如图 4-2～图 4-7 所示。

4.6 基坑监测结果

第三方监测单位对基坑土方开挖、地下室施工的全过程进行了监测。监测结果显示，基坑大部分位置的支护结构水平变形、坑外地面沉降均在可控范围。对于东面局部位置出现较大变形的情况，通过启动应急预案，采用回填土反压＋钢斜撑的办法，及时控制了基坑水平变形，化解了风险。

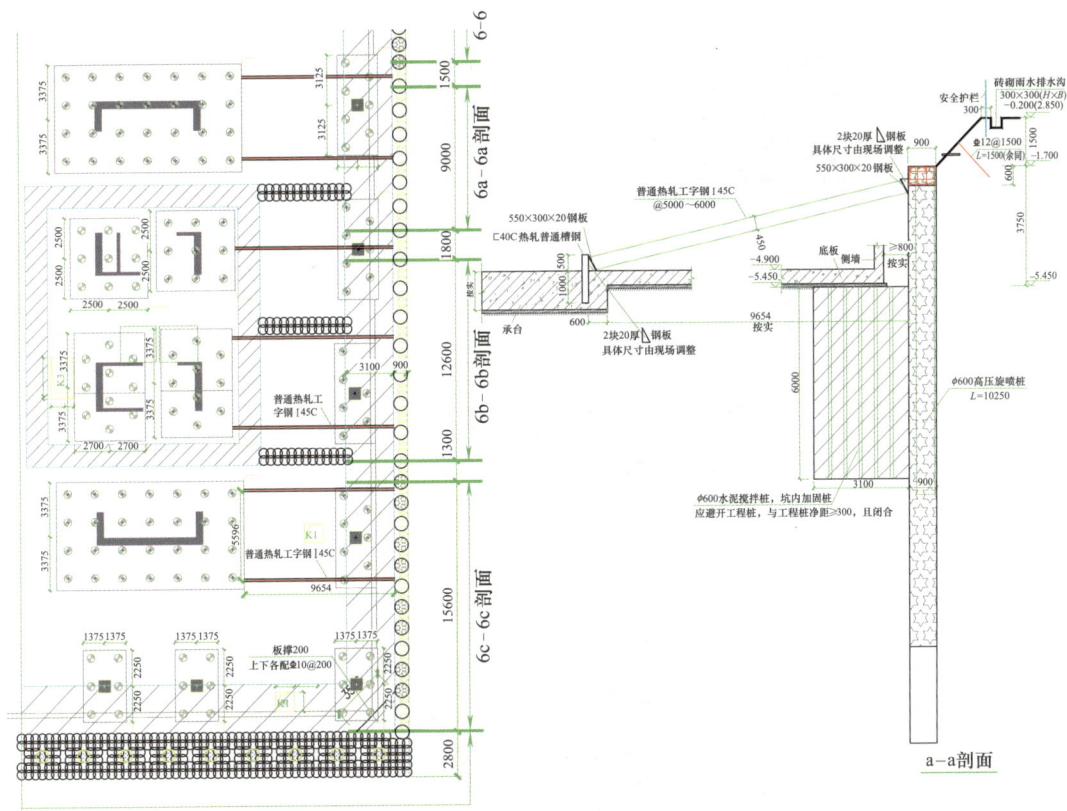

图 4-1　基坑东面支护结构水平变形值超过控制值，采用工字钢斜支撑加固平面及构造大样图

图 4-2　基坑全景

图 4-3　二层地下室西面南段二级放坡＋土体改良加固，开挖到基坑底

图 4-4　二层地下室西面中部内阳角坑底混凝土垫层浇筑完成

图 4-5　二层地下室南面部分坑底混凝土垫层浇筑完成

图 4-6　基坑东面支护结构水平变形值超过
控制值，采用工字钢斜支撑加固 1

图 4-7　基坑东面支护结构水平变形值超过
控制值，采用工字钢斜支撑加固 2

5　结论

本项目基坑工程一层地下室开挖深度为 5m，二地下室开挖深度超过 9m。根据场地周边环境和工程地质条件，在含水率高、力学性能差的淤泥土层中，因地制宜，不同部位采用不同的支护形式：二层地下室既有双排钻孔灌桩支护方案，也有二级放坡＋土体改良加固支护方案；一层地下室既有单排钻孔灌注桩支护方案，也有格构式水泥搅拌桩＋钻孔灌注桩支护方案；一、二层地下室交界处采用格构式水泥搅拌桩支护方案。基坑开挖后实际效果较好，整体安全，变形可控，不渗水。

案例 12　东方阳光苑基坑工程

1　工程概况

本工程位于揭阳市梅兜路与进贤门大道交界处南侧，北面为进贤门大道、东面为梅兜路、南面为规划道路、西面临民居（图 1-1）。主要建筑物为 7 幢 22 层住宅楼，设二层地下室，采用桩基础。现场地标高为 -0.300m，负二层地下室底板面标高为 -7.200m，底板垫层底标高为 -7.850m。基坑开挖深度约为 7.550m。地下室边线距北侧进贤门大道 56m，距东侧梅兜路 20m，距南侧义和路 18m，距西侧已建住宅楼最近处 8.0m。据调查，已建住宅基础形式均采用天然地基浅基础。基坑环境等级、支护结构安全等级：西面为一级，其余三面为二级。

2　地质条件

拟建场地位于榕江三角洲平原上，地形平坦、开阔。场地在勘探深度范围内，根据土（岩）层的地质成因及形成时代自上而下可划分为：

①素填土：层厚 0.3～0.8m。

②黏土：层厚 0.3～1.2m。

③淤泥：局部夹淤泥质砂土或粉质黏土透镜体，层厚 15.0～17.8m。

④中砂：局部缺失，层厚 4.4～5.6m。

⑤淤泥质黏土：夹粉质黏土、中砂及淤泥质砂土，层厚 0.3～2.2m。

⑥粗砂：局部夹粉质黏土透镜体，层厚 21.0～29.0m。

⑦淤泥质黏土：局部夹中砂、粉质黏土及淤泥质砂土，层厚 1.3～2.2m。

⑧粗砂：局部夹粉质黏土透镜体，层厚 26.0～32.0m。

⑨粉质黏土：层厚 7.0～8.0m。

⑩粗砂：局部夹粉质黏土薄层，层厚 8.0m。

钻探深度范围内，地下水类型以层间承压水为主，潜水次之。浅层潜水分布于②黏土层以上，主要埋藏在①素填土层中。场地地下水补给条件较差，补给量小。场地附近不存在地表水体，地下水与地表水体水力联系较差。

图 1-1　周边环境示意

地质剖面图如图 2-1 所示。

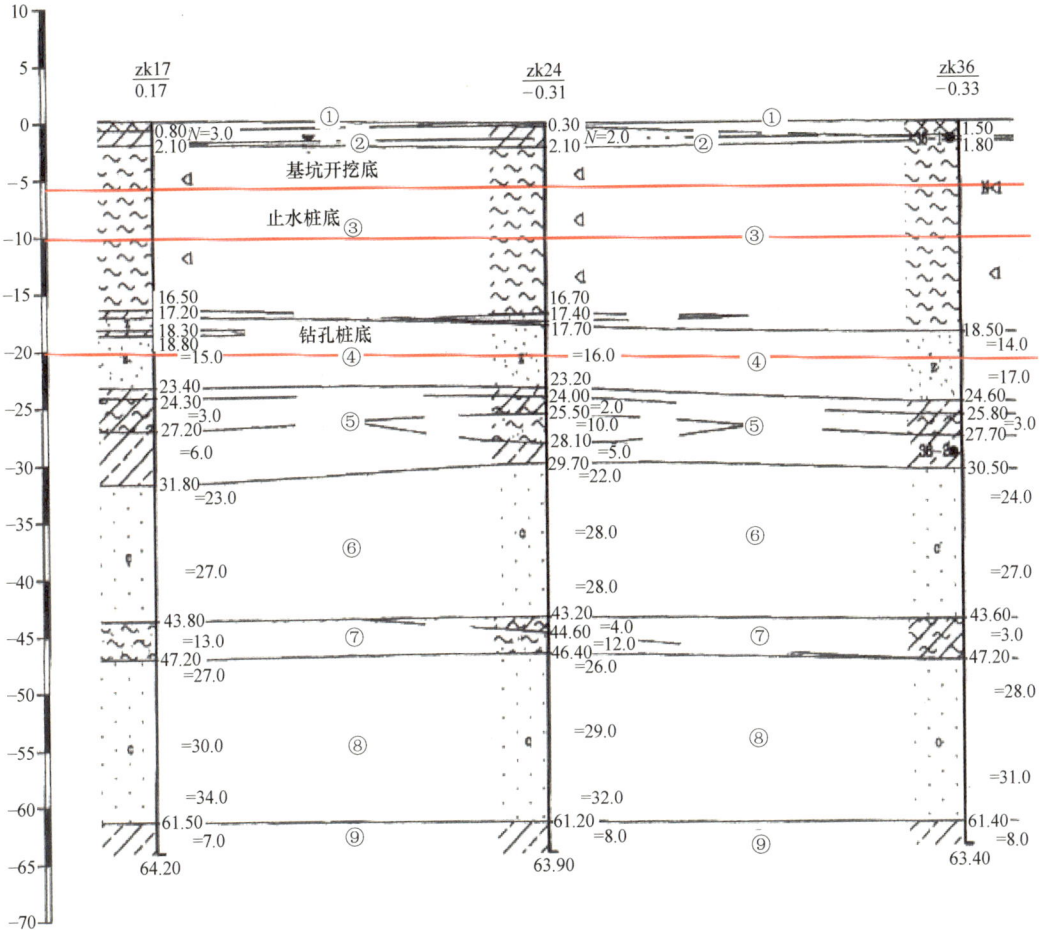

图 2-1 工程地质剖面示意图

3 设计方案

3.1 本基坑工程的特点

（1）基坑西面为已建住宅楼，其基础形式均为天然地基浅基础，对支护结构的变形非常敏感；其余三面临道路，均无放坡空间。

（2）基坑开挖深度为 7.55m，场地上部为较厚的淤泥土层，含水率高，力学性能较差。

（3）地下室平面为长条形，东西向约为 350m，南北向约为 28m。

3.2 基坑支护方案选择

根据本工程周边环境、基坑开挖深度及地质条件，结合相关工程的实施经验，基坑采用单排钻孔灌注桩＋一道钢筋混凝土支撑＋坑底被动区水泥搅拌桩加固＋外侧双排深层水泥搅拌桩挡土止水支护方案。

3.3 基坑支护平面布置（图 3-1）

3.4 基坑支护剖面（图 3-2～图 3-5）

图 3-1　基坑支护平面图

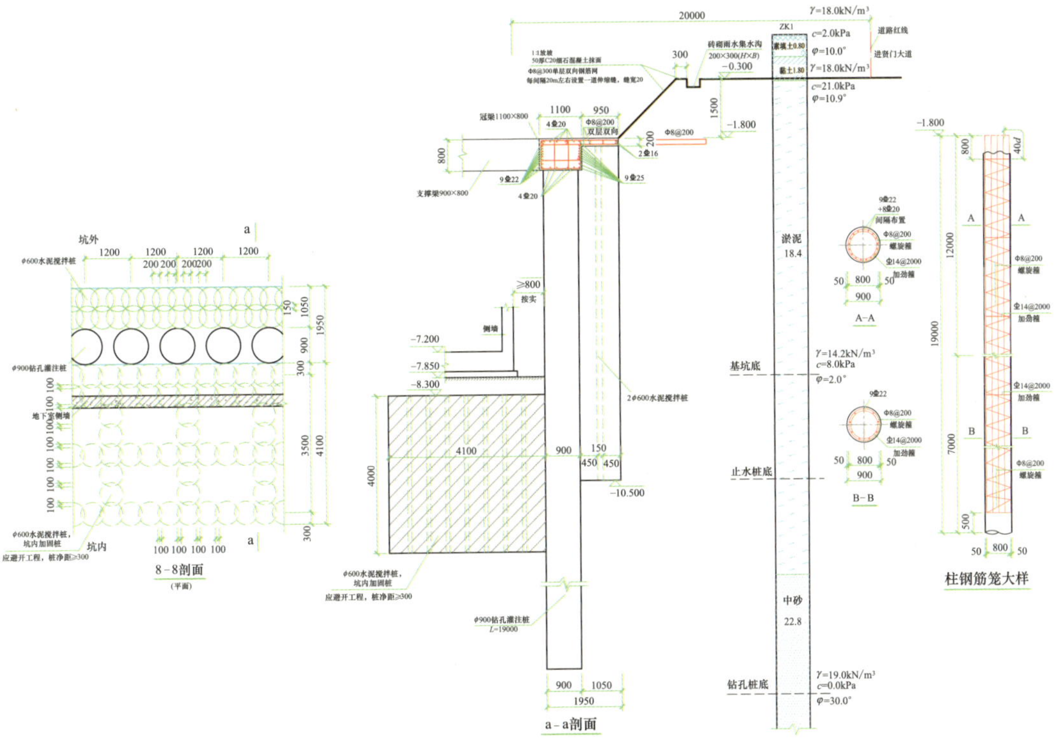

图 3-2 北、东、南三面二层地下室基坑支护典型剖面图

注：采用单排钻孔灌注桩＋一道钢筋混凝土支撑＋坑底被动区水泥搅拌桩加固＋外侧双排深层水泥搅拌桩挡土止水支护方案。

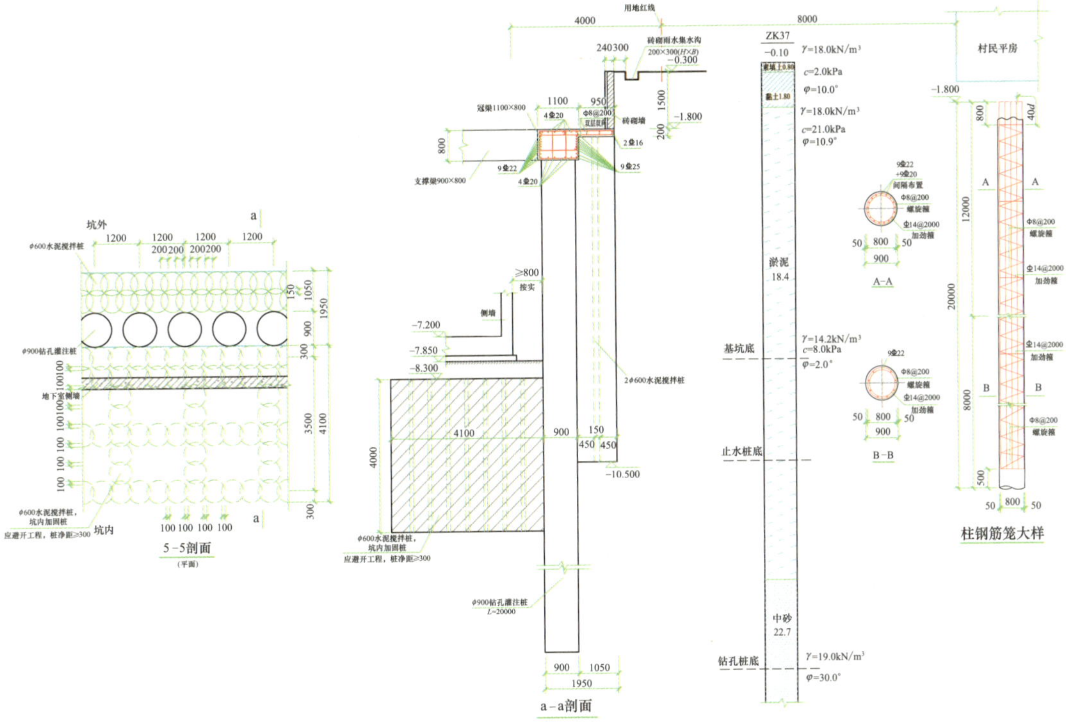

图 3-3 西面二层地下室基坑支护典型剖面图

注：采用单排钻孔灌注桩＋一道钢筋混凝土支撑＋坑底被动区水泥搅拌桩加固＋外侧双排深层水泥搅拌桩挡土止水支护方案。

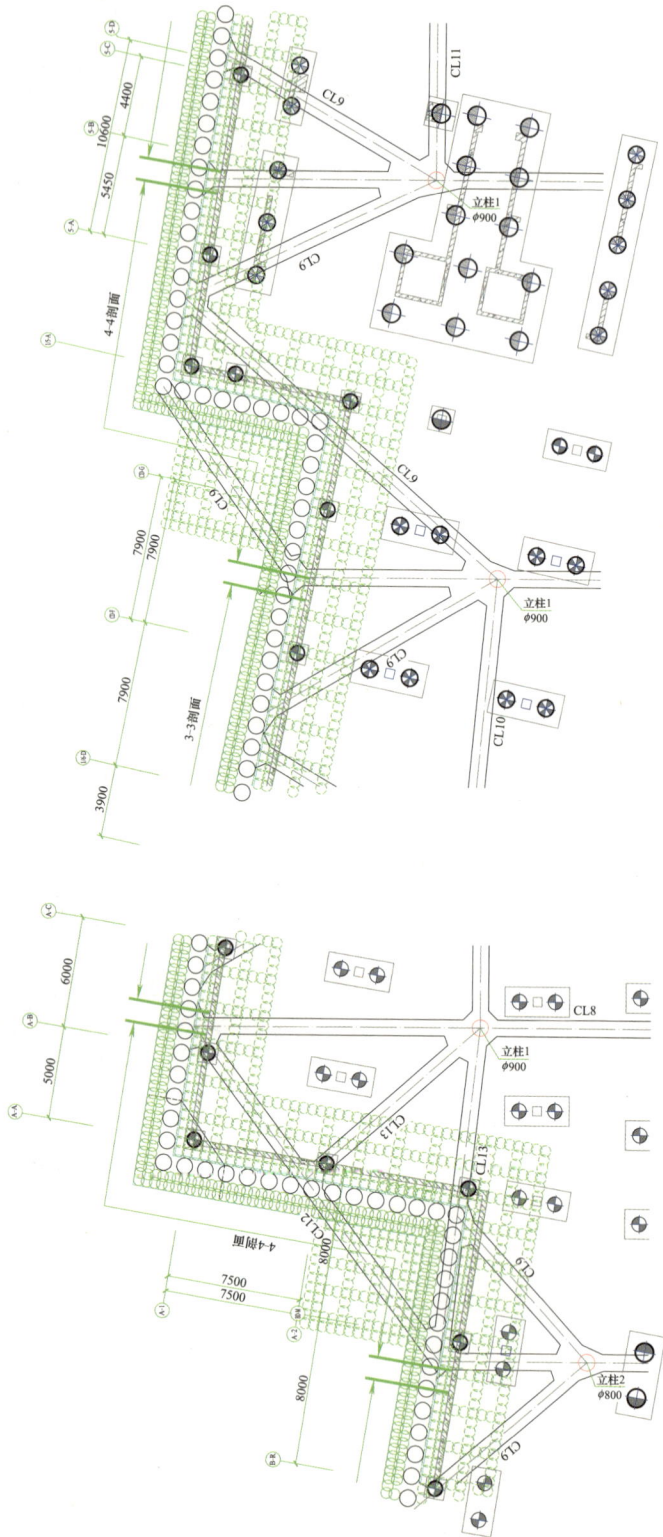

图 3-4　西面二层地下室基坑外侧阳角处加固平面图

注：灌注桩外侧主动区局部采用格构式水泥搅拌桩加固，加固面标高同灌注桩顶标高，加固宽度为 6m，高度为 7.2m。

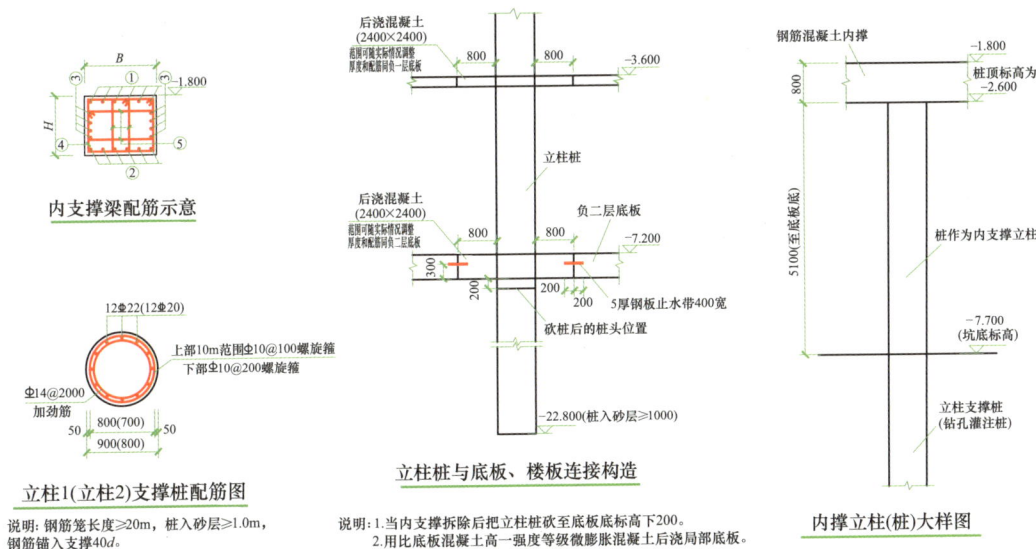

图 3-5　立柱桩与底板、楼板连接构造大样图

注：支撑立柱桩采用钻孔灌注桩，直径 900mm、800mm，间距 12～18m，桩长约 21m。

4　施工过程

4.1　施工顺序

（1）施工主体结构工程桩→水泥搅拌桩→加固格构式水泥搅拌桩→支护桩（立柱桩)→土方开挖至标高－2.700m，施工内支撑梁及桩顶梁、板→待内支撑及冠梁混凝土强度达到80％设计强度后进行土方开挖，分层、分段、分块、对称开挖至坑底标高，抢做素混凝土垫层，尽快施工地下室承台、底板。

（2）底板、承台与支护桩之间的空隙用 C25 素混凝土浇捣填实，形成传力带→施工地下一层（标高－3.600m）梁板，楼板与支护桩之间的空隙回填密实砂土，并浇筑 C25 素混凝土条状传力带→待地下一层楼板及传力带混凝土强度达到80％设计强度后，方可拆除支撑。

4.2　基坑土方开挖应采取的措施

（1）结合本工程周边环境，西侧靠北段、南侧各设置 1 个出土口，土方开挖分段长度不超过 30m；分块浇筑地下室底板、承台。运输车辆需避开支撑梁位置，避免对支撑梁造成挤压破坏。

（2）开挖的土方应随挖随运，严禁堆积在基坑顶及周边场地。

4.3　基坑降、排水措施

基坑土方开挖前 10d，采用管井降低坑内地下水位，方便施工。

4.4　施工过程遇到的问题及处理措施

（1）地下室平面为长条形，地下室分两块施工，运土路线只能采用南北方向运输（图 4-1）。

（2）西侧靠近河边，受场地条件限制，局部支护桩外侧水泥搅拌桩不能施工，改为支护桩间高压旋喷桩止水（图 4-2）。

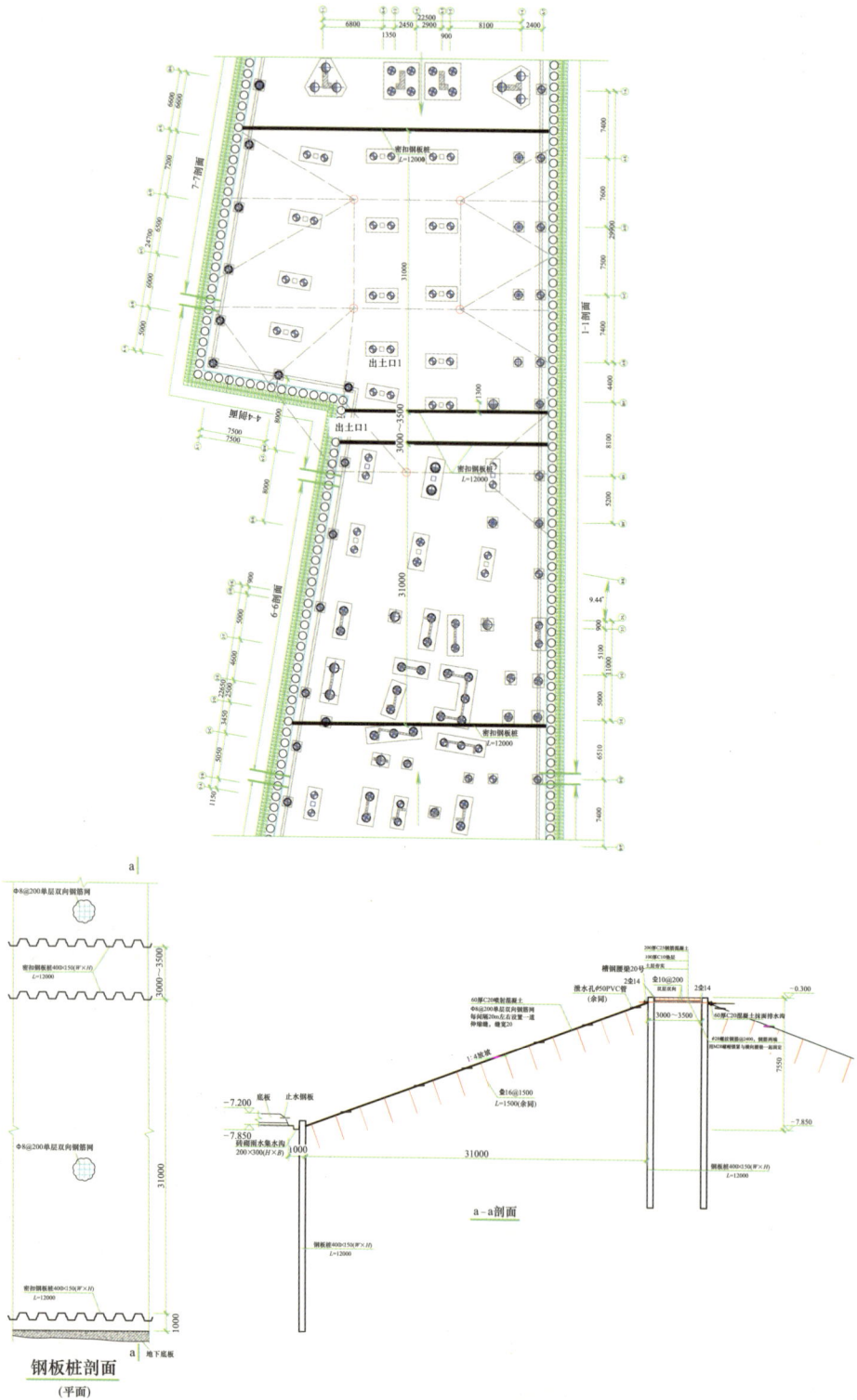

图 4-1 基坑出土口 1 平面及剖面图

注：坡顶设置双排钢板桩，坡底设置单排钢板桩，桩长 12m，土体放坡坡率为 1：4，
面层采用 C20 厚度 60mm 喷射混凝土，内置 ϕ8@200×200 钢筋网。

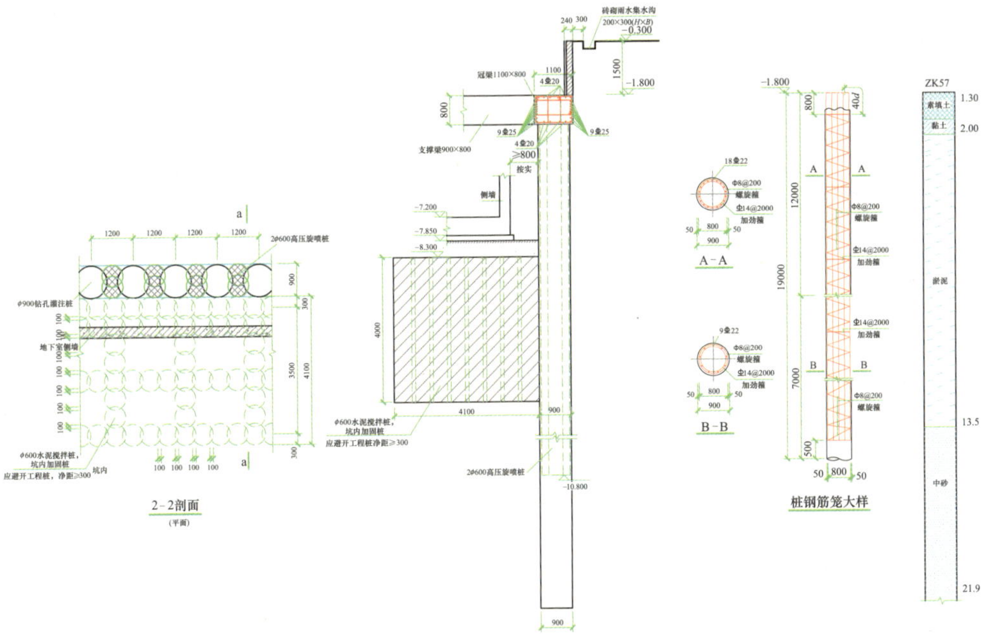

图 4-2 西面 2-2 剖面地下室基坑支护剖面图

注：支护桩中间双排直径 600mm 的高压旋喷桩，搭接 300mm，桩长 9m。

（3）基坑北面同样由于场地条件的限制，不得不缩小地下室范围，支护结构的布置及止水帷幕的设计也作了相应的调整，如图 4-3 所示。

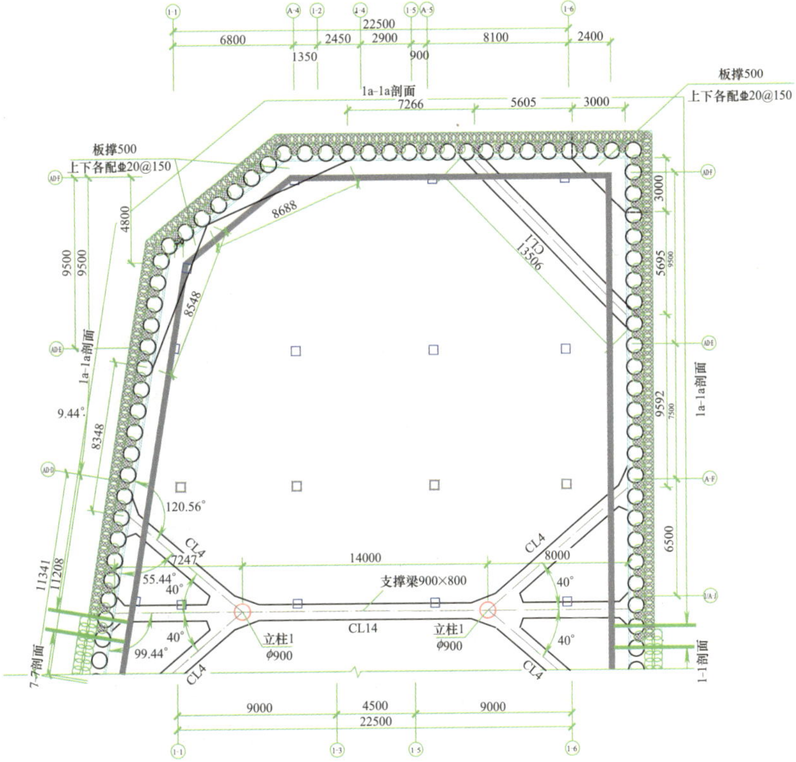

图 4-3 北面 1a-1a 剖面地下室基坑支护平面及剖面图（一）

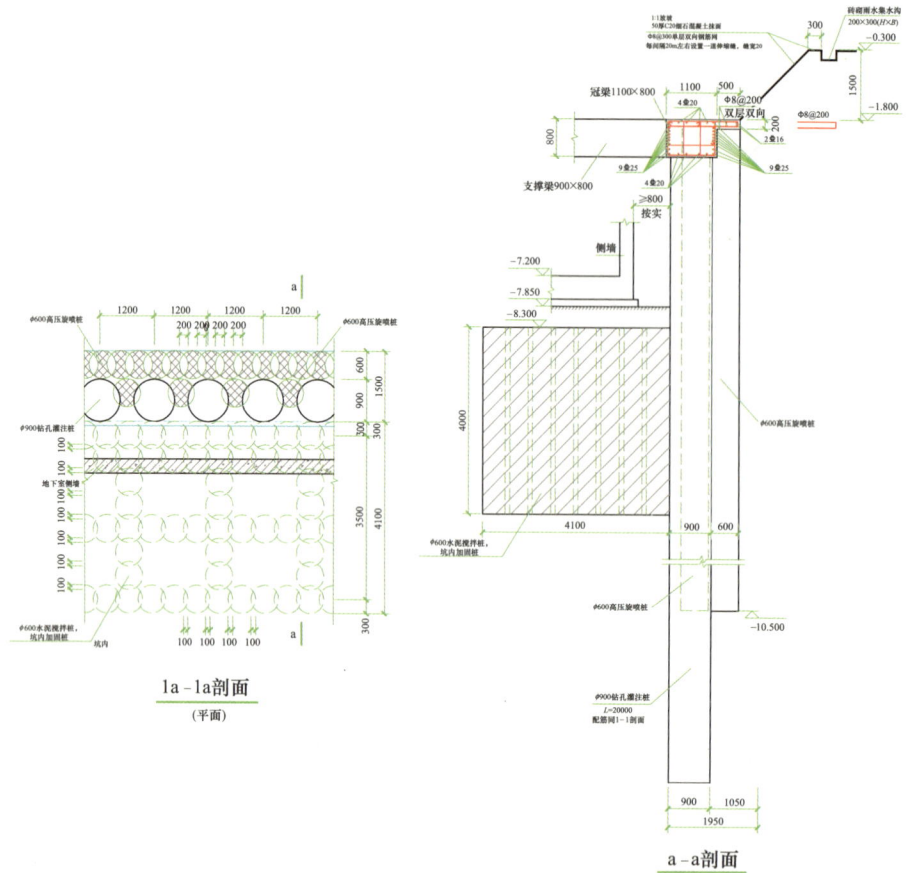

图 4-3　北面 1a-1a 剖面地下室基坑支护平面及剖面图（二）

注：支护桩外侧单排直径 600mm 的高压旋喷桩，搭接 200mm，桩长 9m；
　　中间单排直径 600mm 的高压旋喷桩，桩长 9m。

4.5　施工现场照片

本基坑工程施工现场如图 4-4～图 4-9 所示。

图 4-4　基坑全景

图 4-5　基坑西南角支撑梁

图4-6 基坑土方开挖（一）

图4-7 基坑土方开挖（二）

图4-8 基坑东南角土方开挖

图4-9 基坑浇筑底板垫层现场

4.6 基坑监测

根据有关基坑监测技术规范，针对本基坑工程周边环境，设置了支护结构水平位移、竖向位移及深层水平位移，对撑轴力、角撑轴力，立柱和周边建筑物沉降以及地下水位的观测点，对基坑土方开挖、地下室的施工进行全过程监测。第三方基坑监测单位的监测数据表明，在基坑开挖及地下室施工过程中，支护结构的顶部和深层水平位移、坑外地面及周边建筑物沉降均在规范允许范围内，支护结构和周边环境安全可控。

5 结语

本基坑工程二层地下室，开挖深度超过7m，支护结构采用单排钻孔灌注桩＋一道钢筋混凝土支撑方案，支护桩长20m左右，支撑的形式有对撑、角撑、板撑三种；止水帷幕为双排直径600mm的水泥搅拌桩，坑底被动区采用4.1m宽、4m深的格构式水泥搅拌桩加固，基坑土方开挖分段、分层进行，底板浇筑分块进行。基坑开挖后实际效果较好，支护结构变形不大，也不渗水。

案例 13 碧桂园国际商业中心基坑工程

1 工程概况

拟建场地位于汕尾市城区新湖大道东侧，本地块占地面积为 50506m²，建筑面积约 177200m²，地下室面积约 50700m²。地下室南面为金湖路，东侧为中轴东路，西侧为新湖大道，北侧为规划路，±0.000m 相当于绝对标高 5.150m（图 1-1）。现场地标高为 4.300m，一层地下室开挖深度约 4.550m，二层地下室开挖深度约 13.100m，超高层塔楼三层地下室开挖深度约 14.300m。东面地下室外墙距离红线最近处 10m，南面地下室外墙距离红线最近处 10m，西面地下室外墙距离红线 6m，北面地下室外墙距离红线 16m。基坑环境等级：靠近西侧新湖大道为一级，其余为二级；支护结构安全等级为二级。

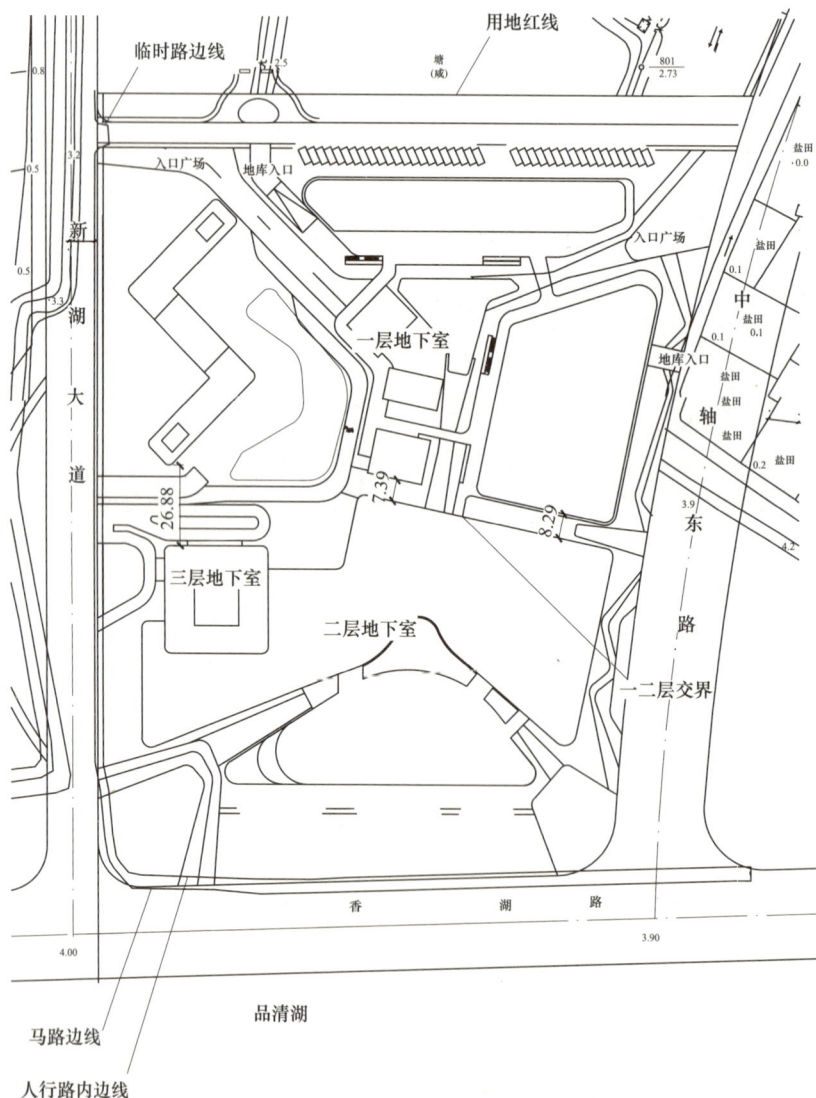

图 1-1 周边环境示意

2 地质条件

拟建场地原始地貌形态为冲积平原地貌，现场地经人工挖堆填，场地平整各钻孔坐标及各钻孔孔口标高分别采用"1980西安坐标系"和"1956黄海高程基准"。根据钻探结果揭示，场地地基土按成因类型自上而下可划分为：

① 素填土：褐黄色等，稍湿，松散，成分主要为黏性土、碎石块，为近期填土。

②₁ 淤泥质黏土：灰黑、黑色，很湿，软塑，遇水易软化，成分以黏粒为主，粉粒次之，黏性好，韧性强，含有机质，局部粉粒含量较高。

②₂ 黏土：黄褐色，湿，可塑成分主要为黏粒，粉粒次之，黏性较好，切面较粗糙，遇水易软化、崩解。

②₃ 中砂：黄褐色，稍密，饱和，成分为石英砂。

③ 砂质黏性土：褐色，湿，硬塑，成分为花岗岩风化残积土，残留原岩结构，黏性较差，切面较粗糙，遇水易软化、崩解。

④₁ 全风化花岗岩：棕褐色，风化强烈，原岩结构大部分被破坏成土状，原岩结构清晰，岩芯呈土夹块、碎块状，遇水易崩解，手折可断。

④₂ 强风化花岗岩：黄褐色，风化强烈，原岩结构大部分被破坏，原岩结构清晰，风化裂隙发育，岩芯呈圆饼柱状、碎块状，岩质较硬。

④₃ 中风化花岗岩：灰白色，中粗粒结构，块状构造，原岩结构清晰，节理裂隙较发育，岩芯以短柱状为主，岩质坚硬。

本场地的地下水主要为赋存于第四系中砂层和基岩中的风化带裂隙水。①素填土、②₁淤泥质黏土、②₂黏土和③砂质黏性土为弱透水层或相对隔水层；②₃中砂属于中等—强透水层；④₃中风化花岗岩裂隙较不发育，属于弱透水层，水量一般；④₁全风化花岗岩、④₂强风化花岗岩裂隙较发育，属于弱—中等透水层，水量一般。

地质剖面图如图2-1所示。

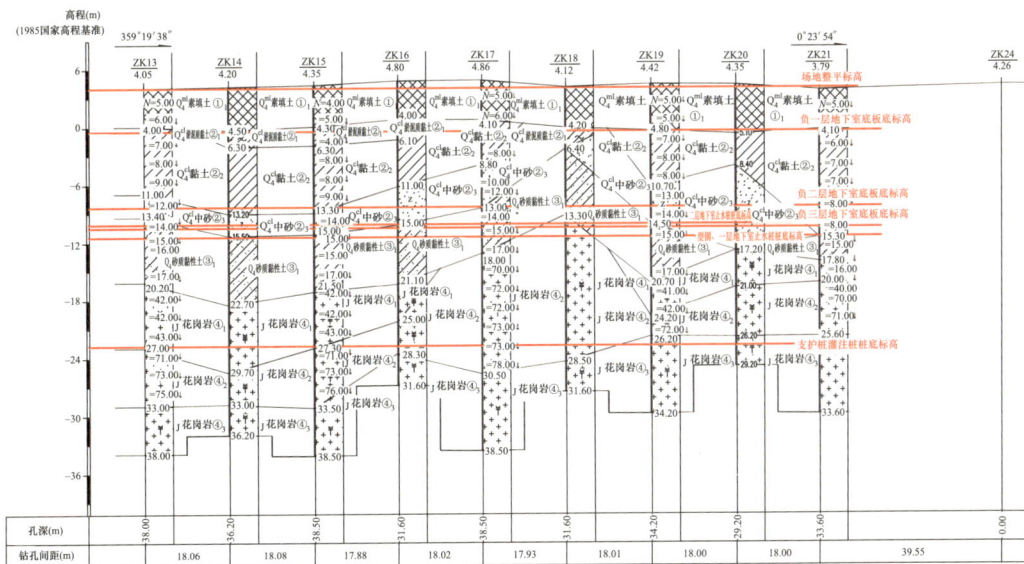

图2-1 工程地质剖面示意图

3 设计方案

3.1 本基坑工程的特点

北面为一层地下室，南面为二层地下室，西面有局部三层地下室，开挖深度在5～13.1m之间，地质分布不均匀，开挖深度深，坑底含有砂层，也有黏性土，砂层的标贯击数大、含水率丰富、透水性强，具有高承压性。地下室三面与新建的城市主要道路相邻，周边环境复杂，对基坑的水平变形和坑外地面沉降比较敏感，止水帷幕的设计和施工质量至关重要。

3.2 基坑支护方案选择

根据本工程周边环境、地质资料及基坑开挖深度，结合相关工程的实施经验，基坑北面、西面、东面一层地下室采用工法桩＋一道锚索挡土止水支护方案；二层地下室南面、西面、东南面采用钻孔灌注桩＋二道锚索＋三轴搅拌桩挡土止水支护方案；局部三层地下室采用钻孔灌注桩＋三道锚索＋三轴搅拌桩挡土止水支护方案；一层与二、三层地下室交界处，砂层非常厚，一层地下室先开挖，不能放坡，采用钻孔灌注桩＋一道锚索＋三轴搅拌桩挡土止水支护方案。

3.3 基坑支护平面布置（图3-1）

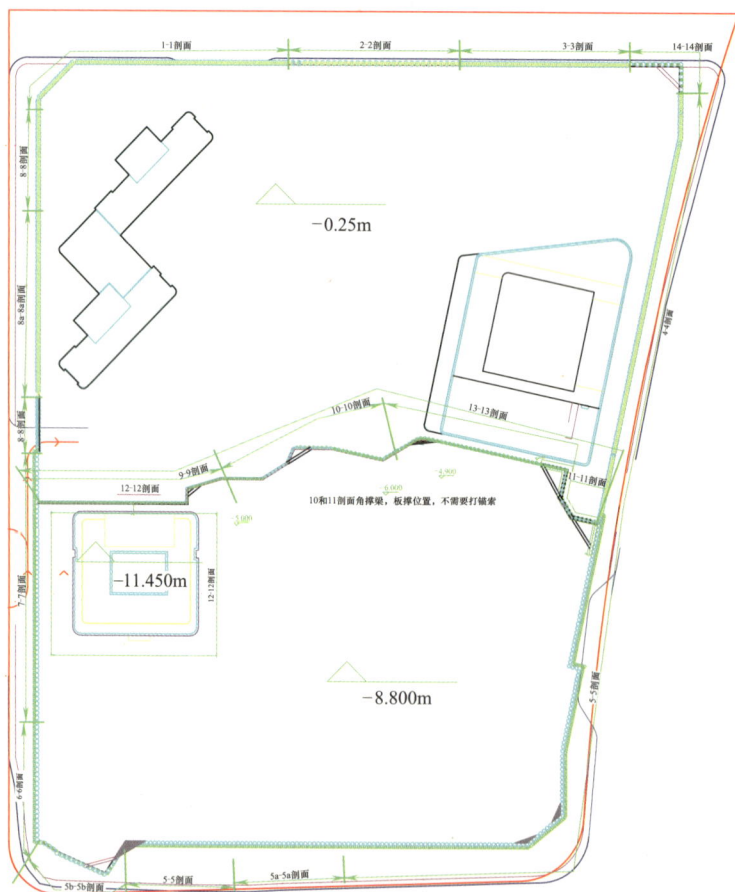

图3-1 基坑支护平面图

3.4 基坑支护典型剖面（图3-2～图3-5）

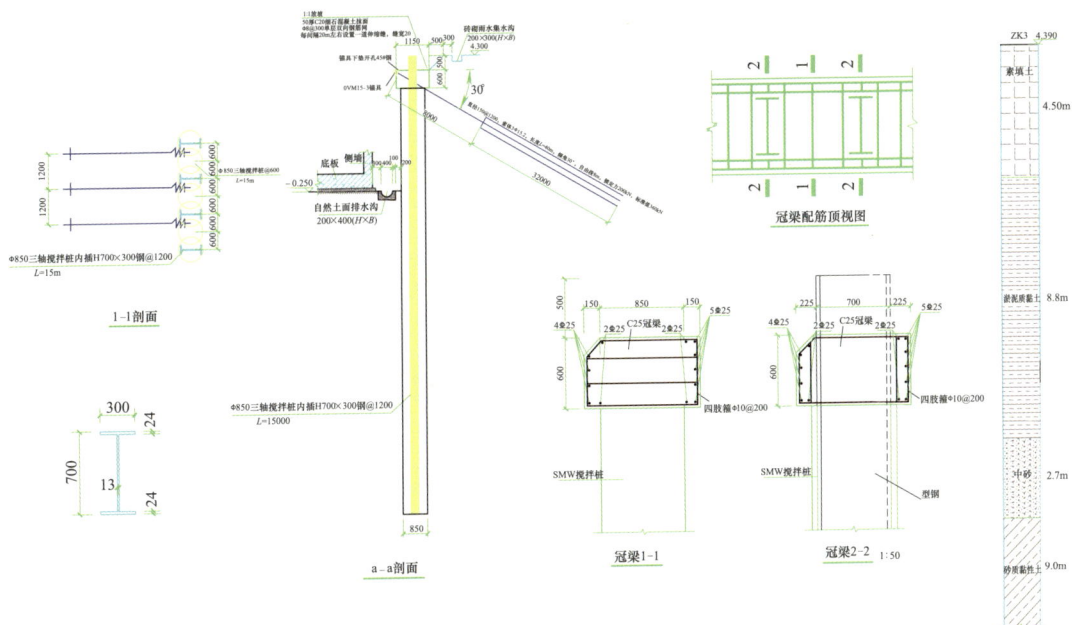

图3-2 一层地下室支护典型剖面图

注：采用工法桩＋一道锚索挡土止水支护方案。

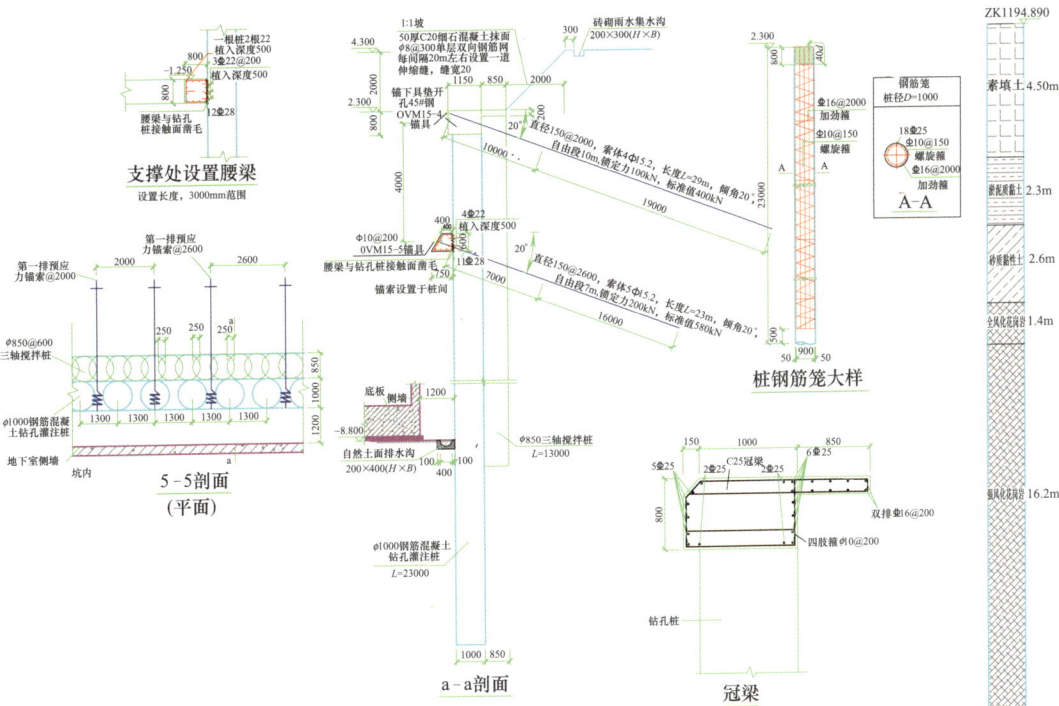

图3-3 二层地下室支护典型剖面图

注：采用钻孔灌注桩＋二道锚索＋三轴搅拌桩挡土止水支护方案。

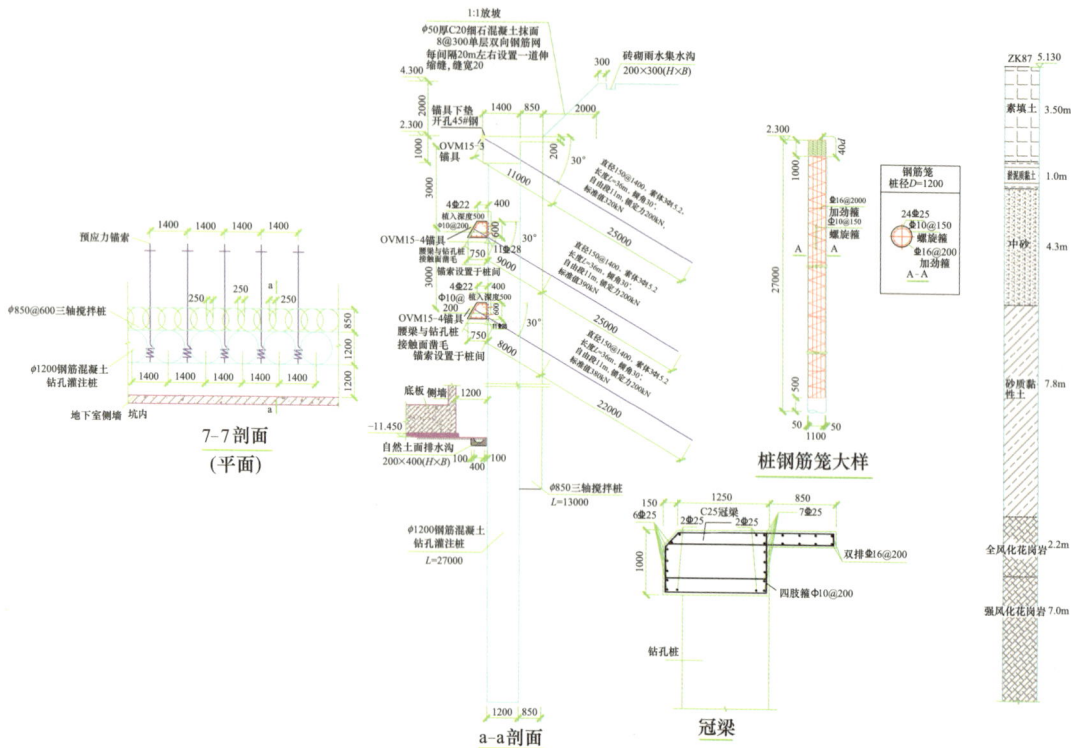

图 3-4　西面三层地下室支护典型剖面图
注：采用钻孔灌注桩＋三道锚索＋三轴搅拌桩挡土止水支护方案。

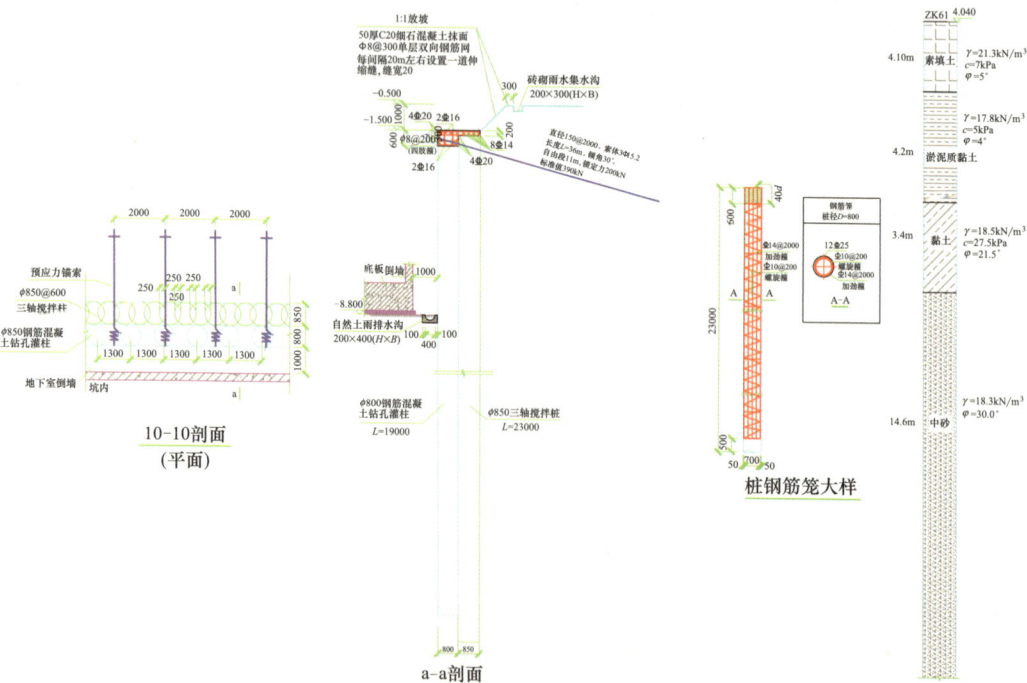

图 3-5　一、二层地下室交界处支护典型剖面图
注：采用钻孔灌注桩＋一道锚索＋三轴搅拌桩挡土止水支护方案。

4　施工过程

4.1　施工顺序

一层地下室：施工主体结构工程桩→三轴搅拌桩→工字钢→基坑开挖到底板垫层底标高、承台垫层底标高→主体结构承台、底板。

二、三层地下室：施工钻孔灌注桩→三轴搅拌桩→压顶梁、板→第一道锚索→开挖土方到第二层锚索面→第一道腰梁、第二道锚索→第二道腰梁、第三道锚索→基坑开挖到底板垫层底标高、承台垫层底标高→主体结构承台、底板。

北面一层地下室先开挖土方，浇筑承台、底板，做上部结构；根据项目进展情况决定二、三层地下室的开挖时间。

4.2　基坑土方开挖的技术要求

（1）基坑土方应分块、分层开挖，每层开挖深度一般不大于1.5m，分段长度不大于30m，严禁超挖及大锅底式开挖。开挖到坑底应及时浇筑混凝土垫层，承台需逐个开挖浇筑，底板需分块浇筑。

（2）出土口设置需便于施工且为最优路线。出土口设置在东南侧，凡开挖的土方应随挖随运走，严禁堆积在基坑顶及周边场地。

4.3　基坑降、排水措施

（1）坡顶2m范围按要求进行硬地化或喷混凝土护面施工，按设计要求布置截水沟，截水沟每间隔25m布置集水井。

（2）基坑二、三层地下室采用管井降水方案，降水井长度为15m，要求坑内地下水位降低至承台底500mm以下。坑外水位控制在地面以下1000～1500mm范围，否则应及时采取回灌水措施，防止坑外水位下降过大。

（3）基坑一层地下室土方开挖时，应随挖方布置临时集水井，以降低坑内地下水位，方便施工。

4.4　施工过程遇到的问题及处理措施

在场地东北侧局部位置（20m长）遇到地下障碍，工法桩的型钢打不下去，修改为单排钻孔灌注桩＋桩间素混凝土桩＋一道锚索挡土止水支护方案。相关的修改方案如图4-1、图4-2所示。

4.5　施工现场

本基坑工程施工现场如图4-3～图4-11所示。

4.6　基坑监测

第三方监测单位对基坑土方开挖、地下室施工的全过程进行了监测，监测结果显示，支护结构的水平变形、坑外地面沉降均在可控范围，支护结构和周边环境安全可控。

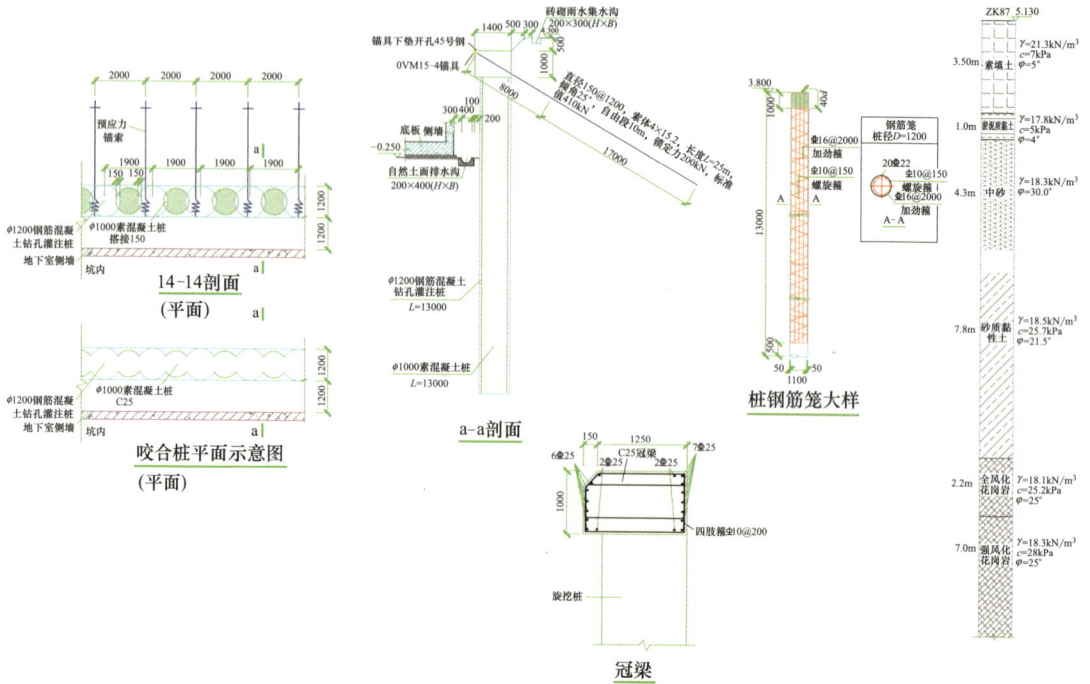

图 4-1　一层地下室东北侧修改方案

注：采用钻孔灌注桩＋桩间素混凝土桩＋一道锚索挡土止水支护方案。

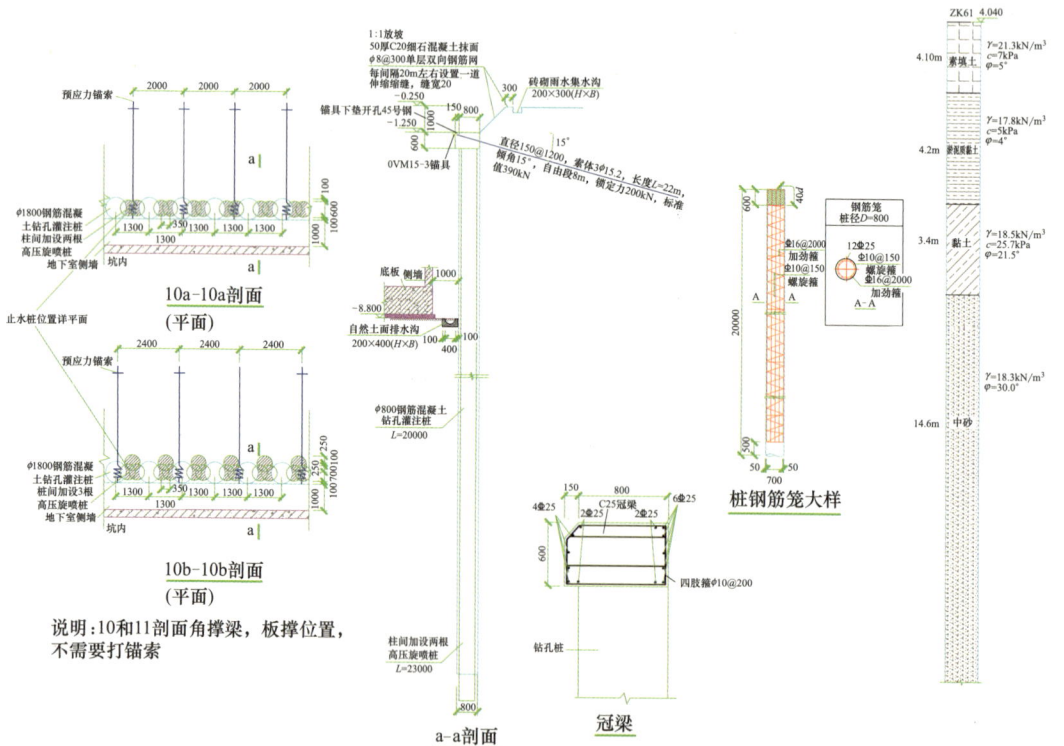

图 4-2　一、二层地下室交界处修改方案

注：采用钻孔灌注桩＋桩间高压旋喷桩＋一道锚索挡土止水支护方案。

图 4-3 一层地下室锚索施打

图 4-4 一层地下室工法桩及锚索施打完成

图 4-5　三轴水泥搅拌桩止水帷幕施打

图 4-6　一层地下室东北角地下室开挖到基坑底

图 4-7　一层地下室西北角底板钢筋绑扎完成

图 4-8　西北角一层地下室塔楼基础施工全景

图4-10　一层地下室塔楼施工、二层地下室土方开挖

图4-9　一、二层地下室交界处支护结构

图4-11　南面二层地下室土方开挖及出土路线

5　结论

本工程地下室面积超过 5 万 m²，设有一、二、三层地下室，开挖深度为 4.55～14.50m。根据不同的开挖深度及地质条件，分别采用不同的支护形式。针对汕尾地区经常遇到的砂层厚、标贯击数大、含水率丰富、透水性强、具有高承压性的场地条件，从支护结构和止水帷幕的设计到施工过程出现问题的及时处理，本工程做出了一次成功的尝试。本基坑工程于 2018 年 10 月开工，历经 3 年，至全部地下室施工完成，中间有近 2 年的基坑暴露时间。第三方基坑监测单位的监测数据表明，支护结构变形不大，基坑侧壁不渗水，周边道路基本没有沉降，经受住了时间的考验。

案例 14　正升峰境商住小区第五期基坑工程

1　工程概况

拟建场地位于海丰县附城镇丰南小区东北侧，占地面积约 $10000m^2$，呈近似正方棱形，地下室的北面为 324 国道，东面为三新路，南面为该项目四期工程，西面为已建的丰南小区住宅工程（图 1-1）。±0.000m 相当于黄海高程绝对标高 3.800m。现场地标高为 2.600m，设置二层地下室，开挖深度约 9.200m。北面地下室外墙距离红线 17m，东面地下室外墙距离红线最近处 10m，西面地下室外墙距离红线 12m。基坑环境等级、支护结构安全等级为二级。

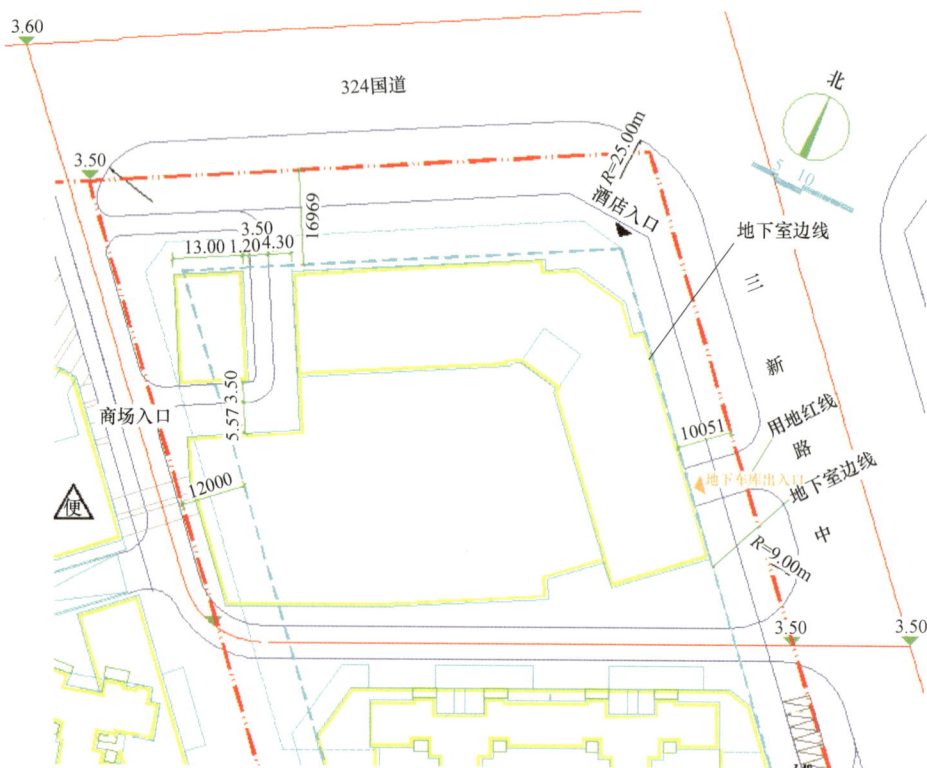

图 1-1　周边环境示意

2　地质条件

场地原始地貌属冲积平地，场地为田地，地势高低不平。经回填平整，现场地地形大致平坦，场地孔口高程为 1.60~3.90m。根据钻探结果揭示，场地地基土按成因类型自上而下可划分为：

①素填土：黄色，由泥砂及石块组成，土质疏松，层厚 0.80~6.50m，平均层厚 2.38m。

②₁淤泥质土：深灰色，以粉黏粒为主，含有机质，具黏性，流塑—可塑，属高压缩性土；层厚 2.10~8.00m，平均层厚 5.11m，顶板埋深 0.80~6.50m。

②₂ 细砂：灰黄色，以石英质细砂及少量黏粒组成，土芯呈块状或散砂状，松散，饱和；层厚 2.10～8.00m，平均层厚 5.11m，顶板埋深 0.80～6.50m。

②₃ 含卵石砾砂：灰黄色，直径 2～100mm，颗粒占 15%～55%，砾砂以石英质为主，卵石以砂岩为主，半棱角及椭圆状，质较坚硬，分选性差，粗细及含量变化大，散砂状，中密，饱和；层厚 1.90～5.60m，平均层厚 3.41m，顶板埋深 6.80～13.00m。

③ 砂质黏性土：紫红色，以粉黏粒为主，土芯呈柱状，具黏性，可塑，为砾质砂岩风化残积土。

④₁ 全风化砾质砂岩：紫红色，岩石风化强烈，矿物已全部风化成土，岩芯呈坚硬土状，岩质极软，手压即碎，属极破碎极软岩，岩体质量等级属Ⅴ级。

④₂ 强风化砾质砂岩：紫红色，岩石风化强烈，岩石风化裂隙稍发育，裂隙面平整，泥质充填，岩芯呈半岩半土状，岩质极软，手折即断，属极破碎极软岩，岩体质量等级属Ⅴ级。此层中夹中风化岩块或短柱状岩，夹层出现深度及厚度无规律，无法单独划出。

④₃ 中风化砾质砂岩：紫红色，岩石裂隙不太发育，岩芯多为短柱状或块状，岩芯多沿裂隙面裂开，裂隙面较平整，见少量泥质充填，岩质相对较硬，锤击声哑，手难折断。该层全场均有分布，揭露层厚 2.00～12.90m，平均层厚 5.56m，顶板埋深 18.00～30.00m。

场地地下水分为第四系孔隙潜水和下伏基岩裂隙水。第四系孔隙潜水主要分布于②₂ 细砂和②₃ 含卵石砾砂层孔隙中，属强透水层，含水率丰富，地下水主要接受大气降水和地下径流补给；下伏基岩裂隙水主要赋存于④₂ 强风化砾质砂岩和④₃ 中风化砾质砂岩风化裂隙中，透水性较弱，涌水量主要受地质构造和裂隙发育情况影响，总体为弱含水。

地质剖面图如图 2-1 所示。

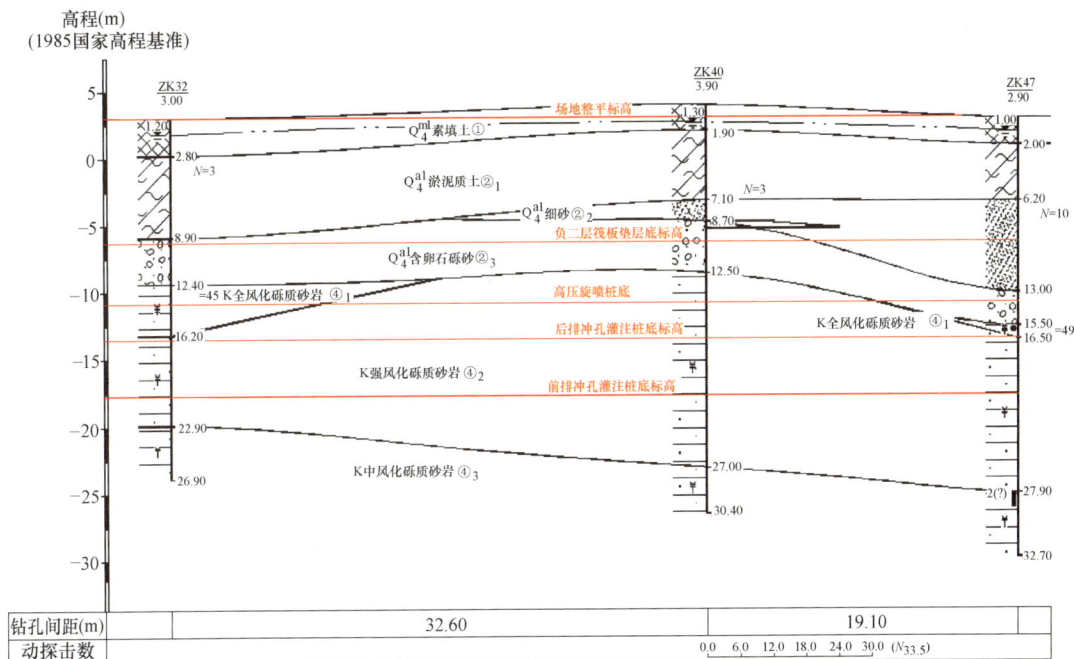

图 2-1 工程地质剖面示意图

3 设计方案

3.1 本基坑工程的特点

设置二层地下室，开挖深度为 9.2m，坑底含有约 7m 厚卵石砾砂层，含水率丰富，透水性强，具有高承压性，止水帷幕的设计和施工质量至关重要。

3.2 基坑支护方案选择

根据本工程周边环境、地质资料及基坑开挖深度，结合相关工程的实施经验，基坑北面、西面、东面二层地下室均采用双排冲孔灌注桩＋前排桩间加设双排高压旋喷桩挡土止水支护方案；局部西北角采用单排冲孔灌注桩＋桩间双排高压旋喷桩＋一道混凝土支撑挡土止水支护方案；南面与四期一层地下室相连，采用单排冲孔灌注桩＋桩间双排高压旋喷桩挡土止水支护方案。

3.3 基坑支护平面布置（图 3-1）

图 3-1 基坑支护平面图

3.4　基坑支护典型剖面（图3-2～图3-4）

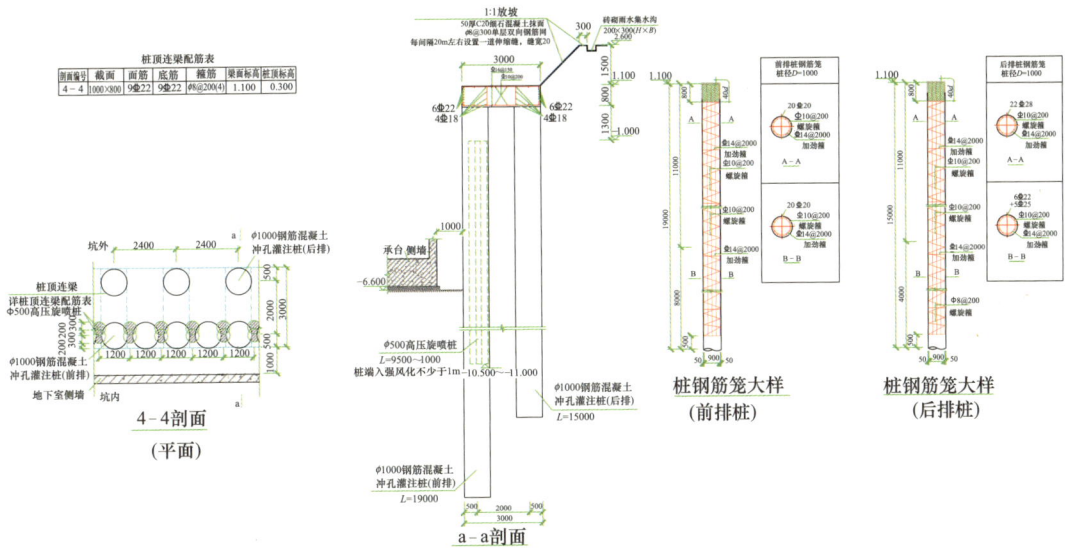

图3-2　二层地下室支护典型剖面图

注：采用双排冲孔灌注桩＋前排桩间加设双排高压旋喷桩挡土止水支护方案。

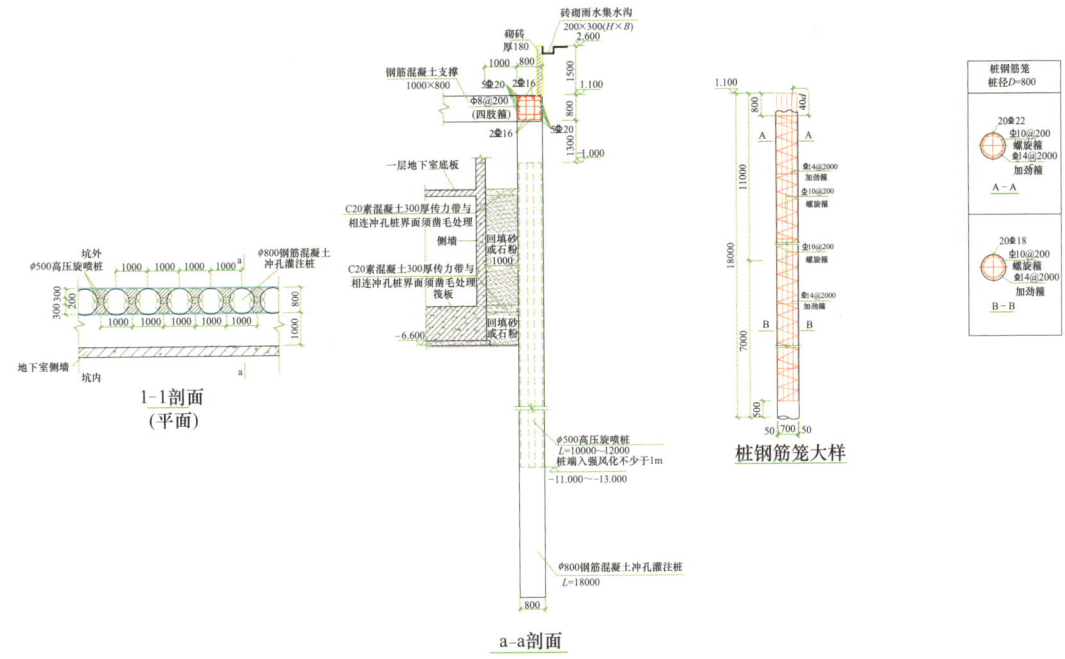

图3-3　二层地下室西北角支护剖面图

注：采用单排冲孔灌注桩＋桩间双排高压旋喷桩＋一道混凝土支撑挡土止水支护方案。

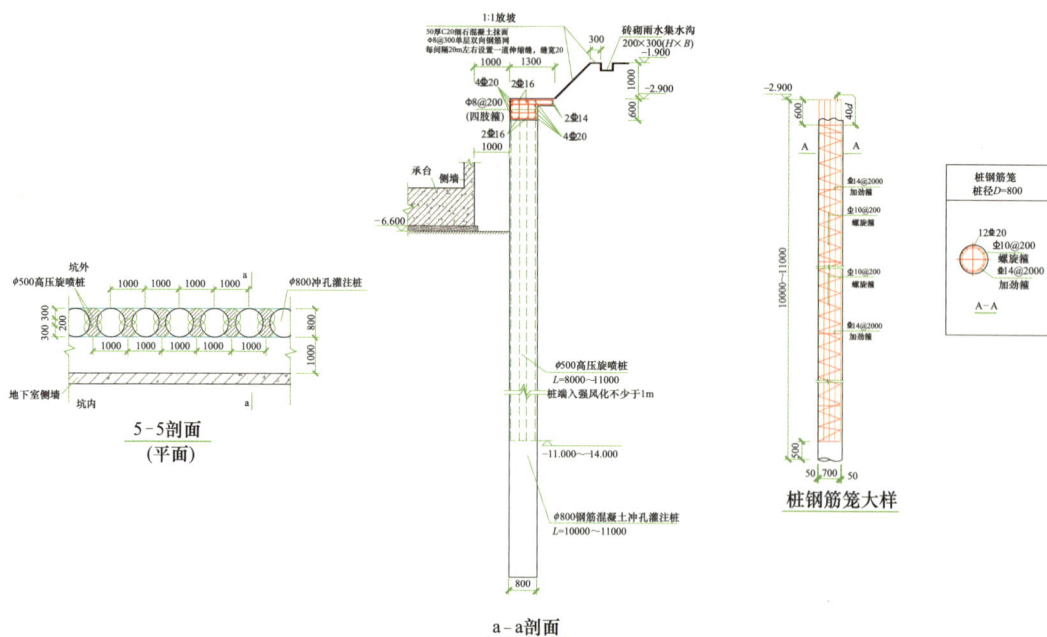

图 3-4　南面一、二层地下室交界处支护剖面图

注：采用单排冲孔灌注桩＋桩间双排高压旋喷桩挡土止水支护方案。

4　施工过程

4.1　施工顺序

施工冲孔灌注桩→高压旋喷桩→压顶梁、板→混凝土支撑梁→基坑开挖到底板垫层底标高、承台垫层底标高→主体结构承台、底板。

4.2　基坑土方开挖的技术要求

（1）基坑开挖前要求查明场地范围内的地下管线、地下构筑物情况，确保施工期间地下管线的安全和正常使用。

（2）基坑土方应分块、分层开挖，每层开挖深度一般不大于 1.5m，分段长度不大于 30m，严禁超挖及大锅底式开挖。开挖到坑底应及时浇筑混凝土垫层，承台需逐个开挖浇筑，底板需分块浇筑。

（3）出土口设置在东侧，凡开挖的土方应随挖随运走，严禁堆积在基坑顶及周边场地。

4.3　基坑降、排水措施

（1）坡顶 2m 范围按要求进行硬地化或喷混凝土护面施工，按设计要求布置截水沟，截水沟每间隔 25m 布置集水井。

（2）基坑二层地下室采用管井降水方案（图 4-1），降水井长度为 10m，要求坑内地下水位降至承台底 500mm 以下。坑外水位控制在地面以下 1000～1500mm 范围，否则应及时采取回灌水措施，防止坑外水位下降过大。

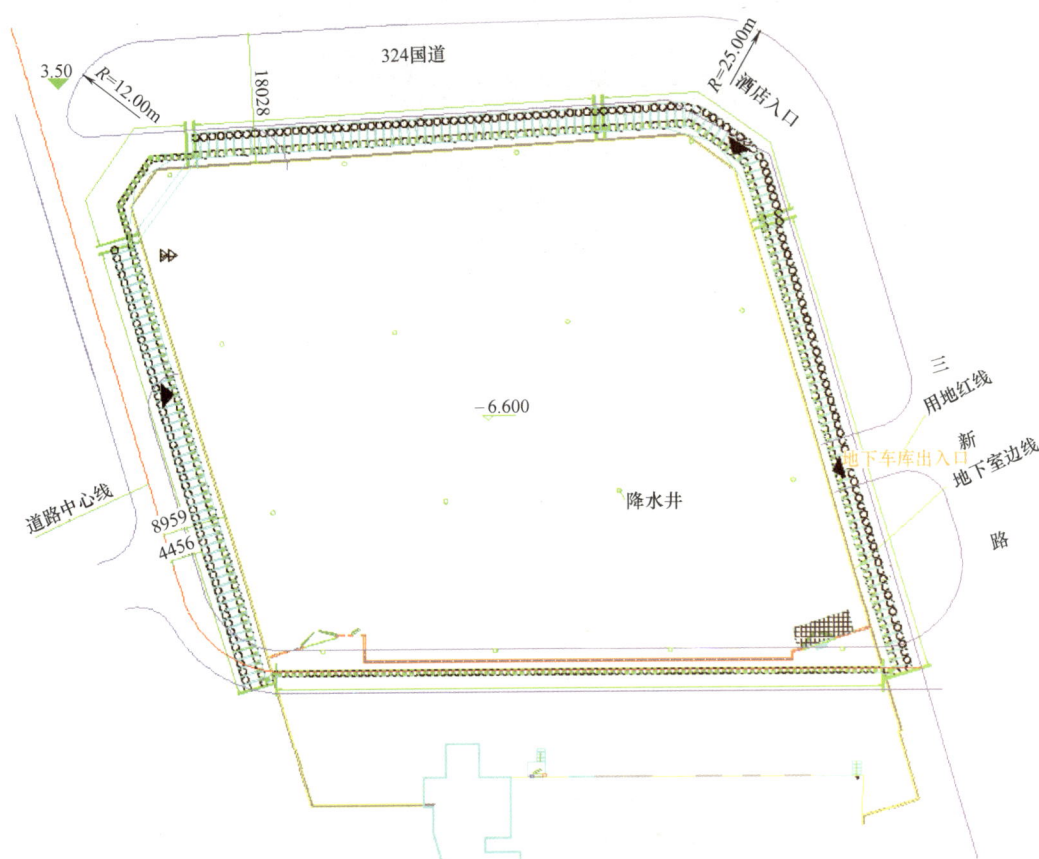

图 4-1　降水井平面布置图

4.4　施工过程遇到的问题及处理措施

本工程的施工难点在于含卵石砾砂中止水帷幕的施工质量。基坑开挖后，北面、西面的基坑侧壁局部出现了比较严重的渗水现象。工程人员先采取比较传统的渗水处理方法，如在缝隙里塞小木头、棉被，在麻袋里装黏土、水泥塞缝，采用堵漏剂等，效果都不好；后经多方调研，决定在渗漏位置采用钻探设备先引孔、后加高压旋喷桩方案，最终问题得以解决。

4.5　施工现场

本基坑工程施工现场如图 4-2～图 4-8 所示。

4.6　基坑监测

第三方监测单位对基坑土方开挖、地下室施工的全过程进行了监测（图 4-8），监测结果显示，支护结构的水平变形、坑外地面沉降均在可控范围，支护结构和周边环境安全可控。

图 4-2 基坑开挖到坑底时侧壁出现涌水

图 4-3 采用砂包堵漏

图 4-4 基坑西侧道路因基坑渗水、坑外水位下降，地面出现下沉

图 4-5 在渗漏点附近原高压旋喷桩位采用引孔+高压旋喷桩进行堵漏操作

图 4-6　基坑侧壁堵漏完成后重新开挖土方

图 4-7　原基坑侧壁渗漏点附近坑底地下室底板垫层浇筑完成

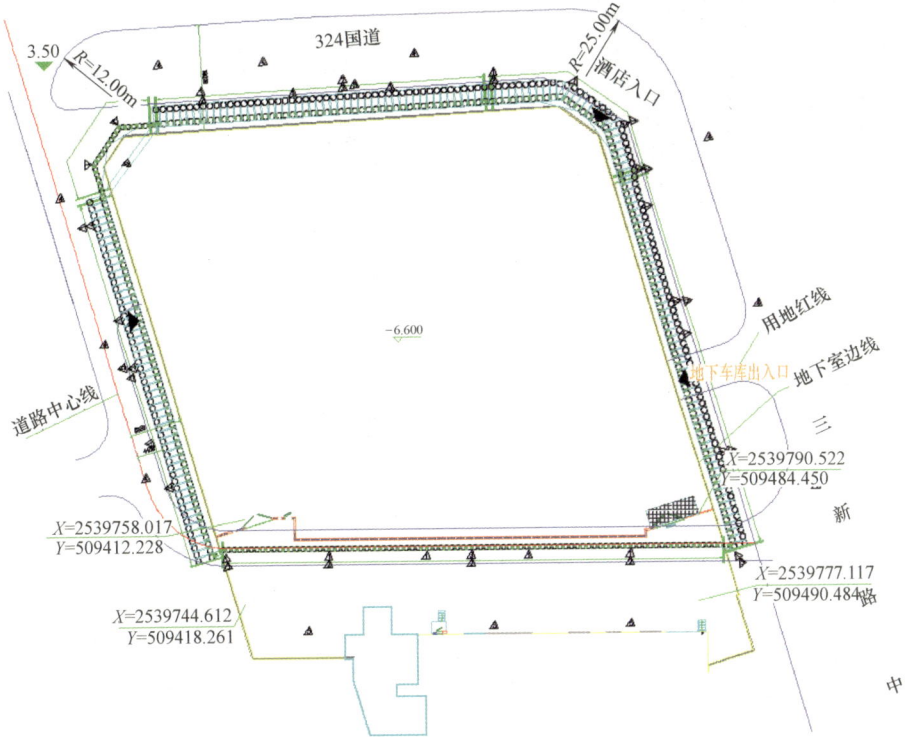

图 4-8 基坑监测布置图

5 结语

对于坑底含有卵石、砾砂层且含水率丰富、透水性强、具有高承压性的地质情况，基坑支护建议采用咬合桩挡土止水支护方案；若采用高压旋喷桩止水方案，建议先引孔、后施打高压旋喷桩。

汕头篇

案例 15 愉珑湾＋君悦海湾基坑工程

1 工程概况

愉珑湾位于汕头市滨海大道与公园环路交界处的东北角，主要建筑物为多幢 21～26 层框架剪力墙结构商住楼，设一层地下室，局部为二层地下室，采用桩基础。基坑北面临区间路，东面临君悦海湾住宅区，南面临滨海大道，西面临公园环路（图 1-1）。现有场地标高为－0.900mm，负一层开挖深度约为 1.500～3.400m，负二层开挖深度约为 5.650～7.550m。君悦海湾位于汕头市滨海大道北侧，与愉珑湾相邻，主要建筑物为多幢 21～26 层框架-剪力墙结构商住楼，设一层地下室，局部为二层地下室，采用桩基础。现有场地标高为－0.900m，负一层开挖深度约为 2.100～3.700m，负二层开挖深度约为 6.050～7.190m。愉珑湾北面距红线约 7m，东面距君悦海湾小区 6.15m，南面距红线约 14m，西侧距红线约 22.5m。君悦海湾北面距红线约 7.7m，东面距红线约 11m，南面距红线约 15m，西面与愉珑湾相邻。基坑环境等级、支护结构安全等级为二级。

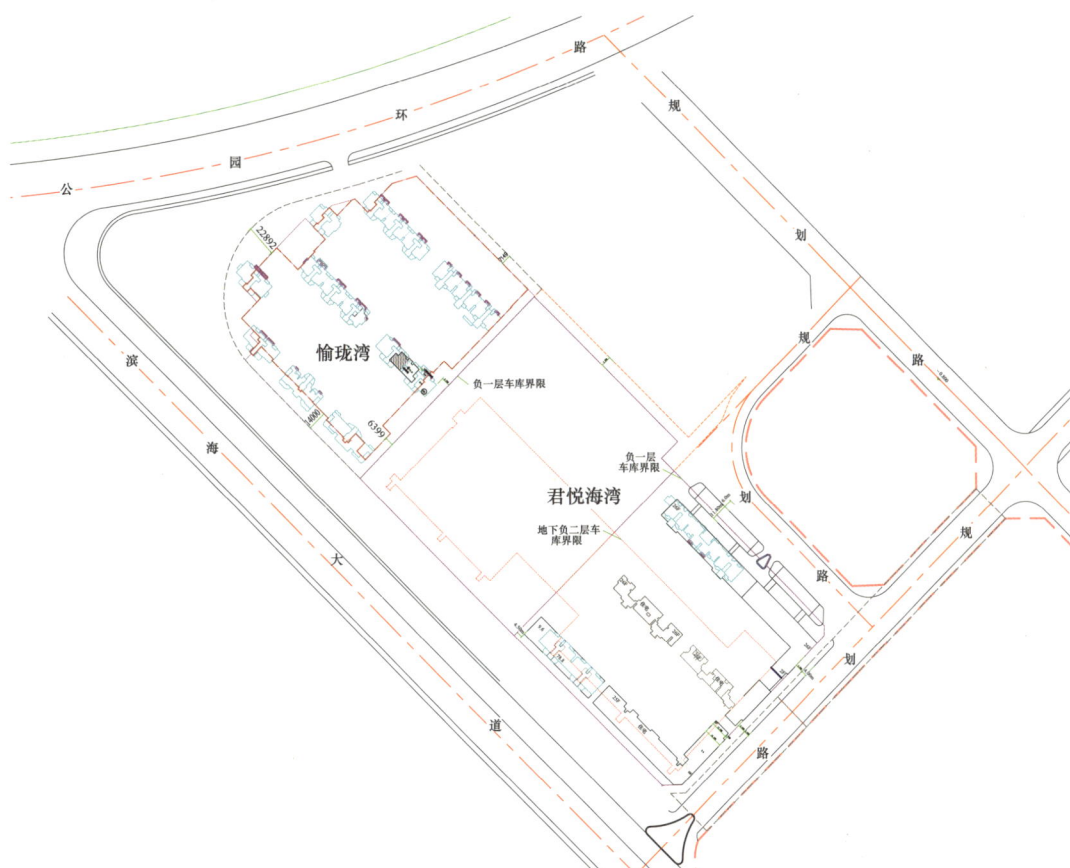

图 1-1 周边环境示意

2　地质条件

（1）愉珑湾地貌单元属韩江三角洲平原滨海前缘地带，地形开阔平坦，地势较低。各岩土层状况分述如下：

①素填土：灰黄色，稍湿—饱和，松散，主要由粉细砂组成，厚度为 1.10～3.50m。

②粉细砂：灰黄色，松散—稍密，厚度为 10.00～17.70m。

③淤泥质土：深灰色，流塑，主要由黏粒组成，厚度为 10.80～18.00m。

④中砂：灰色，饱和，中密为主，厚度为 1.60～9.60m。

⑤淤泥质土：深灰色、灰黑色，流塑，主要由黏粒组成，厚度为 0.20～2.70m。

⑥中粗砂：浅黄色，饱和，中密—密实，厚度为 5.20～22.10m。

⑦强风化花岗岩：灰黄色，主要由石英、长石和少量黑云母组成。

场区地下水主要有孔隙潜水、孔隙承压水、基岩裂隙水三种类型。

地质剖面图如图 2-1 所示。

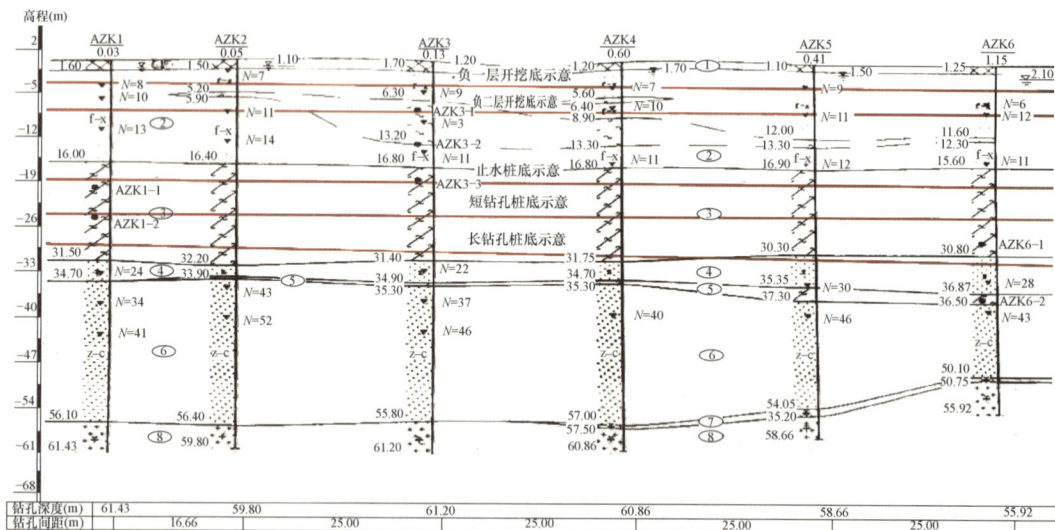

图 2-1　愉珑湾基坑工程地质剖面示意图

（2）君悦海湾地貌单元属滨海浅滩滩地，原始地形开阔平坦，地势低洼。各岩土层状况分述如下：

①素填土：浅灰、灰黄色，松软，主要由中细砂组成，厚度为 0.85～4.05m。

②细砂：浅灰、灰黄色，松散—稍密，厚度为 11.85～16.70m。

③淤泥质土：深灰色，流塑，主要由黏粒组成，厚度为 7.90～14.55m。

④中、粗砂：灰色，饱和，中密—密实，厚度为 5.95～10.70m。

⑤淤泥质土：深灰色、灰黑色，流塑，主要由黏粒组成，厚度为 0.50～4.000m。

⑥粗砂：浅黄色，饱和，中密—密实，厚度为 3.15～24.10m。

⑦全风化花岗岩：灰黄色，主要由黏土矿物及石英砂粒组成。

场区地下水主要有孔隙潜水、孔隙承压水、基岩裂隙水三种类型。

地质剖面图如图 2-2 所示。

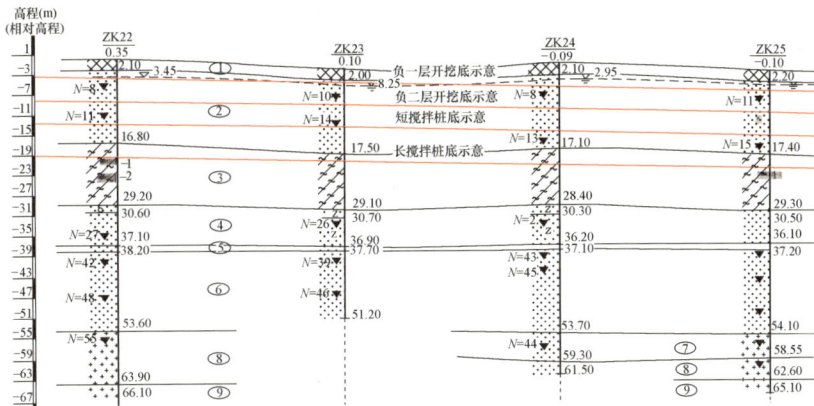

图 2-2　君悦海湾基坑工程地质剖面示意图

3　设计方案

3.1　本基坑工程的特点

（1）愉珑湾和君悦海湾住宅小区分别由两个不同的建设单位开发，经与两个建设单位的协商讨论，达成共识，君悦海湾基坑工程先行施工、开挖，愉珑湾基坑工程后施工、开挖。相邻部分的基坑支护设计可供双方共同使用。

（2）场地上部的粉、细砂层，松散、稍密，厚度为 10~17.7m，透水性好。

3.2　基坑支护方案选择

根据本工程周边环境、基坑开挖深度及地质条件，结合相关工程的实施经验，采取以下支护方案：愉珑湾基坑支护结构，北面、西面采用双排钻孔灌注桩＋前后排灌注桩之间三排水泥搅拌桩＋坑底被动区水泥搅拌桩加固（仅北面中部）挡土止水支护方案；东面为已施工完成的格构式水泥搅拌桩挡土止水支护方案；南面、西南面采用三排水泥搅拌桩＋土体放坡挡土止水支护方案。君悦海湾基坑支护结构，北面靠西、东面靠北、西面（共用）采用格构式水泥搅拌桩挡土止水支护方案；北面靠东、东面、南面采用三排水泥搅拌桩＋水泥搅拌桩墩＋土体放坡挡土止水支护方案。

3.3　基坑支护平面布置（图 3-1）

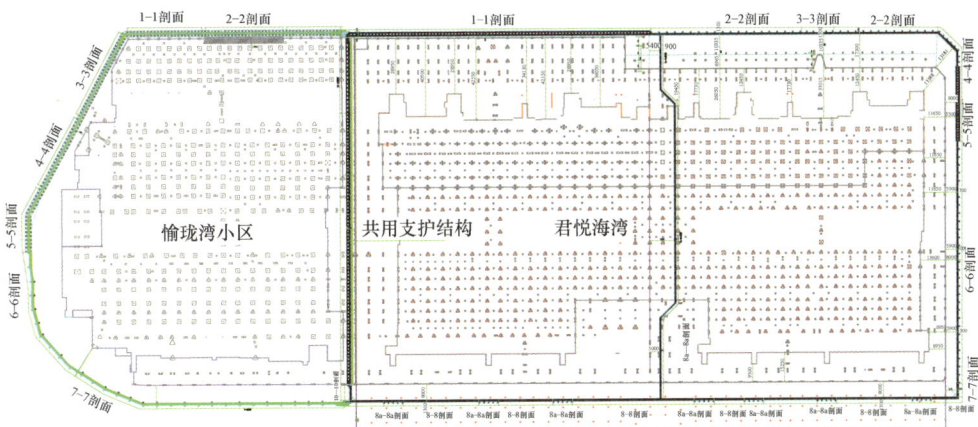

图 3-1　基坑支护平面图

3.4 基坑支护剖面（图3-2～图3-10）

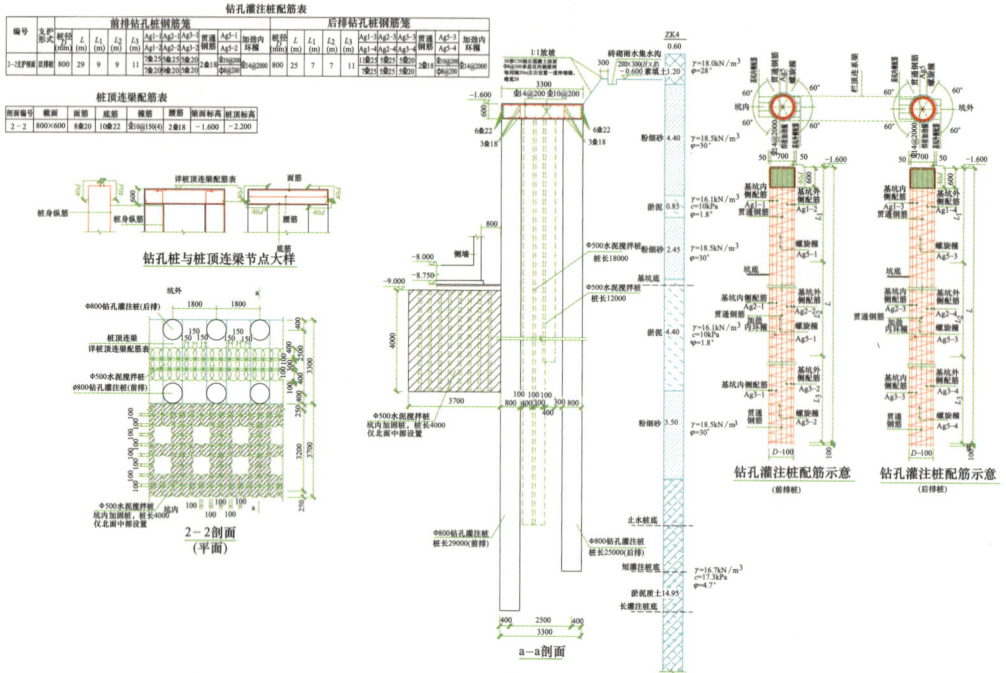

图 3-2 北面、西面二层地下室基坑支护剖面图（愉珑湾基坑工程）
注：采用双排钻孔灌注桩＋前后排灌注桩之间三排水泥搅拌桩＋坑底被动区
水泥搅拌桩加固（仅北面中部）挡土止水支护方案。

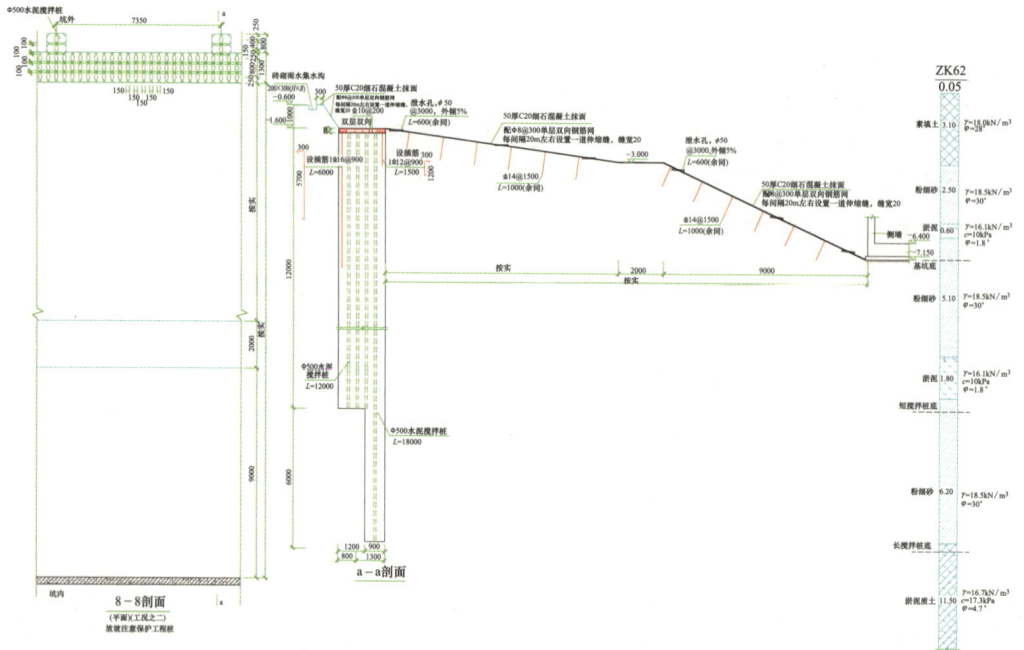

图 3-3 南面、西南面二层地下室基坑支护剖面图（愉珑湾基坑工程）
注：采用三排水泥搅拌桩＋土体放坡挡土止水支护方案。

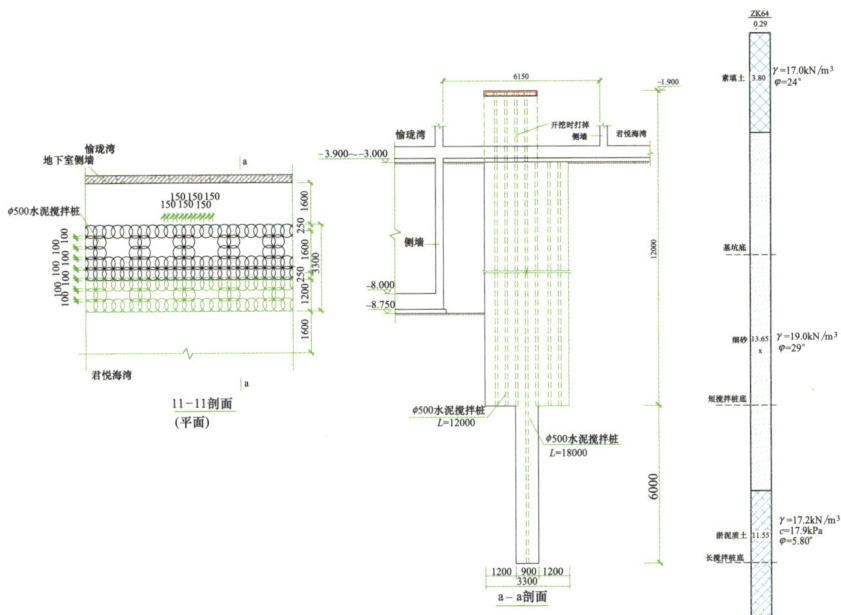

图 3-4 东面地下室基坑支护剖面图

注：开挖愉珑湾基坑时，把原君悦海湾支护结构的上部打掉。

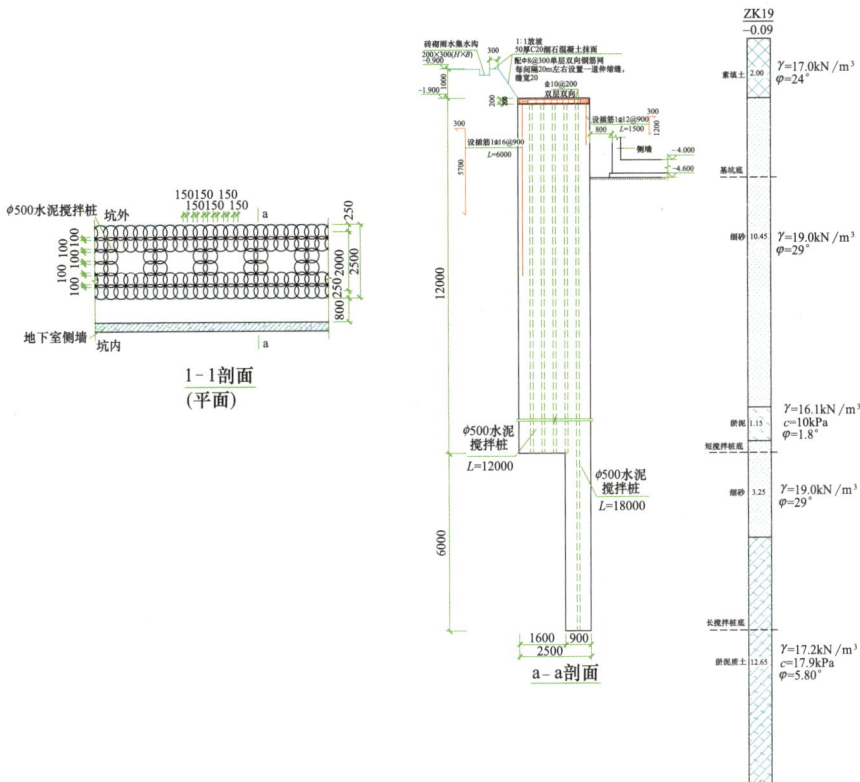

图 3-5 北面靠西一层地下室基坑支护剖面图（君悦海湾基坑工程）

注：采用格构式水泥搅拌桩挡土止水支护方案。

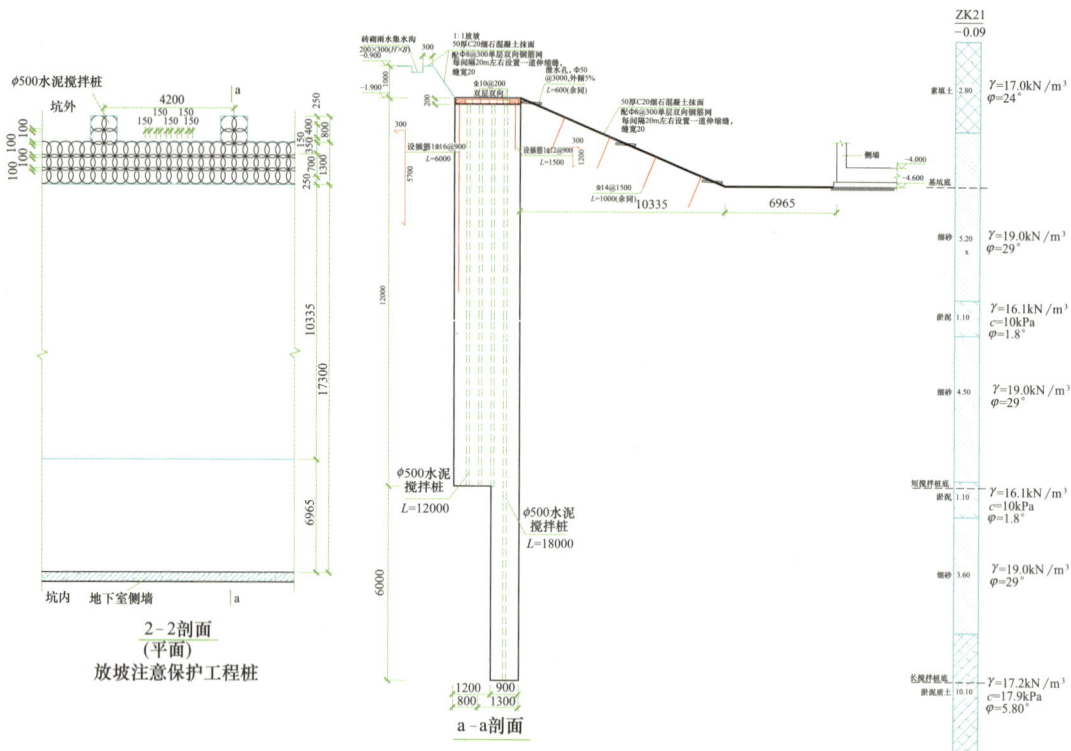

图 3-6　北面靠东一层地下室基坑支护剖面图（君悦海湾基坑工程）
注：采用三排水泥搅拌桩＋水泥搅拌桩墩＋土体放坡挡土止水支护方案。

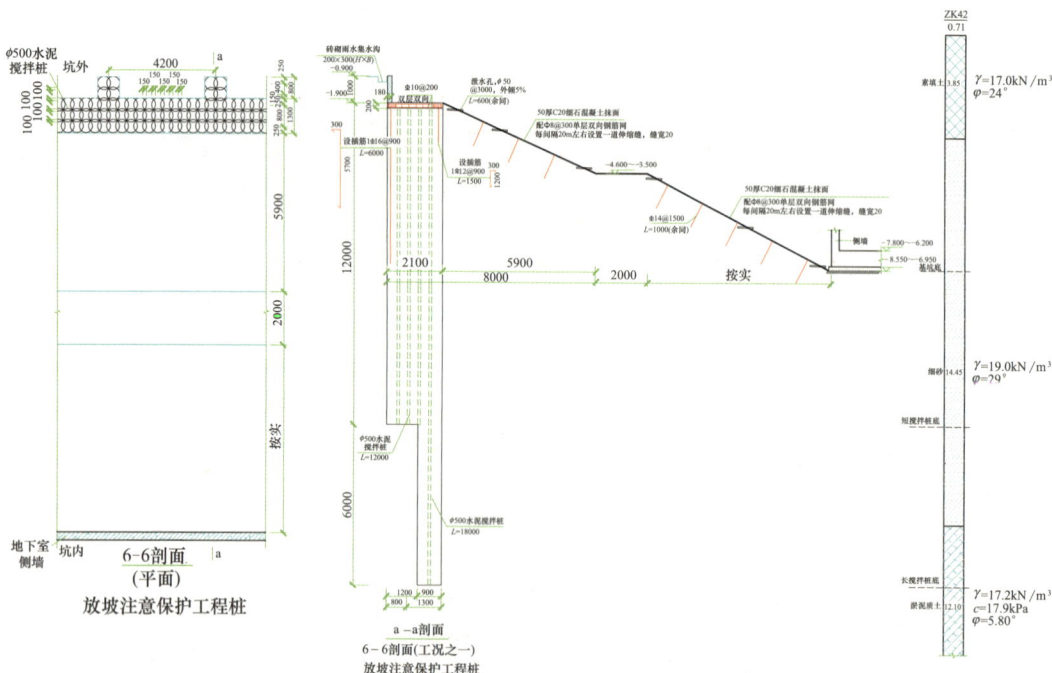

图 3-7　东面二层地下室基坑支护剖面图（君悦海湾基坑工程）
注：采用三排水泥搅拌桩＋水泥搅拌桩墩＋土体放坡挡土止水支护方案。

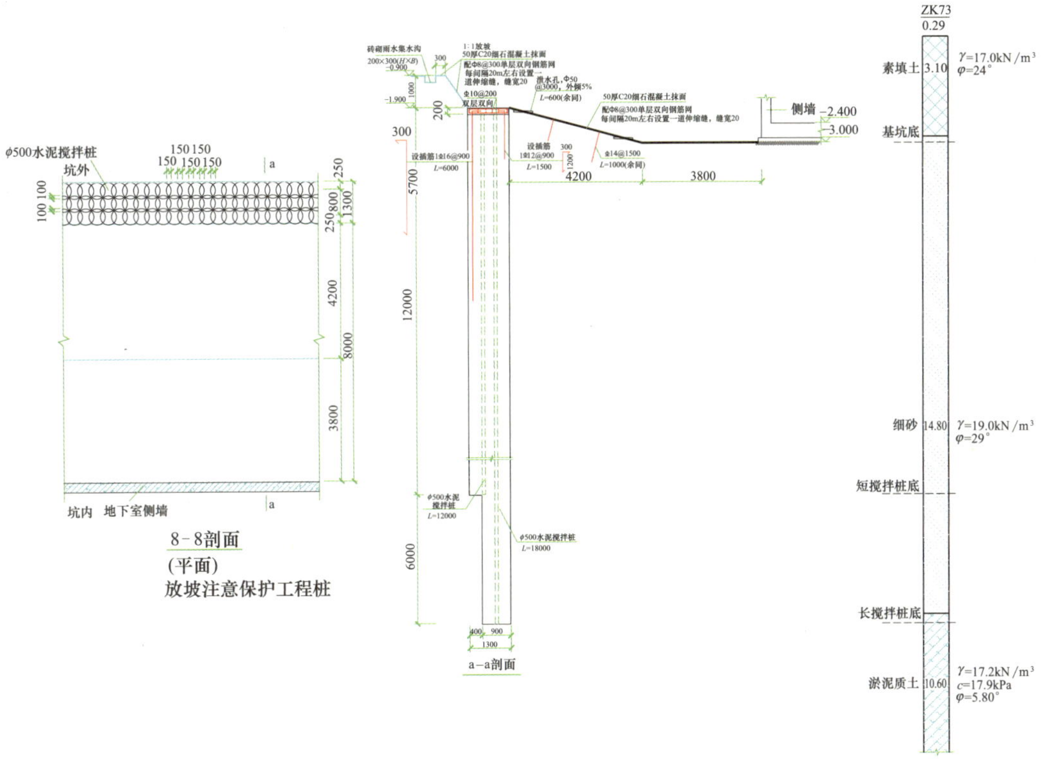

图 3-8　南面一层地下室基坑支护剖面图（君悦海湾基坑工程）

注：采用三排水泥搅拌桩＋土体放坡挡土止水支护方案。

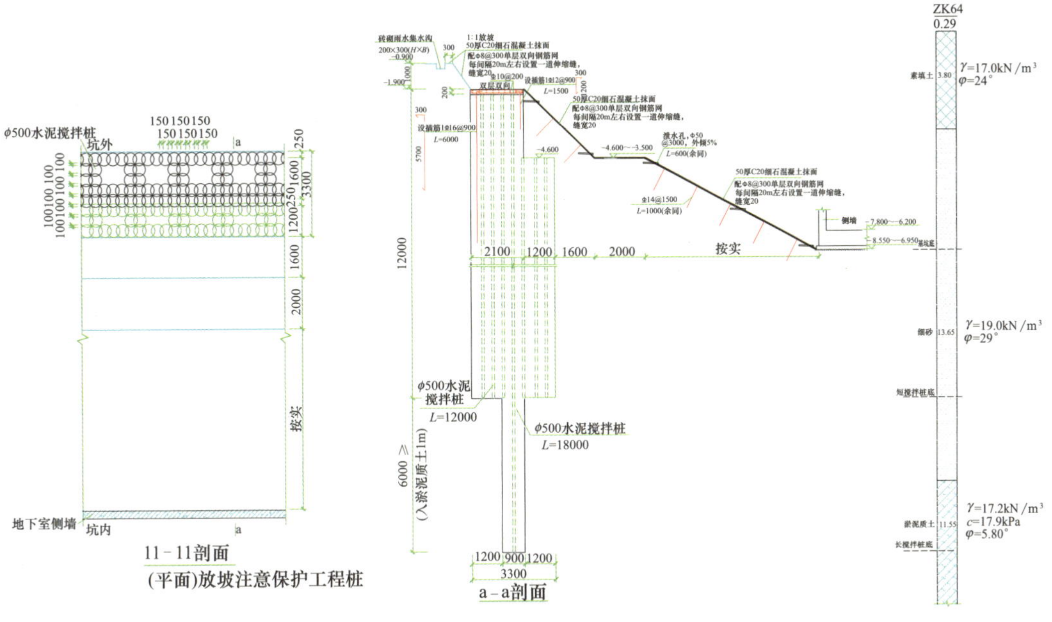

图 3-9　西面二层地下室基坑支护剖面图（君悦海湾与愉珑湾基坑工程共用）

注：采用格构式水泥搅拌桩挡土止水支护方案。

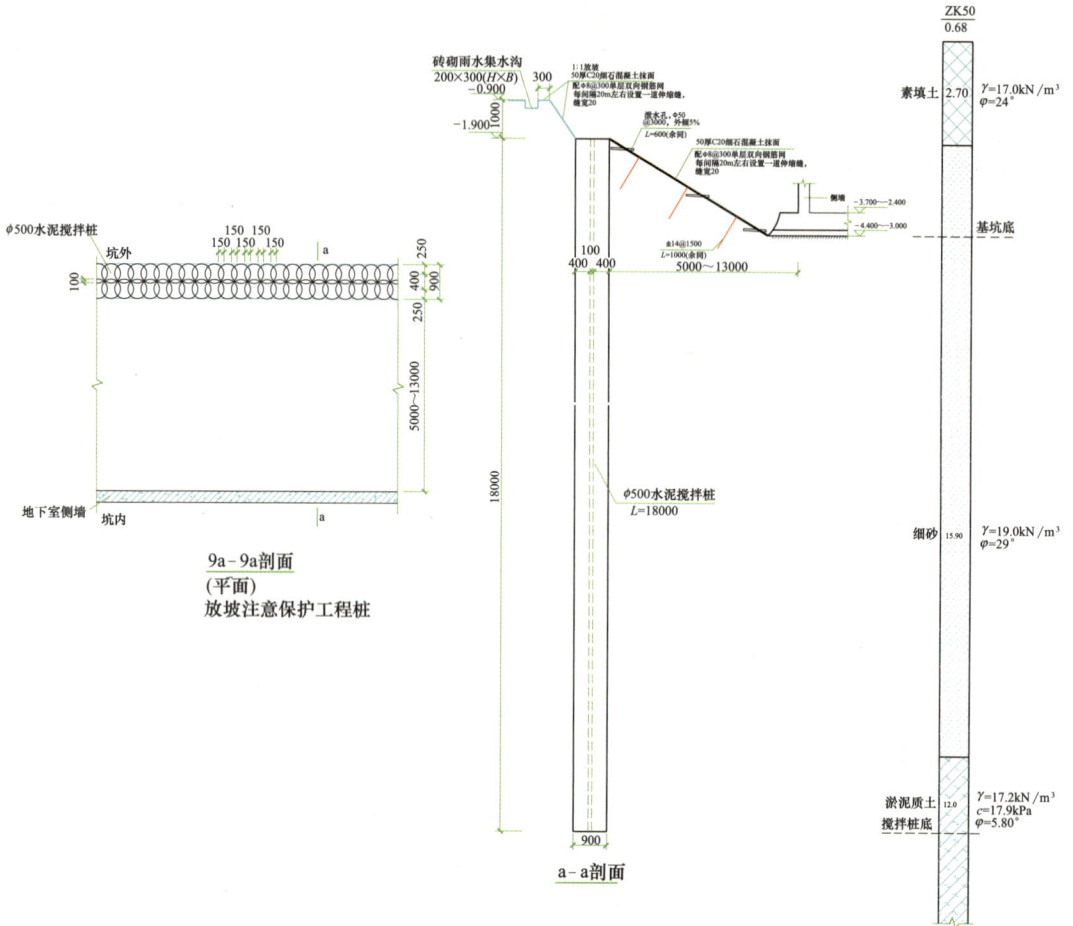

图 3-10 一、二期地下室基坑支护剖面图（君悦海湾基坑工程）

注：采用双排水泥搅拌桩＋土体放坡挡土止水支护方案。

4 施工过程

4.1 施工顺序

施工主体结构工程桩→水泥搅拌桩→支护桩→一、二级土体放坡→混凝土面层及截水沟、排水沟→压顶梁、板施工→基坑开挖到底板垫层底标高、承台垫层底标高→主体结构承台、底板。

4.2 基坑土方开挖应采取的措施

（1）分区、分段、分层开挖地下室土方，分块浇筑地下室底板、承台。

（2）开挖的土方应随挖随运，严禁堆积在基坑顶及周边场地。

4.3 基坑降、排水措施

基坑土方开挖前，先采用轻型井点降水；开挖坑底时，采用明降明排的方法降水，随挖方布置临时集水井或降水坑，以降低坑内地下水位，方便施工。

4.4 施工现场

本基坑工程施工现场如图 4-1～图 4-8 所示。

图4-1　基坑全景

注：左侧为君悦海湾基坑，先施工；
右侧为愉珑湾基坑，后施工。

图4-2　君悦海湾东北角二级放坡、二层地下室
承台钢筋绑扎

图4-3　君悦海湾北面二层地下室承台钢筋绑扎

图4-4　君悦海湾西面二层地下室
部分剪力墙、柱浇筑完成

图4-5　愉珑湾南面二层地下室开挖到坑底

图4-6　愉珑湾西南角二层地下室开挖到坑底

4.5　基坑监测结果

根据有关基坑监测技术规范，针对本基坑工程周边环境，设置了支护结构水平位移、竖向位移及深层水平位移，道路沉降，一、二级土体放坡变形以及地下水位的观测点，对

图 4-7　愉珑湾北面二层地下室开挖到坑底

图 4-8　愉珑湾东侧中部二层地下室
底板钢筋绑扎

基坑土方开挖、地下室施工的全过程进行监测。

第三方基坑监测单位的监测数据表明，支护结构的顶部和深层水平位移、放坡土体变形及道路沉降均在规范允许范围内，支护结构和周边环境安全可控。

5　结语

（1）愉珑湾＋君悦海湾基坑支护工程，除愉珑湾基坑北面和西面局部位置由于场地条件限制，支护结构采用双排钻孔灌注桩＋前后排灌注桩之间三排水泥搅拌桩挡土止水支护方案外，其余位置均采用水泥搅拌桩＋土体放坡挡土止水支护方案。支护形式简单，造价合理，基坑开挖后效果良好，变形可控，不渗水，对周边环境影响小。

（2）通过协商，两个不同建设单位的相邻基坑采用共用基坑支护的设计方式，节省了交界处的支护结构造价，可供类似工程参考。

（3）止水帷幕采用普通的单轴水泥搅拌桩，穿过松散、稍密、厚度为 10.0～17.7m 的粉、细砂层，桩长大于 18m，基坑开挖后未见渗水，止水效果较好。

案例16　深源美誉基坑工程

1　工程概况

本工程位于汕头市金园路北侧，系"三旧"改造项目，北侧、西侧、东侧为已建7层商住楼，南侧临金园路（图1-1）。场区拟建一栋29～32层建筑物，设二层地下室，采用桩基础。本工程±0.000m相当于绝对标高4.800m，现有场地标高约为-1.400m。负二层地下室板面标高为-8.300m、-8.500m，底板垫层底标高为-9.050m、-9.250m，基坑开挖深度为7.650m、7.850m。场地周围住宅楼密集，地下室边线距离北面红线

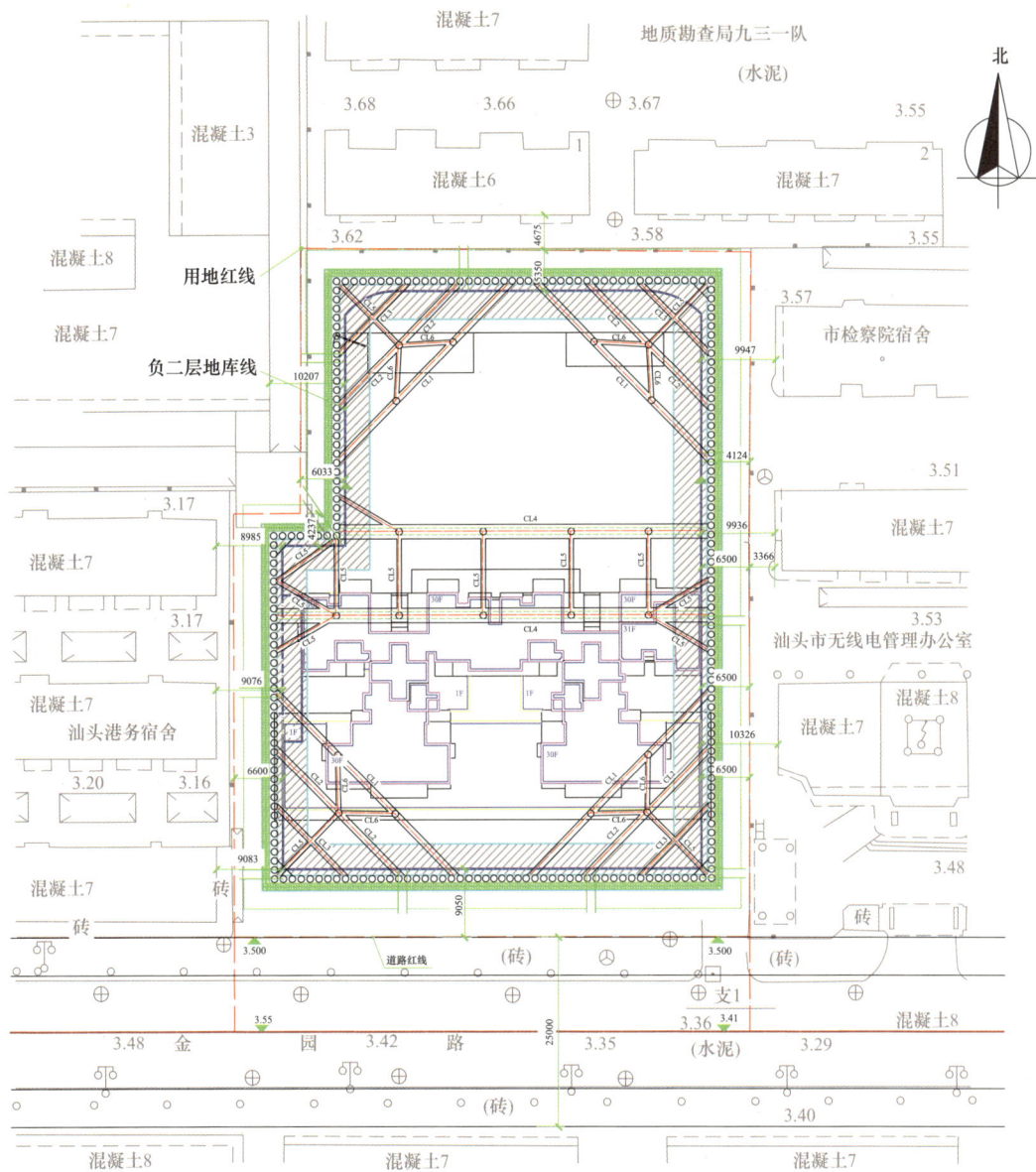

图1-1　周边环境示意

5.35m、东面红线 6.50m、南面红线 9.05m、西面红线 6.60m；距离已建建筑物北边线 15.0m、东边线 10.0m、南边线 19.0m、西边线 9.0m。据调查，已建住宅基础形式均为天然地基浅基础。基坑周围地段受基坑工程扰动程度：东面、西面、北面为受扰动最大区，基坑环境等级、支护结构安全等级为一级；南面为受扰动较小区，基坑环境等级、支护结构安全等级为二级。

2　地质条件

场区位于韩江三角洲冲积平原前缘地带，属于砂垅地带。场区原为简易建筑，临街为 1 层商铺，现已拆除，北面、东面、西面为已建 7 层商住楼，南面为金园路。场区地形地貌较平整。钻探控制深度范围内的土（岩）层自上而下划分为：

①填土：分布全区，层厚 3.10～4.20m，主要为素填细砂，浅灰—黄色，湿—饱和，松散—稍密，松散为主，颗粒均匀，砂质较纯，级配差；部分地段顶部为杂填土，由水泥及建筑垃圾、石块混砂土等废土组成，强度不均匀。

②细砂：分布全区，层厚 2.10～3.30m，灰—浅灰色，饱和，以稍密为主，砂粒成分为石英，含少量云母和泥质，部分孔段为粉砂，部分孔段夹流塑态淤泥薄层。

③淤泥、淤泥质土：分布全区，层厚 2.90～18.60m，灰色—暗灰色，饱和，流塑，上部含少量粉砂和腐植质，中上部含粉砂 20%～30%，部分地段中、下部含贝壳碎 5%～10%；层中局部孔段夹石英粉、细砂，透镜体，松散状。

④黏土：分布全区，层厚 1.30～17.20m，以灰黄色—杂色—青灰色可塑态黏土、粉质黏土为主，夹软—软可塑灰色黏土层或透镜体；部分地段层夹砂薄层，均含泥少量，总体较纯。

⑤灰色黏土：分布全区，层厚 3.80～12.00m，灰色—暗灰色，软塑—软可塑，土质较纯，无摇振反应，稍有光泽，干强度中等，韧性中等；局部含粉砂变为灰色粉质黏土，部分地段出现浅灰—灰色中密状中砂夹层，均含泥少量，总体较纯。

⑥砂土：见于场区中部—南侧地段，层厚 2.60～9.00m，灰黄色—灰白色，饱和，中—密实状，含少量砾砂，主要为细、中砂，部分地段为粗砂，局部粉砂砾成分为石英，含黏粒 10%～15%，砂粒次圆状，粗砂多为含卵石，粒径 2～3cm；中、粗砂级配一般—良好，细砂及粉砂级配较差。

⑦砂质黏性土（残积土）：基本分布全区，局部缺失，层厚 1.12～6.50m，灰白—灰绿色，可塑—硬塑态，为花岗岩风化残积土，原岩暗色矿物及长石全部风化成黏性上，为特殊性土，遇水容易软化、崩解。

⑧全风化花岗岩带：见于少数地段，已见者厚度为 3.40～9.50m，绿青—黄色，稍湿—湿，硬，属极软岩。

⑨强风化花岗岩带：分布全区，厚度为 8.60～18.60m，黄—肉红色，呈硬—坚硬状，花岗结构清晰可辨，部分长石及暗色矿物已风化为高岭石或高岭土，该岩带岩芯总体呈砂砾状，普遍层底呈碎块状。

⑩中风化花岗岩带：分布全区，已钻入厚度为 2.30～5.40m，多数钻入厚度大于 3m，灰白夹肉红斑色，坚硬，致密，中粒花岗结构，块状结构，裂隙极发育，以封闭裂

隙为主，岩芯短柱—柱状，属坚硬岩。

钻探深度范围内，地下水类型主要为孔隙潜水、孔隙承压水和基岩裂隙水。

孔隙潜水赋存于①、②层孔隙中，补给来源为大气降水和地表水，以蒸发、渗漏及人工排水方式排泄，水质易受污染，受季节及气候制约，水位不稳定。

孔隙承压水赋存于⑥层及⑤层砂夹层中，含水性好，透水性强，受季节性影响小，动态较稳定。

基岩裂隙水主要赋存于⑨、⑩层基岩裂隙中，含水性好，透水性一般，水量不丰，受季节性影响小，勘察时未能测得稳定水位。

地质剖面图如图2-1所示。

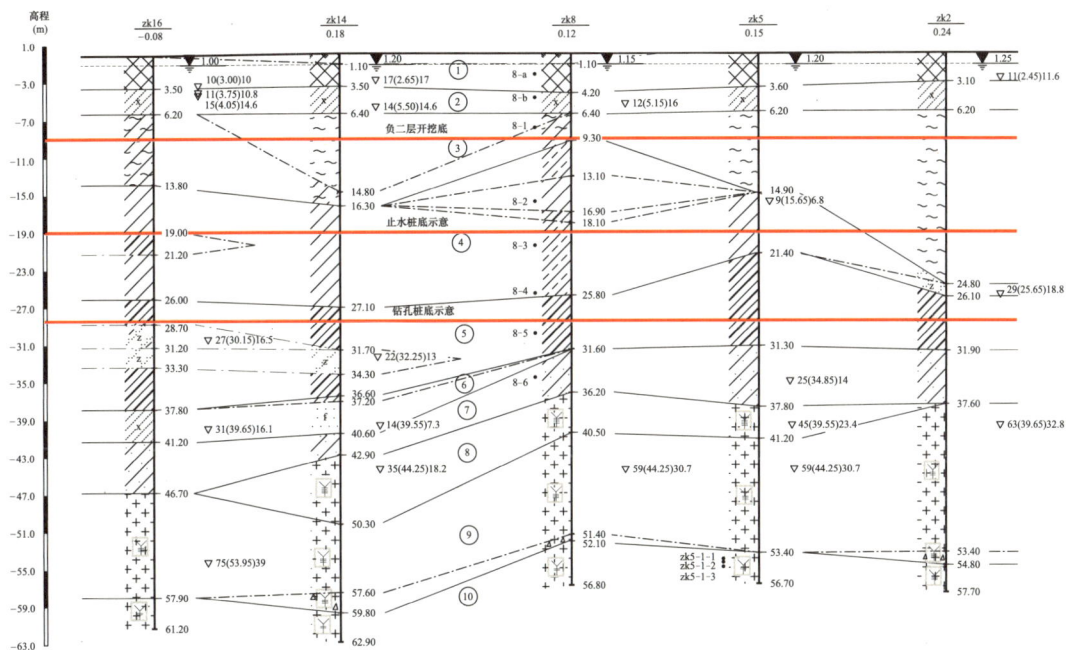

图2-1 工程地质剖面示意图

3 设计方案

3.1 本基坑工程的特点

（1）由于基坑东、北、西三面靠近未打桩的7~8层住宅，场地十分窄小，无放坡空间，只能考虑垂直开挖土方的支护形式。

（2）土层第③层的淤泥厚薄不均，局部较厚，基坑开挖到底时，坑底大部分处于淤泥层，基坑周边相邻的7~8层住宅基础均未打桩，对支护结构的变形非常敏感。

3.2 基坑支护方案选择

根据本工程周边环境、地质条件及基坑开挖深度，结合相关工程的实施经验，基坑采用单排钻孔灌注桩＋一道钢筋混凝土支撑＋坑底被动区水泥搅拌桩加固＋外侧双排水泥搅拌桩挡土止水支护方案。

3.3 基坑支护平面布置（图3-1）

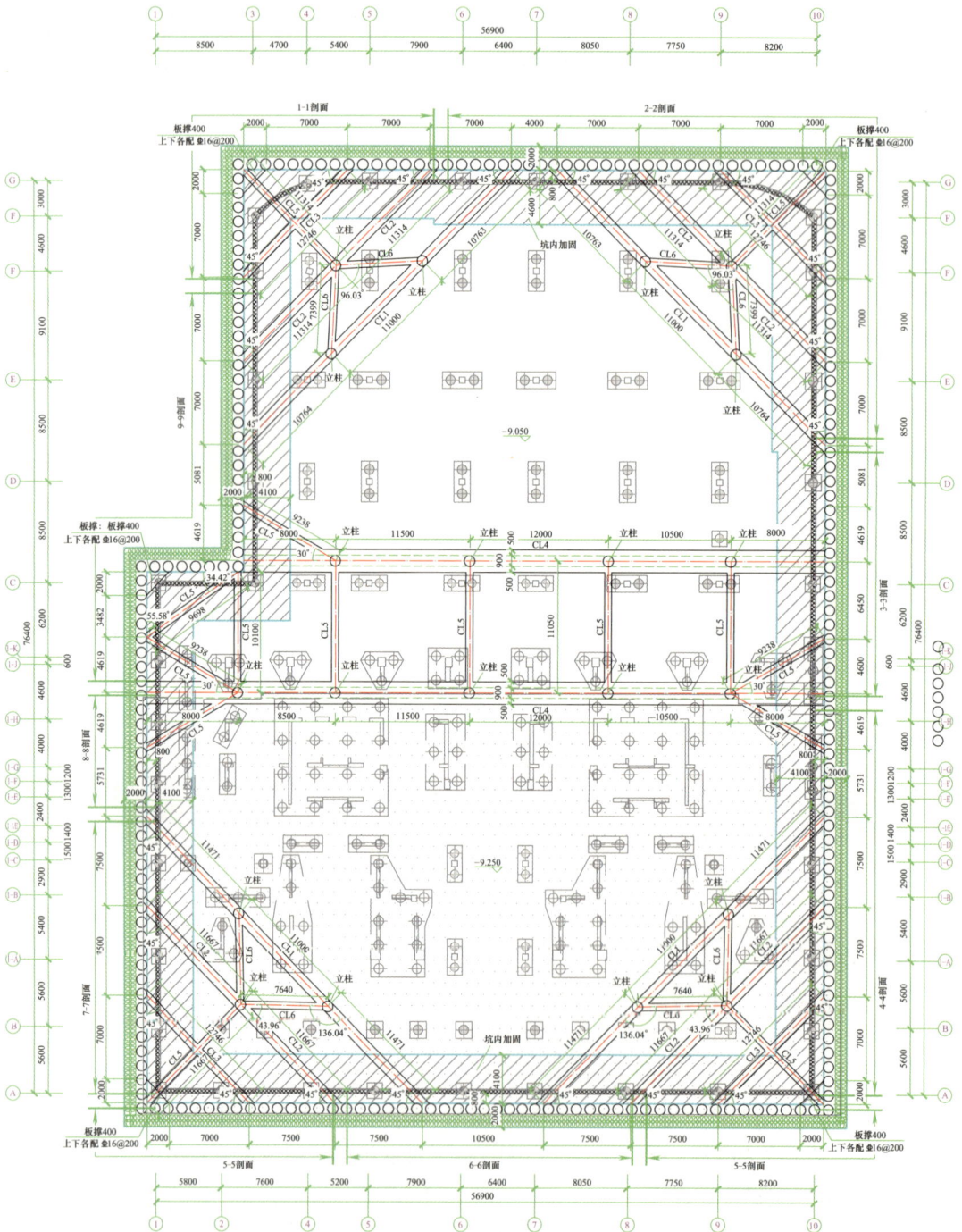

图3-1 基坑支护平面图

3.4　基坑支护剖面（图3-2、图3-3）

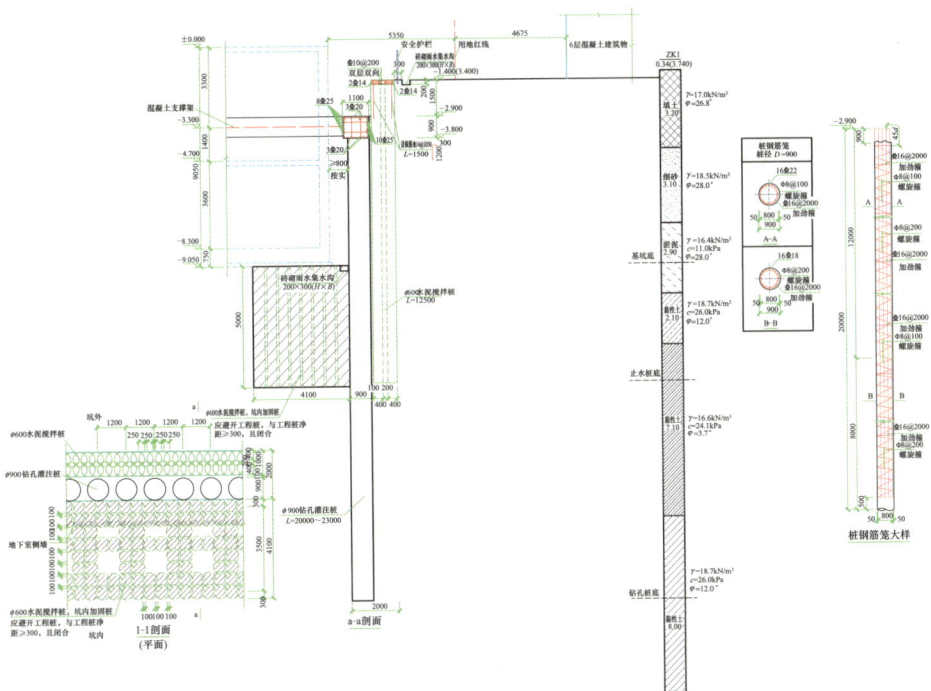

图3-2　二层地下室基坑支护剖面图

注：采用单排钻孔灌注桩＋一道钢筋混凝土支撑＋坑底被动区水泥搅拌桩加固＋外侧双排水泥搅拌桩挡土止水支护方案。

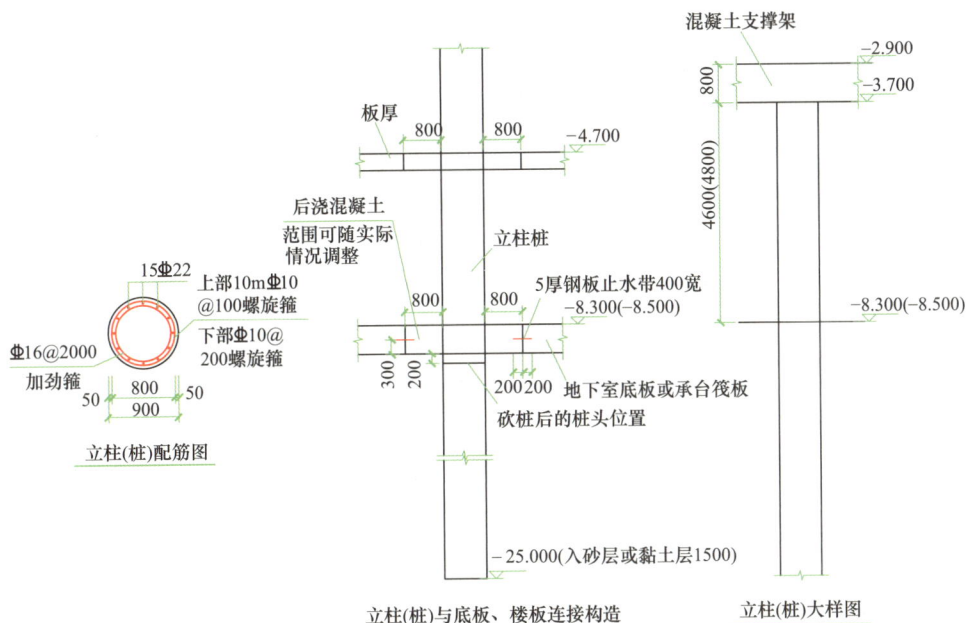

立柱(桩)与底板、楼板连接构造

立柱(桩)大样图

说明：1.当内支撑拆除后把立柱桩砍至底板底、承台筏板底标高下200。
　　　2.用比底板混凝土高一强度等级微膨胀混凝土后浇局部底板。

图3-3　立柱桩与底板、楼板连接构造大样图

注：支撑立柱桩采用钻孔灌注桩，直径900mm，间距12～15m，桩长约22m。

4 施工过程

4.1 施工顺序

（1）施工主体结构工程桩→水泥搅拌桩→被动区加固格构式水泥搅拌桩→支护桩（立柱桩）→土方开挖至标高－3.700m，施工内支撑梁及桩顶梁、板→待内支撑及冠梁混凝土强度达到80%设计强度后进行土方开挖，开挖时应分层、分段、分块、对称挖至坑底标高→抢做素混凝土垫层，尽快施工地下室承台、底板。

（2）底板、承台与支护桩之间的空隙用C25素混凝土浇捣填实，形成传力带→施工地下一层（标高－4.700m）梁板，在楼板与支护桩之间的空隙回填密实砂土，并浇筑C25素混凝土条状传力带→待地下一层楼板及传力带混凝土强度达到80%设计强度后，方可拆除支撑（图4-1）。

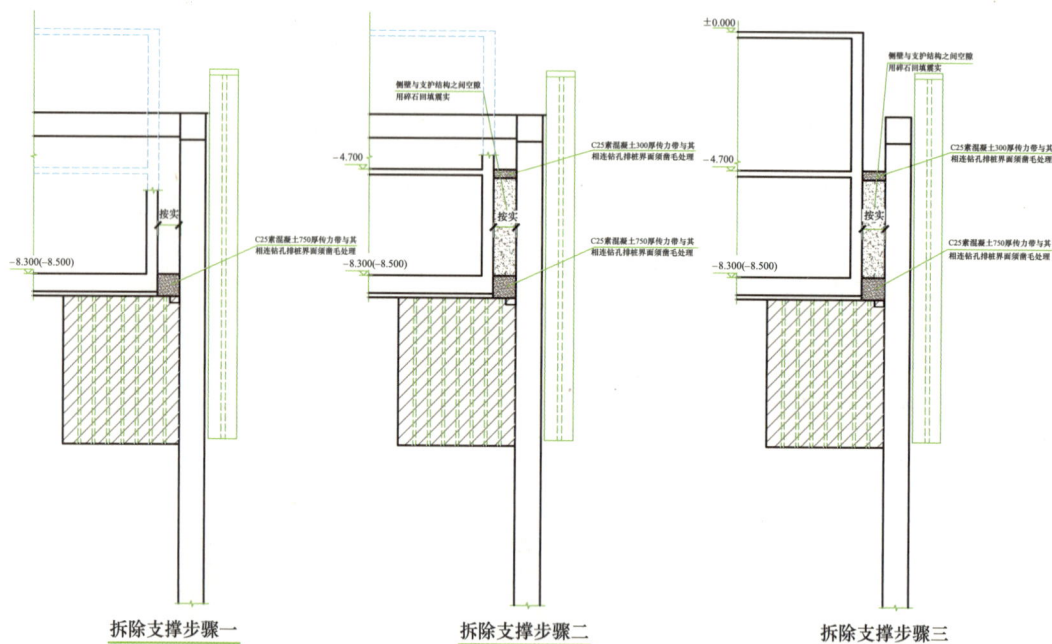

拆除支撑步骤一　　　　　　拆除支撑步骤二　　　　　　拆除支撑步骤三

说明：
　　为便于结构负一层楼板、顶板的施工，在完成地下室底板、负一层楼板结构7d后可进行支撑转换处理，处理方法是：在地下室底板结构与灌注桩间隔部位，先用碎石回填夯实后，沿周边均匀浇筑750mm厚的C25素混凝土；施工侧壁及负一层楼板，侧壁做完防水批荡层后，回填砂或石粉到负一层楼板底，沿周边均匀浇筑300mm厚的C25素混凝土。待300厚混凝土板龄期达7d后，可拆除内支撑，支撑梁拆除过程中必须进行施工过程的变形监测，若监测到支护结构水平位移大于40mm时，必须及时停止拆撑，通知设计人员，做出相关加固换撑处理。

图4-1　拆除支撑步骤

4.2 基坑土方开挖应采取的措施

（1）基坑土方开挖时，应随挖方布置临时集水井或降水坑，以降低坑内地下水位，方便施工。

（2）结合本工程周边环境，出土口只能设置在南面，土方开挖顺序为从北至南，分层、分段、分块开挖。为方便运输车辆从支撑梁上通过，要求在运输通道上铺设走道板（钢板）等，以支撑重型设备，减少对支撑梁的挤压破坏。

4.3 施工现场

本基坑工程施工现场如图 4-2～图 4-6 所示。

图 4-2 基坑全景

图 4-3 基坑东北侧土方开挖、运输

图 4-4 基坑北侧开挖

图 4-5 基坑东北侧地下室底板钢筋铺设

图 4-6 北侧一层地下室楼板施工

4.4 基坑监测

根据有关基坑监测技术规范，针对本基坑工程周边环境，设置了支护结构水平位移、竖向位移及深层水平位移，对撑轴力、角撑轴力，立柱和周边建筑物沉降以及地下水位的观测点，对基坑土方开挖、地下室的施工进行全过程监测。

第三方基坑监测单位的监测数据表明（图 4-7～图 4-11），在基坑开挖及地下室施工过程中，支护结构的顶部和深层水平位移、坑外地面及周边建筑物沉降均在规范允许范围内，支护结构和周边环境安全可控。

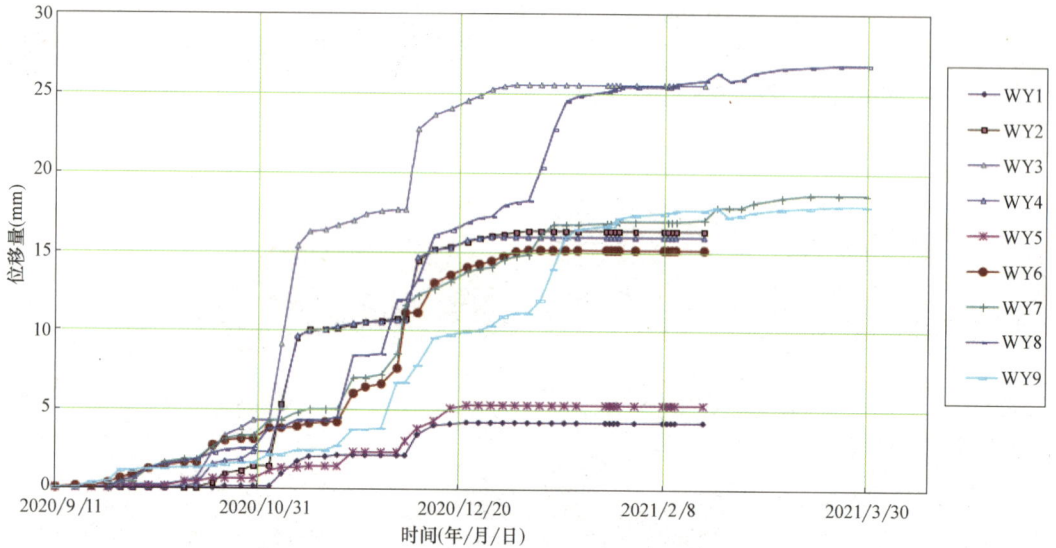

图 4-7　基坑压顶（北面、东面）水平位移与时间关系曲线

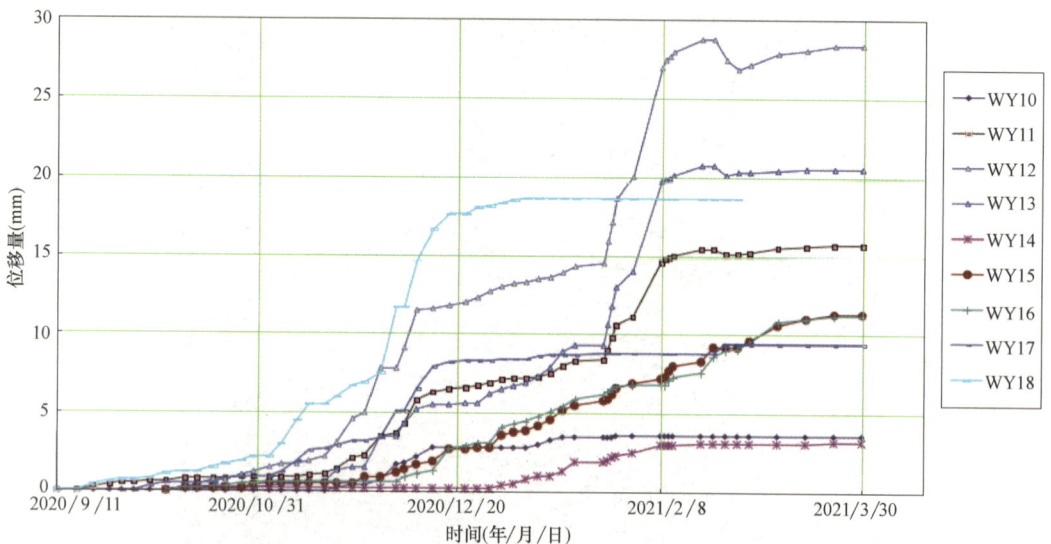

图 4-8　基坑压顶（南面、西面）水平位移与时间关系曲线

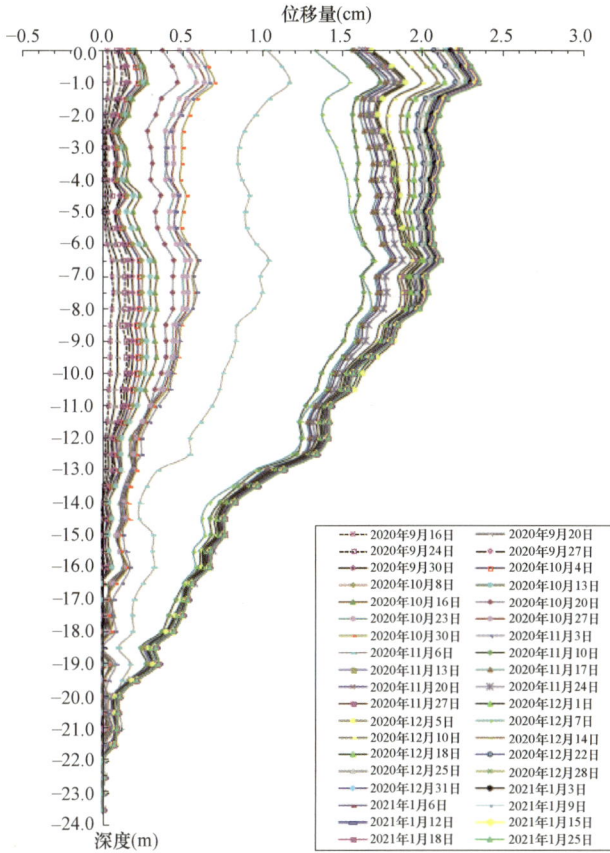

图 4-9　测斜孔 CX1 累计位移曲线

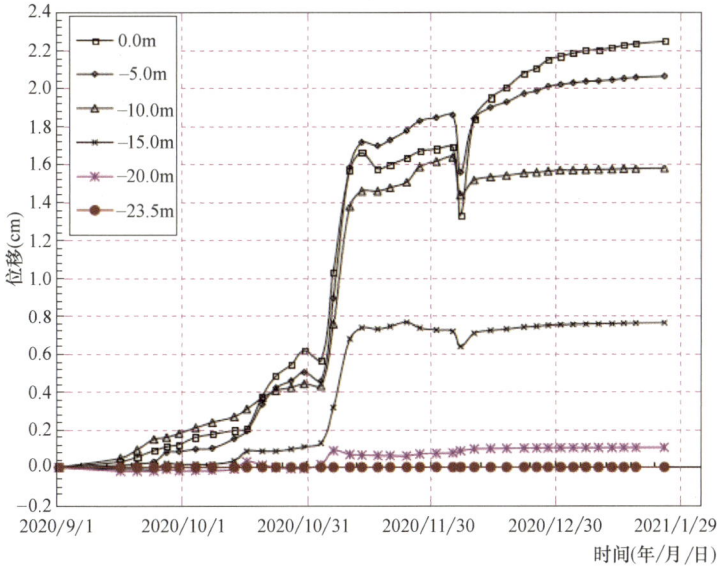

图 4-10　测斜孔 CX1 不同深度位移量与时间关系曲线

时间(年/月/日)

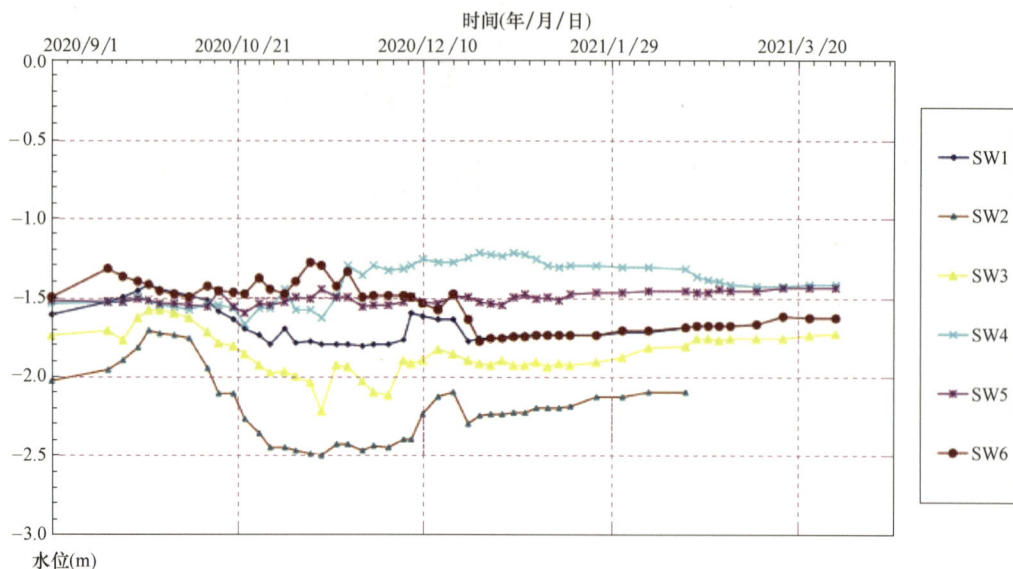

图 4-11 基坑坑外地下水位与时间关系曲线

5 结语

在老城区"三旧"改造项目基坑工程中，地下室侧墙距离周边建筑物一般比较近，这些建筑物的基础往往没有打桩，因此采用何种支护结构形式一定要慎重。在土方开挖、运输及地下室施工过程中，应尽可能降低对周边住宅、道路的不利影响。

本工程地下室的北、东、西三面与未打桩的 7～8 层住宅相距很近，场地窄小，二层地下室开挖深度近 8m，基坑采用单排钻孔灌注桩＋一道钢筋混凝土支撑＋坑底被动区水泥搅拌桩加固＋支护桩外侧双排水泥搅拌桩挡土止水支护方案。从实际效果来看，支护结构水平变形和地面沉降均在规范允许范围内，周边建筑物的沉降未见异常。

案例 17　上坤檀悦府基坑工程

1　工程概况

本工程位于汕头市东海岸新城新溪片区，在建中阳大道南面，国瑞医院东面，誉景阳光花园小区西面，南面为在建鄱阳湖路（图1-1）。基坑支护周长约1030m，设置一、二层地下室。±0.000m相当于"1985国家高程"5.700m，现场地标高为3.100～5.500m，开挖深度为2.6～7.7m。地下室北面为在建中阳大道，地下室面墙距红线最近处10.5m；西面为区间施工道路，道路外面为国瑞医院用地红线，地下室面墙距红线约8.0m；东面地下室面墙距离在建誉景阳光花园的水泥搅拌桩支护结构不到2m。基坑环境等级、支护结构安全等级均为二级。

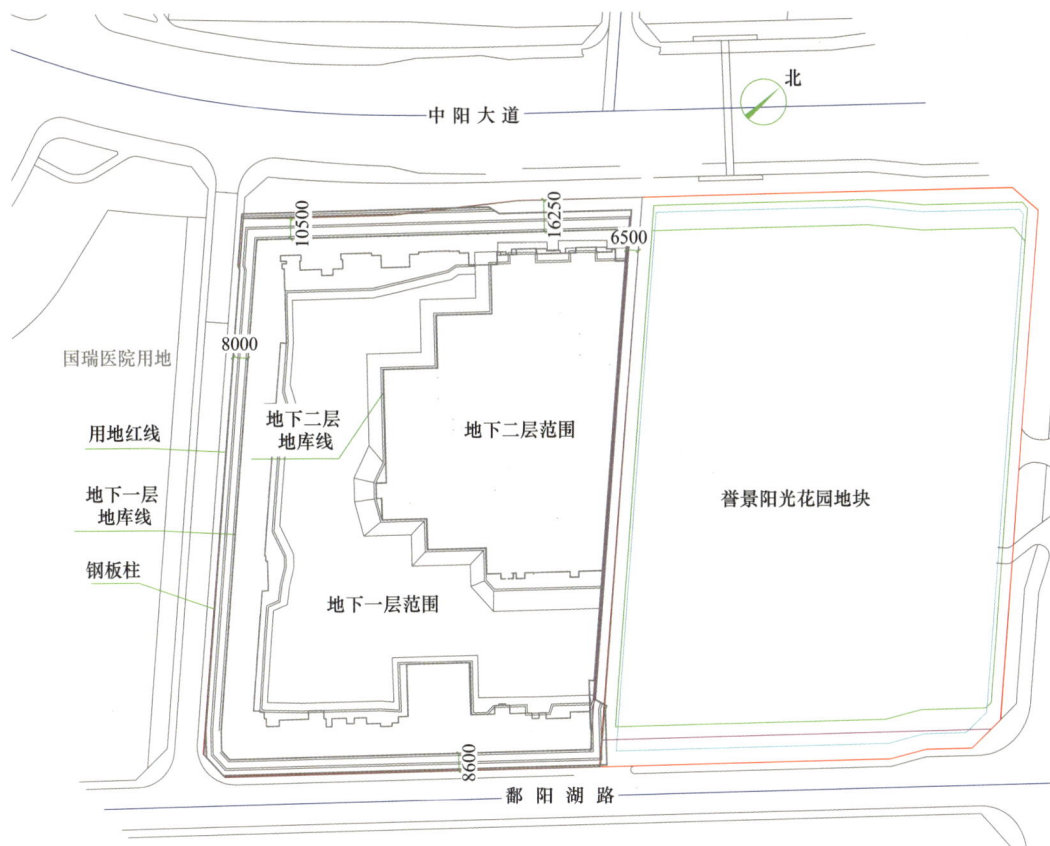

图 1-1　周边环境示意

2　地质条件

场地地貌属韩江下游三角洲冲积平原。现状地形开阔，场地堆积大量淤泥及生活垃圾。根据钻探结果揭示，场地地基土按成因类型自上而下可划分为：

①杂填土（Q_4^{ml}）：分布全区，干—湿—饱和，松散状，欠固结。

②粉砂（Q_4^m）：分布全区，饱和，以松散—稍密状为主，局部为中密状。

③淤泥（Q_4^m）：全区分布，饱和，流塑态，土质稍纯，含有机质及少量粉、细砂，局部地段含较多贝壳碎片。

④黏土夹砂土（Q_4^{mc}）：分布全区，以黏土、粉质黏土为主，粉细砂、中粗砂次之，淤泥质土再次之。

⑤灰色黏土（Q_3^{mc}）：分布全区，灰黑—灰色，饱和，软塑态，以黏粒为主，土质较纯，含有机质和少量腐殖质，底部常含较多砂粒相变成灰色粉质黏土。

根据勘察报告可知，本次勘察在雨季进行，勘察期间钻孔揭露地下水较高，宜以地平作为水位标高；场地地下水主要为浅层土孔隙潜水。

地质剖面图如图2-1所示。

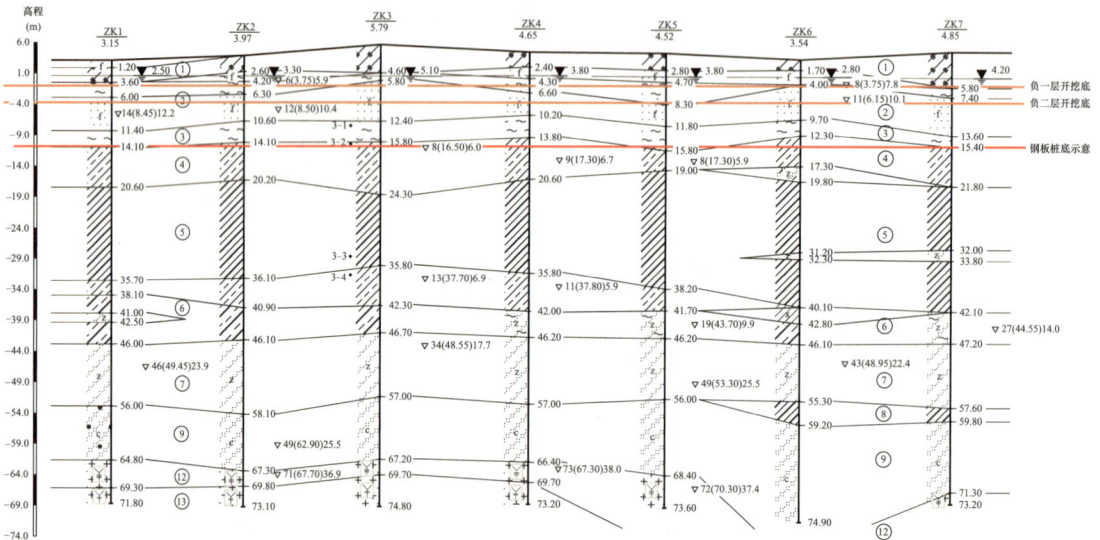

图2-1　工程地质剖面示意图

3　设计方案

3.1　本基坑工程的特点

（1）为了充分利用现有场地条件，除东面基坑考虑垂直开挖土方外，其余可考虑放坡开挖土方的支护形式。

（2）基坑底为较厚的粉砂层，为确保基坑开挖过程中对北面在建东阳大道、东面在建誉景阳光花园小区及南面道路的影响最小，基坑的止水、降水至关重要。

（3）需考虑如何保证松散砂性放坡土体的稳定性。

3.2　基坑支护方案选择

根据本工程周边环境、地质资料及基坑开挖深度，结合相关工程的实施经验，基坑北、南、西三面均采用钢板桩+坑内放坡挡土止水支护方案；东面与誉景阳光花园项目相邻，不具备放坡条件，但可以利用其基坑已施工的水泥搅拌桩挡墙等有利因素，采用钢板桩挡土止水、垂直开挖土方的支护方式。一、二层地下室交界处，直接放坡开挖土方。钢板桩长度的设计，除满足整体稳定、抗倾覆等计算要求外，还必须穿过砂层，进入淤泥层1.5m以上。

3.3　基坑支护平面布置（图3-1）

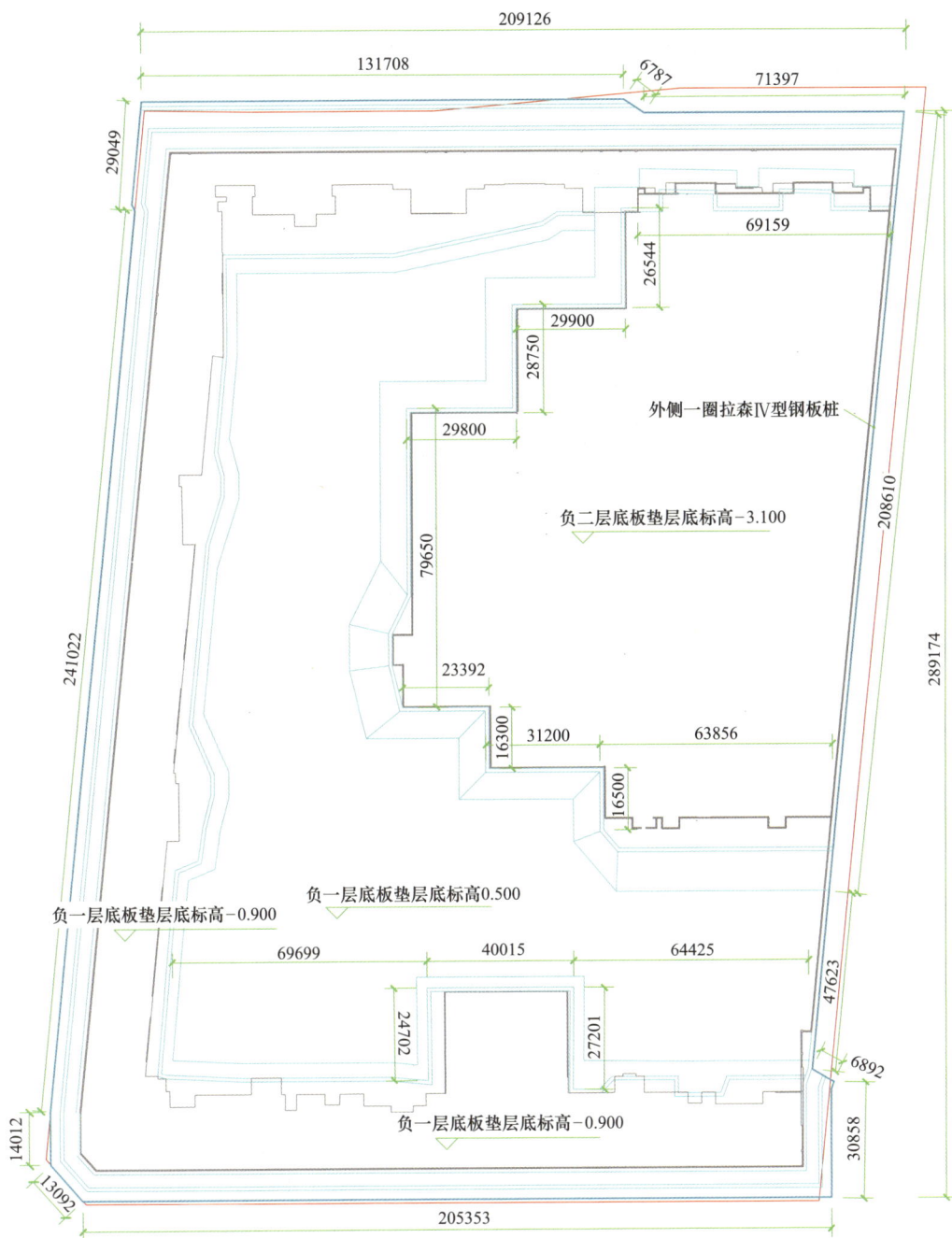

图3-1　基坑支护平面图

3.4 基坑支护典型剖面（图3-2～图3-7）

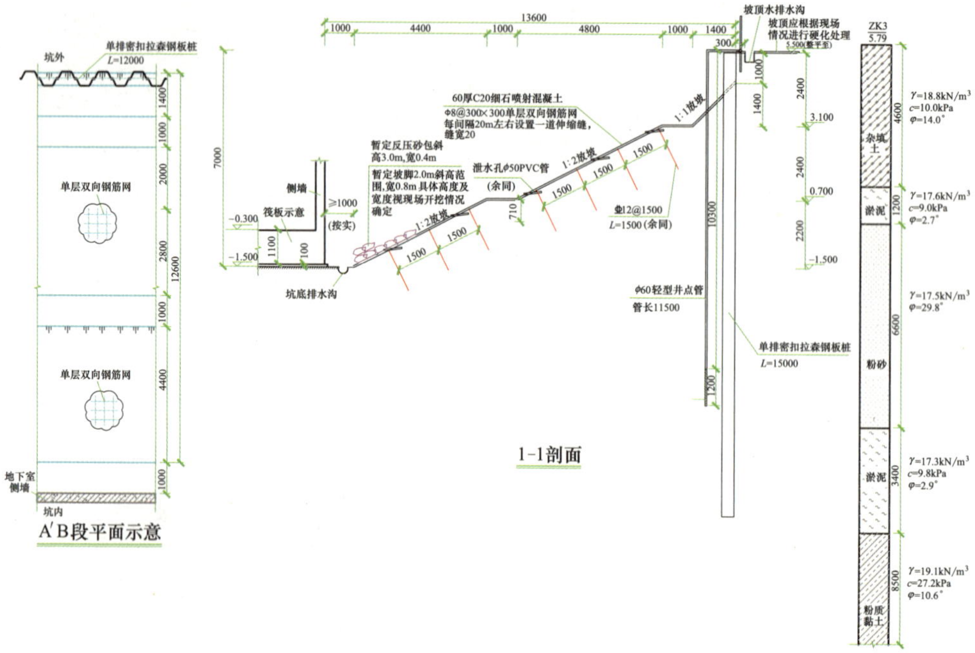

图3-2 北面一层地下室放坡支护剖面图

注：采用钢板桩＋坑内放坡挡土止水支护方案。

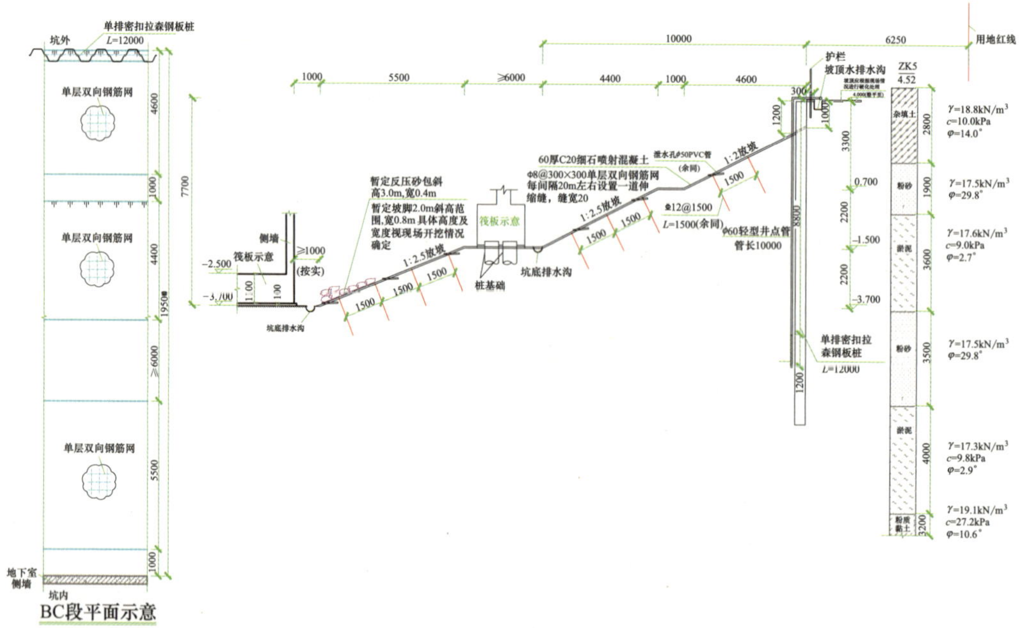

图3-3 北面二层地下室放坡支护剖面图

注：采用钢板桩＋坑内放坡挡土止水支护方案。

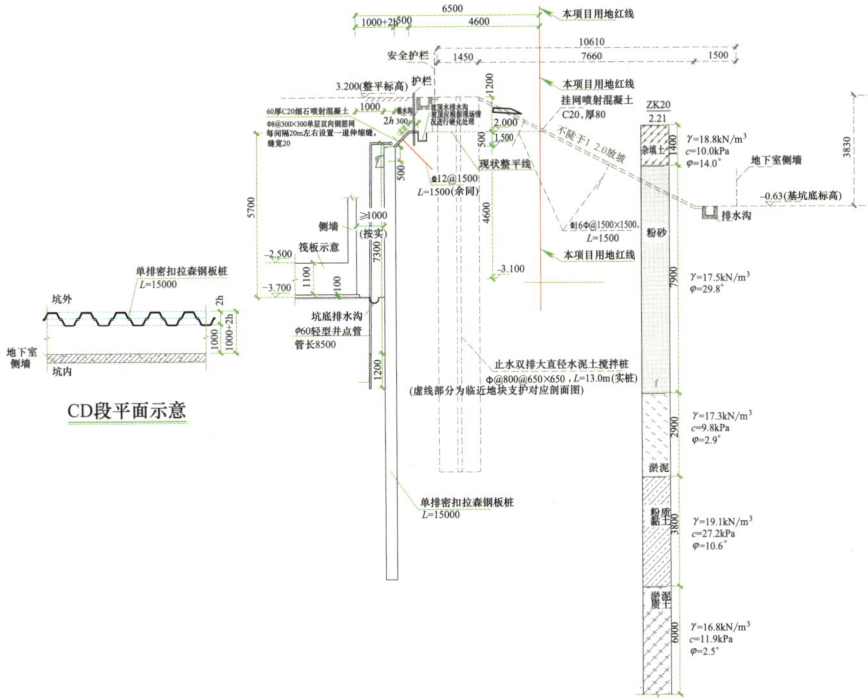

图 3-4 东面二层地下室单排钢板桩支护剖面图

注：采用钢板桩挡土止水支护方案。

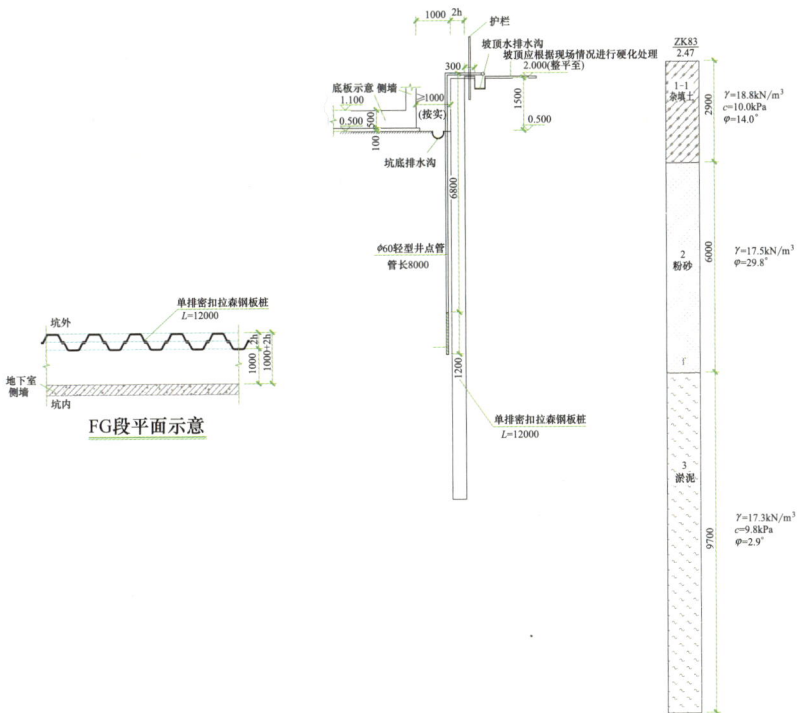

图 3-5 东面一层地下室钢板桩支护剖面图

注：采用钢板桩挡土止水支护方案。

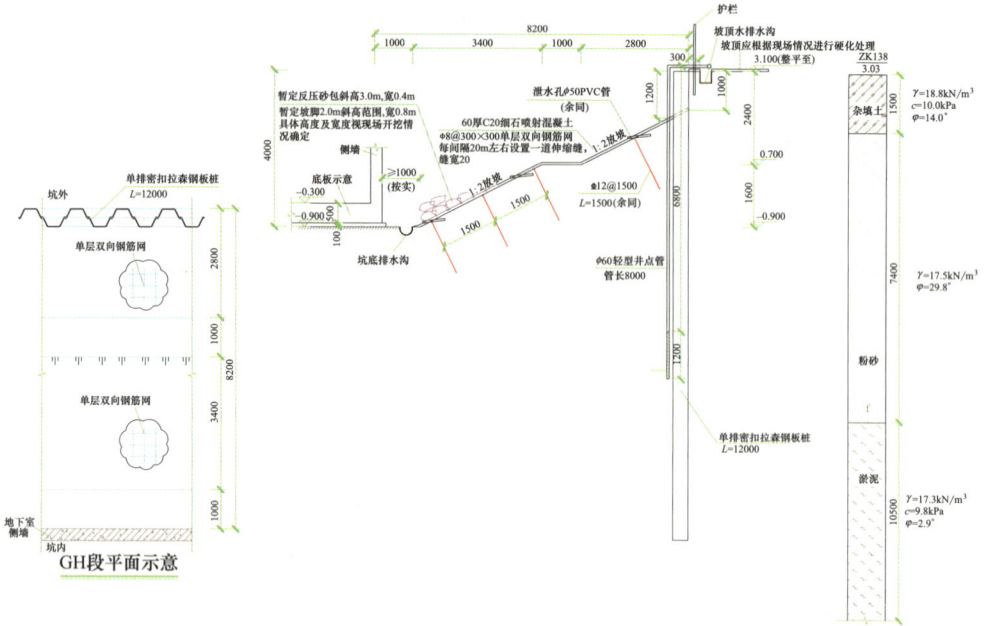

图 3-6　南面、西面一层地下室放坡支护剖面图

注：采用钢板桩＋坑内放坡挡土止水支护方案。

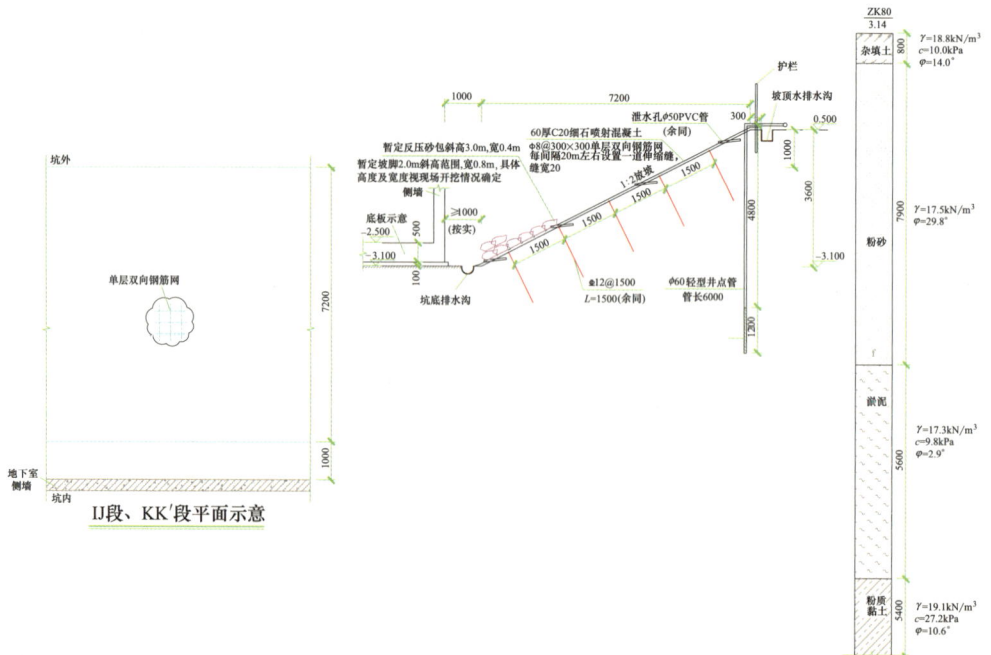

图 3-7　一、二层地下室交界处放坡支护剖面图

注：采用一级放坡支护方案。

4　施工过程

4.1　施工顺序

施工主体结构工程桩→钢板桩→截水沟、排水沟→土方分层分段开挖→施工放坡面混凝土面层及临时排水沟→基坑开挖到底板垫层底标高，局部逐个开挖至承台垫层底标高→地下室承台、底板施工。

4.2　基坑土方开挖应采取的措施

（1）基坑土方应分块、分层开挖，每层开挖深度一般不大于1.5m，分段长度依据土层现场情况而定，原则上不大于30m，开挖到坑底应及时浇筑混凝土垫层。

（2）土方出土方向为由北向南，逐步开挖外运。出土口设置在西面中部。

（3）凡开挖的土方应随挖随运走，严禁堆积在基坑顶及周边场地。

4.3　基坑降、排水措施

（1）坡顶2m范围按要求进行硬地化或喷混凝土护面施工，按设计要求布置截水沟，截水沟每间隔20～25m布置集水井。

（2）基坑土方开挖时，要求开挖前15d采用轻型井点进行坑内降水。坑内地下水位应降至承台底500mm以下。坑外水位控制在地面以下1000～1500mm范围，否则应及时采取回灌水措施，以防坑外水位下降过大。

（3）基坑土方开挖时，应随挖方布置临时集水井，以降低坑内地下水位，方便施工。

（4）基坑降水平面布置如图4-1所示。

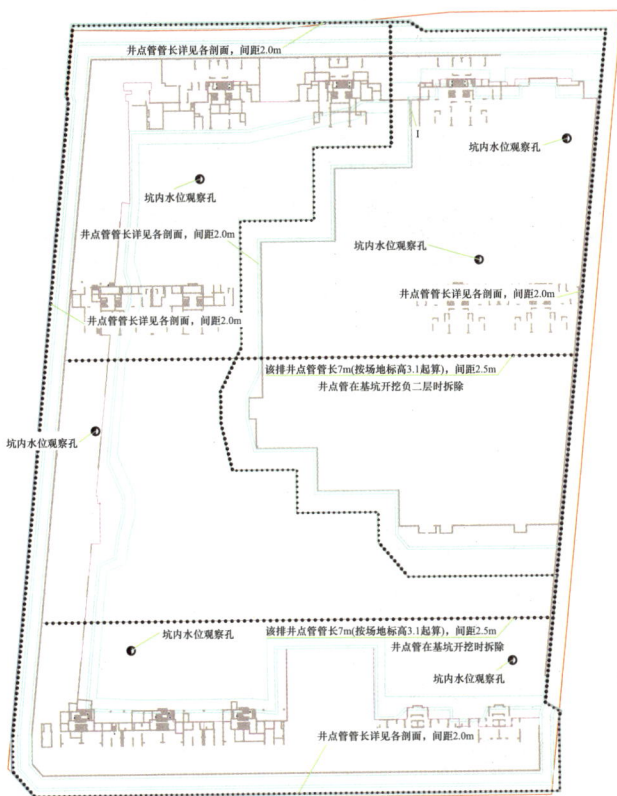

图4-1　基坑降水平面布置图

4.4 施工现场

本基坑工程施工现场如图 4-2～图 4-7 所示。

图 4-2 基坑全景

图 4-3 基坑北面一层地下室二级放坡支护

图 4-4 基坑北面二层地下室三级放坡支护

图 4-5 基坑东面钢板桩支护

图 4-6 基坑南面放坡结合钢板桩支护

图 4-7 一、二层地下室交界处放坡支护

4.5 基坑监测结果

根据基坑监测技术规范，针对本基坑工程周边环境，在基坑外面设置周边道路沉降、钢板桩水平位移、内面放坡土体竖向位移和水平位移及坑内外地下水位观测点等。

第三方基坑监测单位的监测数据表明（图 4-8～图 4-10），在基坑开挖及地下室施工

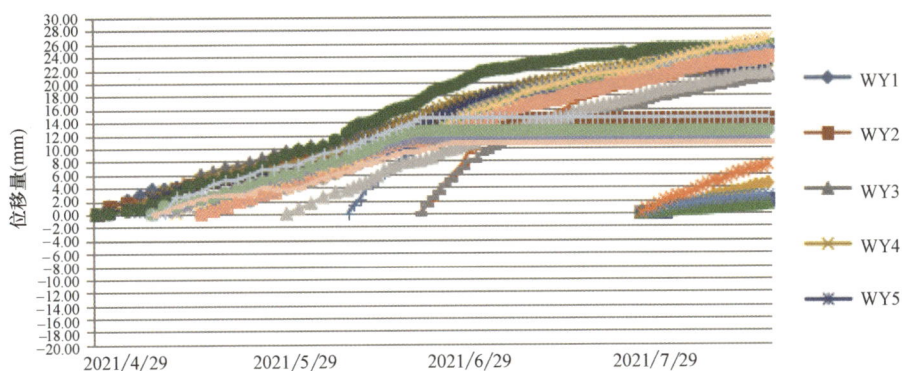

图 4-8 基坑监测坡顶水平位移曲线

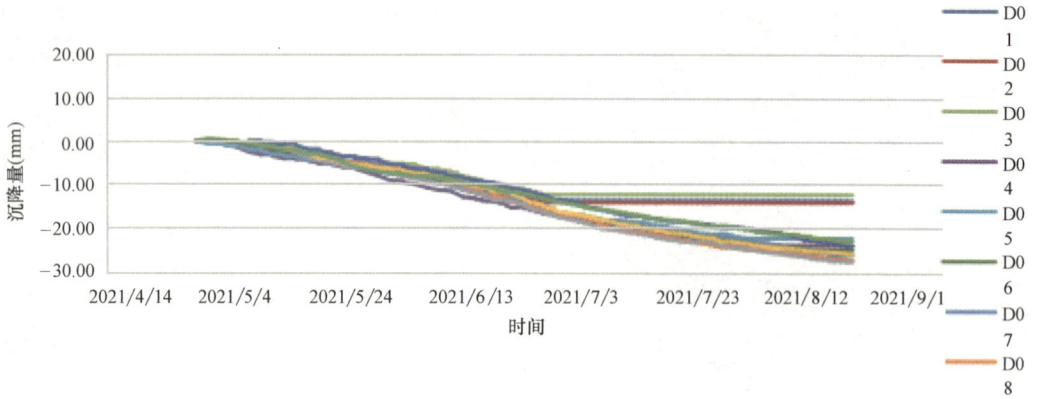

图 4-9　基坑监测周边沉降曲线

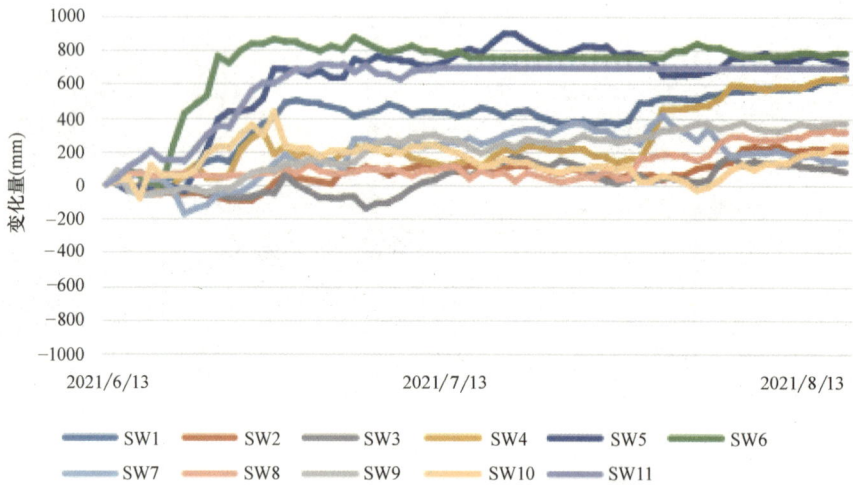

图 4-10　基坑监测地下水位累计变化曲线

过程中，钢板桩的水平位移、坑外地面沉降均在规范允许范围内，坑内放坡土体基本稳定，支护结构安全可控。

5　结语

从钢板桩的施打到土方开挖、地下室施工的全过程来看，本项目基坑结合场地周边环境及工程地质条件，采用钢板桩＋放坡的支护方案是可行的，其特点是整个场地基坑仅采用单排钢板桩一种支护形式，既挡土又止水；坡顶设置钢板桩大大增强了坑内放坡土体的稳定性，提高了滑动面抗滑安全系数。支护形式简单，施工速度快，造价合理可控，绿色环保。

在潮汕地区，两层地下室支护形式完全采用钢板桩＋坑内放坡的支护形式并不多见，本工程案例是一次成功的尝试。

案例 18　悦华轩基坑工程

1　工程概况

本工程位于汕头市龙湖区黄河路东南侧、嵩山南路东北侧，拟建 14 层住宅楼、6 层住宅楼和附属 2 层商业楼，设一层地下室（图 1-1）。本工程现有场地标高北侧为 ±0.000m，东侧为 0.500m，南侧、西侧为 0.650m，地下室板面标高为 −4.100m，底板垫层底标高为 −4.750m，基坑开挖深度约为 4.750～5.400m。场地周边环境条件，地下室边线距离北面红线 2.0m，东面红线 6.0m，南面红线 3.8m，西面红线 7.4m；基坑北侧为黄河路，距离基坑边缘约 13m；基坑东侧为市政道路，路宽 11m；基坑南侧存在已建多层住宅楼，距离地下室边缘约 5m；基坑西侧为已建酒店，距离地下室边缘约 15m；其他方向无对基坑开挖产生影响的建筑物。基坑环境等级，北、东、西三面为二级，南面为一级；支护结构安全等级为二级。

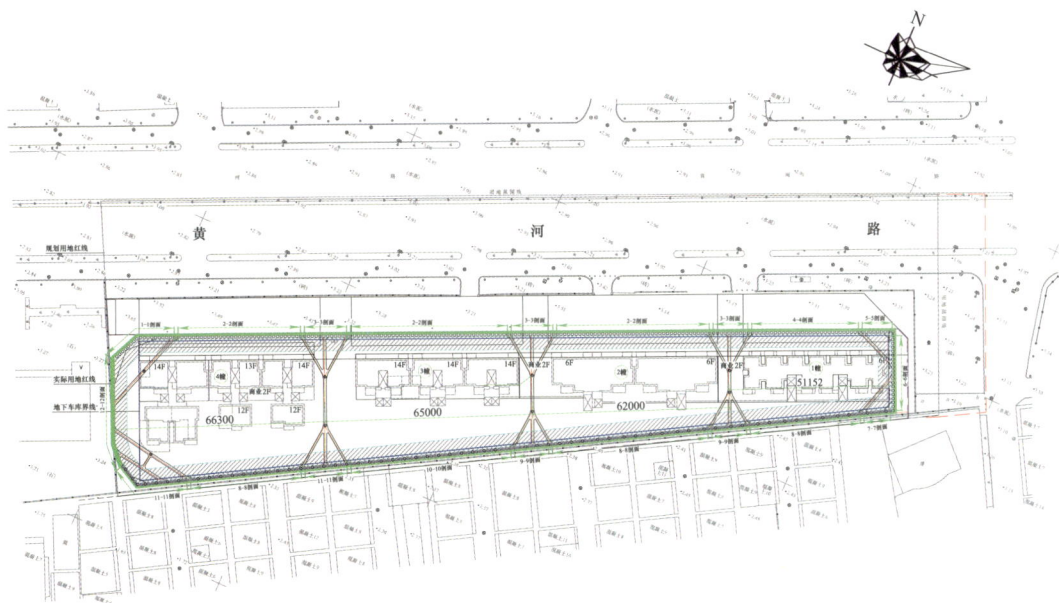

图 1-1　周边环境示意

2　地质条件

场地地貌属滨海前沿浅滩地带，后期经人工开挖填筑，地形开阔平坦。在钻孔控制的范围和深度内，地基岩土层可划分为：

①杂填土：黄褐色，干—潮湿，松散，以砂土、黏土等为主，含少量建筑垃圾，欠固结，为近期填筑；全场地分布，厚度为 1.50～3.10m。

②粉质黏土：灰色，可塑，以黏粒为主，含较多砂粒，黏性好。

③淤泥：灰黑色，流塑，以黏粒为主，含少量砂粒，黏性好；全场地分布，层面埋深为 1.60～4.80m，厚度为 4.60～12.60m。

④粉质黏土：浅灰色，可塑，以黏粒为主，含较多粉黏粒，级配一般。

⑤中细砂：灰、灰白色，稍密—中密，饱和，以次棱角状石英砂为主，含少量粉黏粒，级配一般。

⑥淤泥质土：灰黑色，流塑，以黏粒为主，含少量砂粒，黏性好；全场地分布，层面埋深为 17.60～25.20m，厚度为 2.80～18.30m。

⑦粉质黏土：灰、灰黄色，可塑，以黏粒为主，含较多砂粒，黏性好。

场区地下水按其含水介质与赋存条件以及水力特征，主要存在两种类型的地下水，即潜水和承压水。潜水存在于上部杂填土及中砂层中，含水性及透水性较好，储水量较丰富。承压水分布于砂土层和花岗岩风化层中，含水介质为细砂、中砂、中细砂和花岗岩风化土。砂层含水性好，透水性强，储水量较丰富；花岗岩风化土含水性及透水性与岩石裂隙发育程度成正比，储水量较贫乏。地下水具有一定的承压性，受季节性影响小，地下水动态较稳定。

地质剖面图如图 2-1 所示。

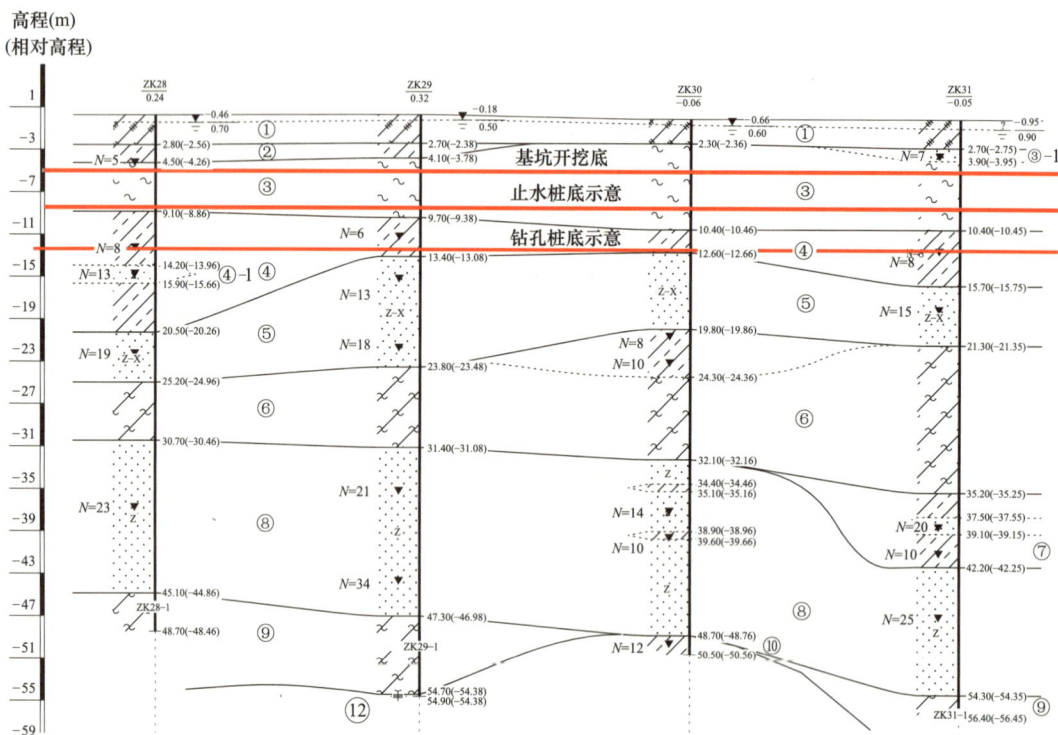

图 2-1　工程地质剖面示意图

3　设计方案

3.1　本基坑工程的特点

（1）地下室南侧与多栋 8～9 层住宅相邻。地下室边线距离红线仅 3.8m，距离住宅为 5.15m；地下室北侧临城市主要干道黄河路，地下室边线距离红线为 2.0m，红线与黄河路之间埋有各种地下管线。

（2）地下室南北向宽度比较窄，靠东侧长约 21.8m，靠西侧长约 42.8m；东西向长度较大，长约 233.75m。地下室呈长扁平形状。

3.2 基坑支护方案选择

根据本工程周边环境、基坑开挖深度及地质条件，结合相关工程的实施经验，基坑支护结构北侧、东侧采用单排钻孔灌注桩＋外侧双排水泥搅拌桩挡土止水支护方案；南侧采用单排钻孔灌注桩＋桩间单根高压旋喷桩＋外侧单排水泥搅拌桩挡土止水支护方案；西侧采用工法桩＋一道钢筋混凝土支撑挡土止水支护方案。考虑到东西向的基坑边太长，从相关基坑工程经验得知，由于支护结构空间效应作用，基坑南面和北面的支护桩水平变形值可能远大于东面和西面。为了减少和控制基坑南边和北边的水平变形，沿基坑东西向（长边），间隔60m左右增加一道钢筋混凝土支撑，同时在坑底被动区采用格构式水泥搅拌桩加固。

3.3 基坑支护平面布置（图3-1）

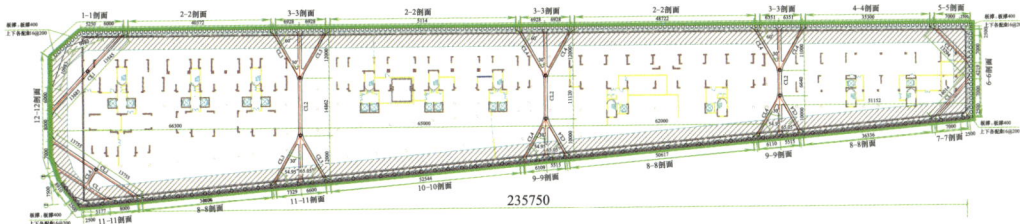

图3-1 基坑支护平面图

3.4 基坑支护剖面（图3-2～图3-7）

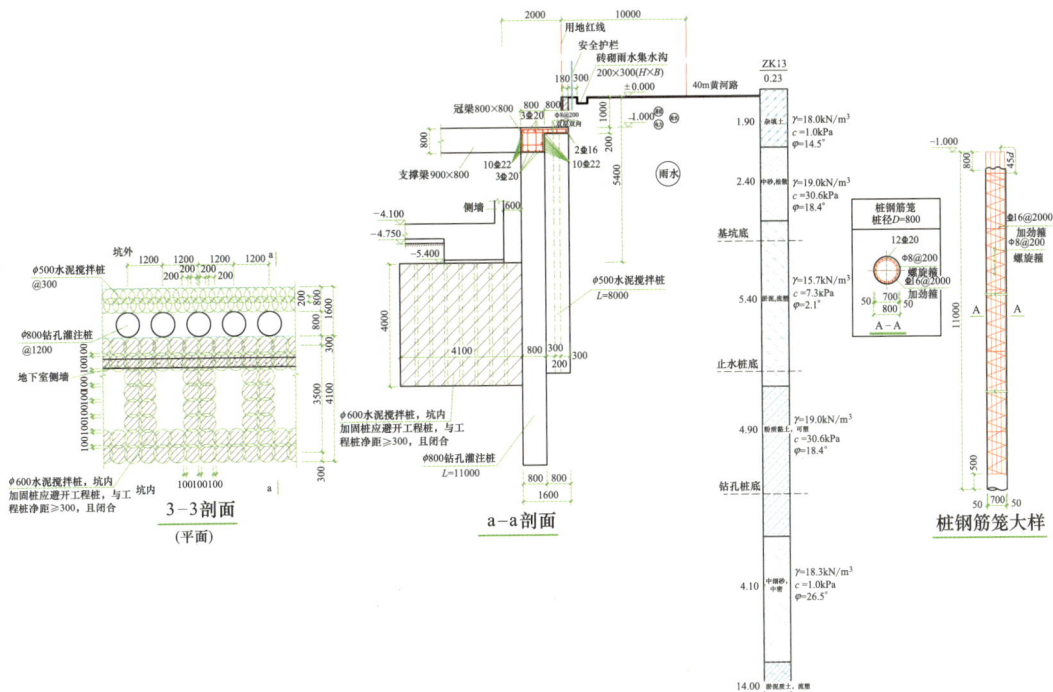

图3-2 北面一层地下室基坑支护剖面图

注：采用单排钻孔灌注桩＋外侧双排水泥搅拌桩＋一道钢筋混凝土支撑＋坑底被动区水泥搅拌桩加固挡土止水支护方案。

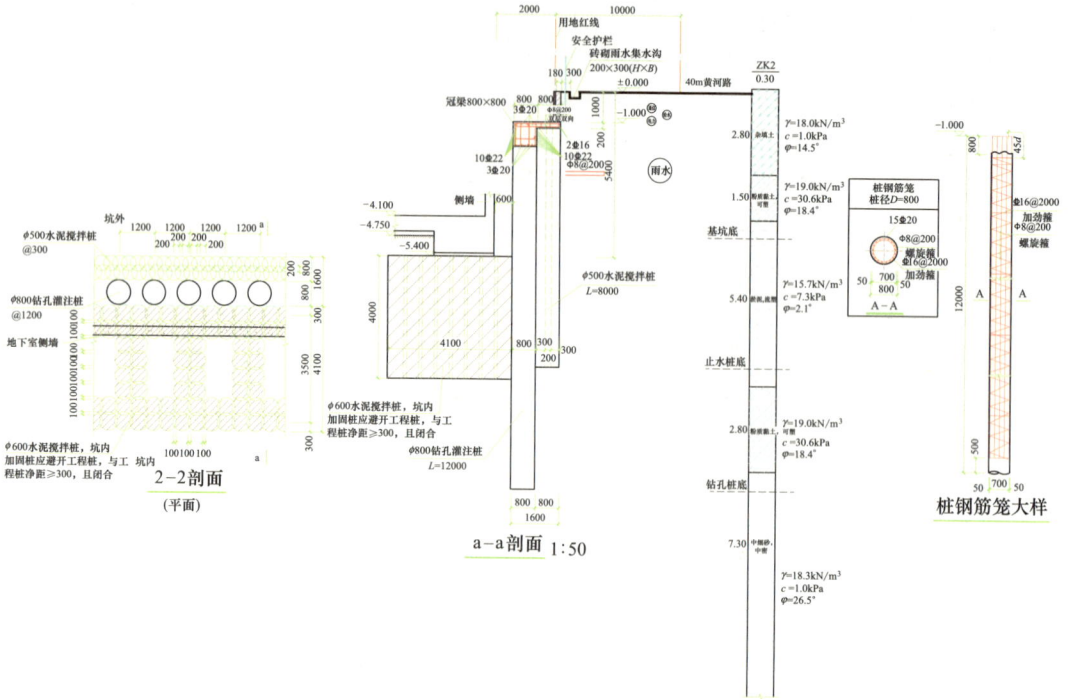

图 3-3　北面一层地下室基坑悬臂支护剖面图

注：采用单排钻孔灌注桩＋外侧双排水泥搅拌桩＋坑底被动区水泥搅拌桩加固挡土止水支护方案。

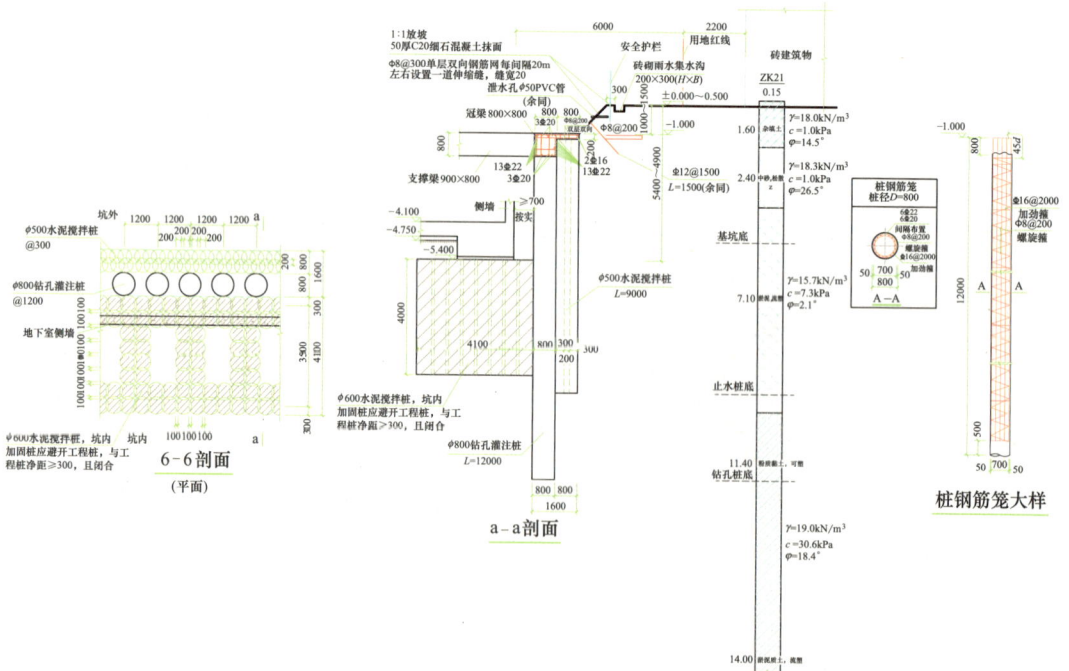

图 3-4　东面一层地下室基坑支护剖面图

注：采用单排钻孔灌注桩＋外侧双排水泥搅拌桩＋一道钢筋混凝土
支撑＋坑底被动区水泥搅拌桩加固挡土止水支护方案。

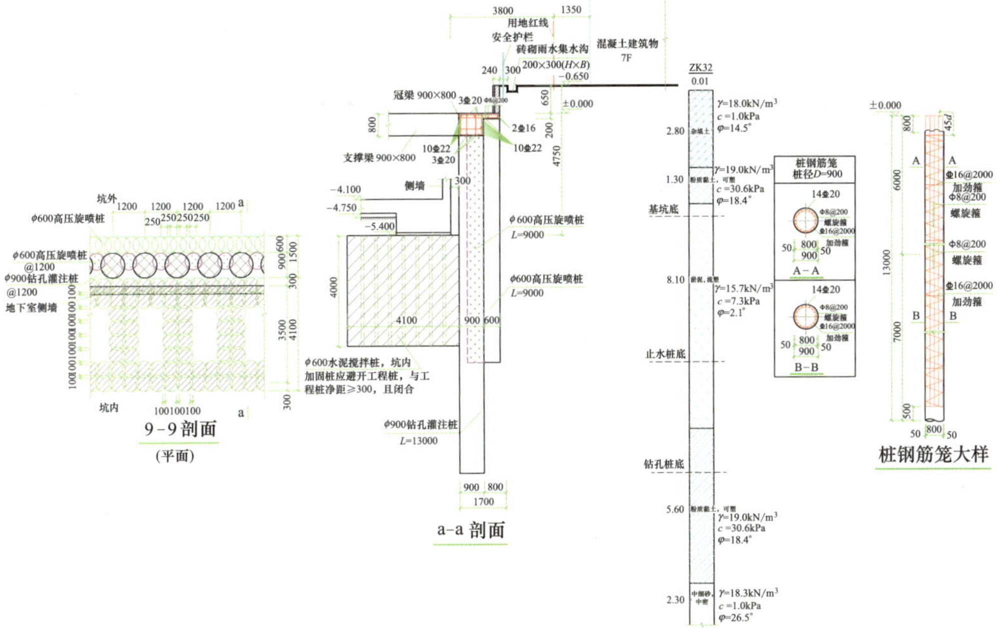

图3-5 南面一层地下室基坑支护剖面图

注：采用单排钻孔灌注桩＋桩间单根高压旋喷桩＋外侧单排水泥搅拌桩＋一道
钢筋混凝土支撑＋坑底被动区水泥搅拌桩加固挡土止水支护方案。

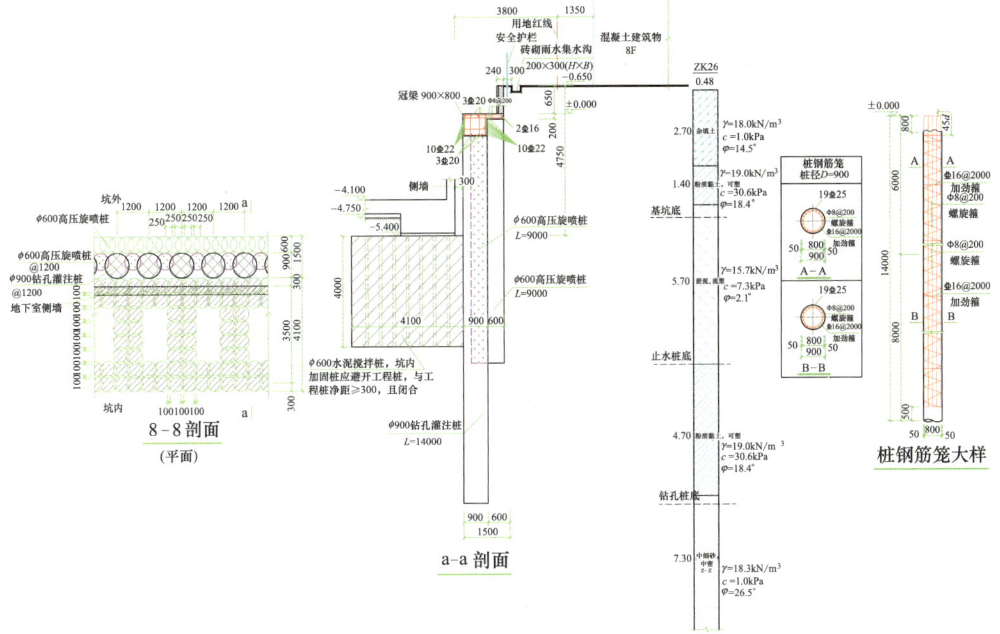

图3-6 南面一层地下室基坑悬臂支护剖面图

注：采用单排钻孔灌注桩＋桩间单根高压旋喷桩＋外侧单排水泥搅
拌桩＋坑底被动区水泥搅拌桩加固挡土止水支护方案。

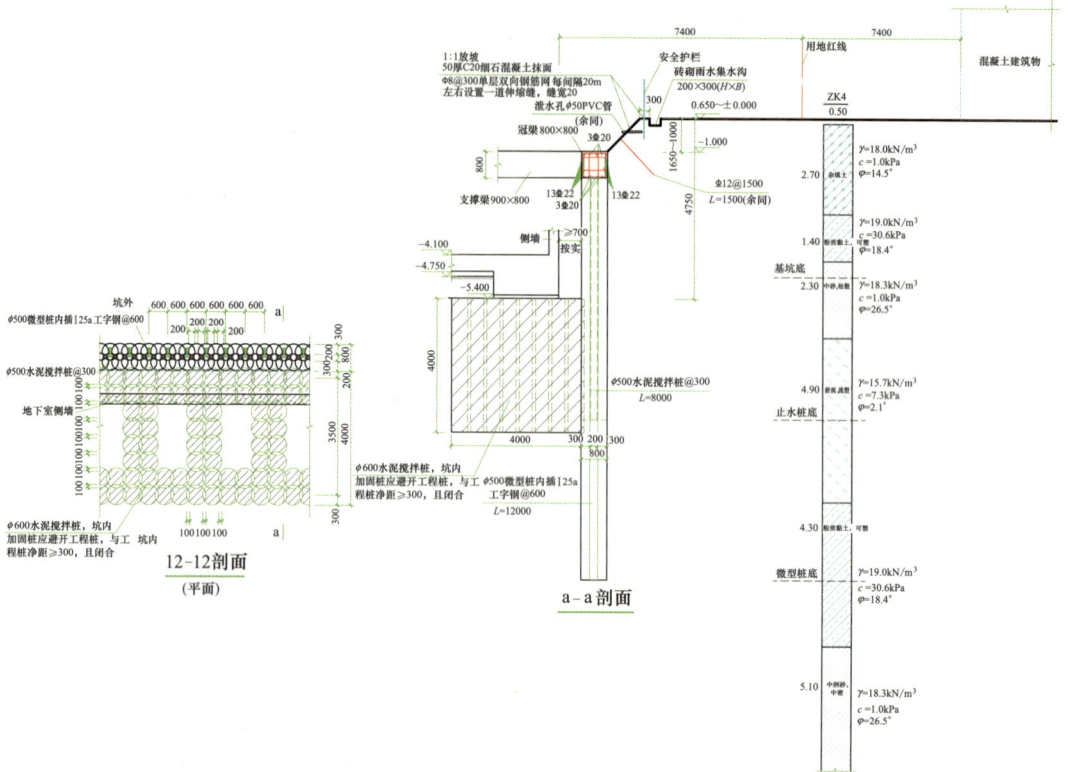

图 3-7 西面一层地下室基坑支护剖面图

注：采用工法桩＋一道钢筋混凝土支撑挡土止水支护方案。

4 施工过程

4.1 施工顺序

（1）施工主体结构工程桩→水泥搅拌桩→被动区加固格构式水泥搅拌桩→支护桩（立柱桩及钢格构柱）→高压旋喷桩→土方开挖至标高 −1.800～−0.800m，施工支撑梁及桩顶梁、板→待内支撑及冠梁混凝土强度达到 80% 设计强度后进行土方开挖，开挖时应分段、分层、分块、对称挖至坑底标高→抢做素混凝土垫层，尽快施工地下室承台、底板。

（2）底板、承台与支护桩之间的空隙用 C25 素混凝土浇捣填实，形成传力带→施工地下室侧墙防水层→回填石屑至标高 −1.500m，反压砂包墩后拆除支撑（图 4-1）。

（3）支撑立柱桩采用钻孔灌注桩，直径 900mm，间距不大于 15m，桩长约 17m，立柱采用钢格构柱（图 4-2）。钢格构柱需在地面加工平台上整根拼接完成后方可整体沉放入孔。严禁在立柱桩孔采用孔口分段对接的方式接长格构柱。

4.2 基坑土方开挖应采取的措施

基坑土方开挖时，采用明降明排的降水施工措施，并随挖方布置临时集水井或降水坑，以降低坑内地下水位，方便施工。

根据本工程周边环境，出土口设置在西北角，土方开挖顺序为从东至西，分段、分块、对称开挖。运输车辆需避开支撑梁位置，避免对支撑梁造成挤压破坏。

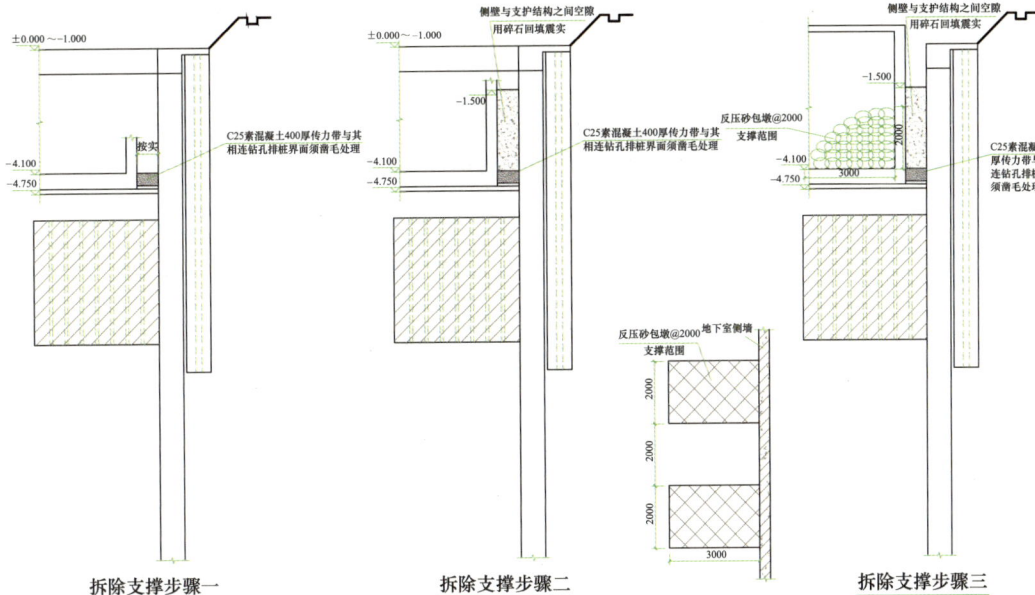

说明：

为便于结构负一层楼板、顶板的施工，在完成地下室底板结构7d后可进行支撑转换处理，处理方法是：在地下室底板结构与灌注桩间隔部位，先用碎石回填夯实，沿周边均匀浇筑400mm厚的C25素混凝土；侧壁做完防水批荡层后，回填砂或石粉到标高 -1.500m，反压砂包墩后，可拆除内支撑，支撑梁拆除过程中必须进行施工过程的变形监测，若监测到支护结构水平位移大于500mm时，必须及时停止拆除，通知设计人员，做出相关加固处理。

图 4-1　拆除支撑步骤

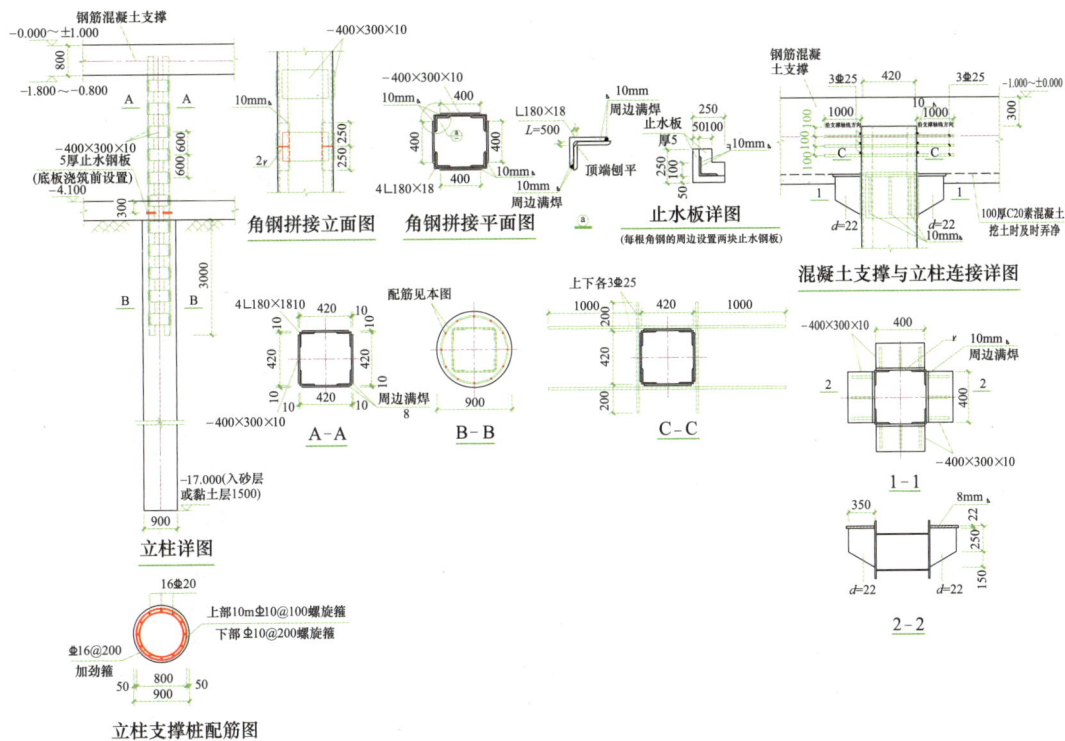

图 4-2　钢格构柱节点大样图

4.3 施工现场

本基坑工程施工现场如图 4-3～图 4-7 所示。

图 4-3 基坑南侧施工高压旋喷桩

图 4-4 基坑东侧施工

图 4-5 基坑中部开挖

图 4-6 基坑中部地下室底板钢筋铺设

图 4-7 格构柱制作拼接

4.4　基坑监测结果

根据有关基坑监测技术规范，针对本基坑工程周边环境，设置了支护结构水平位移、竖向位移及深层水平位移，对撑轴力、角撑轴力，立柱和周边建筑物沉降以及地下水位的观测点，对基坑土方开挖、地下室的施工进行全过程监测。第三方基坑监测单位的监测数据表明（图4-8～图4-13），在基坑开挖及地下室施工过程中，支护结构的顶部和深层水平位移、坑外地面及周边建筑物沉降均在规范允许范围内，支护结构和周边环境安全可控。

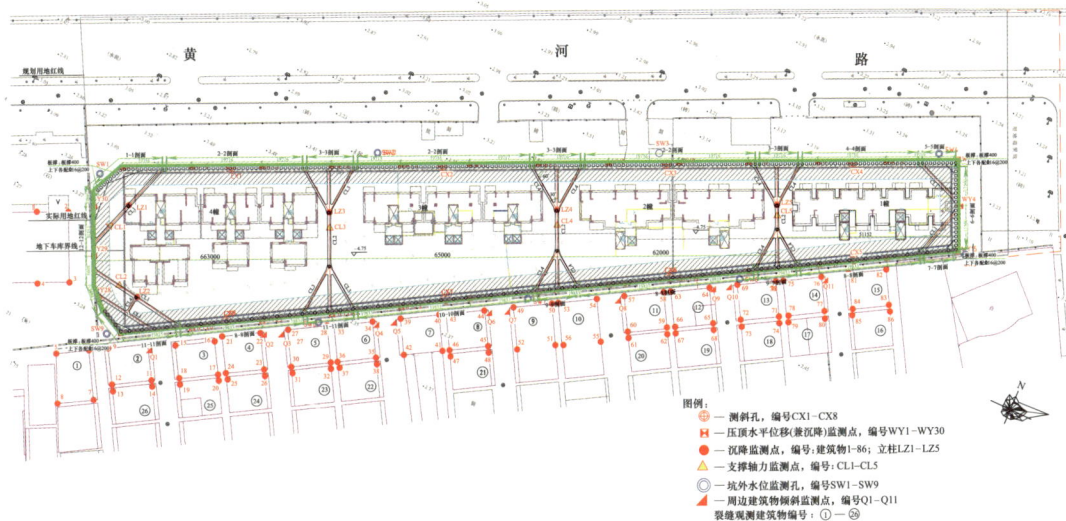

图4-8　基坑监测平面布置图

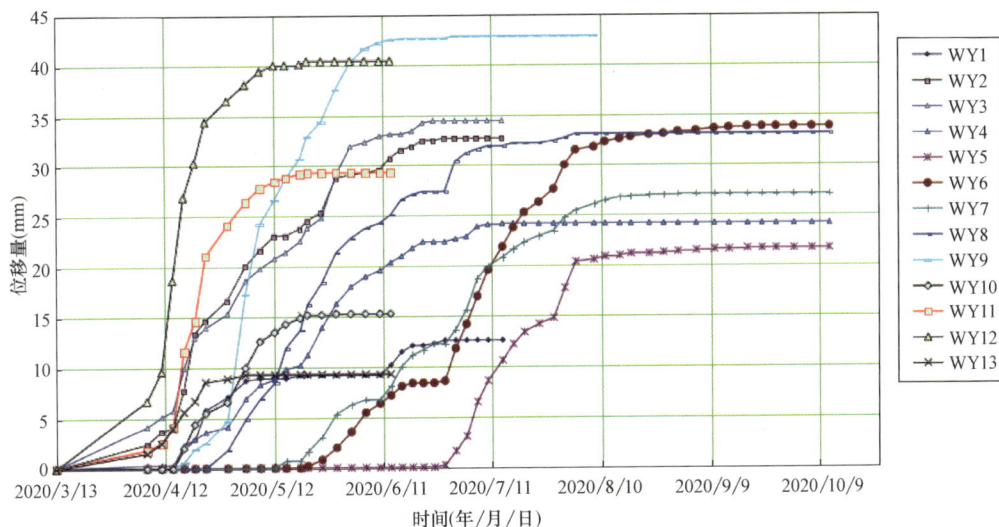

图4-9　基坑压顶（北面）水平位移与时间关系曲线

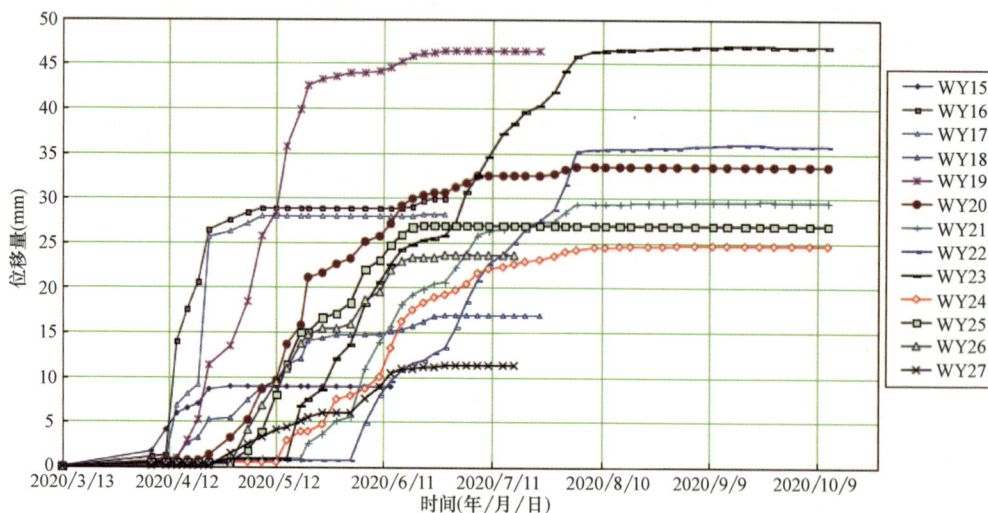

图 4-10　基坑压顶（南面）水平位移与时间关系曲线

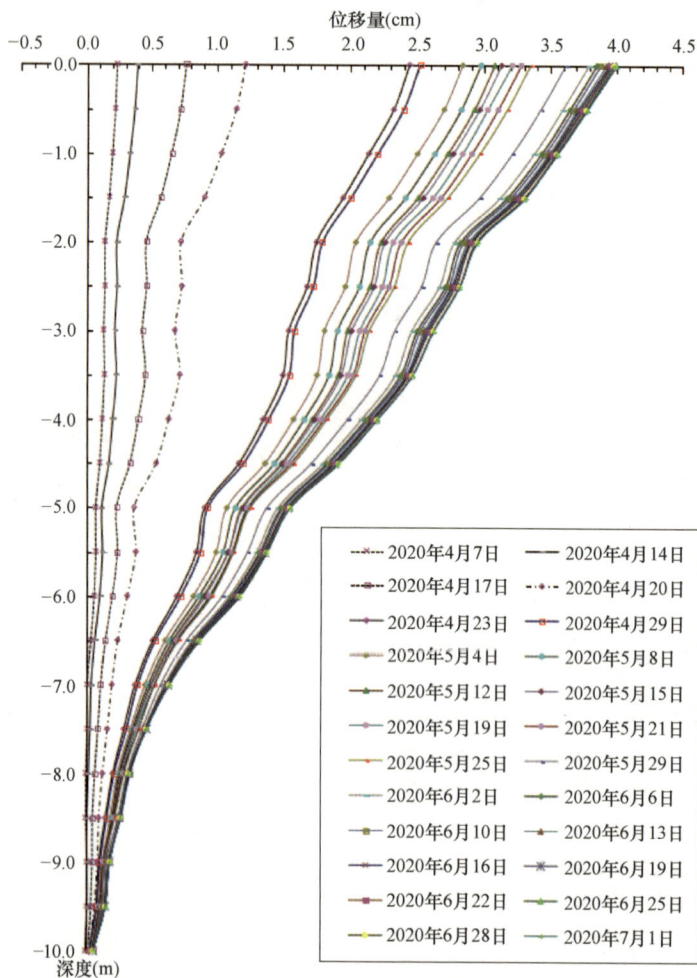

图 4-11　测斜孔 CX1 累计位移曲线

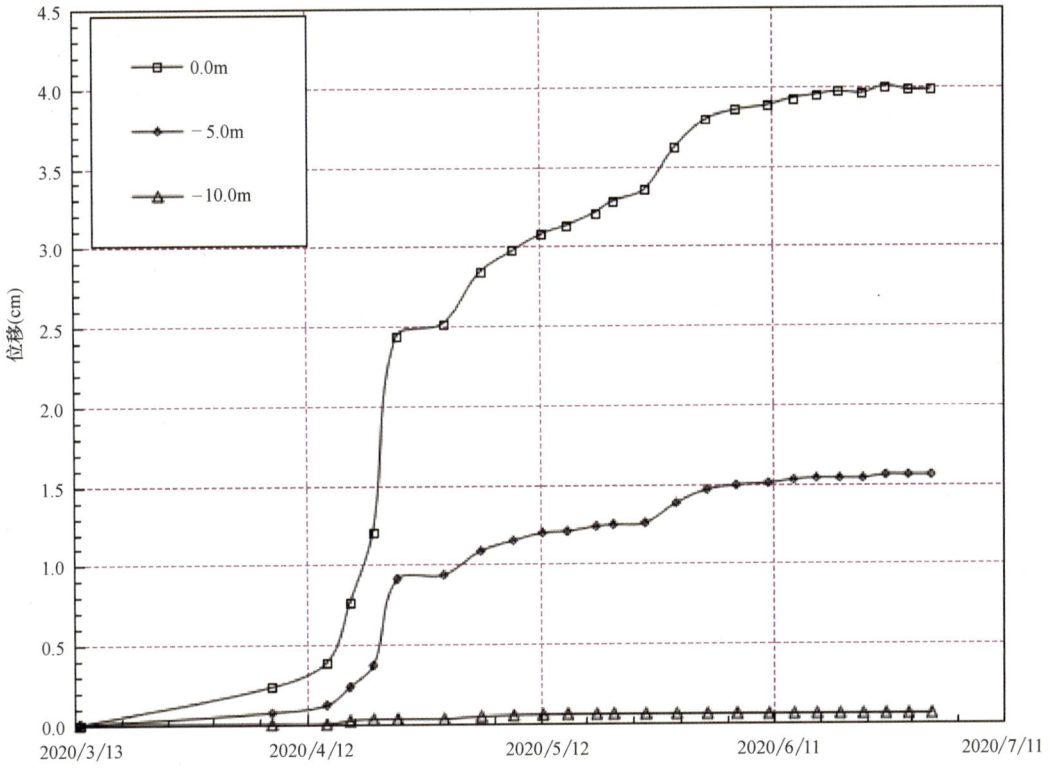

图 4-12　测斜孔 CX1 不同深度位移量与时间关系曲线

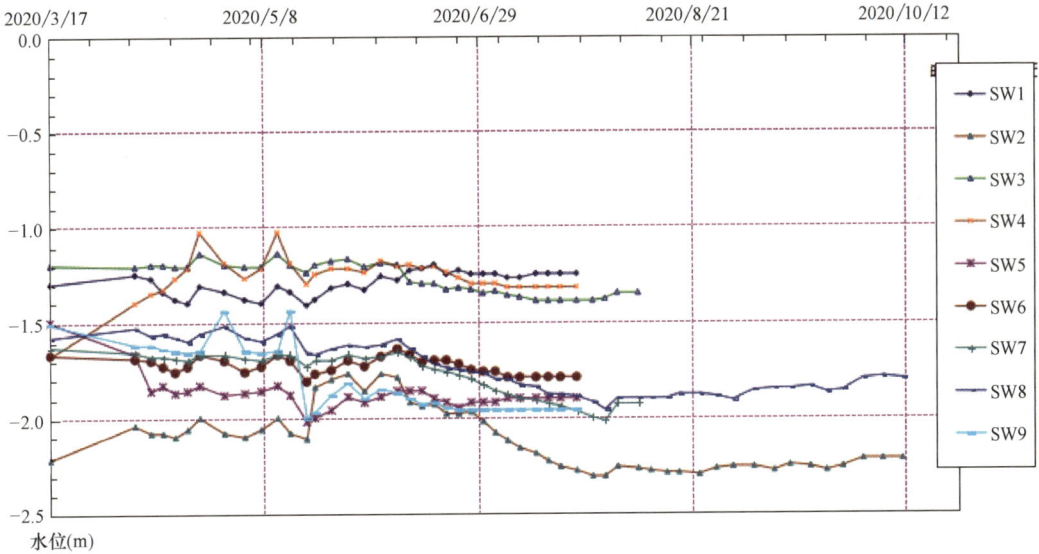

图 4-13　基坑坑外地下水位与时间关系曲线

5 结语

本基坑工程，虽然只设一层地下室，开挖深度不大，但周边场地窄小，北面为城市主要干道，路边人行道下埋有各种市政管线，南面有多栋天然地基的住宅。对基坑变形比较敏感。若单纯采用悬臂式单排钻孔灌注桩支护方案，难以将基坑变形控制在规范容许范围内；如果全部采用钻孔灌注桩＋支撑支护方案，基坑造价、施工工期都要增加不少。基坑支护采用以悬臂式单排钻孔灌注桩为主，四个角部设置一道钢筋混凝土支撑梁，沿基坑长边方向间隔 60m 左右，设置一道钢筋混凝土对撑梁支护方案，事实证明效果不错，基坑变形、造价、工期等都在预计范围之内，可供类似基坑工程参考。

案例19　三盛璞悦府基坑工程

1　工程概况

本工程位于汕头市澄海区玉亭路与泰乐街交汇处，北面临玉亭路、东面临（规划）泰乐东街，南面临通裕路，西面临泰乐街（图1-1）。基坑支护周长约641m，设置一、二层地下室。±0.000m相当于"1985国家高程"4.200m。现场地整平至2.8m，一层地下室开挖深度为3.75m，二层地下室开挖深度为8.55m。本工程地下室面墙距离北面红线最近处4.2m，距西面红线约5.2m，距东面红线最近处5.2m，距南面红线超过10m。基坑环境等级、支护结构安全等级均为二级。

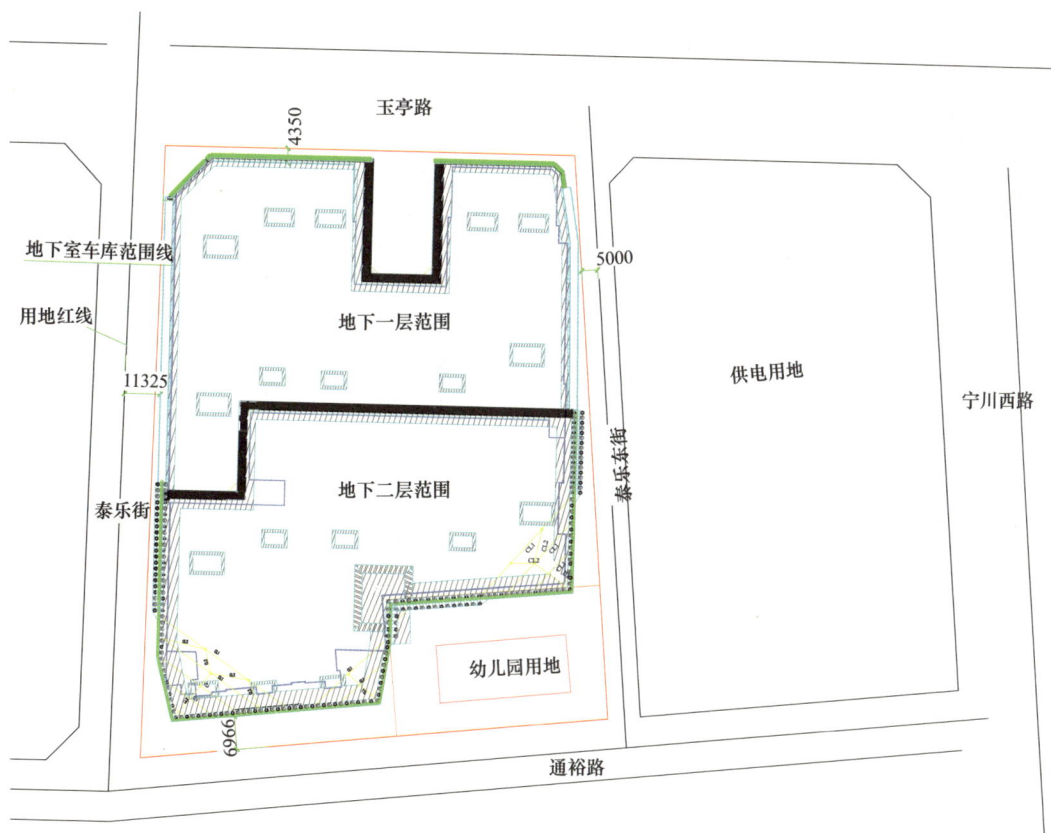

图1-1　周边环境示意

2　地质条件

场地地貌属第四纪滨海低地类型。原址为华窖村耕作用地，局部有小池塘，后经堆填、平整，地势较平坦。根据钻探结果揭示，场地地基土按成因类型自上而下可划分为：

人工填土：主要由砂土、粉质黏土等组成，含多量建筑废土。

浅海—海湾相沉积土：主要由灰褐色可塑黏土、浅灰色稍密细砂、深灰色流塑淤泥及稍密—中密中砂等组成；

海陆交互相沉积土：主要由灰黄色—灰白色可塑黏性土、灰黄色—灰白色中密—密实中砂及细砂、深灰色流塑淤泥质土等组成。

第四系残积层：为砂质黏性土。

根据勘察报告可知，勘察期间钻孔揭露到地下水较高，宜以地平作为水位标高，场地地下水主要为浅层土孔隙潜水及粗砂层、细砂层的承压水。

地质剖面图如图 2-1 所示。

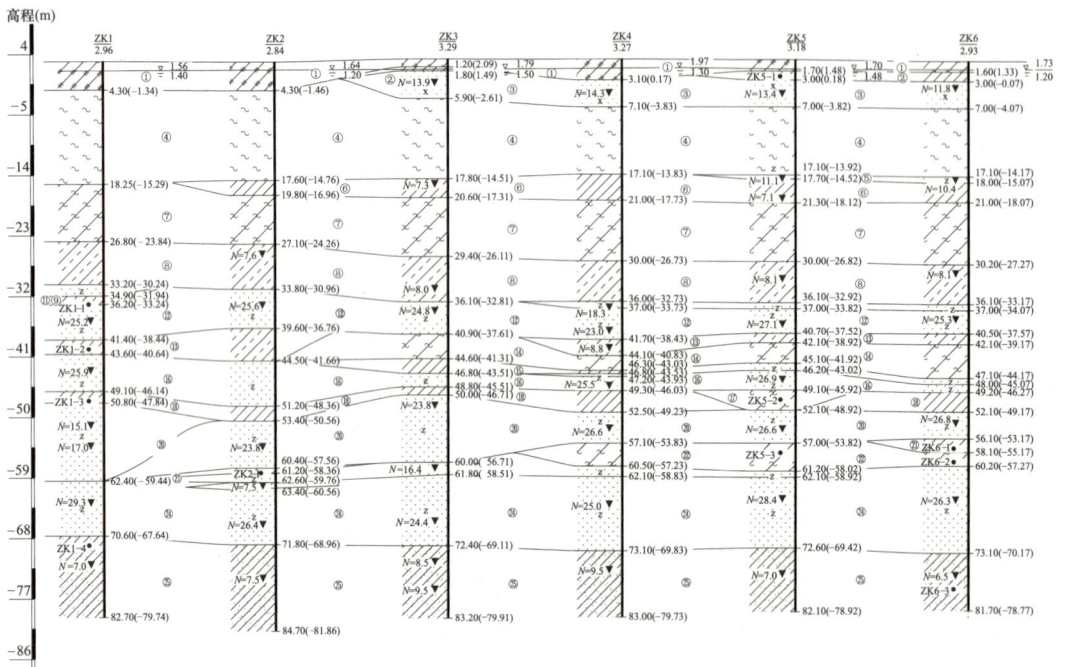

图 2-1　工程地质剖面示意图

3　设计方案

3.1　本基坑工程的特点

（1）一层地下室基坑支护采用了三种不同的支护形式；二层地下室基坑支护采用了两种不同的支护形式。同一地下室的基坑工程采用了五种不同的支护形式。

（2）基坑开挖到底时一层地下室基坑底处于粉砂层，二层地下室基坑底处于淤泥层中，为确保基坑开挖过程中对北面玉亭路、东面现状电网公司的影响最小，基坑的止水桩施工质量及基坑的变形控制是本项目的重点。

（3）按项目的进度要求，先施工北面的一层地下室及上部结构，后施工南面的二层地下室，与常规的地下室施工顺序"先深后浅"正好相反。

3.2　基坑支护方案选择

根据本工程周边环境及基坑开挖深度，经技术、经济比较，结合相关工程的实施经验，基坑支护采用多种支护形式。一层地下室采用：①格构式水泥搅拌桩支护方案；②工法桩支护方案；③双排钢板桩支护方案。二层地下室采用：①双排钻孔灌注桩支护方案；②单排钻孔灌注桩＋一道钢筋混凝土支撑支护方案。一、二层地下室交界处采用：格构式水泥搅拌桩支护方案。

3.3 基坑支护平面布置（图3-1）

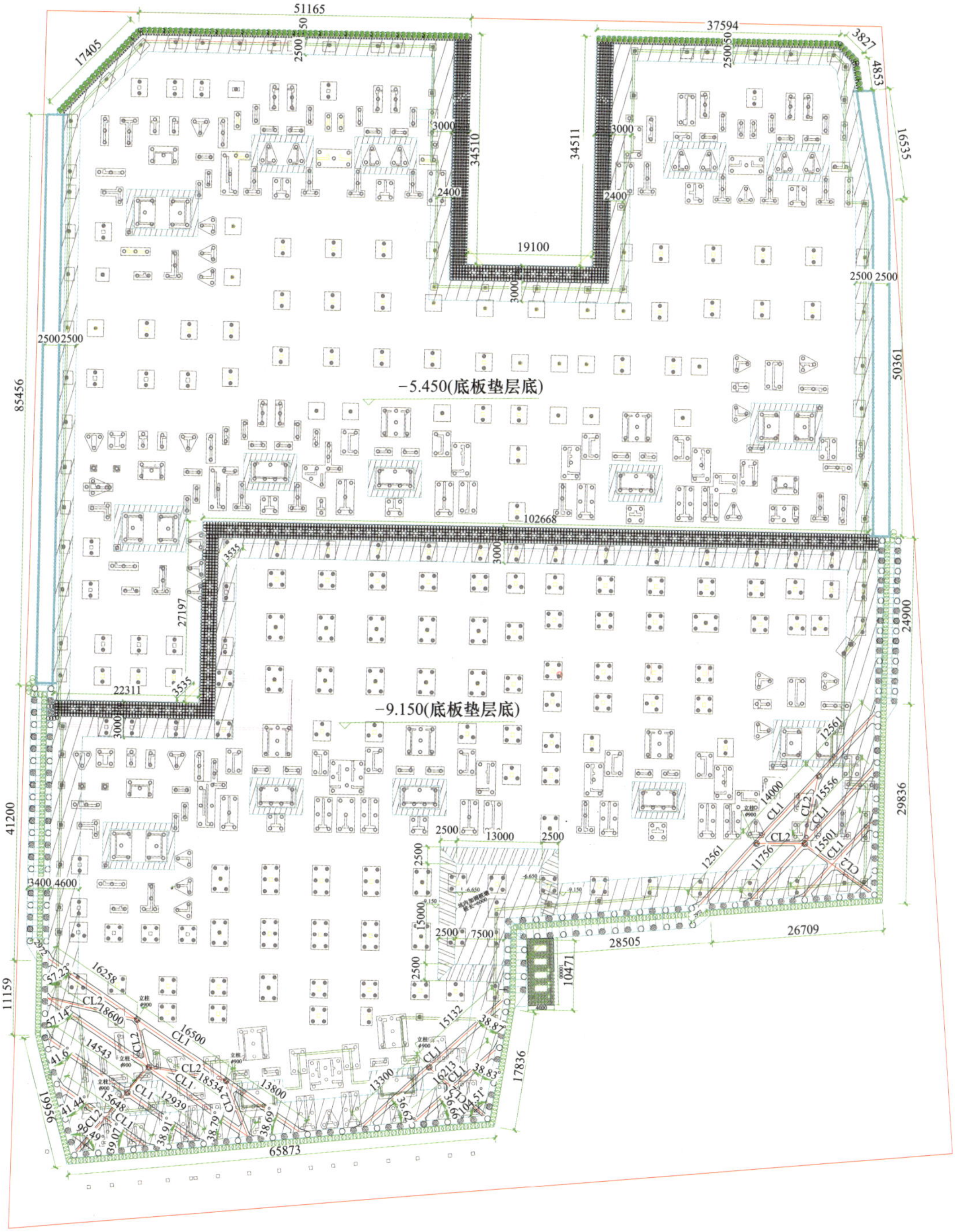

图3-1 基坑支护平面图

3.4 基坑支护剖面（图 3-2～图 3-8）

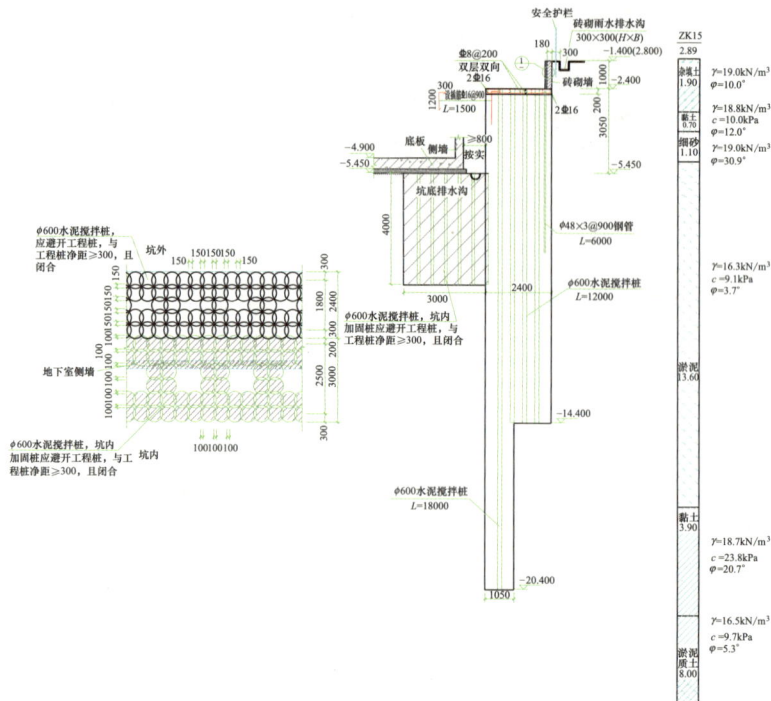

图 3-2 一层地下室基坑支护剖面图

注：采用格构式水泥搅拌桩＋坑底被动区水泥搅拌桩加固挡土止水支护方案。

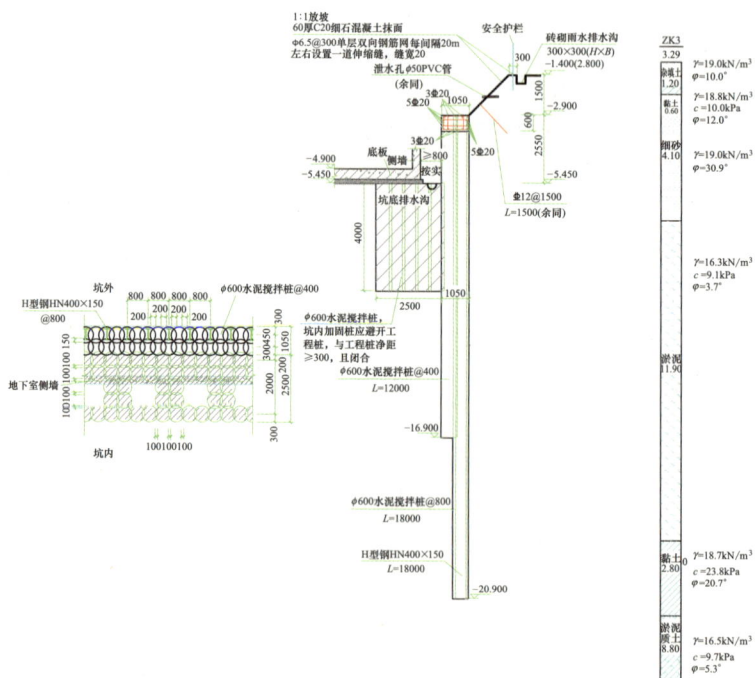

图 3-3 一层地下室北面基坑支护剖面图

注：采用工法桩＋坑底被动区水泥搅拌桩加固挡土止水支护方案。

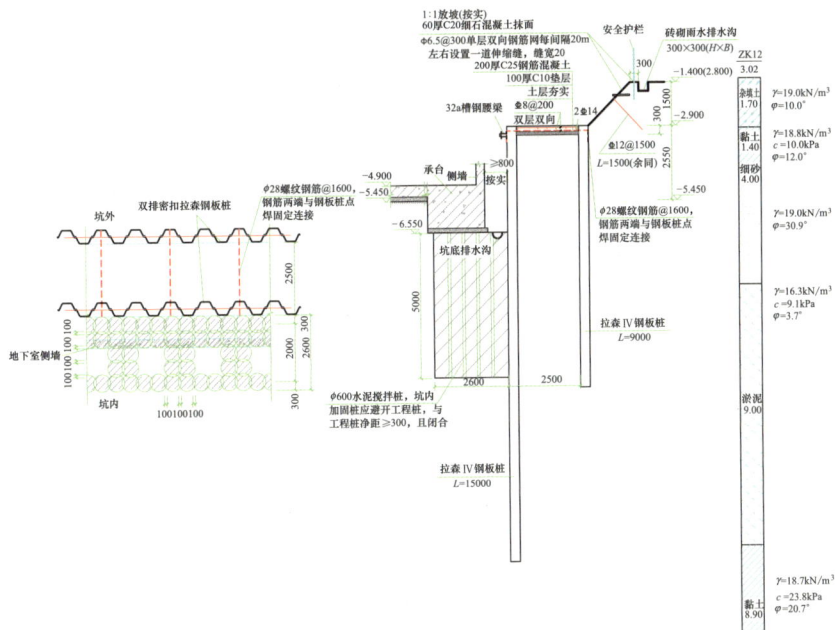

图3-4 一层地下室东面、西面基坑支护剖面图

注：采用双排钢板桩＋坑底被动区水泥搅拌桩加固挡土止水支护方案。

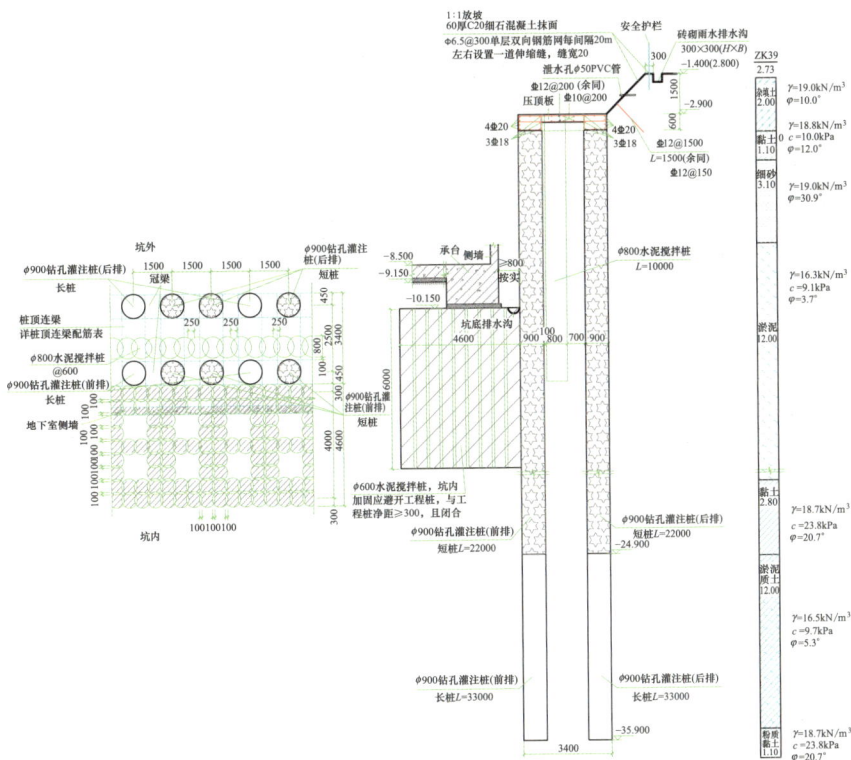

图3-5 二层地下室东面、南面、西面局部位置基坑支护剖面图

注：采用双排钻孔灌注桩＋前后排灌注桩之间单排水泥搅拌桩＋
坑底被动区水泥搅拌桩加固挡土止水支护方案。

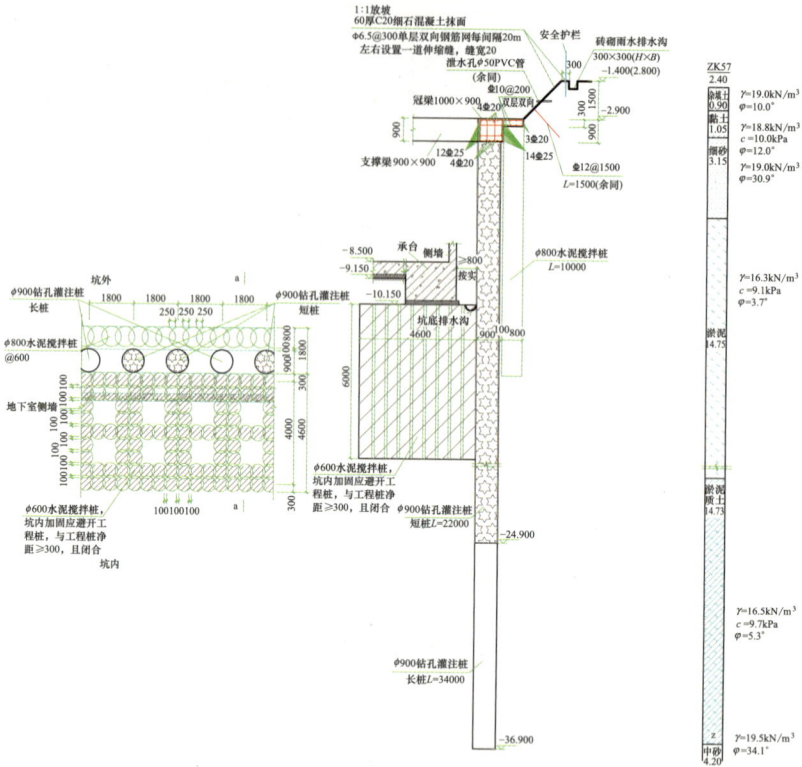

图 3-6　二层地下室东南角、西南角基坑支护剖面图

注：采用单排钻孔灌注桩＋灌注桩外侧单排水泥搅拌桩＋一道钢筋混凝土支撑＋坑底被动区水泥搅拌桩加固挡土止水支护方案。

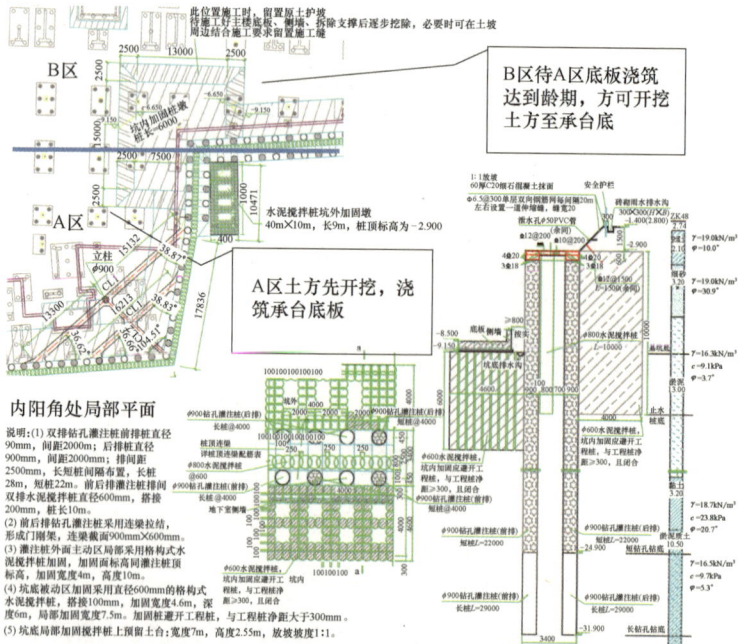

图 3-7　二层地下室内阳角基坑支护剖面图

注：采用双排钻孔灌注桩支护方案。

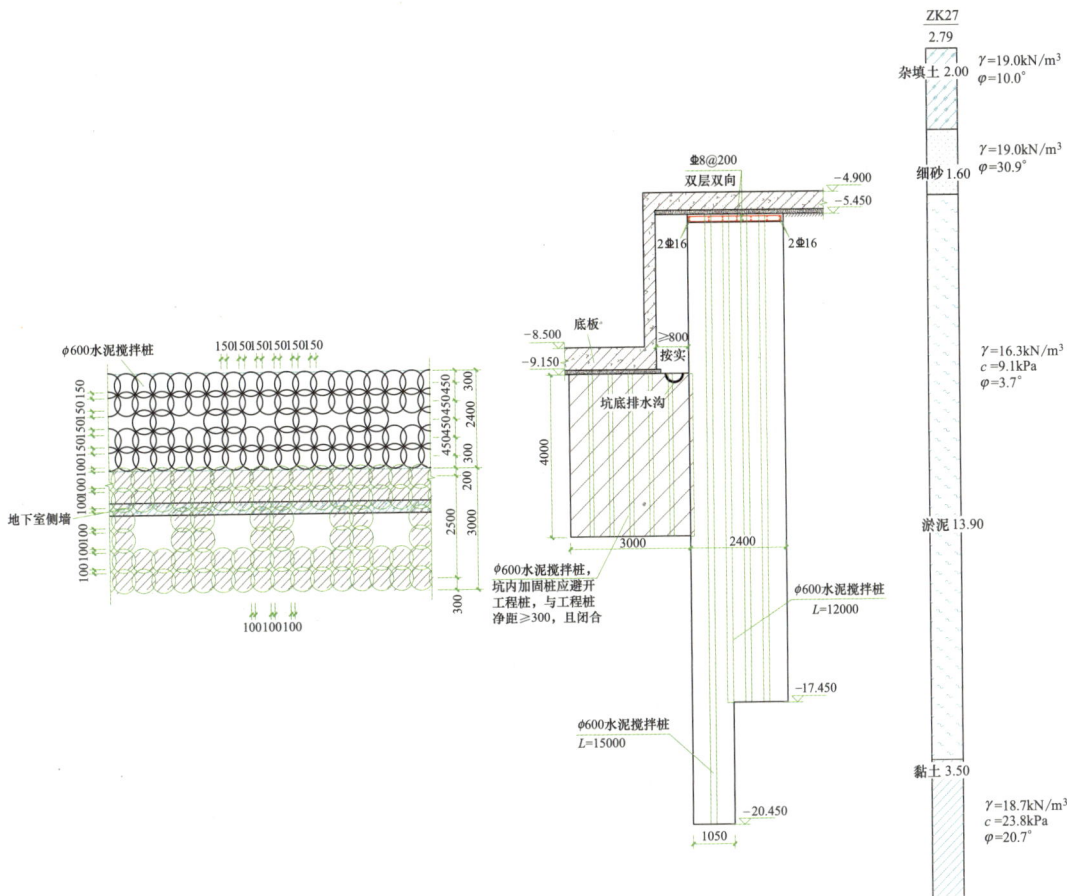

图3-8　一、二层地下室交界处基坑支护剖面图

注：采用格构式水泥搅拌桩＋坑底被动区水泥搅拌桩加固挡土止水支护方案。

4　施工过程

4.1　施工顺序

（1）一层地下室

施工主体结构工程桩→水泥搅拌桩、工法桩和双排钢板桩→截水沟、排水沟→土方分层、分段开挖至底板垫层底标高，局部逐个开挖至承台垫层底标高→地下室承台、底板→一层地下室面墙防水批荡完成，与支护桩之间肥槽回填石屑，拔除工字钢和钢板桩。

（2）二层地下室

施工主体结构工程桩→止水桩及钻孔灌注桩→冠梁、连梁、支撑梁→土方分层、分段开挖至底板垫层底标高，局部逐个开挖至承台垫层底标高→地下室承台、底板→面墙及二层地下室至一层地下室楼板底→混凝土传力带→分层夯实回填石屑→拆除支撑。

出土口及材料运输通道在东面，一层地下室和二层地下室在东面中部各设一个出土口。

4.2　基坑施工应采取的措施

二层地下室土方开挖时需重点关注一、二层地下室交界处水泥搅拌桩的变形和漏水问题，关系到基坑支护工程的安全。加密基坑变形监测频率，组织专人现场巡查；同时要求土方分段开挖的长度约为 20m，开挖一块土方，浇筑一块混凝土垫层、底板。

二层地下室土方开挖和底板施工时要特别注意，基坑东南角内阳角处支护结构受力很复杂，不得在北面和西面两个方向同时开挖土方，应按图 3-7 所示要求预留土台，先施工 A 区，后施工 B 区。

4.3 基坑降、排水措施

（1）坡顶 2m 范围按要求进行硬地化或喷混凝土护面施工，按设计要求布置截水沟，截水沟每间隔 20～25m 布置集水井。

（2）本项目降水采用轻型井点降水与管井降水结合，一层地下室采用轻型井点降水，二层地下室采用管井降水。

（3）基坑土方开挖时，应随挖方布置临时集水井，以降低坑内地下水位，方便施工。

4.4 施工现场

本基坑工程施工现场如图 4-1～图 4-8 所示。

图 4-1　基坑全景

图 4-2　二层地下室基坑南面桩支撑

图 4-3　一层地下室东面双排钢板桩支护

图 4-4　一层地下室北面基坑工法桩支护

图 4-5　一层地下室格构式水泥搅拌桩基坑支护

图 4-6　二层地下室南面土方开挖外运

图 4-7　二层地下室基坑内阳角处预留土台加固

图 4-8　一、二层地下室交界处格构式水泥搅拌桩支护

4.5　基坑监测结果

本基坑工程委托第三方监测单位对土方开挖和地下室施工的全过程进行了动态监测，监测结果与设计预期相吻合，支护结构的变形、周边道路的沉降及地下水位等都在规范允许范围内，基坑变形及地下水位等对周边环境影响较小。

5　结语

结合现场环境条件，基坑工程采用多种形式组合方案，其特点是能满足不同部位基坑支护的要求，既安全可控，成本又相对较低。基坑开挖后实际效果良好，支护结构变形不大，对周边环境影响较小，施工速度较快，获得相关单位的好评。

案例 20 大悦城三期基坑工程

1 工程概况

本工程位于汕头市嵩山路西侧，公安指挥中心大楼南侧，另外两侧分别与大悦城花园二期和一期相邻，设三层地下室，开挖深度为 13.15m（图 1-1）。项目建设分期进行，第一期工程已完工，第二期工程完成部分地下室及地上部分结构层的施工。一、二期均为二层地下室，开挖深度为 8.5m，支护形式采用双排钻孔灌注桩支护结构。地下室北侧边线距离公安指挥中心大楼围墙 20m，距红线最近处 5m；东侧地下室边线距离嵩山路 22m，距临时商铺房屋 6m；南侧与二期地下室相连；西侧与一期地下室相连。基坑环境等级、支护结构安全等级：北侧、东侧为一级；南侧、西侧为二级。

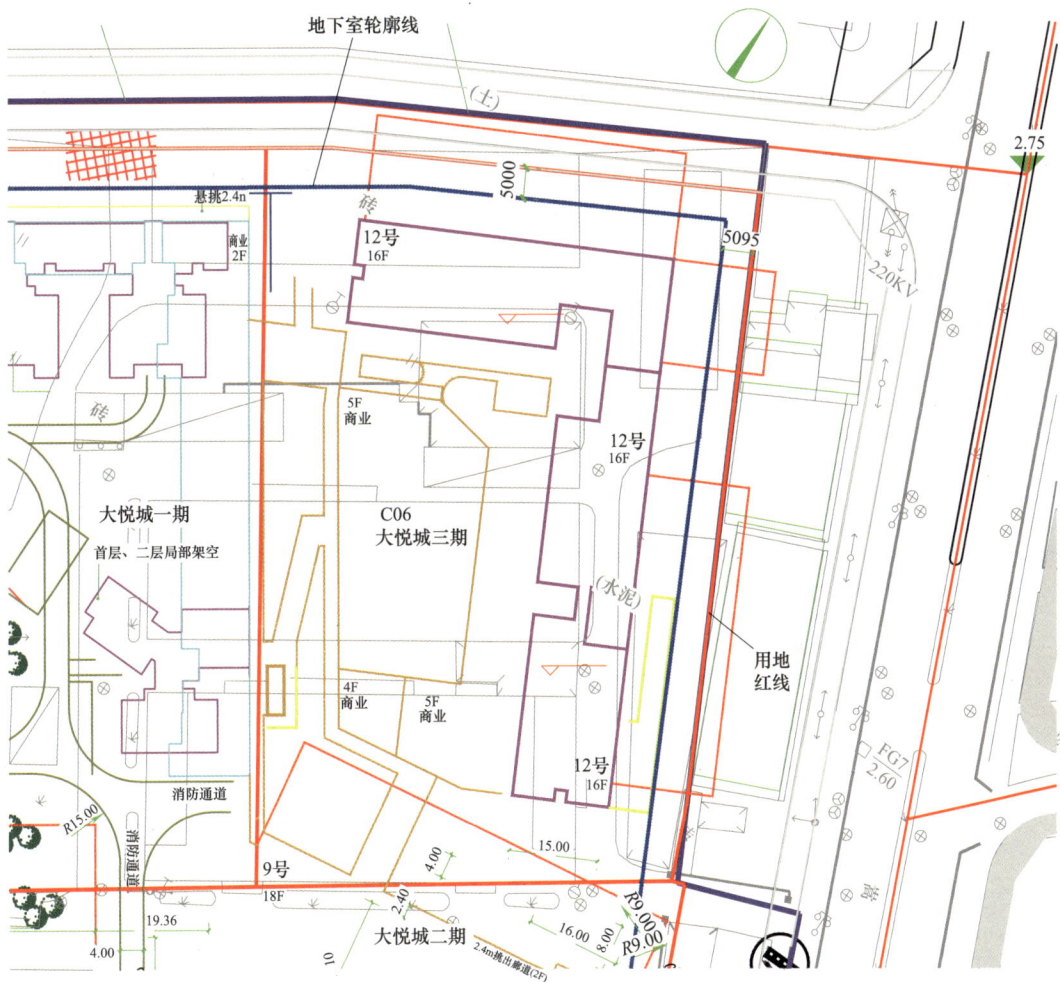

图 1-1 周边环境示意

2 地质条件

场地地貌属韩江三角洲冲积平原滨海滩地，场址原为仓库及厂房，现场地经清表处理，地面高程 1.98～2.95m。根据钻探结果揭示，场地地基土按成因类型自上而下可划分为：

①素填土（Q_4^{ml}）：灰黄色，厚度为 1.60～3.20m，以细粒石英砂为主，局部含少量杂物，为近期地面清理产物，松散。

②细砂（Q_4^m）：灰黄色，饱和，松散—稍密，全场分布，层面埋深 0.00～3.20m，厚度为 2.60～6.80m。

③淤泥质土（Q_4^m）：灰色，流塑，高压缩性，欠固结，层面埋深 3.80～6.80m，厚度为 2.80～9.30m，全场区分布；黏粒为主，含腐殖质，粉砂团，见少量贝壳碎屑，略有臭味；或夹细砂薄层；zk2 孔上部夹 2.50m 透镜体状粉砂。

④$_1$ 黏土（Q_3^{mc}）：浅灰—灰黄色，可塑，层面埋深 9.50～14.20m，厚度为 1.50～8.70m，

④$_2$ 中粗砂（Q_3^{mc}）：浅灰色，饱和，大部中密状，局部稍密，层面埋深 13.00～18.00m，厚度为 1.30～6.60m，石英质砂，棱角状颗粒，含不匀量黏粉粒，级配良好。

④$_3$ 黏土（Q_3^{mc}）：浅灰—灰黄色，可塑，层面埋深 21.20～23.00m，厚度为 1.70～6.80m，

⑤淤泥质土（Q_3^{mc}）：灰色，流塑，压缩性高，层面埋深 14.60～28.00m，厚度为 0.80～8.40m。

⑥$_1$ 中粗砂（Q_3^{mc}）：浅灰色，饱和，中密，局部稍密，层面埋深 20.20～23.80m，厚度为 0.80～4.30m，石英质砂，棱角状颗粒，含不匀量黏粉粒，级配良好。

⑥$_2$ 黏土（Q_3^{mc}）：浅灰、灰黄色，可塑，厚度为 0.60～4.70m，黏粒为主，含粉细砂，黏性较强。

⑦中粗砂（Q_3^{mc}）：浅灰—灰白色，饱和，中密—密实，层面埋深 24.20～29.00m，分场区分布，厚度为 1.20～5.60m；石英质砂，棱角状颗粒，含少量黏粉粒，级配良好；

⑧淤泥质土（Q_3^{mc}）：灰色，流塑，全场区分布，未揭穿，揭露厚度为 1.00～16.00m。

⑨中砂（Q_3^{mc}）：浅灰色，饱和，中密，层面埋深 40.20m，厚度为 1.60m；石英质砂，棱角状颗粒，含较多黏粉粒，级配良好。

⑩粉质黏土（Q_3^{mc}）：浅灰色，可塑，层面埋深 41.50～45.20m，厚度为 1.00～2.60m；黏粉粒为主，含较多粉细砂，手感粗糙。

⑪$_1$ 中粗砂（Q_3^{mc}）：浅灰色，饱和，密实，层面埋深 44.00～47.00m，揭露厚度为 2.30～4.20m；石英质砂，棱角状颗粒，含少量黏粉粒，少量石英砾，砂粒级配良好；

⑪$_2$ 淤泥质土（Q_3^{mc}）：灰色，流塑，层面埋深 46.50～48.60m，zk4、zk37、zk41、zk42 孔钻及，未揭穿，揭露厚度为 2.00～4.10m；黏粒为主，含有机质，少量粉细砂。

勘察期间孔隙潜水稳定水位埋深为 0.34～1.38m；场区地下水的主要类型为孔隙潜水和孔隙承压水。孔隙潜水赋存于①、②层中，主要接受大气降水和地表散水垂向的渗透补给，以蒸发及下渗为主要排泄途径，水位及水量受大气降水的影响而波动，富水性及透水性较强。孔隙承压水主要赋存于④$_2$ 层（中粗砂）、⑥$_1$ 层（中粗砂）、⑦层（中粗砂）中，具承压性，主要由上部含水层和地势高处渗流补给，以向低处渗流和地下水开采作为主要排泄途径，其水位、水量受气候、季节等因素影响不明显，动态较稳定，含水性好，属强透水层，勘察期间涌水、涌砂现象不明显。

地质剖面图如图 2-1 所示。

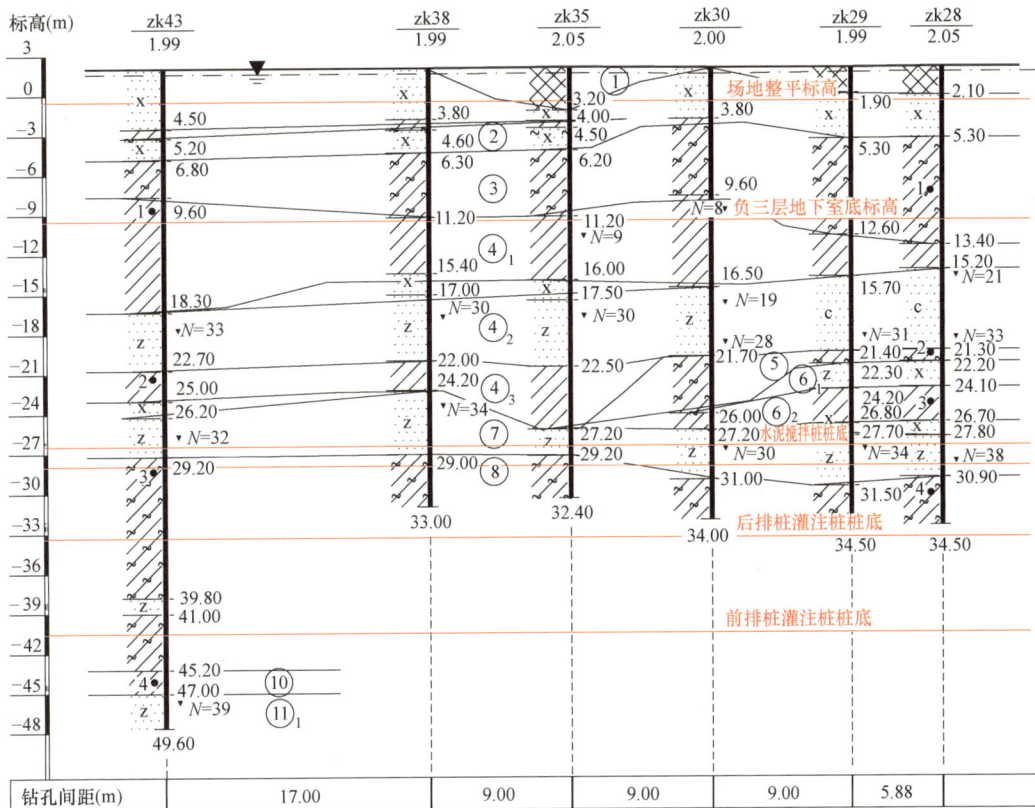

图 2-1 工程地质剖面示意图

3 设计方案

3.1 本基坑工程的特点

根据场地环境现状及基坑开挖深度，基坑西侧和南侧与一、二期地下室相连部分，从一、二期地下室底板垫层底至三期地下室底板垫层底的开挖深度为 3.5m；基坑的北面和东面从现有场地标高至三层地下室底板垫层底的开挖深度为 13.15m。若采用汕头目前常规的支护结构形式，即单排钻孔灌注桩＋两道钢筋混凝土水平支撑，显然不太合适，因基坑南侧和西侧场地已经开挖部分土方，无法提供桩撑支护结构体系中桩后土体的支撑反力，需要采用非常规的支护形式。考虑到基坑底存在一定厚度的黏土和砂层，结合现场环境特点及开挖深度，具备做斜支撑的条件，借鉴相关工程案例，可以因地制宜，不同位置采用不同的支护形式。

3.2 基坑支护方案选择

根据本工程周边环境、地质资料及基坑开挖深度，结合相关工程案例的经验，东北角采用双排钻孔灌注桩＋一道钢筋混凝土角支撑＋坑底被动区水泥搅拌桩＋前后排钻孔桩间双排水泥搅拌桩加固挡土止水支护方案；南面、西面与一、二期相邻部位采用格构式深层水泥搅拌桩挡土止水支护方案；北面、东面采用双排钻孔灌注桩＋土体放坡＋斜支撑＋坑底被动区水泥搅拌桩＋前后排钻孔桩间双排水泥搅拌桩加固挡土止水方案。

关于斜抛撑材料的选择，比选了几种：①采用钢筋混凝土，断面尺寸 1000mm×

1000mm，支撑间距大于 8.0m。其优点是材料刚度和支撑间距大，稳定性好，便于土方开挖；缺点是拆撑比较麻烦，造价高、施工周期长。②钢管混凝土支撑，钢管直径为 609mm，壁厚 16mm，核心混凝土强度等级为 C60，组合支撑刚度为 580MN/m，支撑间距 7000～8000mm。其优点是支撑刚度和支撑间距比较大；缺点是钢管内混凝土浇筑质量难以保证。③ 钢管斜支撑，钢管直径为 609mm，壁厚 16mm，钢材弹性模量为 206000MPa。经比较，实施方案选择钢管作为斜支撑材料。

3.3 基坑支护平面布置（图 3-1）

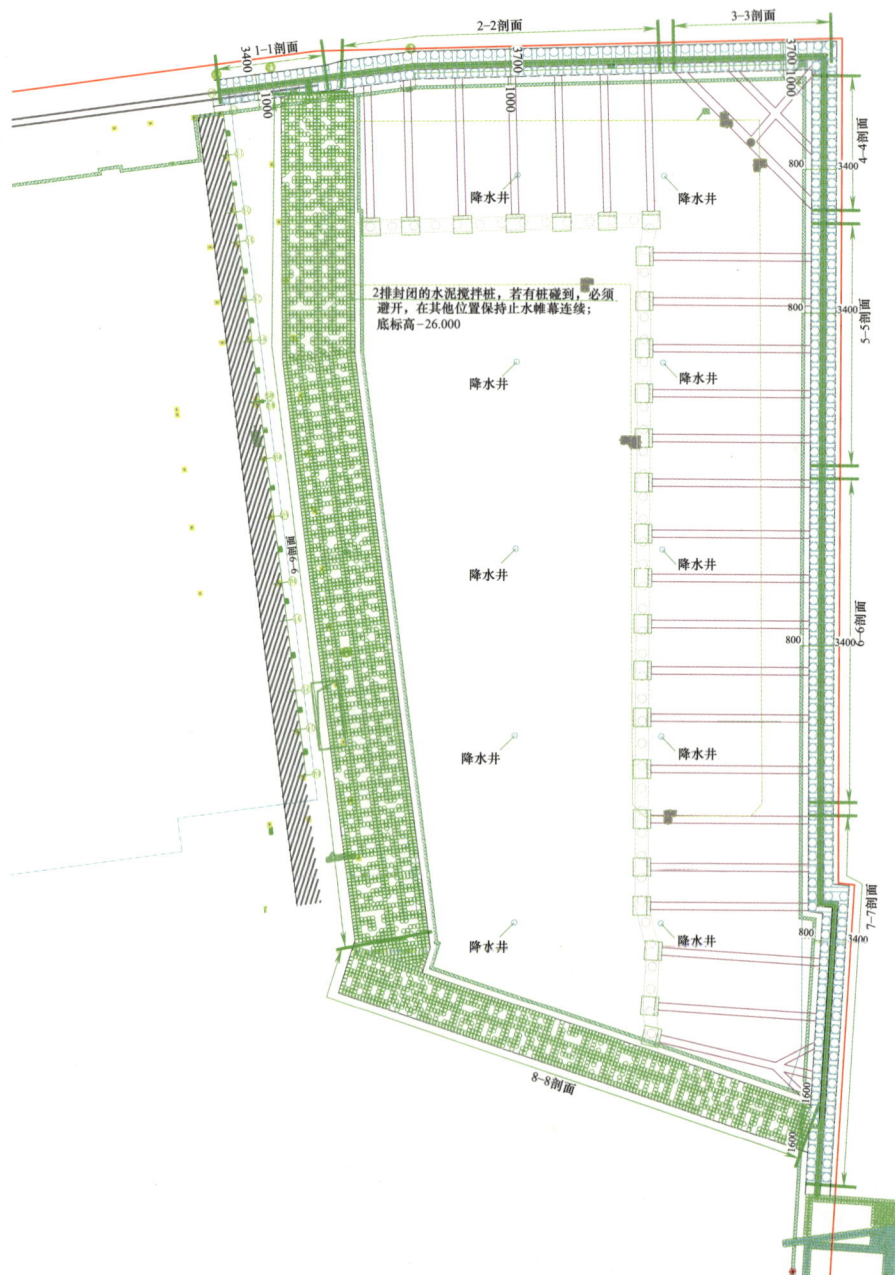

图 3-1 基坑支护平面图

3.4　基坑支护典型剖面（图3-2～图3-6）

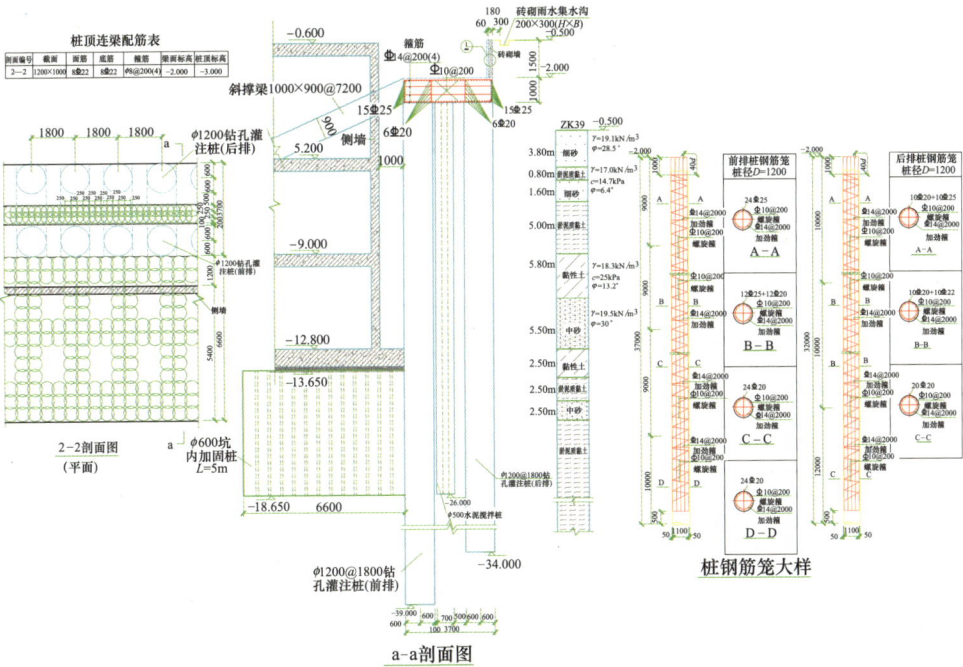

(a) 北面、东面(桩)支护剖面图

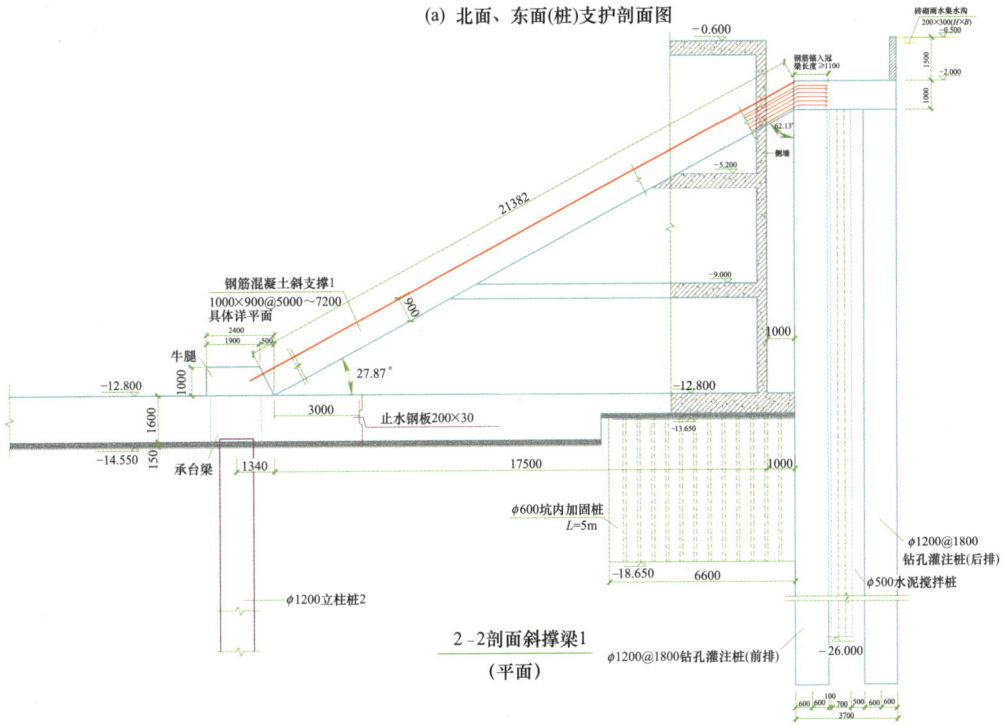

(b) 北面、东面(撑)支护剖面图

图3-2　北面、东面支护剖面图（一）

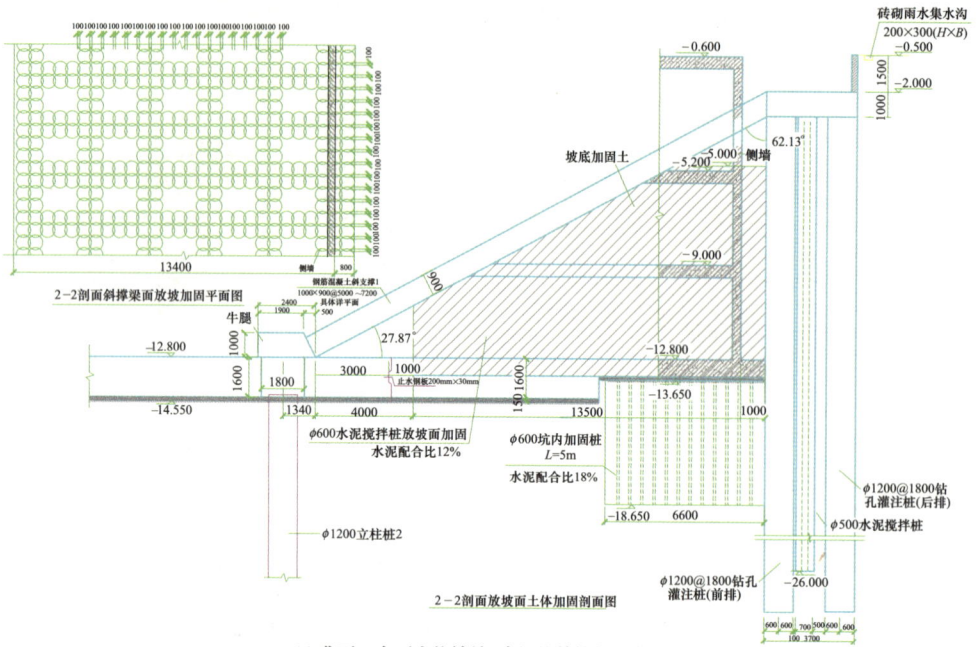

(c) 北面、东面土体放坡+水泥搅拌桩加固支护剖面图

图 3-2 北面、东面支护剖面图 (二)

注：采用双排钻孔灌注桩＋土体放坡＋斜支撑＋坑底被动区水泥搅拌桩＋前后排钻孔桩间双排水泥搅拌桩加固挡土止水支护方案。钢管斜支撑与支护桩冠梁夹角为 55°，支撑长 18m。钢管直径为 609mm，壁厚 16mm，钢材弹性模量为 206000MPa，支撑间距 7000～8000mm。

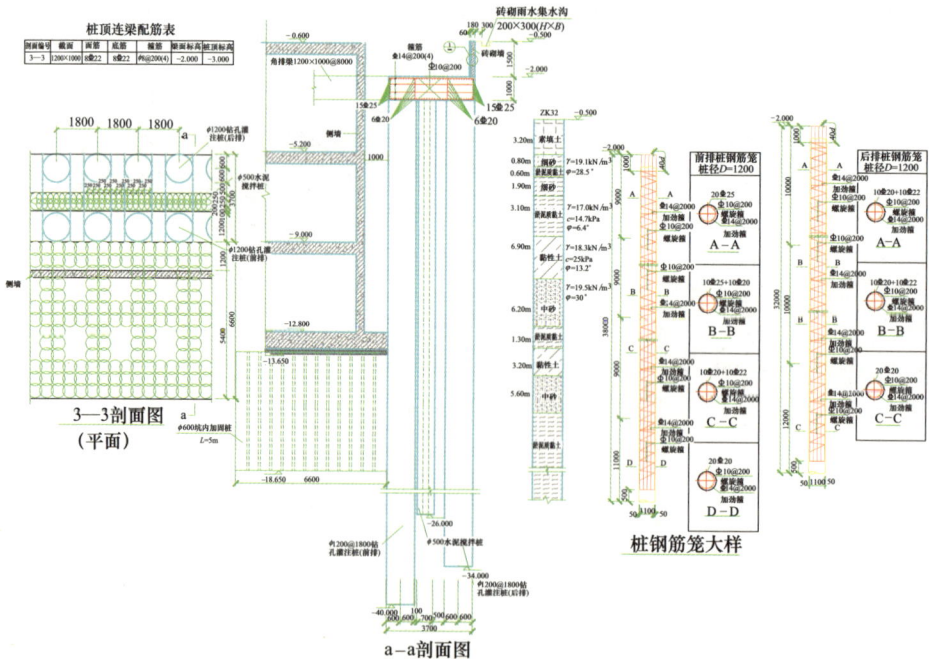

图 3-3 东北角支护剖面图

注：采用双排钻孔灌注桩＋一道混凝土角支撑＋坑底被动区水泥搅拌桩＋前后排钻孔桩间双排水泥搅拌桩加固挡土止水支护方案。

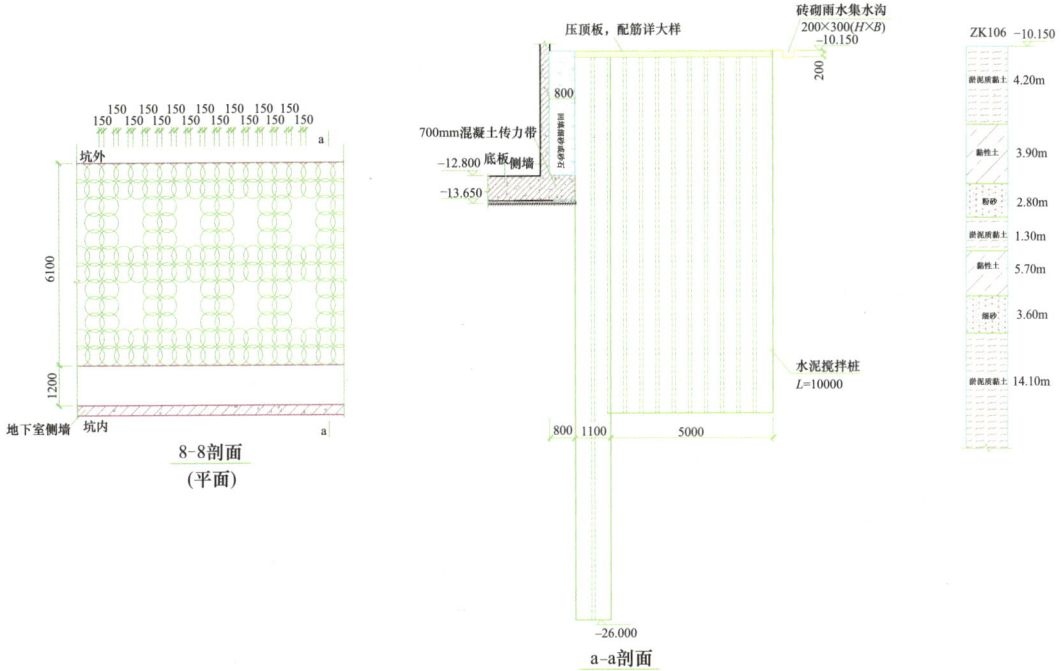

图 3-4 西面支护剖面图

注：采用格构式深层水泥搅拌桩挡土止水支护方案。

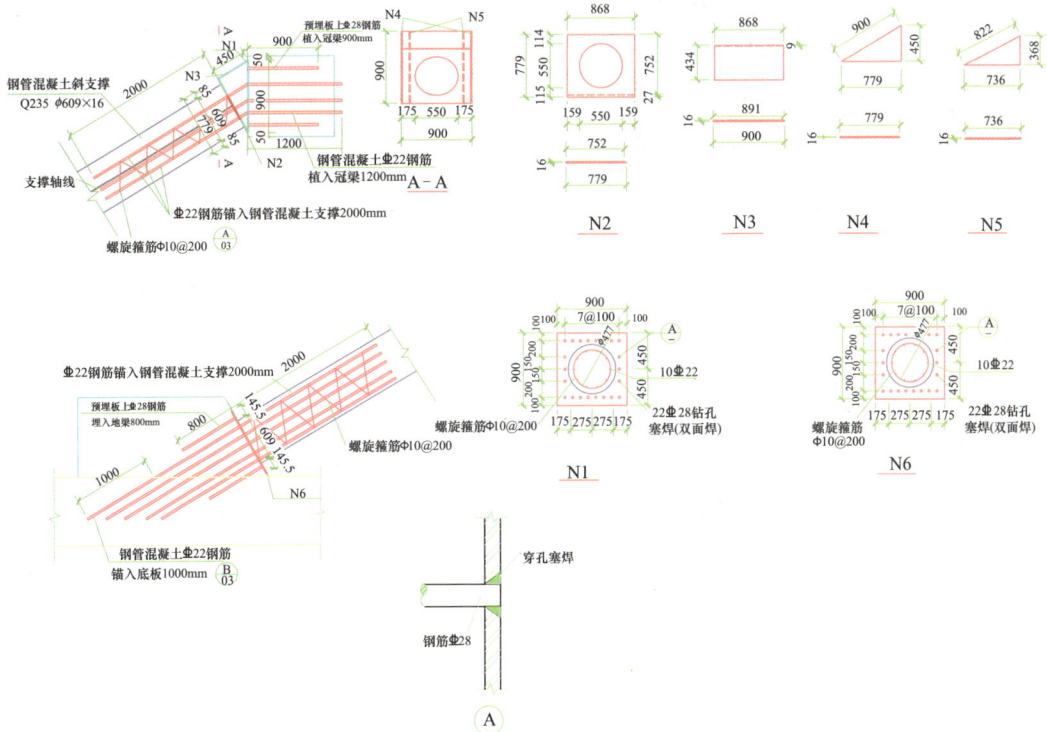

图 3-5 钢管支撑节点构造大样图 1

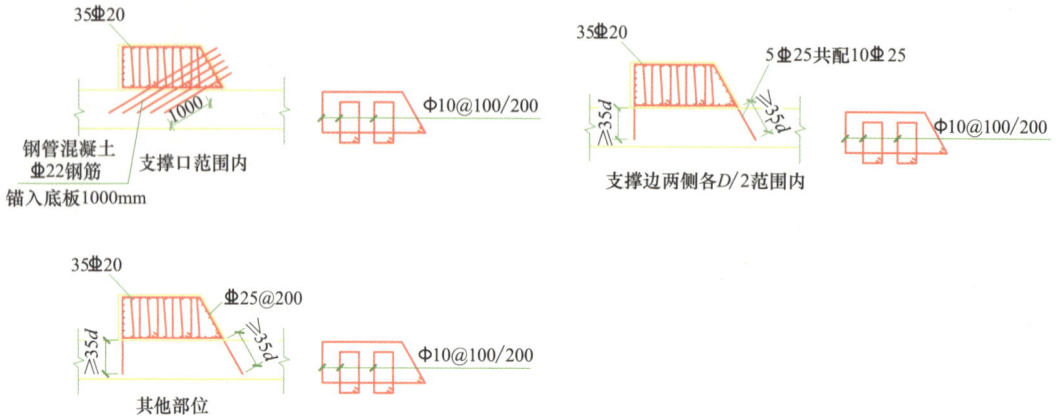

图 3-6　钢管支撑节点构造大样图 2

3.5　支护结构计算

为整体了解支撑力作用下土体、桩、格构式水泥搅拌桩等的应力及变形特征，采用 MIDAS GTS 软件进行有限元分析计算，并用荷载结构法进行对比。计算分析表明，最大水平变形发生在斜撑牛腿、底板、西侧格构式水泥搅拌桩挡墙部位，地层条件较好时最大水平位移为 27mm；地层条件较差时最大水平位移为 34mm。如图 3-7 所示。

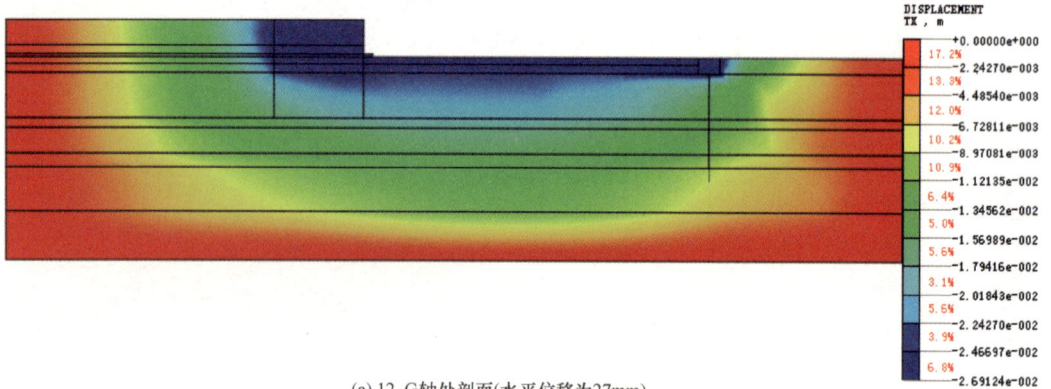

(a) 12-G 轴处剖面(水平位移为27mm)

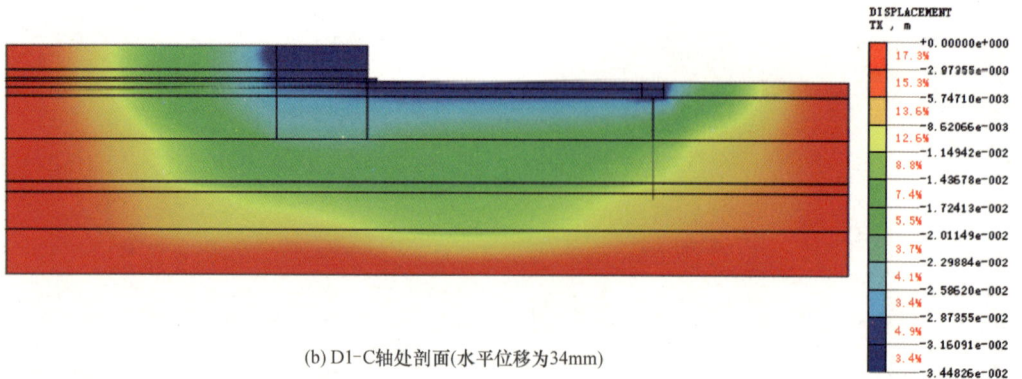

(b) D1-C 轴处剖面(水平位移为34mm)

图 3-7　斜撑支座处水平变形云图

根据有限元和荷载结构法的计算，在支撑水平力作用下，强度满足要求，但根据不同的计算模式会发生 17～34mm 的水平变形，为防止变形对工程的不利影响，须采取必要的施工措施和施工工序。按盆式开挖方案进行施工，主要过程如下：

（1）进行支护结构、止水帷幕、坑内地基加固、放坡土体加固等的施工。

（2）根据钢管斜支撑架设要求，在坑内预留放坡加固土体，并按要求先进行基坑内降水，后按盆式开挖模式开挖至坑底。

（3）在预留钢管加固土体以外的其他区域及时施工垫层和结构底板，同时施工承台、牛腿和支撑等；底板与西侧、南侧格构式水泥搅拌桩挡墙之间的空隙施作混凝土传力带。

（4）底板、承台、牛腿等达到设计强度后，安装钢管斜支撑后，按照间隔、分段模式进行预留加固土体的开挖，开挖至设计标高后应及时施工垫层底板。

（5）按照自下而上顺序进行各层板、墙、柱、梁的施工；侧墙与支护结构间的空隙须及时回填，板标高处应施作混凝土传力带。

（6）地下一层梁板及传力带施工完成并达到设计强度后，方可拆除钢管斜支撑。

4　施工过程

4.1　基坑土方开挖应采取的措施

（1）基坑土方应分块、分层开挖，每层开挖深度一般不大于 1.5m，分段长度不大于 30m，严禁超挖及大锅底式开挖。开挖到坑底应及时浇筑混凝土垫层，承台需逐个开挖浇筑，底板需分块浇筑。

（2）出土口设置在基坑的西南角，开挖的土方应随挖随运走，严禁堆积基坑顶及周边场地。

4.2　基坑降、排水措施

（1）坡顶 2m 范围按要求进行硬地化或喷混凝土护面施工，按设计要求布置截水沟，截水沟每间隔 25m 布置集水井。

（2）基坑三层地下室采用管井降水方案，降水井长度为 15m，要求坑内地下水位降至承台底 500mm 以下。坑外水位控制在地面以下 1000～1500mm 范围，否则应及时采取回灌水措施，防止坑外水位下降过大。

4.3　施工现场

本基坑工程施工现场如图 4-1～图 4-5 所示。

图 4-1　北侧钢管斜支撑及东北角底板钢筋绑扎

图 4-2　西北角底板浇筑完成

图4-3 东侧南段土方开挖

图4-4 东侧中段放坡土体开挖

图4-5 东侧最后一段放坡土体开挖

4.4 基坑监测结果

根据有关基坑监测规范，针对本基坑工程周边环境，设置了支护结构测斜观测点、支撑轴力变化观测点、水平位移观测点，以及立柱和周边道路沉降及地下水位观测点等，在施工全过程中进行动态监测。虽然在土方开挖和地下室施工过程中，基坑东面中部位置出现水平变形超过设计控制值的异常情况，但整体而言，支护结构的变形可控，基坑工程安全、稳定。

5 结语

在周边环境比较复杂的条件下，针对软土地基三层地下室，开挖深度超过12m的深基坑，因地制宜，不同部位采用不同的支护形式，尤其是大胆采用在汕头地区并不常见的双排钻孔灌注桩＋土体放坡＋钢管斜支撑的支护形式，本基坑工程做了一次比较成功的探索。

案例 21　香域尚品轩基坑工程

1　工程概况

本工程位于汕头市澄海区登峰路南侧、阜安路东侧（图1-1），主要由2幢8~16层商住楼及2层地下室组成，建筑物为框架剪力墙结构，拟采用桩基础。本工程±0.000m相当于"1985国家高程"3.400m，场地标高为−0.300~−0.700m。二层地下室板面标高为−8.100m，底板垫层底标高为−8.850m，开挖深度为8.550~8.150m。场地西侧为19.0m宽阜安路，基坑边线距阜安路步道边线约7.0~9.0m；南侧为拟建学校运动场（现为空地）；北侧为30.0m宽登峰路，基坑边线距登峰路步道边线约5.0m。基坑的环境等级：北、东、西三面为二级，南面为三级；支护结构的安全等级为二级。

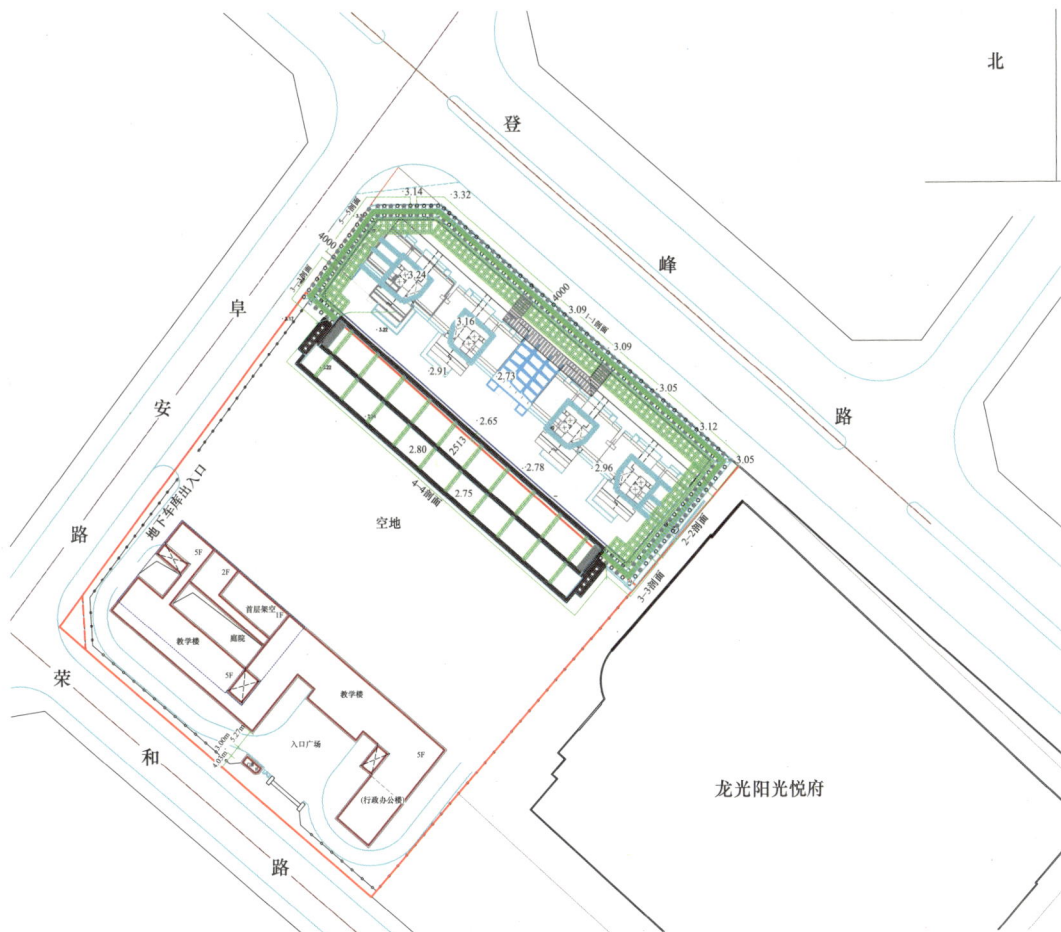

图1-1　周边环境示意

2　地质条件

场区地貌单元属韩江下游三角洲冲积平原滨海浅滩滩地，原始地形开阔平坦，地势低洼，后经人工填置构成拟建建筑物场地。场地土层按工程地质特征自上而下划分为：

①杂填土（Q_4^{ml}）：杂色，松散，主要由建筑垃圾、细砂等堆填而成，为新近人工填土。

②细砂（Q_4^m）：灰色，饱和，松散—稍密，砂粒成分为石英，分选性好，含泥质。

③淤泥（Q_4^m）：深灰色，流塑，高压缩性，由黏粉粒组成，含腐殖质、粉砂团包及少量贝壳碎片。

④粉质黏土（Q_3^{mc}）：灰黄色，可塑，中压缩性，由黏粉粒和少量中细砂粒组成。

⑤中砂（Q_3^{mc}）：灰白色，饱和，中密—密实，砂粒成分为石英，级配良好，含少量泥质。

⑥细砂、淤泥质土、粉质黏土：本层以细砂为主，淤泥质土、粉质黏土次之。

⑦粉质黏土（Q_3^{mc}）：灰色，可塑，中压缩性。由黏粉粒和少量细砂粒组成，黏性较好。

⑧粉质黏土、中砂：本层以粉质黏土为主，下部分布有中砂层。

⑨淤泥质土（Q_3^{mc}）：深灰色，流塑，高压缩性，由黏粉粒组成，含腐植质及少量细砂粒。

⑩中砂（Q_3^{mc}）：灰色，饱和，密实，砂粒成分为石英，级配良好，含泥质。勘察查明，场址地下水的主要类型为孔隙潜水和孔隙承压水。孔隙潜水赋存于①杂填土及②细砂层中，主要由大气降水直接渗入补给，并以蒸发作为主要排泄途径，水位和水量受气候、季节等因素影响大，动态不稳定。

地质剖面图如图 2-1 所示。

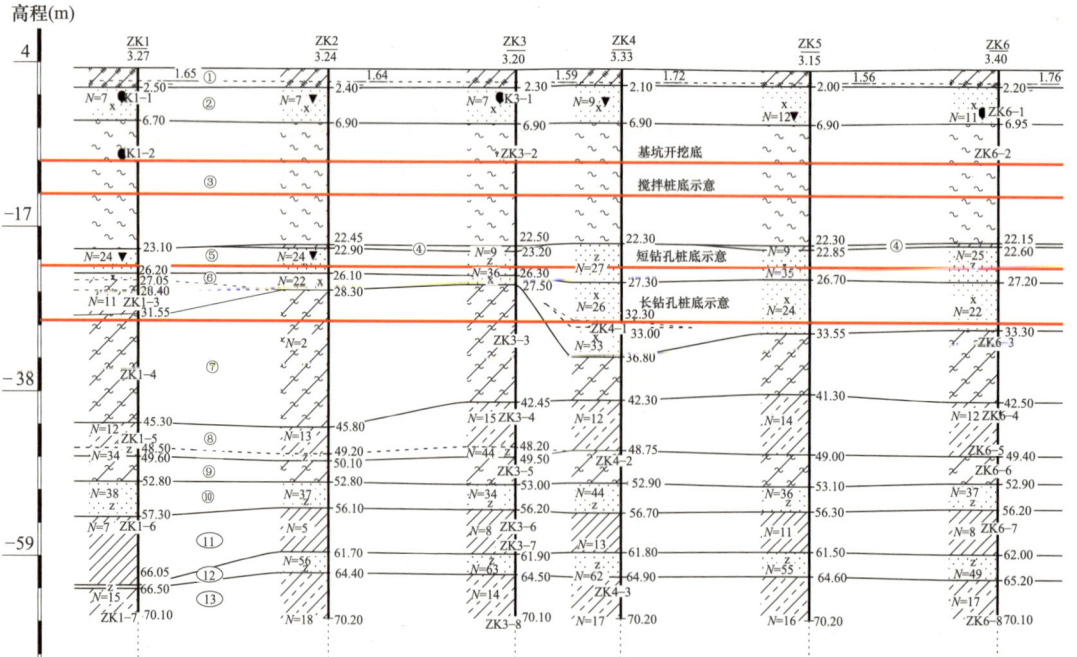

图 2-1　工程地质剖面示意图

3 设计方案

3.1 本基坑工程的特点

（1）地下室东西向长度为135m，南北向宽度为38.5m，北面、西面临城市主要干道，东面临阳光悦府住宅小区，南面为拟建学校运动场（现为空地），有足够的空间放坡。

（2）基坑开挖到底时，坑底为较厚的淤泥层，含水率高，力学性能很差。

3.2 基坑支护方案选择

根据本工程周边环境、基坑开挖深度及地质条件，对三个基坑支护方案进行比选：①单排钻孔灌注桩＋一道钢筋混凝土支撑＋双排水泥搅拌桩＋坑底被动区水泥搅拌桩加固挡土止水支护方案。②双排钻孔灌注桩＋前后排灌注桩之间双排水泥搅拌桩＋坑底被动区水泥搅拌桩加固挡土止水支护方案。③北、东、西三面采用双排钻孔灌注桩＋前后排灌注桩之间双排水泥搅拌桩＋坑底被动区水泥搅拌桩加固挡土止水支护方案；南面采用多级土体放坡＋水泥搅拌桩加固挡土止水支护方案。综合考虑工程造价、工期、方便施工等因素，最终选用方案③。考虑到基坑北侧边长比较长，空间效应作用下，支护结构中部的水平位移可能会远大于其他部位，故要求开挖土方时，在基坑北侧中部先预留长25m、宽9m、高3.55m原状土台，按1:1往坑底自然放坡；待土台两侧的地下室底板、承台完成后再挖除土台，施工底板、承台，以有效减少支护结构的水平变形。

3.3 基坑支护平面布置（图3-1）

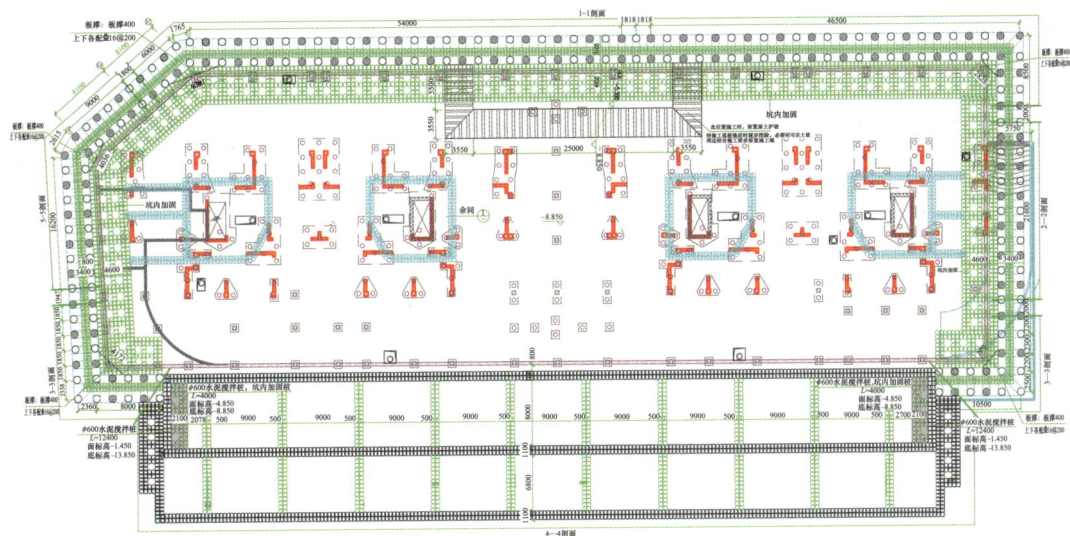

图3-1 基坑支护平面图

3.4　基坑支护典型剖面（图 3-2～图 3-3）

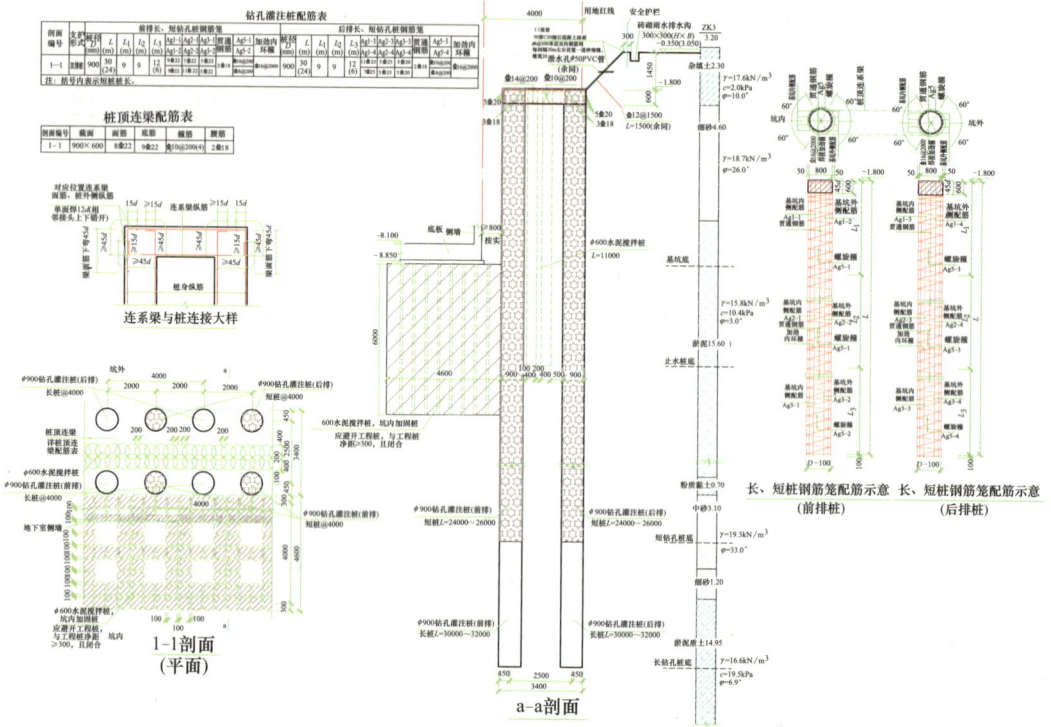

图 3-2　北面、东面、西面二层地下室基坑支护剖面图

注：采用双排钻孔灌注桩＋前后排灌注桩之间双排水泥搅拌桩＋坑底被动区水泥搅拌桩加固挡土止水支护方案。

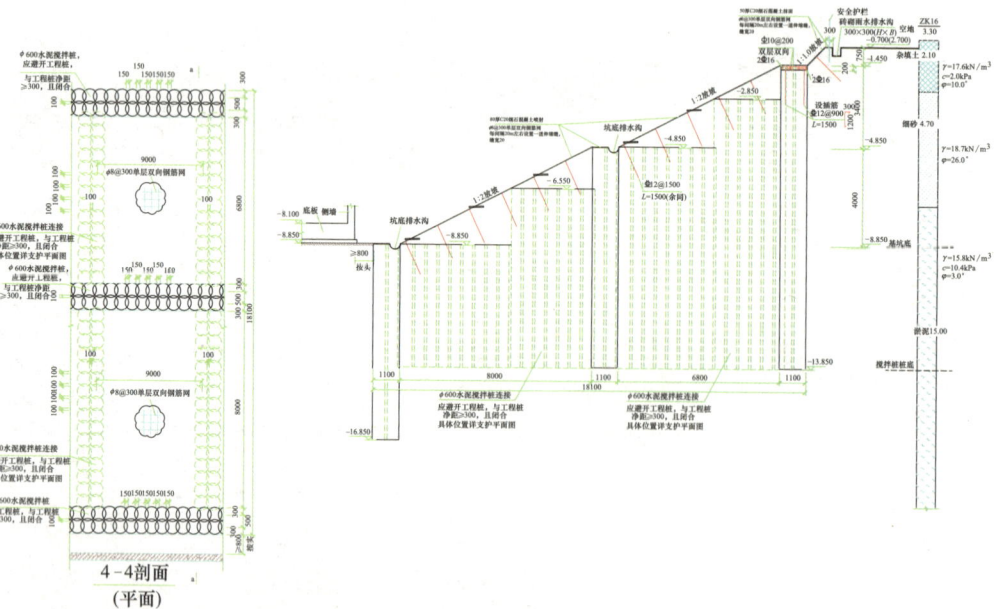

图 3-3　南面二层地下室基坑支护剖面图

注：采用多级土体放坡＋水泥搅拌桩加固挡土止水支护方案。

4 施工过程

4.1 施工顺序

施工主体结构工程桩→水泥搅拌桩→钻孔桩→南侧一、二级土体放坡→混凝土面层及截水沟、排水沟→压顶梁、板施工→基坑开挖到底板垫层底标高、承台垫层底标高→主体结构承台、底板。

4.2 基坑土方开挖应采取的措施

（1）结合本工程周边环境，出土口设置在南侧中部，土方开挖顺序为从东、西两端往中部开挖。分段长度不超过 20m；分块浇筑地下室底板、承台。

（2）开挖的土方应随挖随运，严禁堆积在基坑顶及周边场地。

4.3 基坑降、排水措施

基坑土方开挖前，先采用轻型井点降水；开挖坑底时，采用明降明排的方法降水，随挖方布置临时集水井或降水坑，以降低坑内地下水位，方便施工。

4.4 施工现场

本基坑工程施工现场如图 4-1～图 4-6 所示。

图 4-1 基坑全景

图 4-2 基坑东侧土方开挖

图 4-3　基坑西侧浇筑底板、承台，北侧中部预留土台

图 4-4　基坑东南侧施工

图 4-5　基坑南侧一、二级放坡（从东往西）

图 4-6　基坑南侧一、二级放坡（从西往东）

4.5　基坑监测

根据有关基坑监测技术规范，针对本基坑工程周边环境，设置了支护结构水平位移、竖向位移及深层水平位移，周边建筑物及道路沉降，南侧一、二级放坡土体变形以及地下水位的观测点，对基坑土方开挖、地下室施工的全过程进行监测。

第三方基坑监测单位的监测数据表明（图 4-7～图 4-12），支护结构的顶部和深层水平位移、放坡土体变形、周边建筑物及道路沉降均在规范允许范围内，支护结构和周边环境安全可控。

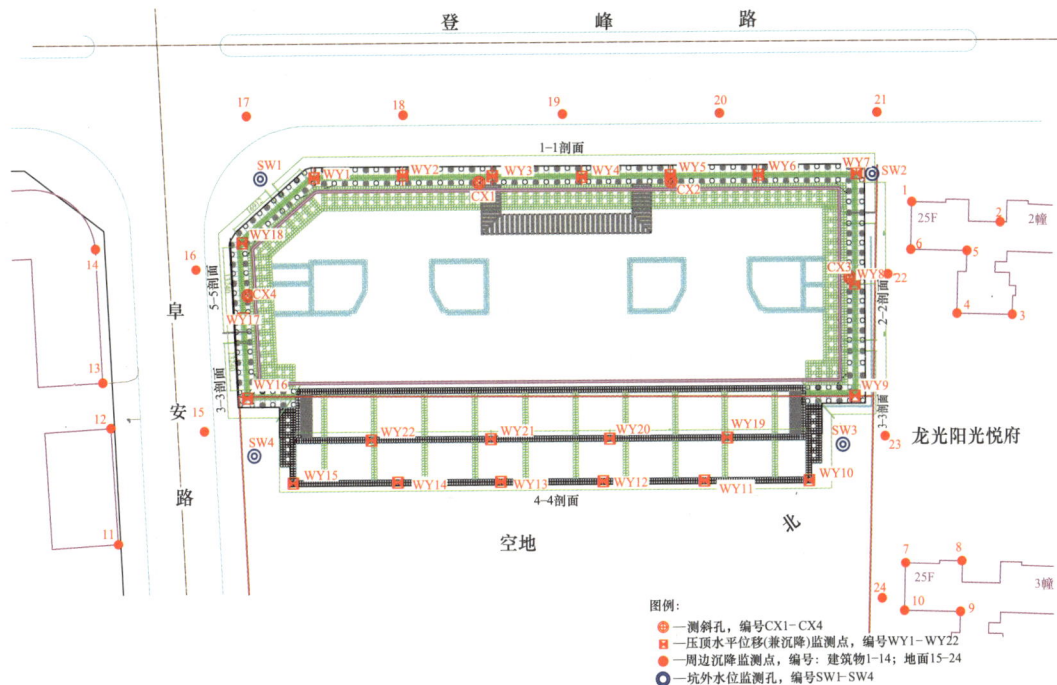

图 4-7　基坑监测平面布置图

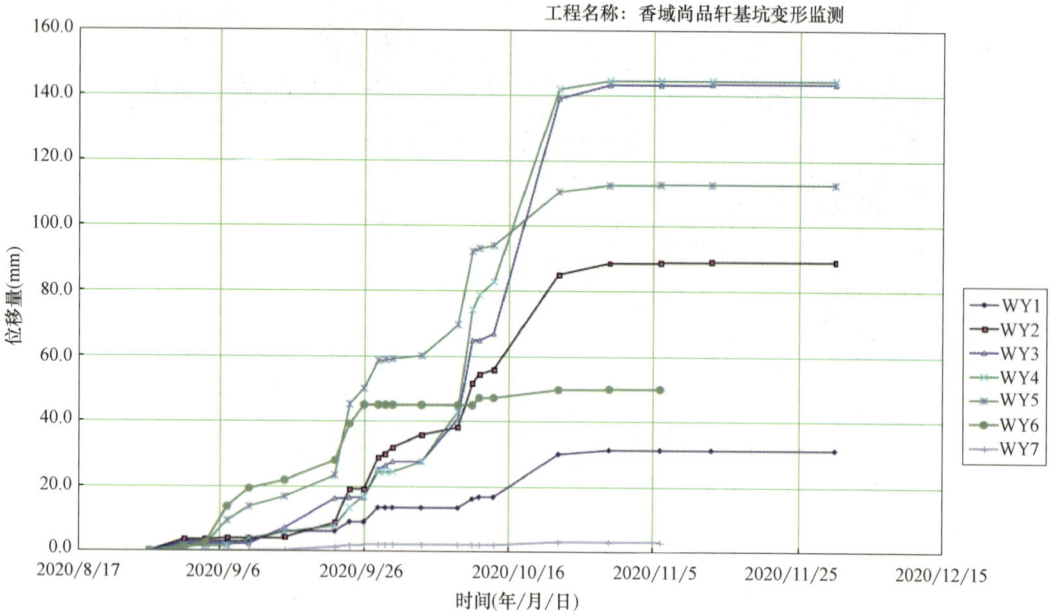

图 4-8　基坑压顶（北边）水平位移与时间关系曲线

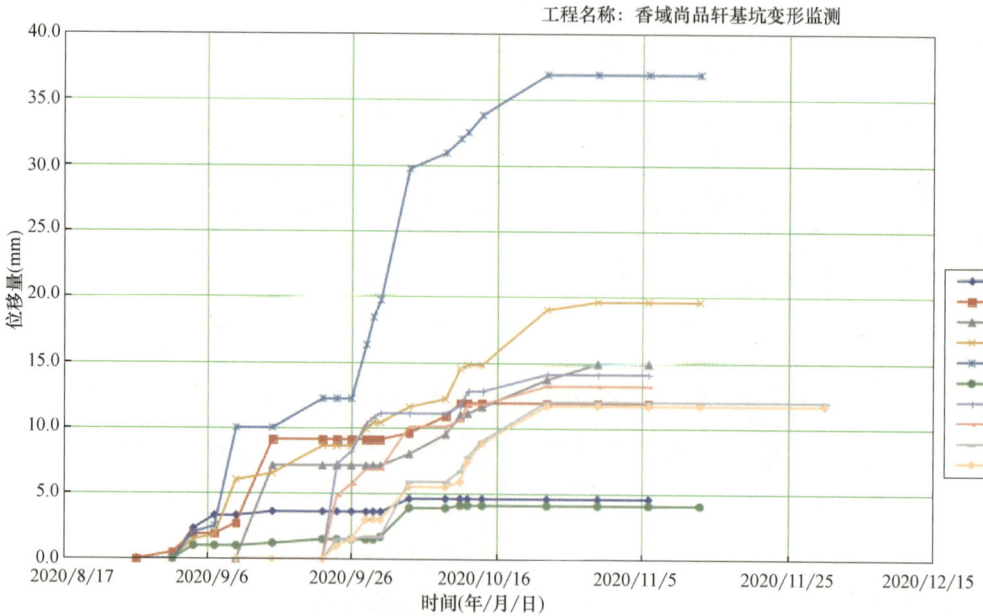

图 4-9　基坑压顶（南边）水平位移与时间关系曲线

位移量(cm)

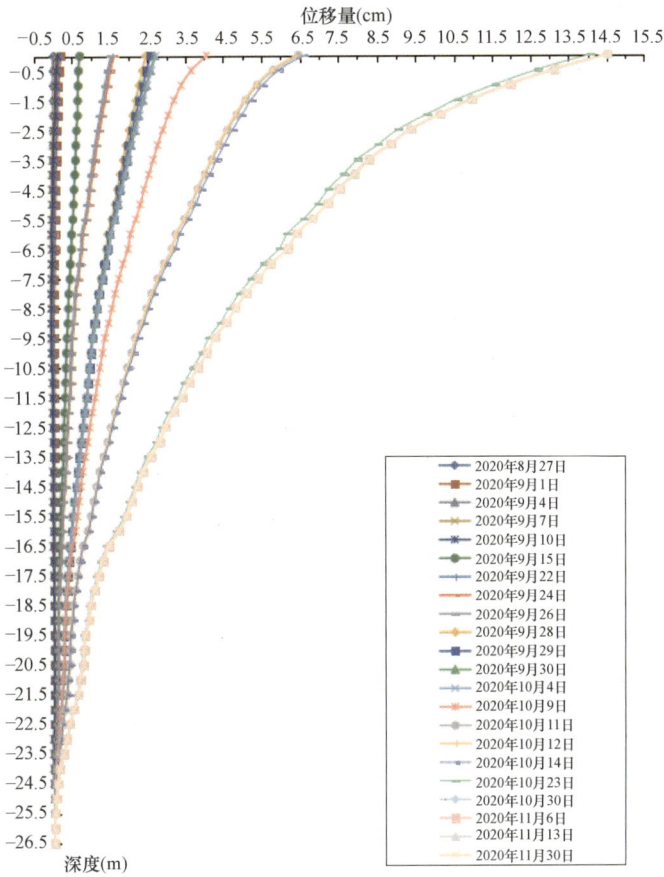

图 4-10 测斜孔 CX1 累计位移曲线

测斜孔CX1不同深度位移量与时间关系曲线图

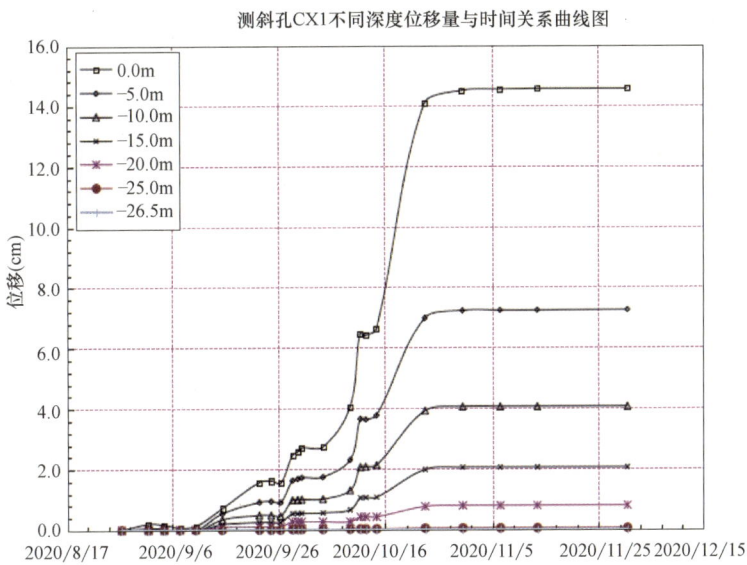

图 4-11 测斜孔 CX1 不同深度位移量与时间关系曲线

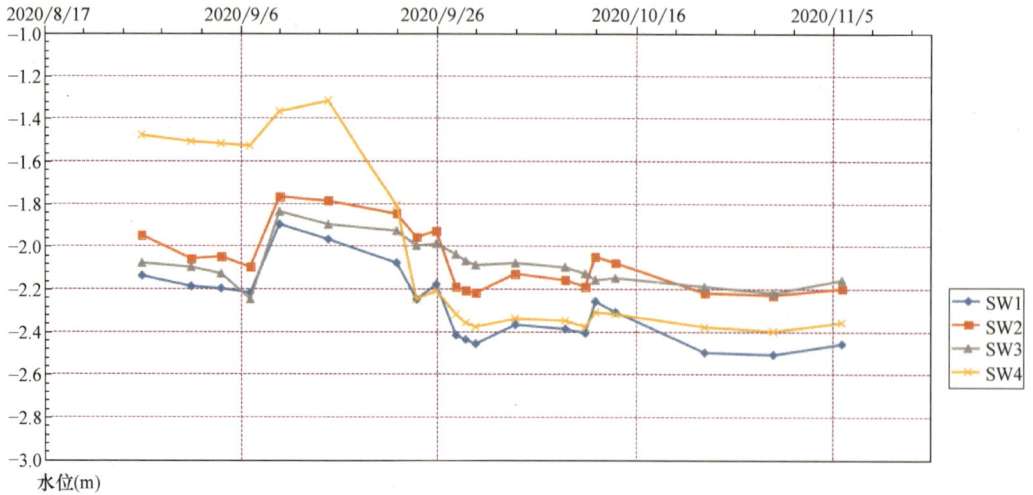

图 4-12　基坑坑外地下水位与时间关系曲线

5　结语

本基坑工程二层地下室，开挖深度大于 8m，淤泥层较厚，含水率高，呈流塑状。南面采用多级、坡率为 1∶2 的土体放坡及大网格水泥搅拌桩改良加固放坡体的支护方案，基坑开挖后，实际效果好，坡体变形小，不渗水，稳定、安全，为软土地区二层地下室基坑的放坡开挖提供了一个成功案例。

案例22 锦绣星河名轩基坑工程

1 工程概况

本工程位于汕头市澄海区玉潭路与玉亭路交汇处西北侧，主要由 3 幢 19～23 层商住楼、1 幢 3～4 层商业综合体和部分 2 层连廊商铺组成（图 1-1）。设二层地下室（沿周边

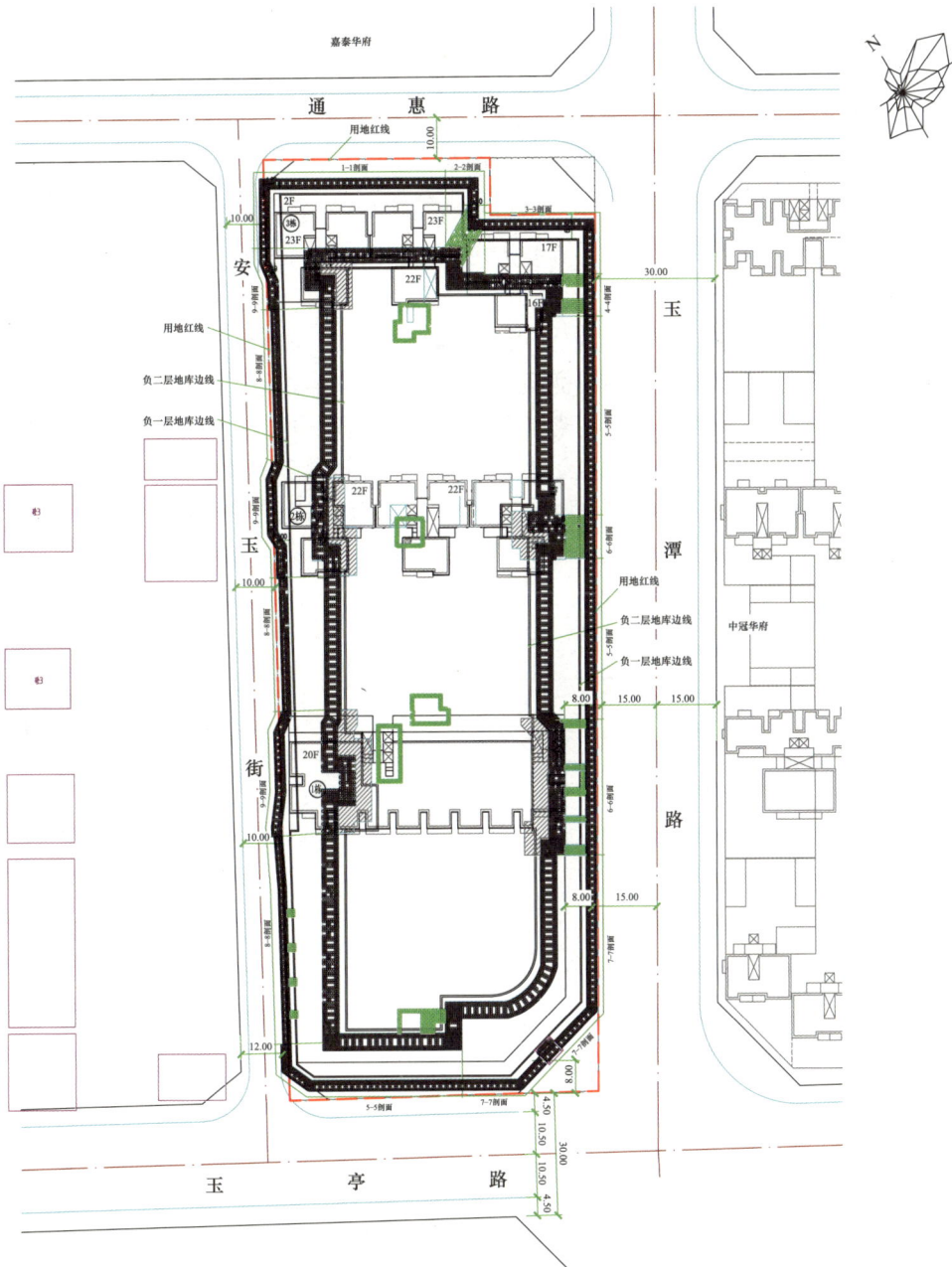

图 1-1 周边环境示意

局部为一层地下室），采用桩基础。本工程±0.000m相当于"1985国家高程"3.250m，周边场地整平至−0.800m。一层地下室板面标高为−3.800m，底板垫层底标高为−4.400m，开挖深度约3.600m；二层地下室板面标高为−7.400m，底板垫层底标高为−8.200m，开挖深度为7.400m。地下室边线距北面红线8.195m、距东面红线4m、距南面红线4~5m、距西面红线2~4m。基坑北面为20m宽通惠路及民俗建筑物用地，基坑东面为30m宽玉潭路，南面为30m宽玉亭路，西面为12m宽安玉街。基坑环境等级、支护结构安全等级均为二级。

2 地质条件

场地地貌单元属韩江下游三角洲冲积平原滨海浅滩滩地，原始地形开阔平坦，地势低洼，后经人工改造为耕作用地，再经人工填置构成拟建建筑物场地。场地在勘探深度范围内，土（岩）层的地质成因及形成时代自上而下可划分为：

①人工填土（Q_4^{ml}）：主要由建筑垃圾、粉土等组成，为新近填土。

②浅海—海湾相沉积土（Q_4^m）：主要由灰色细砂和深灰色淤泥组成，形成于第四纪全新世。

③海陆交互相沉积土（Q_3^{mc}）：主要由灰—灰黄色—青灰色黏土、粉质黏土和灰—灰白色—灰黄色细砂、中砂及深灰色淤泥质土组成，形成于第四纪晚更新世。

④岩浆岩（r）：主要由花岗岩组成，形成于侏罗纪燕山期，构成本区的硬质基底。

勘察查明，场址地下水的主要类型为孔隙潜水、孔隙承压水及基岩裂隙水。孔隙潜水赋存于①层杂填土、耕表土及②层细砂中，主要由大气降水直接渗入补给，并以蒸发作为主要排泄途径，水位和水量受气候、季节等因素影响大，动态不稳定。

地质剖面图如图2-1所示。

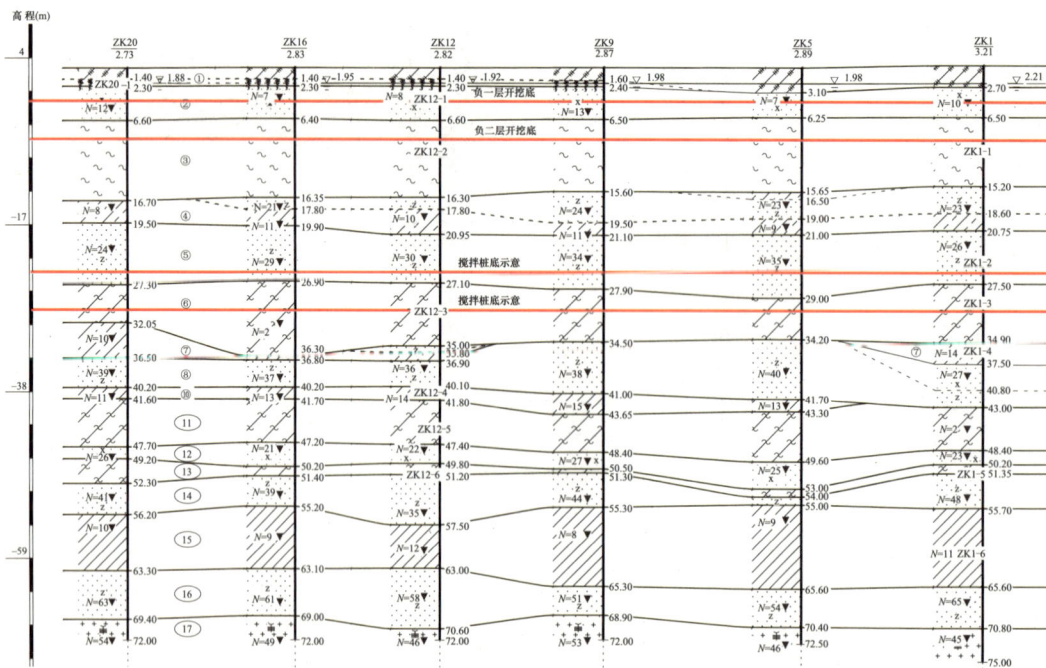

图2-1 工程地质剖面示意图

3　设计方案

3.1　本基坑工程的特点

（1）一层地下室在红线范围内尽量满堂布置；二层地下室适当缩小，向内退台式布置。

（2）一层地下室的坑底为粉细砂层；二层地下室的坑底为淤泥层。

（3）由于场地条件的限制，北、东、西三面需先施工一层地下室底板，以便腾出空间堆放施工材料，后开挖二层地下室。

3.2　基坑支护方案选择

根据本工程周边环境、基坑开挖深度及地质条件，结合相关工程的实施经验，基坑采用台阶形格构式深层水泥搅拌桩挡土止水支护方案，坑底被动区局部位置采用格构式水泥搅拌桩加固。

3.3　基坑支护平面布置（图3-1）

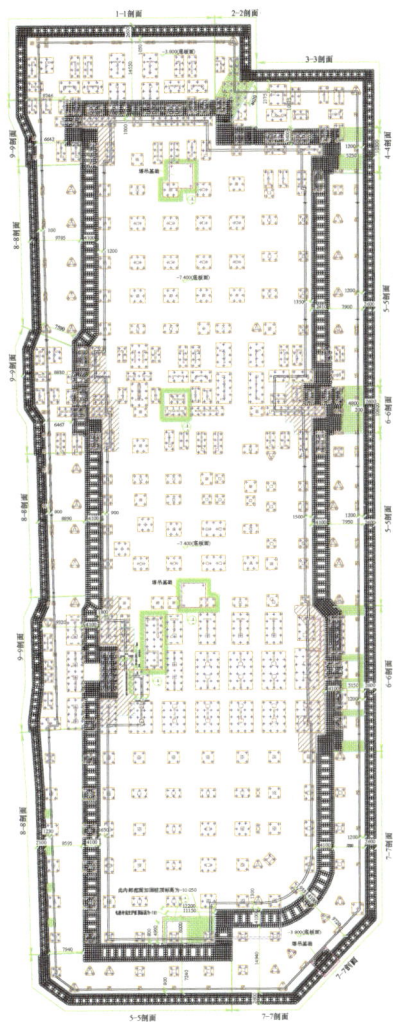

图3-1　基坑支护平面图

3.4 基坑支护典型剖面（图 3-2～图 3-4）

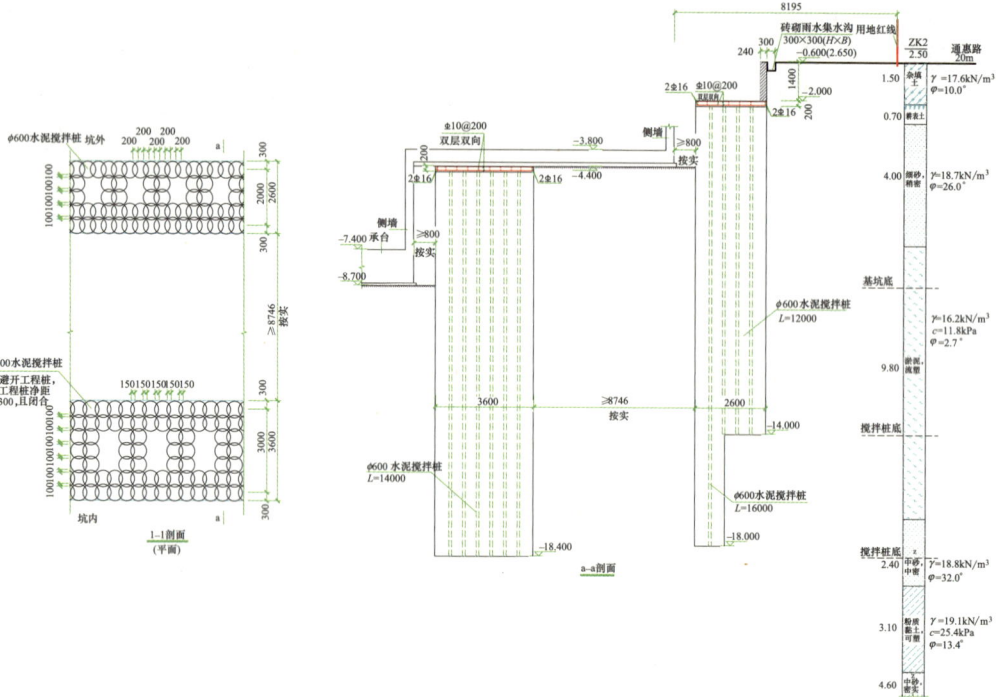

图 3-2 一、二层地下室基坑支护剖面图

注：采用台阶形格构式深层水泥搅拌桩挡土止水支护方案。

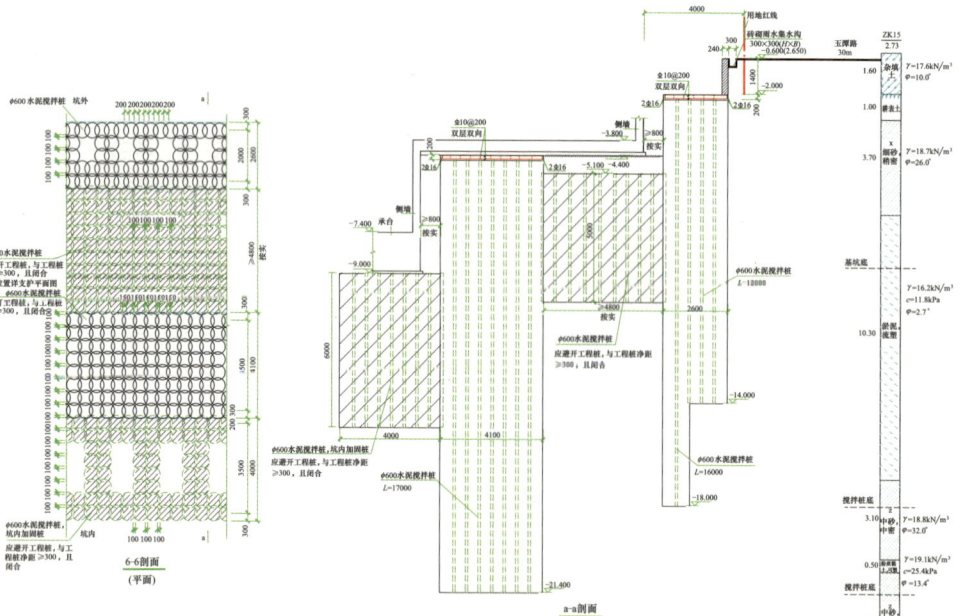

图 3-3 东面一、二层地下室塔楼位置基坑支护剖面图

注：采用台阶形格构式水泥搅拌桩挡土止水支护方案。

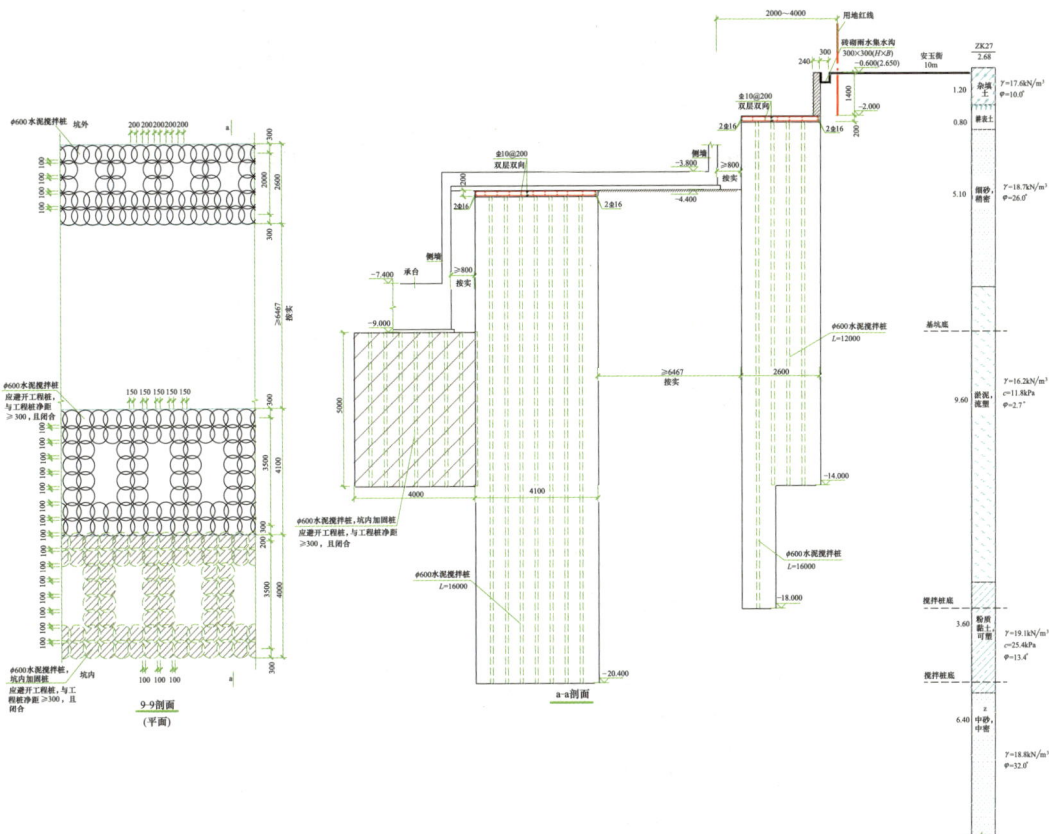

图 3-4 西面一、二层地下室塔楼基坑支护剖面图

注：采用台阶形格构式水泥搅拌桩挡土止水支护方案。

4 施工过程

4.1 施工顺序

施工主体结构工程桩→格构式水泥搅拌桩→压顶板施工→基坑开挖到底板垫层底标高、承台垫层底标高→主体结构承台、底板。

4.2 基坑土方开挖应采取的措施

（1）根据本工程周边环境，出土口设置在西南角，土方开挖顺序为从北至南，北、东、西三面先施工一层地下室，后施工二层地下室，先浅后深；南面先施工二层地下室，后施工一层地下室，先深后浅。

（2）分段、分层开挖地下室土方，分块浇筑地下室底板、承台。

（3）开挖的土方应随挖随运，严禁堆积在基坑顶及周边场地。

4.3 基坑降、排水措施

基坑土方开挖前，采用轻型井点降水施工方案；开挖二层地下室时，采用明降明排的降水施工方案，随挖方布置临时集水井或降水坑，以降低坑内地下水位，方便施工。

4.4 施工现场

本基坑工程施工现场如图 4-1～图 4-5 所示。

图 4-1　基坑全景

图 4-2　基坑北侧一层地下室开挖

图 4-3　基坑东侧一层地下室施工

图 4-4 基坑西侧一层地下室支护

图 4-5 基坑东侧一、二层地下室交界处（一层地下室楼板预留钢筋）支护

4.5 基坑监测结果

第三方基坑监测单位的监测数据表明（图 4-6～图 4-10），在基坑开挖及地下室施工

过程中，支护结构的顶部水平位移、坑外地面及周边建筑物沉降均在规范允许范围内，支护结构和周边环境安全可控。

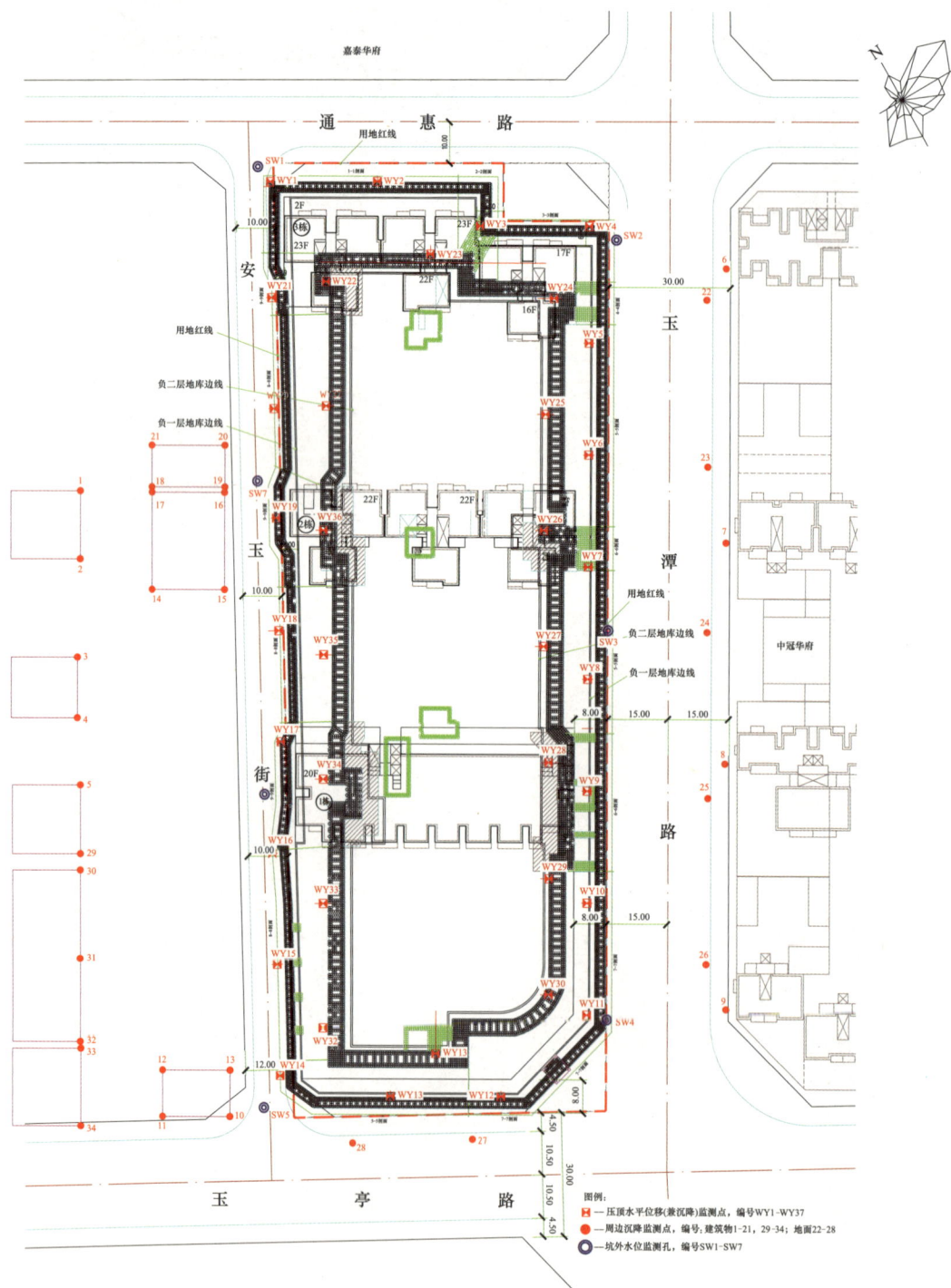

图 4-6　基坑监测平面布置图

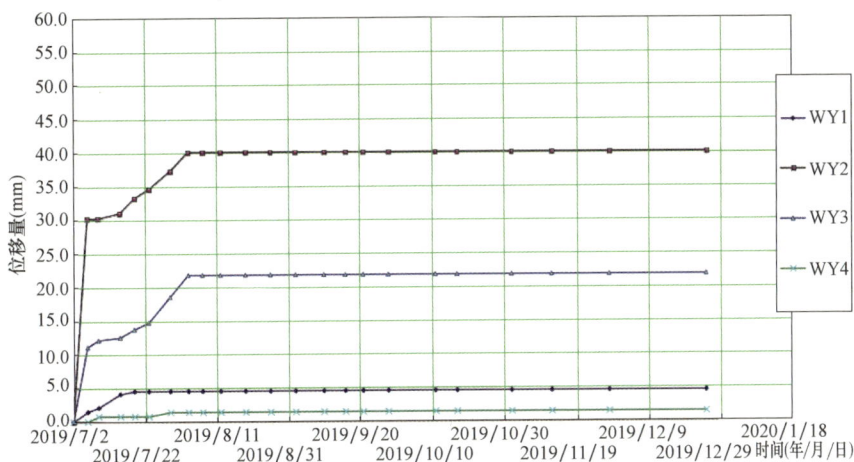

图 4-7 基坑压顶（北边）水平位移与时间关系曲线

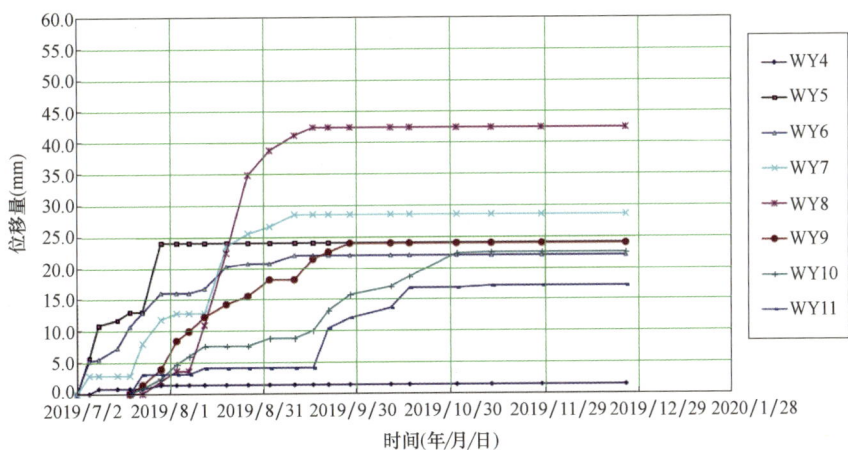

图 4-8 基坑压顶（东边）水平位移与时间关系曲线

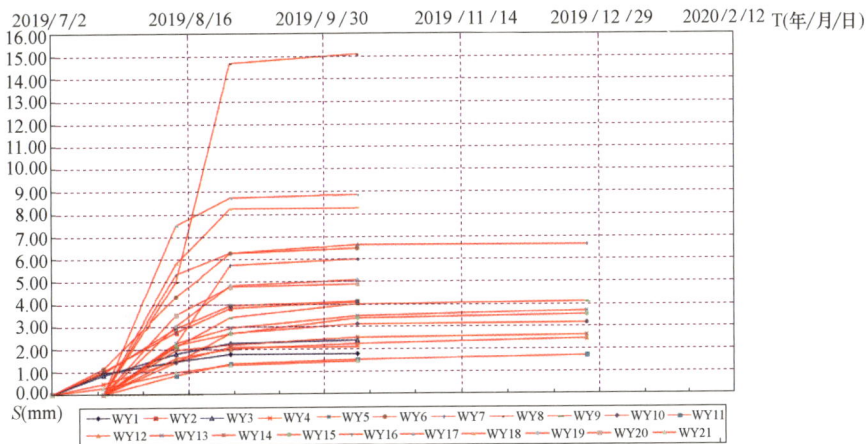

图 4-9 基坑压顶沉降量与时间关系曲线

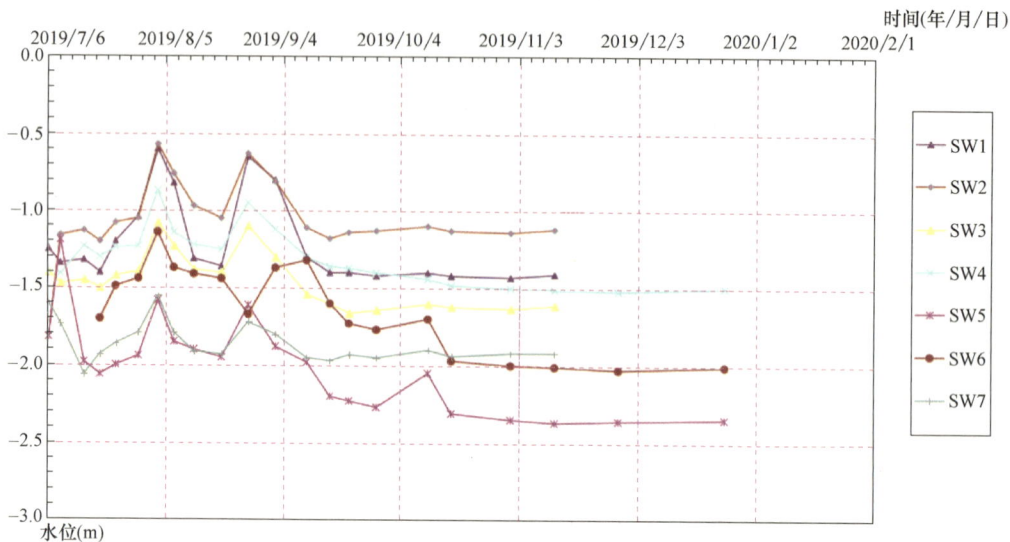

图 4-10　基坑坑外地下水位与时间关系曲线

5　结语

汕头市澄海区的工程地质条件复杂，软弱的淤泥土层较厚，二层地下室垂直开挖基坑，支护结构形式一般采用双排钻孔灌注桩，或单排钻孔灌注桩＋一道混凝土支撑，或上述两种支护形式的组合。近几年，在基坑支护设计、施工过程中，探索出另外一种支护形式：一层地下室在红线范围尽量满堂布置；二层地下室适当缩小，采用台阶形格构式水泥搅拌桩支护方案，水泥搅拌桩既挡土又止水，强度要求较高，可适当加大水泥用量。该种基坑支护结构安全可控，变形小，不渗水，节约成本，值得推广应用。

案例23　金科博翠府基坑工程

1　工程概况

本工程位于汕头市金平区长兴北路和安居路交界的西南侧，主要由 5 幢 20 层住宅楼及商业裙楼等组成，设二层地下室，东北角及东面有两栋塔楼为一层地下室（图 1-1）。建筑物为框架-剪力墙结构，拟采用桩基础。本工程±0.000m 相当于绝对标高 4.300m，

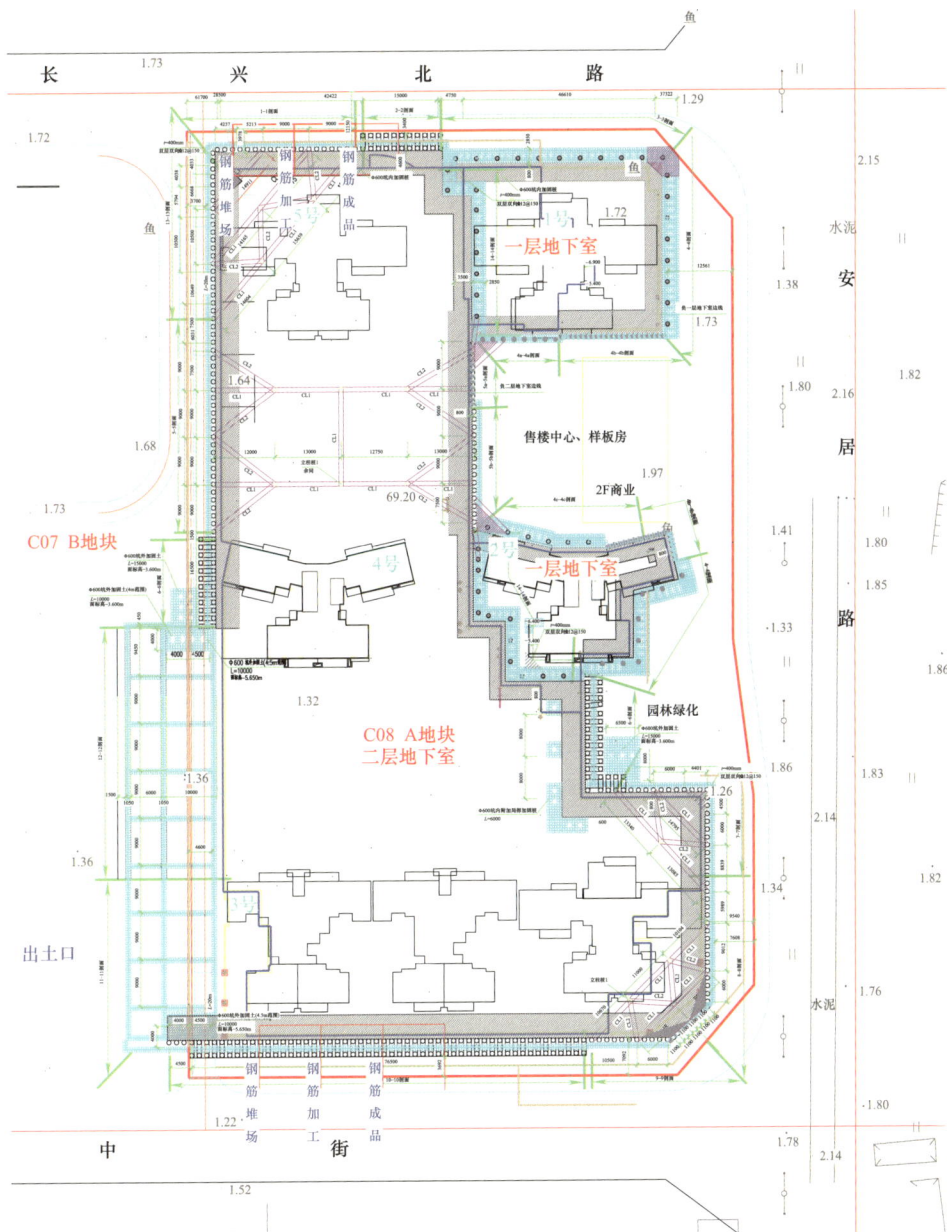

图 1-1　周边环境示意

现有场地标高约为 2.200m。二层地下室板面相对标高为 -9.000m，一层地下室底板垫层底相对标高为 -5.400m。二层地下室开挖深度为 7.55～8.55m，一层地下室开挖深度约 4～5m。项目北、东、南三面临路，西面为二期用地。地下室侧墙距北面红线 7.10m，距东面红线 7.80m，距南面红线 7.50m，距西面红线 10.00m 以上。基坑环境等级：靠近售楼中心、园林绿化的位置为一级，其余位置为二级；支护结构安全等级为二级。

2 地质条件

场地地貌单元属韩江下游三角洲冲积平原滨海浅滩滩地，场地原为池塘稻田等，后为停车场，经拆迁形成现状场地。

场地的地质条件很差，淤泥层含水率高，呈流塑状，厚达 22～26m。在钻探控制深度范围内，岩土层自上而下划分为：

①素填土、杂填土：主要为粉细砂底部含淤泥，局部为建筑垃圾等，为新近平整场地填置而成。

②黏土：灰黄色、浅灰色，可塑，由黏粉粒组成。

③淤泥：深灰色、灰黑色，流塑，由黏粉粒组成，含粉细砂，底部含有少量腐木碎屑。

④细砂：浅灰色、灰白色，饱和，中密—密实，分选性差。

⑤粉质黏土：浅灰色、灰黄色，可塑，由黏粉粒组成。

⑥粗砂：浅灰色、灰白色，饱和，密实，以中粗砂为主，级配良好，局部含少量卵石、砾石，含泥质。

⑦粉质黏土：浅灰色、灰黄色，可塑，由黏粉粒组成，局部为中粗砂夹层。

⑧粗砂：浅灰色、灰白色，饱和，密实，以中粗砂为主。

⑨砂质黏性土：浅灰色、灰白色，可塑—硬塑，由黏土、矿物石英砂等组成，为花岗岩风化残积土。

⑩强风化花岗岩：浅灰色、灰白色，原岩结构大部分已破坏，岩芯呈半岩半土状、碎块状、块状，花岗结构清晰可见，局部钻孔揭露有微风化花岗岩球状风化体（孤石）。

⑪中风化花岗岩：灰白色、浅灰色，由石英、长石及黑云母等组成，块状构造，岩芯呈块状、短柱状，岩质坚硬。

勘察查明，场址地下水的主要类型为孔隙潜水和孔隙承压水。

孔隙潜水赋存于①层填土及②层淤泥中，主要由大气降水直接渗入补给，并以蒸发作为主要排泄途径，水位和水量受气候、季节等因素影响大，动态不稳定。据施工期间现场观测，各孔稳定水位埋深 0.49～1.32m，地下水变化幅度在 1.00～2.00m 之间。

孔隙承压水主要蕴藏在③、⑤、⑦、⑨层细砂、中砂、粗砂层中，含水介质为细砂、中砂、粗砂。其中⑤、⑦、⑨层中砂、粗砂含水性好，透水性强，含水层厚度大，储水量较丰富。

地质剖面图如图 2-1 所示。

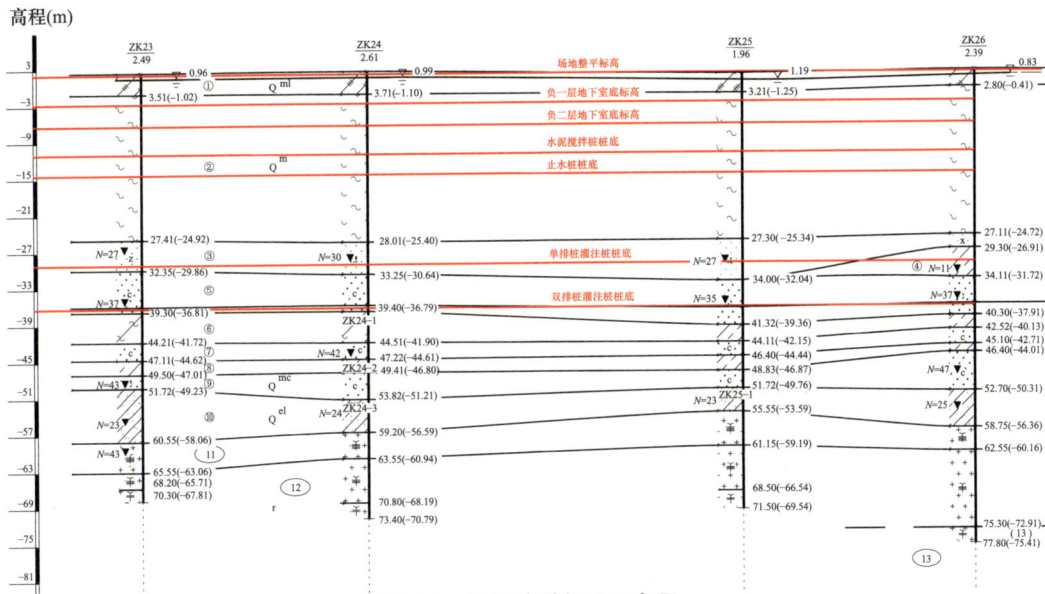

图 2-1　工程地质剖面示意图

3　设计方案

3.1　本基坑工程的特点

（1）地下室施工先浅后深，临近售楼中心、样板房、园林绿化的一层地下室先进行土方开挖和底板、承台的施工，再施工二层地下室。在东侧两栋塔楼的一层地下室施工完成、继续往上施工作业的情况下，开挖二层地下室的土方时，需分析一、二层交界处应采用何种支护结构形式。

（2）项目场地上部淤泥层厚 22.00～25.00m，含水率高，力学性能差；售楼中心、样板房有三个面距离地下室侧墙很近。在地质条件和周边环境都比较复杂的情况下，需分析如何使支护结构安全可靠，确保售楼中心、样板房、园林绿化及周边道路的变形在可控制范围，同时又能控制成本。

3.2　基坑支护方案选择

根据本工程周边环境、地质条件及基坑开挖深度，综合考虑各方面的因素，基坑支护实施方案为：

东面两栋一层地下室：①场地条件允许，采用格构式水泥搅拌桩＋间隔 4.05m 在水泥搅拌桩中插单根钻孔灌注桩＋坑底被动区水泥搅拌桩加固挡土止水方案；②其余位置，采用单排钻孔灌注桩＋外侧双排高压旋喷桩＋坑底被动区水泥搅拌桩加固挡土止水支护方案。

二层地下室：①采用单排钻孔灌注桩＋一道钢筋混凝土支撑＋外侧双排水泥搅拌桩＋坑底被动区水泥搅拌桩加固挡土止水支护方案；②采用双排钻孔灌注桩＋前后排灌注桩之间双排水泥搅拌桩＋坑底被动区水泥搅拌桩加固挡土止水支护方案；③西侧局部位置采用多级土体放坡＋水泥搅拌桩加固挡土止水支护方案。

一、二层地下室交界处：采用格构式水泥搅拌桩＋间隔 4.05m 在水泥搅拌桩中插单根钻孔灌注桩＋坑底被动区水泥搅拌桩加固挡土止水方案。

　　为减少因东面一层地下室的开挖对支撑梁受力的不利影响，在售楼中心、样板房西北角和西南角，分别加设一道混凝土斜撑梁，以满足支撑梁的受力要求。

3.3　基坑支护平面布置（图3-1）

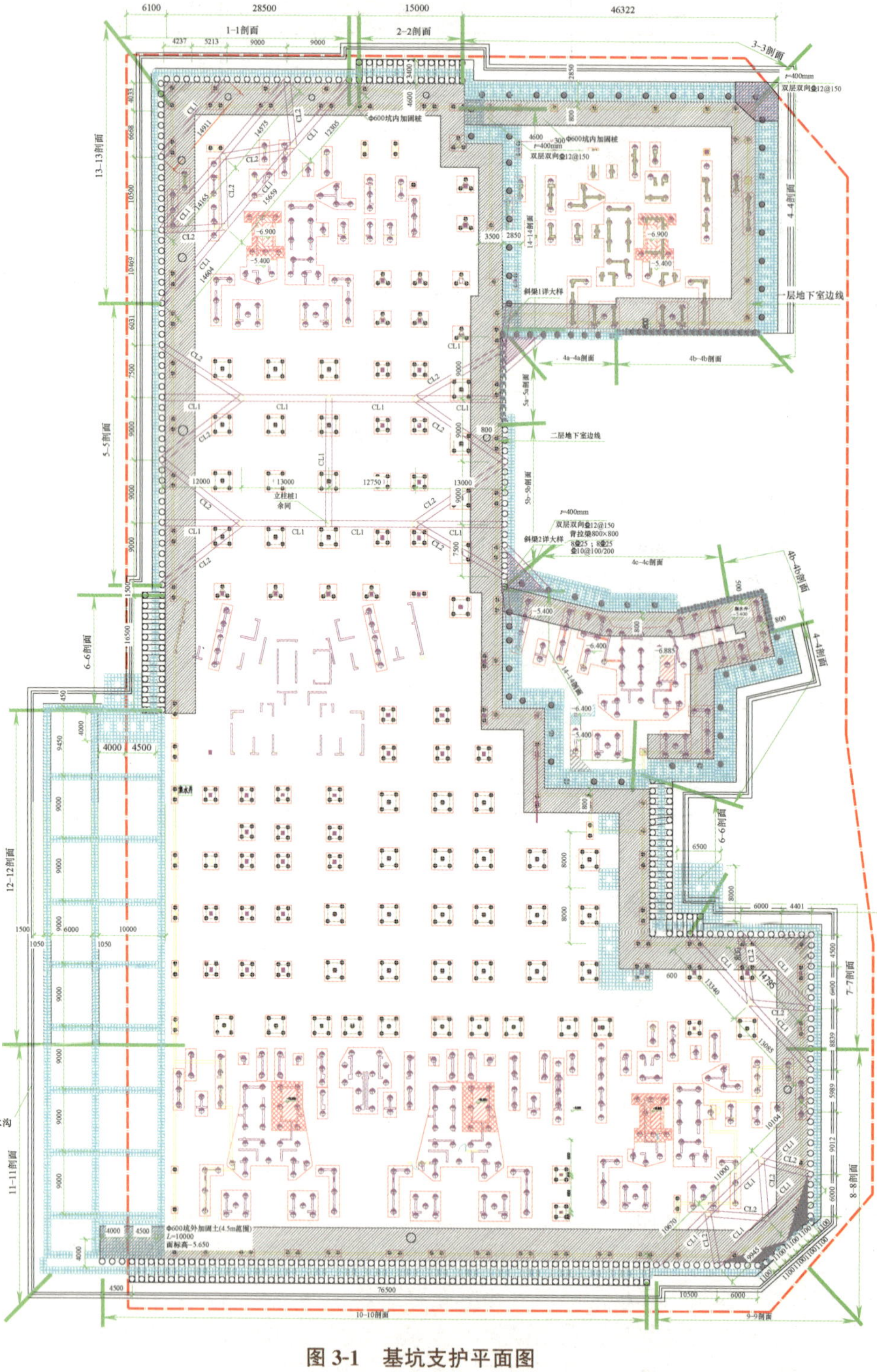

图 3-1　基坑支护平面图

3.4 基坑支护典型剖面（图 3-2～图 3-7）

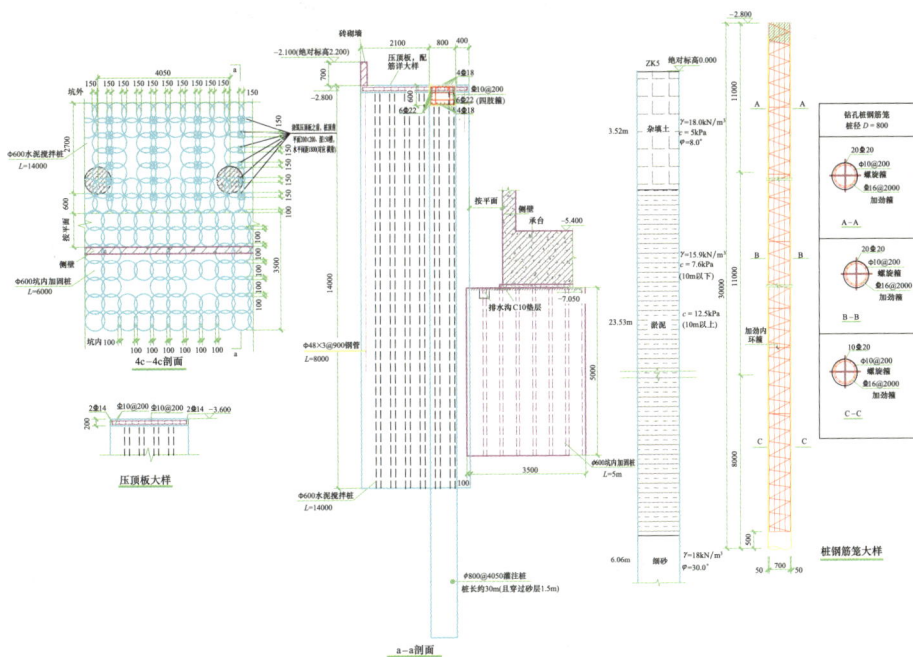

图 3-2 东面一层地下室基坑支护剖面图 1

注：采用格构式水泥搅拌桩＋中间插单排钻孔灌注桩＋坑底被动区水泥
搅拌桩加固挡土止水支护方案。

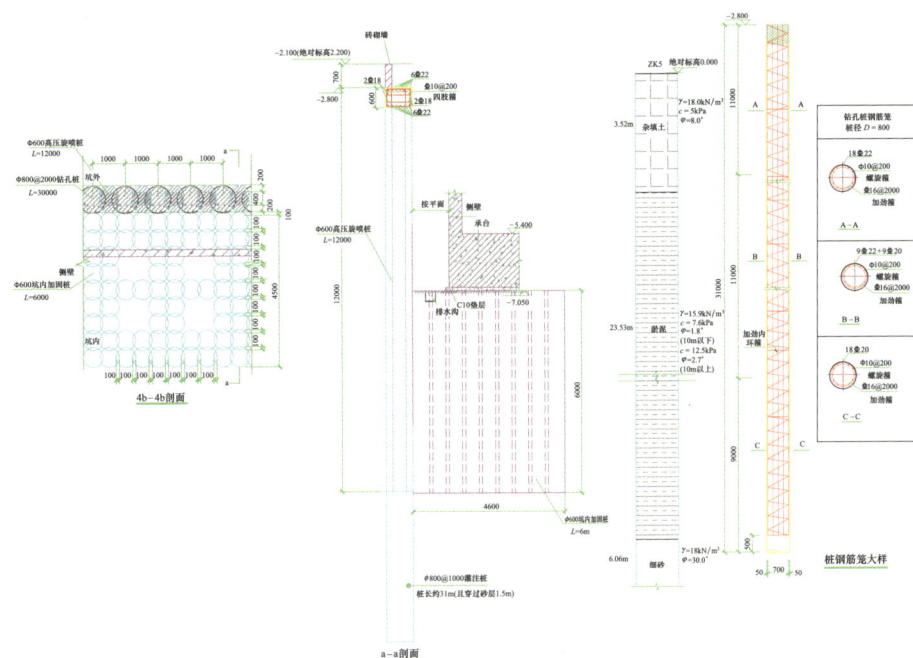

图 3-3 东面一层地下室基坑支护剖面图 2

注：采用单排钻孔灌注桩＋外侧双排高压旋喷桩＋坑底被动区水泥搅拌桩加固挡土止水支护方案。

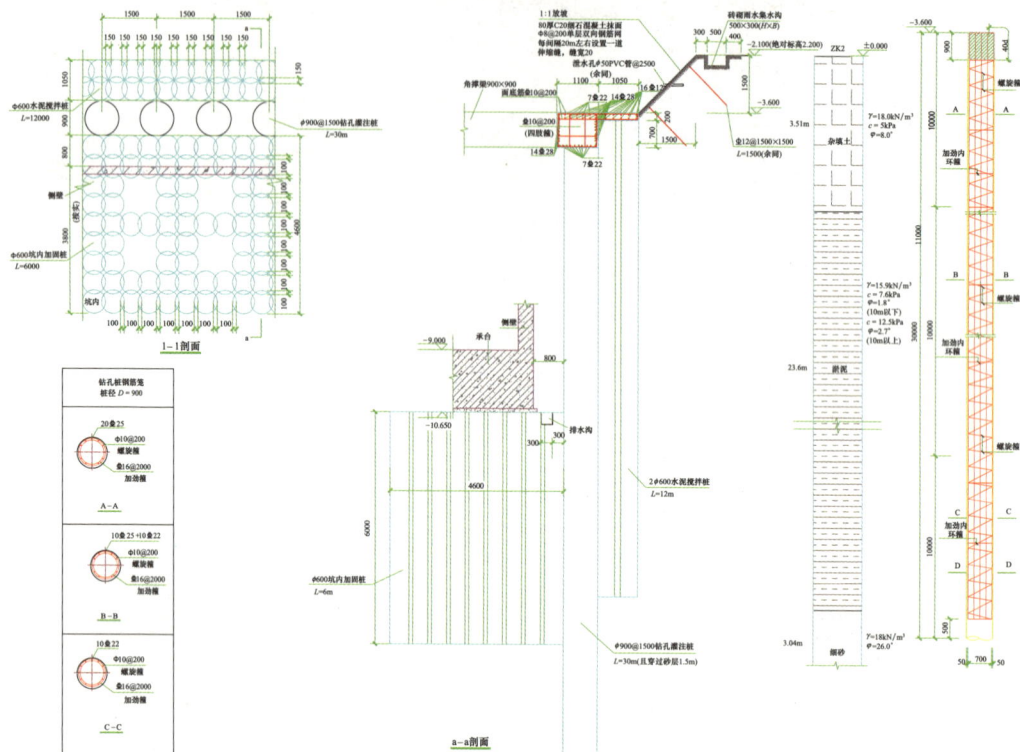

图 3-4　二层地下室基坑支护剖面图 1

注：采用单排钻孔灌注桩＋一道钢筋混凝土支撑＋外侧双排水泥
搅拌桩＋坑底被动区水泥搅拌桩加固挡土止水支护方案。

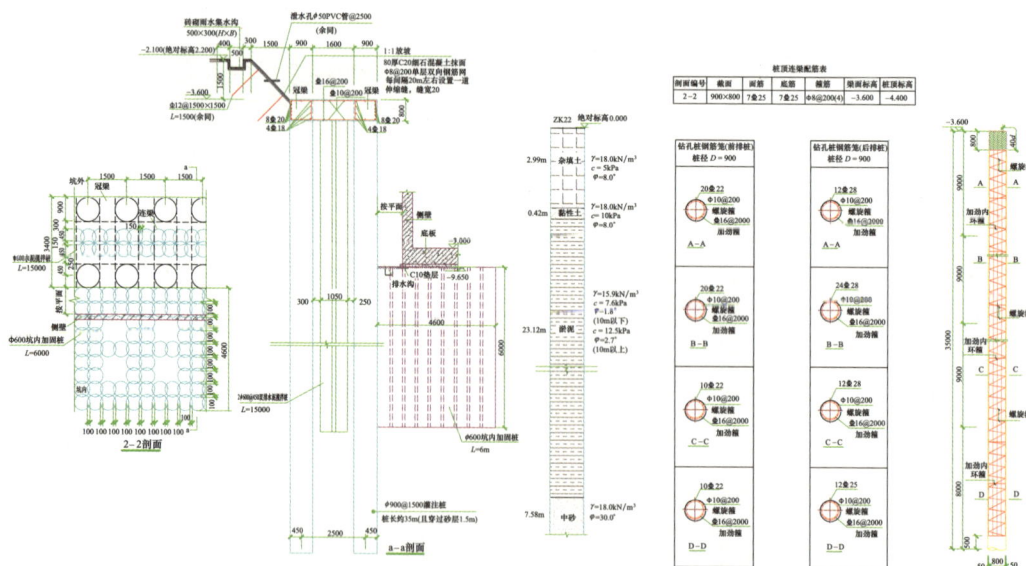

图 3-5　二层地下室基坑支护剖面图 2

注：采用双排钻孔灌注桩＋前后排灌注桩之间双排水泥搅拌桩＋坑底
被动区水泥搅拌桩加固挡土止水支护方案。

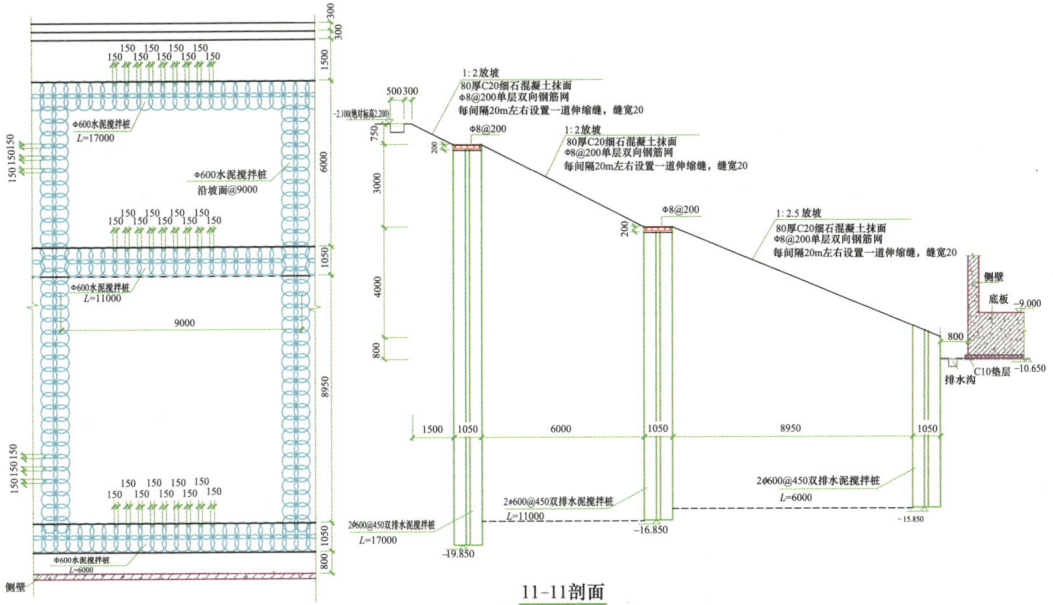

图 3-6　二层地下室基坑支护剖面图 3

注：采用多级土体放坡＋水泥搅拌桩加固挡土止水支护方案。

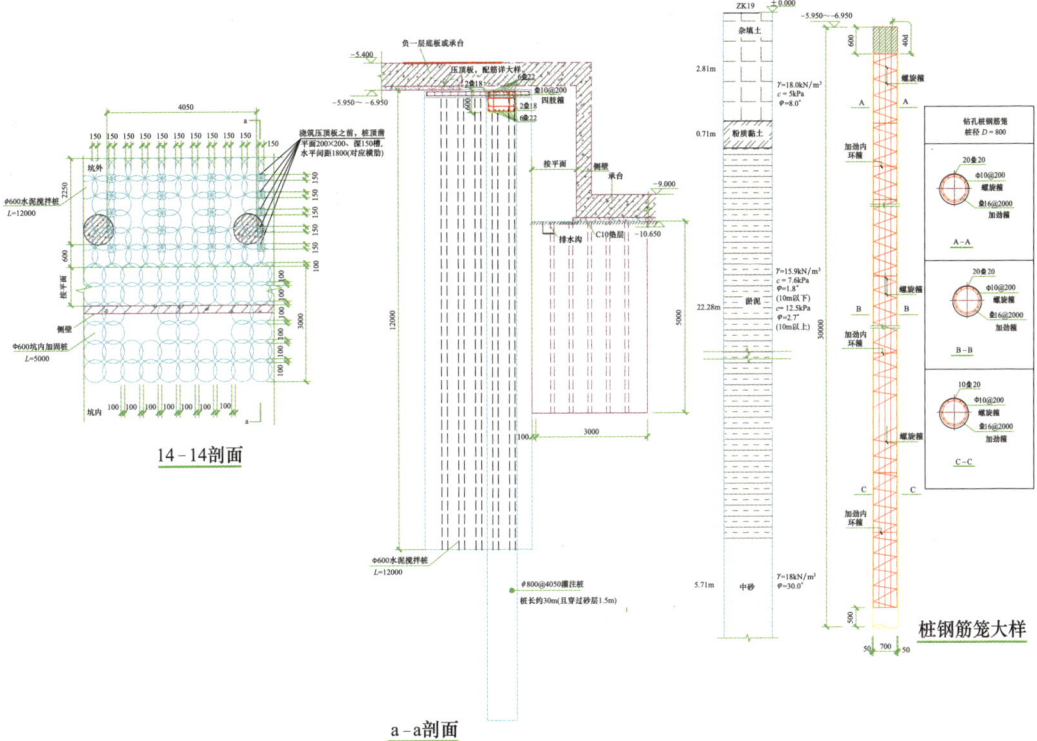

图 3-7　一、二层地下室交界处基坑支护剖面图

注：采用格构式水泥搅拌桩＋中间插单排钻孔灌注桩＋坑底被动区
　　水泥搅拌桩加固挡土止水支护方案。

4 施工过程

4.1 施工顺序

（1）施工主体结构工程桩后，先施工一层地下室：水泥搅拌桩→被动区加固格构式水泥搅拌桩→支护桩→高压旋喷桩→土方开挖至一层地下室坑底标高→施工混凝土垫层，浇筑底板、承台、地下室侧墙和顶板，并继续往上施工。

（2）二层地下室：被动区加固格构式水泥搅拌桩→支护桩（立柱桩）→水泥搅拌桩→施工内支撑梁及桩顶梁、板→待内支撑及冠梁混凝土强度达到80%设计强度后进行土方开挖，开挖时应分段、分块、分层、对称挖至二层地下室坑底标高→抢做垫层，尽快施工地下室承台、底板。

（3）施工地下室承台、底板后，底板、承台与支护桩之间的空隙用C25素混凝土浇捣填实，形成传力带→施工一层地下室梁、板，在楼板与支护桩之间的空隙回填密实砂土，并浇筑C25素混凝土条状传力带→待地下一层楼板及传力带混凝土强度达到80%设计强度后，方可拆除支撑。

4.2 基坑土方开挖应采取的措施

（1）根据本工程周边环境，出土口设置在西南角，土方开挖顺序为从北至南。

（2）分段、分层开挖地下室土方，分块浇筑地下室底板、承台。

（3）开挖的土方应随挖随运，严禁堆积在基坑顶及周边场地。

4.3 施工过程遇到的问题及处理措施

施工单位因抢东侧两栋楼一层地下室的进度，为出土方便并防止运土车碾压支撑梁，二层地下室西北面的角撑梁和售楼中心、样板房部位的对撑梁没有与支护桩顶的冠梁同时浇筑，而是待二层地下室土方开挖前浇筑，施工缝留在冠梁与支撑梁交界处，基坑开挖后此处出现裂缝。处理措施：①裂缝大的地方，采用角钢桁架加固，如图4-1～图4-3所示；

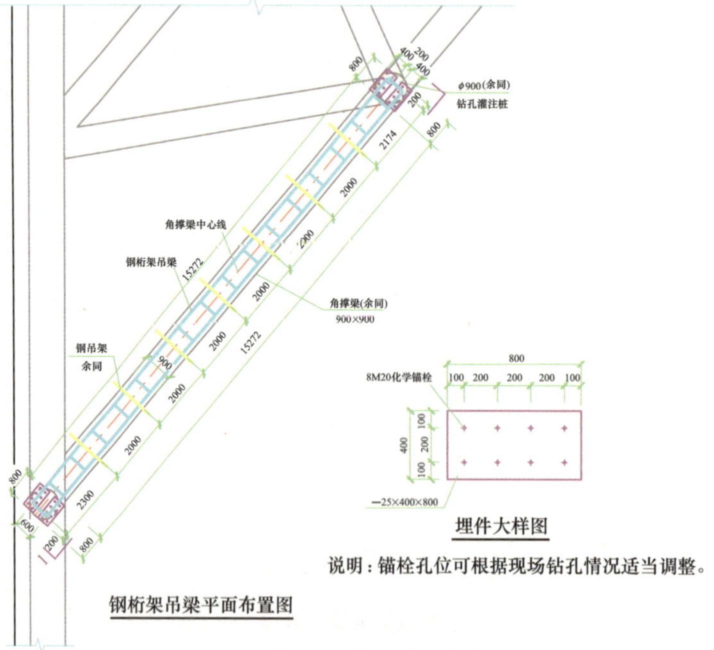

图 4-1 西面混凝土角撑梁加固平面

②裂缝不大的地方，灌浆封缝，继续观察；③支撑梁还未施工的，按图 4-4 进行节点加强构造施工。

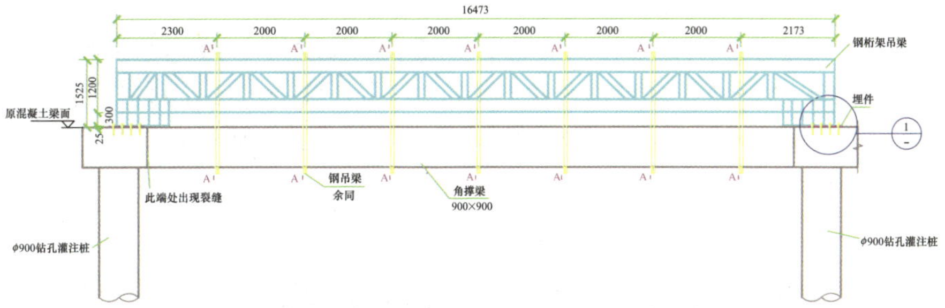

图 4-2　西面混凝土角撑梁加固立面

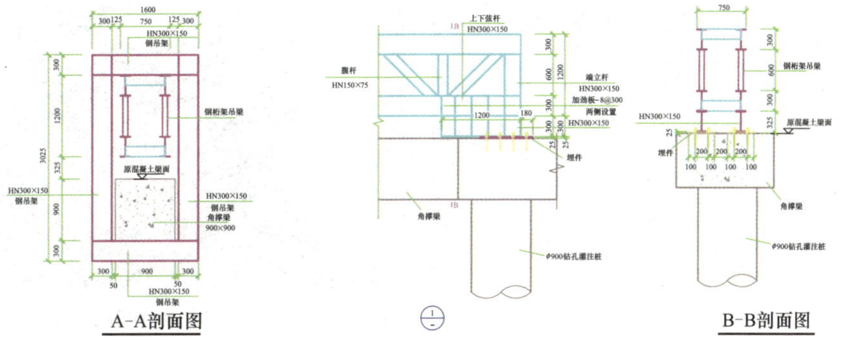

A-A剖面图

B-B剖面图

说明：钢吊架现场安装好后，上部梁需与钢桁架吊梁上弦杆件焊接。

图 4-3　钢桁架加固节点大样

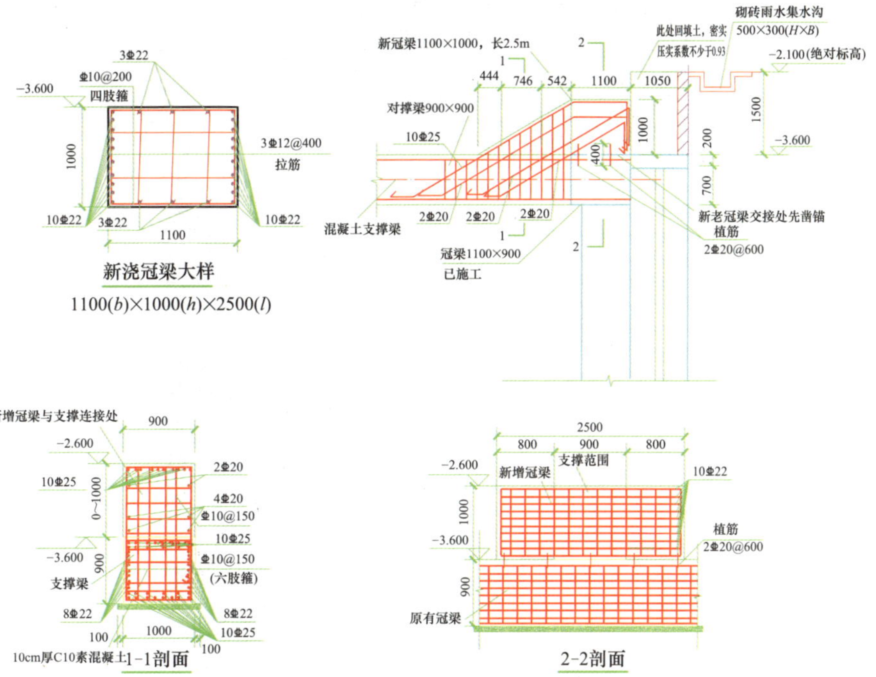

新浇冠梁大样

$1100(b) \times 1000(h) \times 2500(l)$

混凝土支撑梁

1-1剖面

2-2剖面

图 4-4　对撑梁加强构造节点大样

4.4 基坑降、排水措施

（1）坡顶 2m 范围按要求进行硬地化或喷混凝土护面施工，按设计要求布置截水沟，截水沟每间隔 25m 布置集水井。

（2）基坑采用管井降水方案，二层地下室降水井长度为 10m，一层地下室降水井长度为 5m。要求坑内地下水位降至承台底 500mm 以下，坑外水位控制在地面以下 1000～1500mm 范围，否则应及时采取回灌水措施，防止坑外水位下降过大。

4.5 施工现场

本基坑工程施工现场如图 4-5～图 4-11 所示。

图 4-5 售楼中心、样板房南侧一层
地下室底板浇筑完成

图 4-6 一、二层地下室交界处支护结构及斜撑梁

图 4-7 西北角斜撑梁未与桩顶冠梁同时浇筑，导致交界处梁开裂

图 4-8 斜撑梁开裂后加固

图 4-9 桩顶冠梁先浇筑、支撑梁后浇筑加固

图 4-10 北面二层地下室底板、承台钢筋绑扎

图 4-11　售楼中心、样板房西侧二层地下室土方开挖

4.6　基坑监测

根据有关基坑监测技术规范，针对本基坑工程周边环境，设置了支护结构水平位移、竖向位移及深层水平位移，对撑轴力、角撑轴力，立柱和周边建筑物沉降以及地下水位的观测点，对基坑土方开挖、地下室的施工进行全过程监测。

第三方基坑监测单位的监测数据表明，在基坑开挖及地下室施工过程中，支护结构的顶部和深层水平位移、坑外地面及周边建筑物沉降均在规范允许范围内，支护结构和周边环境安全可控。

5　结语

本项目基坑工程一层地下室开挖深度为 4～5m，二层地下室开挖深度为 7.55～8.55m，属汕头牛田洋填海地域，上部淤泥层厚度为 22～25m，含水率 60%～70%，力学性能差，周边环境比较复杂，根据不同部位采用了多种支护形式。值得一提的是，在一层地下室和一、二层地下室交界处，采用格构式水泥搅拌桩＋间隔 4.05m 在水泥搅拌桩中插单根钻孔灌注桩＋坑底被动区水泥搅拌桩加固挡土止水方案。水泥搅拌桩解决水平变形和渗水问题，钻孔灌注桩解决整体稳定和抗倾覆问题，发挥两种桩型各自优势，形成组合式支护结构。基坑开挖后，该支护结构不渗水，比单排灌注桩支护结构的变形小，造价低，是一次成功的探索。

案例 24 领荟湾基坑工程

1 工程概况

本工程场地位于汕头市中山东路和衡山路交界东侧 B-01-01、B-01-04 地块。基坑北面临港区排洪沟，东面临已建雅士利中心项目，南面临超声大厦项目及珠港路（规划路，尚未施工），西面临在建衡山路（图 1-1）。本工程设二层地下室，分为南、北两块，中间为规划路。北面地下室为长方形，东西向为 205m，南北向为 59m；南面地下室为方形，东西向为 66m，南北向为 60m。南、北两个地下室在负二层设两个通道连接。现场地标高为 2.800m，北面场地标高为 1.300m，地下室底板垫层底标高为−5.550m，开挖深度为 8.350m，（北面为 6.850m）。场地地下室边线距北面红线 4m、距排洪沟边 6m，距东面红线 6.50m，距南面红线 4.5m，距西面红线 10m 以上，但西侧红线范围内地下室外有售楼处，支护使用空间仅 3m。基坑周围地段受基坑工程扰动程度：西面、北面为受扰动最大区，基坑环境等级、支护结构安全等级为一级；东面、南面为受扰动较小区，基坑环境等级、支护结构安全等级为二级。

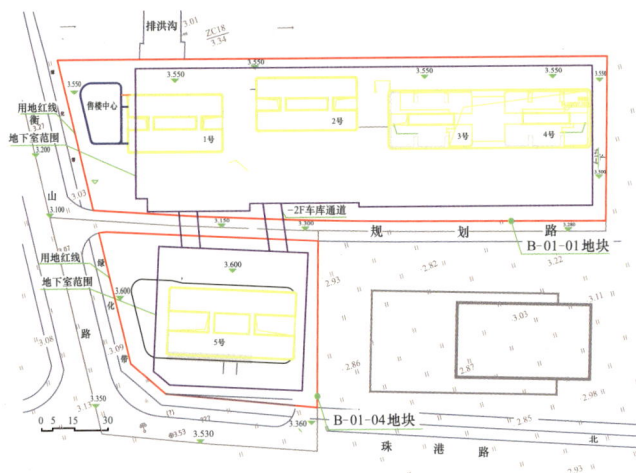

图 1-1 周边环境示意

2 地质条件

场地地貌属韩江三角洲冲积平原前缘地带，原为近岸滩涂地段，后经人工填积而成建筑场地。

钻探揭露场区岩土层由上至下可分为：

①填土：分布全区，层厚 1.30～8.50m，灰黄色—灰色，干—湿—饱和，松散—稍压实。其中，杂填土分布于场地大部分地段，由黏性土、砂土混砖石、混凝土块等建筑垃圾及生活垃圾组成，成分杂乱，强度不均匀；素填土由砂土混黏性土、碎石、混凝土块等建筑垃圾组成，成分较杂乱。

②淤泥：分布全区，层厚 25.30～35.70m，黄灰—灰—青灰色，饱和，流塑，上部淤泥呈黄灰色，不均匀含（夹）粉砂微、薄层，含少许有机质。

③粗砂：分布全区，层厚 2.50～13.30m，浅灰—绿灰色，饱和，多为密实状，以

中、粗砂为主，多数地段上部分布细砂层。

③₁细砂：分布场区大部分地段，层厚 0.50～6.30m，浅灰—绿灰色，饱和，中密—密实状。

④砂质黏性土：大部分地段分布，层厚 0.50～11.20m。绿青色—灰绿色—灰黄色，稍湿—湿，硬塑。

⑤全风化花岗岩岩：多数钻孔地段分布，层厚 0.70～14.50m，绿青—黄色，稍湿—湿，硬。

⑥强风化花岗岩：分布全区，仅于西侧及南侧部分钻孔钻穿，钻入或钻穿厚 4.40～24.35m，绿青—黄—赤色，稍湿—湿，坚硬，属软岩。

⑦中风化花岗岩：仅于场区南侧及西侧部分地段钻及，已揭露厚度 3.00～5.60m，未穿，灰白色—斑杂色，呈中、粗粒花岗结构，致密坚硬。

场址地下水类型主要为孔隙潜水、孔隙承压水和基岩风化、构造裂隙承压水。

孔隙潜水赋存于①层及②层顶部中、细砂夹层中，补给来源为大气降水，受季节及气候制约，水位不稳定。与场区北侧港区排洪沟内地表水有一定水力联系。本场区孔隙潜水的季节性变化幅度约 1.00～1.50m。

孔隙承压水主要赋存于③层，水量较丰。

基岩风化、构造裂隙承压水赋存于⑥、⑦层强、中风化岩接触带中，水量较贫，勘察期间未能测得地下水位。

地质剖面图如图 2-1 所示。

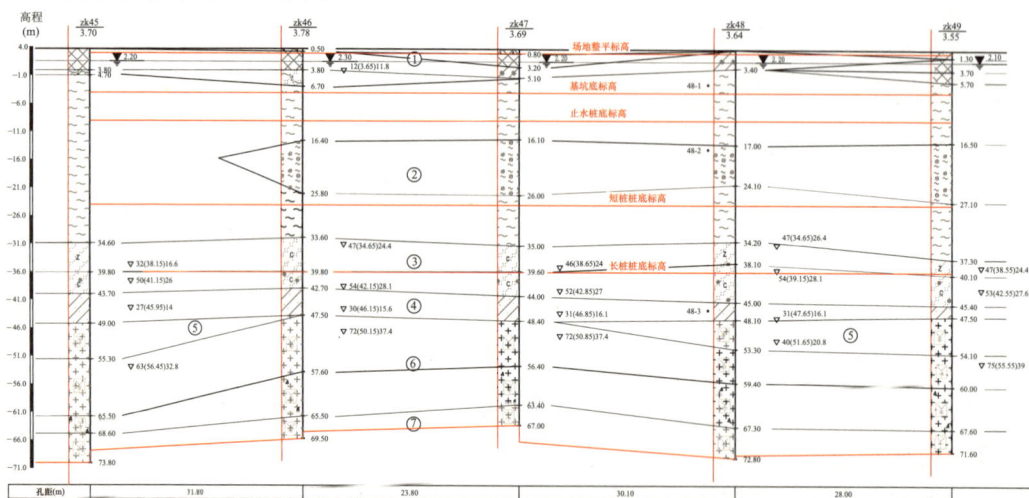

图 2-1 工程地质剖面示意图

3 设计方案

3.1 本基坑工程的特点及难点

（1）本工程所在地，原是海滩，填海后成为建设用地，是汕头市区地质条件非常复杂的区域之一，淤泥层厚度超过 30m，含水率高，力学性能差，呈流塑状，附近在建、已建的项目，基坑工程或多或少都出现了一些问题。

（2）北面地下室距离排洪沟较近，与沟边距离 6m，排洪沟的挡土墙基础形式不明确，不知道地下是否有障碍物，地勘资料也没有反映，但从东侧相邻雅仕利中心工程项目了解到，该项目在开挖地下室时，北侧有渗水现象。

（3）地下室南、北面中间有一块大通道，东南角为汕头超声大厦项目的建设用地，设二层地下室，开挖深度大于8m，若其开工时间相隔不远，相邻部分的地下室可以采用放坡开挖的方式，双方将节省不少支护结构的费用。无奈汕头超声大厦具体开工时间无法确定，本工程先施工，基坑设计最终采用了双排钻孔灌注桩的支护形式。

3.2 基坑支护方案选择

根据本工程周边环境、地质资料及基坑开挖深度，首先考虑采用单排钻孔灌注桩＋一道钢筋混凝土支撑＋双排水泥搅拌桩＋坑底被动区水泥搅拌桩加固挡土止水支护方案，但有两点担心，一是北面地下室距离排洪沟较近，若采用"桩＋撑"支护结构，北边土体不能提供与南边土体相同的支撑反力，南、北支撑反力不平衡；二是由于淤泥层厚度超过30m，且含水率高，力学性能差，二层地下室开挖深度大于8m，采用"桩＋撑"支护结构，若设一道撑，坑底易出现"踢脚"事故且汕头地区已出现过类似工程案例；设二道撑则不经济，也不方便施工。

综合考虑各方因素，基坑支护实施方案为：

（1）大部分位置，采用双排钻孔灌注桩＋前后排灌注桩之间双排水泥搅拌桩＋坑底被动区水泥搅拌桩加固挡土止水支护方案。

（2）西北角由于空间有限，采用单排钻孔灌注桩＋一道钢筋混凝土支撑＋桩间双排高压旋喷桩＋坑底被动区水泥搅拌桩加固挡土止水支护方案，为了加强止水效果，靠近排洪沟的位置，外侧另加双排水泥搅拌桩。

（3）靠近北面排洪沟的位置，采用双排钻孔灌注桩（前排桩密）＋前后排灌注桩之间双排水泥搅拌桩＋前排桩间单排高压旋喷桩＋坑底被动区水泥搅拌桩加固挡土止水支护方案。

（4）由于电梯井、集水井的提资条件还没有明确，坑中坑开挖深度无法确定，按常规工程考虑，坑中坑深1.5～2.0m，采用双排水泥搅拌桩挡土止水。

（5）其他设计加强构造措施：①在基坑内阳角处东西方向设一道钢筋混凝土支撑梁（兼作施工通道）；②坑底被动区除采用4.1m宽带状格构式水泥搅拌桩加固外，沿带状方向隔一定距离布置水泥搅拌桩墩，加固深度均为7m。

3.3 基坑支护平面布置（图3-1）

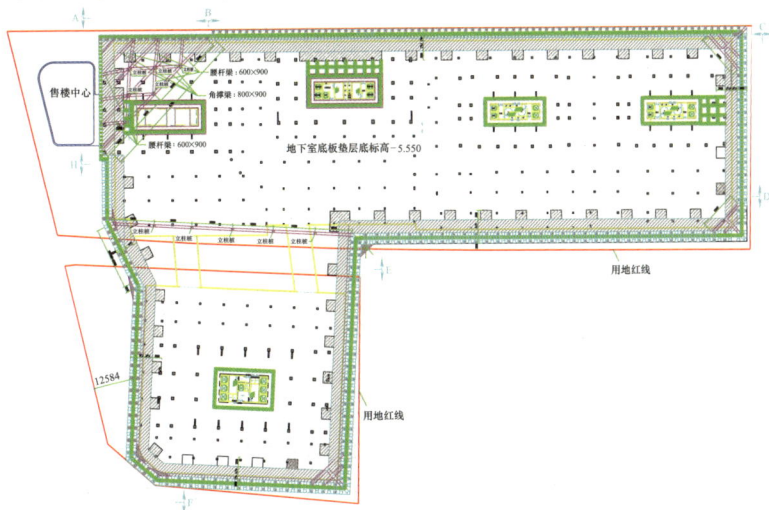

图3-1 基坑支护平面图

3.4 基坑支护典型剖面（图3-2～图3-5）

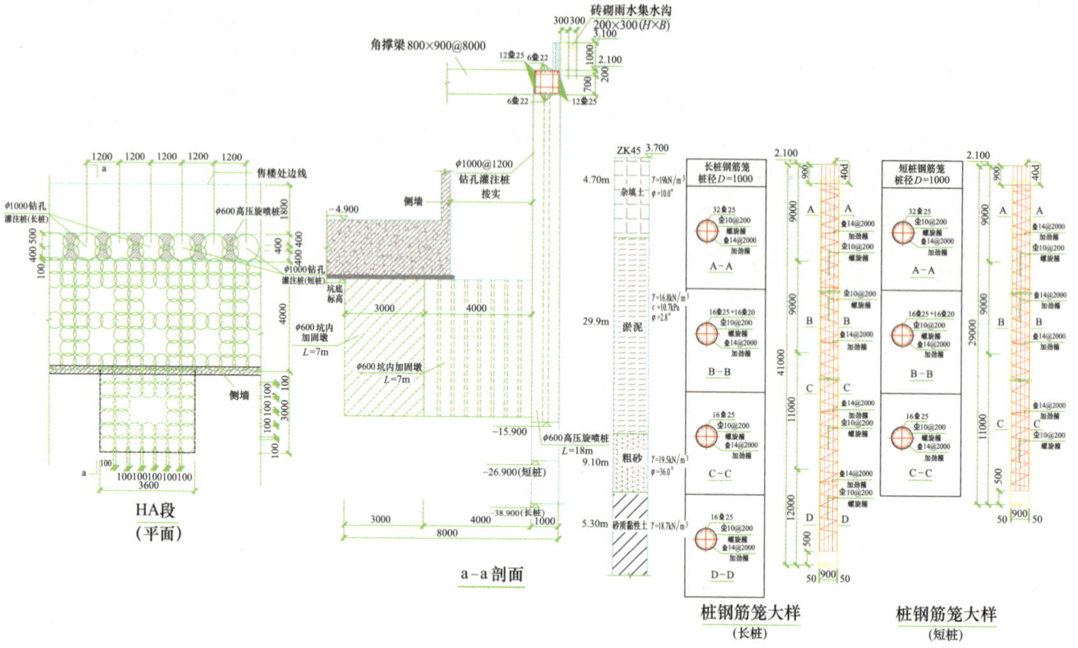

图 3-2 西北角西侧（HA 段）剖面图

注：采用单排钻孔桩灌注桩＋一道钢筋混凝土支撑＋桩间双排高压旋喷桩
＋坑底被动区水泥搅拌桩加固挡土止水支护方案。

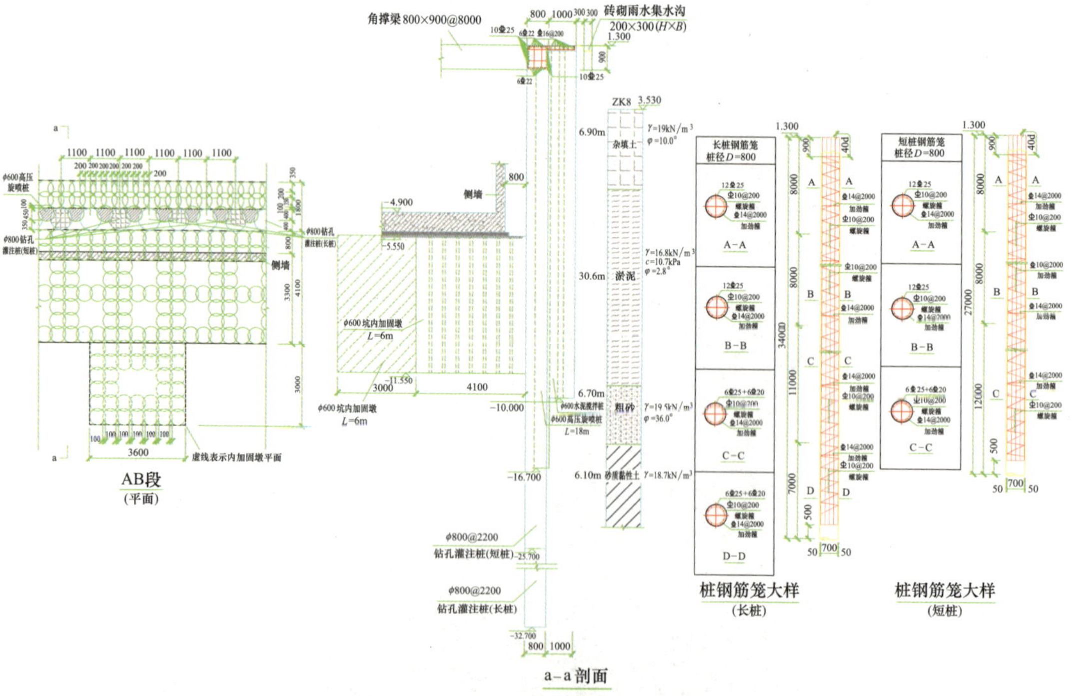

图 3-3 西北角北侧（AB 段）剖面图

注：采用单排钻孔桩灌注桩＋一道钢筋混凝土支撑＋桩间单排高压旋喷桩＋
外侧双排水泥搅拌桩＋坑底被动区水泥搅拌桩加固挡土止水支护方案。

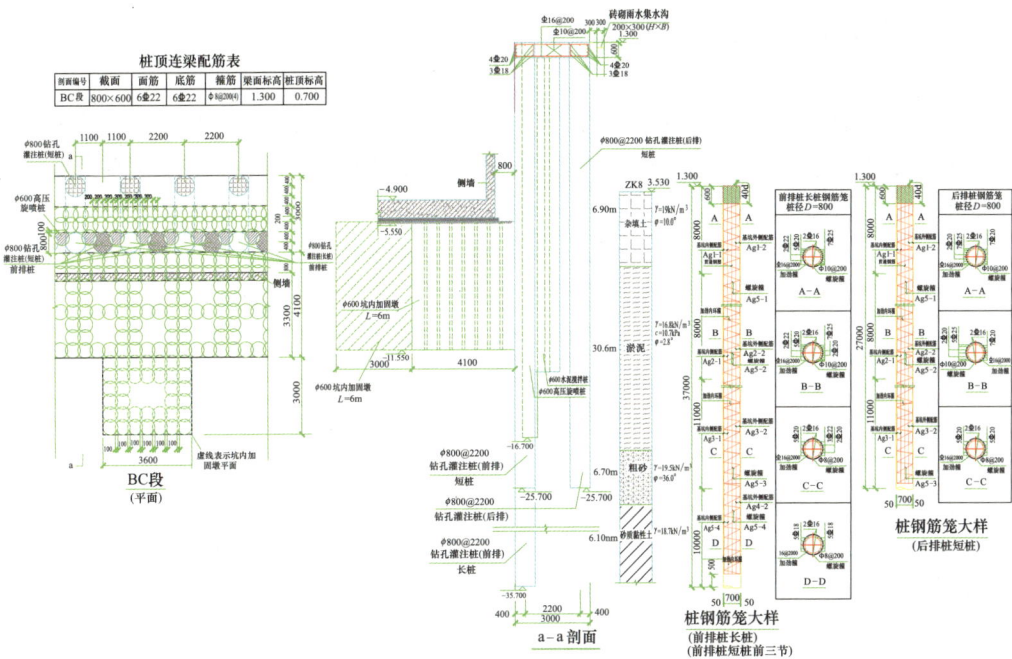

图 3-4　北侧（BC 段）支护剖面图

注：采用双排钻孔灌注桩＋前后排灌注桩之间双排水泥搅拌桩＋前排桩间
单排高压旋喷桩＋坑底被动区水泥搅拌桩加固挡土止水支护方案。

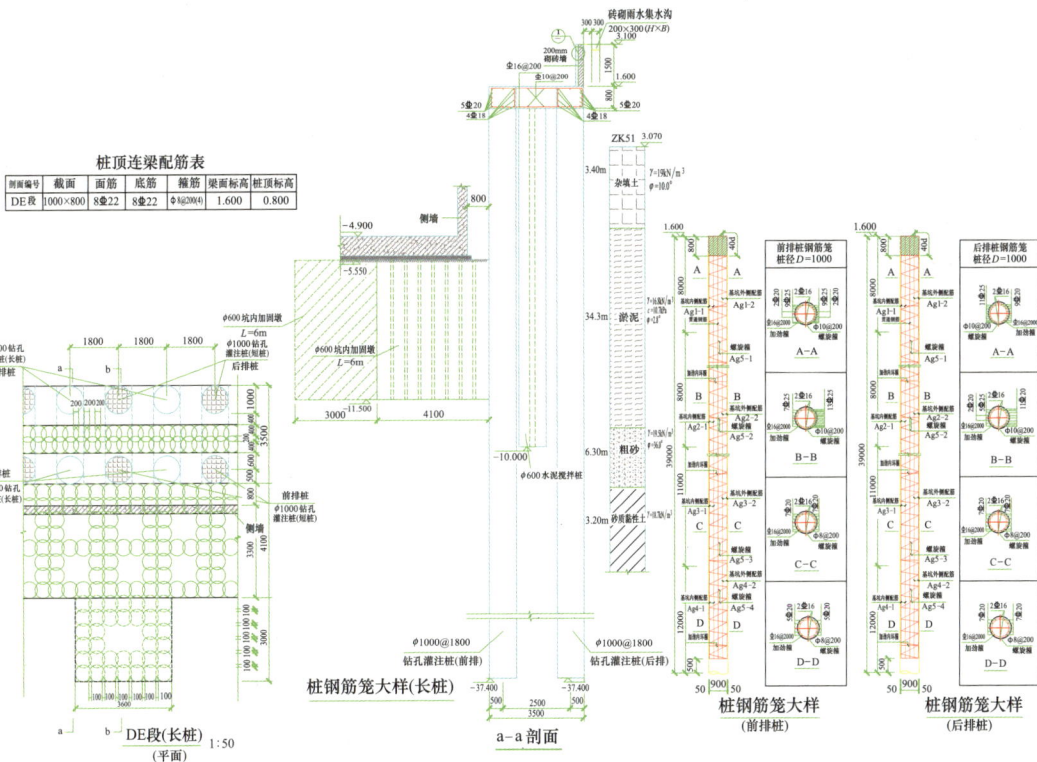

图 3-5　其他位置（C～H 段）支护剖面图

注：采用双排钻孔灌注桩＋前后排灌注桩之间双排水泥搅拌桩＋坑底被动区水泥搅拌桩加固挡土止水支护方案。

4 施工过程

4.1 施工顺序

（1）施工主体结构工程桩→水泥搅拌桩→被动区加固格构式水泥搅拌桩→支护桩（立柱桩）→土方开挖至标高 0.800m，施工内支撑梁及桩顶梁、板→待内支撑及冠梁混凝土强度达到 80％设计强度后进行土方开挖。

（2）土方开挖和地下室底板、承台的浇筑顺序为北面地下室从东、西两端同时往中部施工，出土口设置在南面；南面地下室从西往东施工，出土口设置在东面。

（3）施工地下室承台、底板后，底板、承台与支护桩之间的空隙用 C25 素混凝土浇捣填实，形成传力带→施工一层地下室梁、板，在楼板与支护桩之间的空隙回填密实砂土，并浇筑 C25 素混凝土条状传力带→待地下一层楼板及传力带混凝土强度达到 80％设计强度后，方可拆除支撑。

4.2 基坑土方开挖应采取的措施

（1）基坑的土方应分段、分块、分层、对称开挖至坑底，淤泥层的分层厚度不超过1.0m，严禁一次性开挖到坑底；分段长度不超过 20m；分块浇筑地下室底板、承台。

（2）基坑土方开挖时，应随挖方布置临时集水井或降水坑，以降低坑内地下水位，方便施工。

（3）运输车辆需从支撑梁上通过时，在运输通道上要求铺设走道板（钢板）等，以支撑重型设备，减少对支撑梁的挤压破坏。

（4）开挖的土方应随挖随运，严禁堆积在基坑顶及周边场地。

4.3 施工过程遇到的问题及处理措施

4.3.1 电梯井、集水井（坑中坑）加深后的处理措施

基坑支护结构完成后，土方开挖前，由于使用功能的改变，电梯井由原来预计的坑中坑深 1.5～2.0m，加深了 4～5m，原有双排水泥搅拌桩挡土止水支护形式显然不可行，必须加固处理。

根据各栋塔楼修改后电梯井承台的平面尺寸和深度，加固措施如图 4-1～图 4-4 所示。

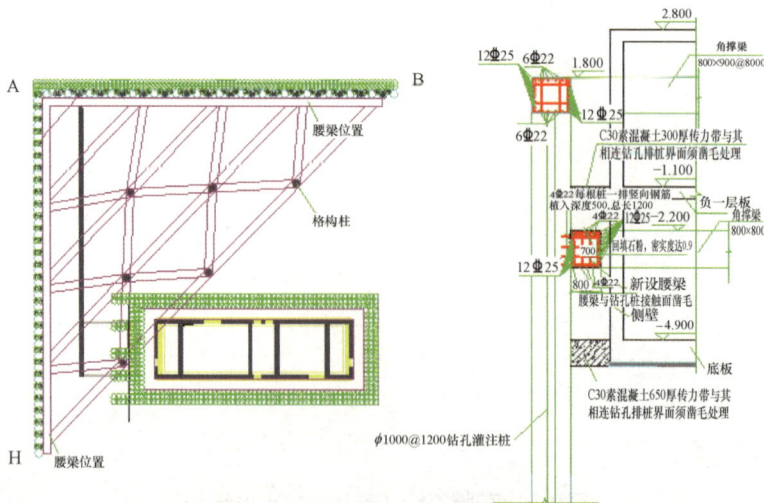

图 4-1 西北角 1 号电梯井支护加固

西北角 1 号电梯井超深开挖 4.80m，距离支护桩边不足 6.0m，在原设计支护结构已经施工完成的情况下，为了保证基坑支护结构安全，控制变形，除了做好电梯井本身的挡土止水措施外，不得已再加设一道钢筋混凝土支撑（图 4-1）。

2 号电梯井距离支护结构边较近，超深开挖 5.50m，在南北向加设一道钢筋混凝土支撑，与原东西向钢筋混凝土支撑垂直相交，加大了整体支护结构的刚度；超深开挖的电梯井则采用钢板桩＋两道钢管支撑支护方案（图 4-2）。

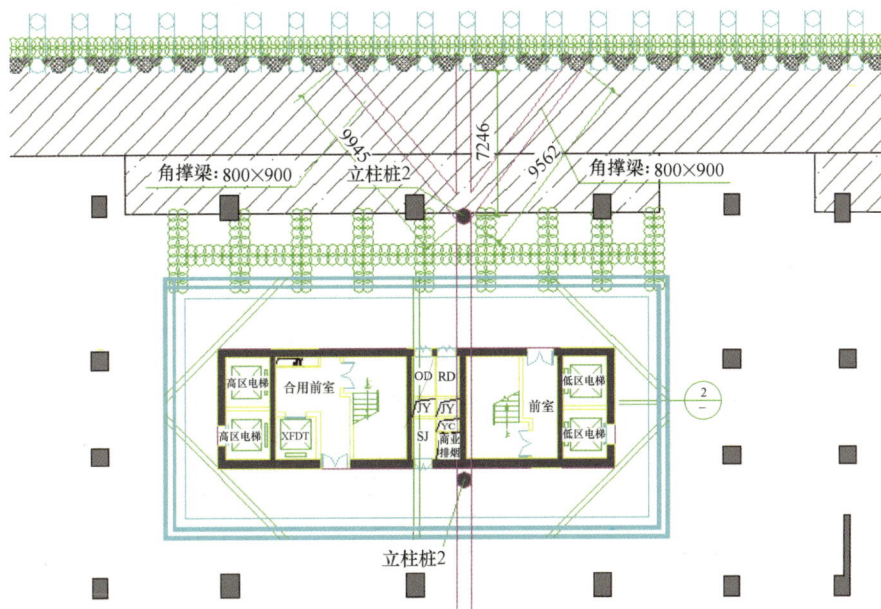

图 4-2　2 号电梯井支护加固

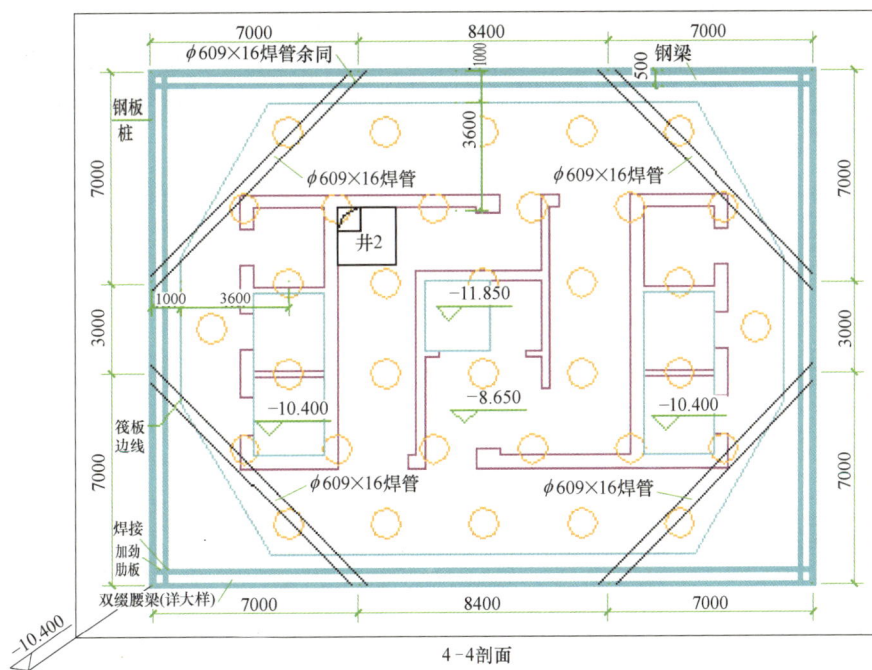

图 4-3　3～5 号电梯井支护加固平面图

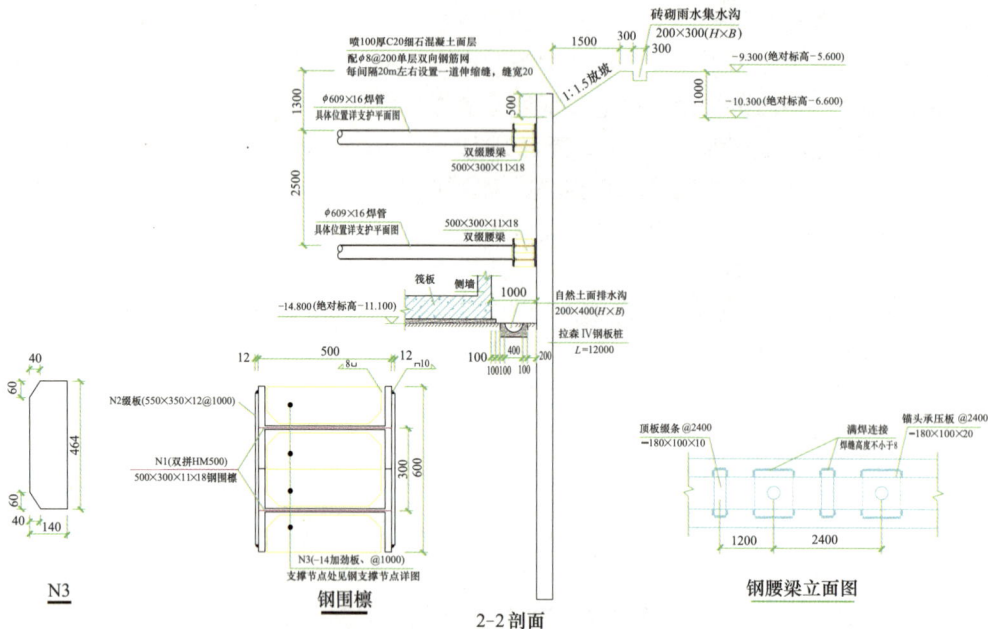

图 4-4 电梯井支护剖面图

3～5号电梯井虽然超深开挖，但其与支护结构边有一定的距离，支护结构本身不必加强，电梯井采用钢板桩＋两道钢管支撑支护方案。

五部电梯井均超深开挖4.2～5.5m，根据各自不同位置，采用不同的加强支护方式，开挖后，电梯井本身的钢板桩变形不大，对周边支护结构的受力和变形有一定的影响，但总体可控，效果良好。

4.3.2　基坑侧壁渗水问题的处理措施

基坑北侧靠近排洪沟，尽管止水帷幕设计采用了两道防线（一是前后排灌注桩间双排水泥搅拌桩止水，二是前排桩间加单排高压旋喷桩止水），但可能因为地下障碍物没有及时清除，或者施工质量把控不严，基坑仍渗水严重。

处理措施：沿着排洪沟，在支护结构的外侧施打一排钢板桩止水，钢板桩无法施工的位置，加设双排$\phi 600@450$mm的高压旋喷桩。高压旋喷桩施工过程中如遇地障，应先引孔，再用导管灌细砂，之后喷浆。渗水处理加固做法如图4-5所示。

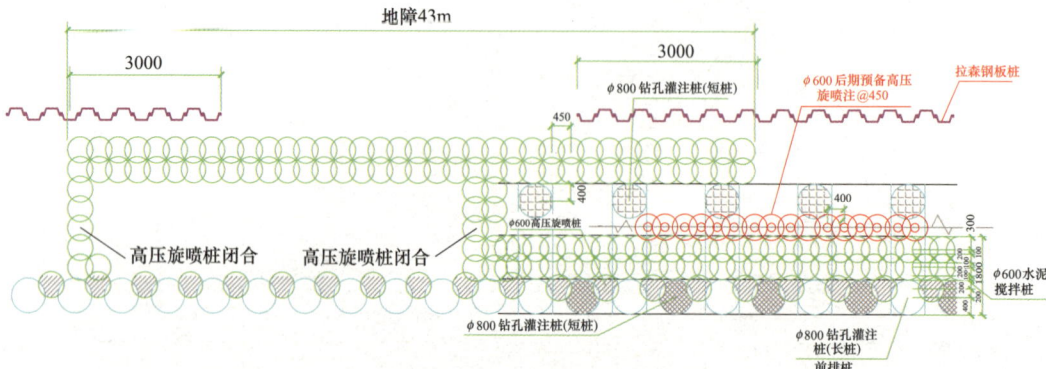

图 4-5 北侧渗水处理加固做法

4.3.3 支护结构水平变形过大问题的处理措施

在开挖 4 号楼、1 号楼土方和地下室底板、承台、侧墙施工的过程中，变形监测数据表明，支护结构的顶部和深层变形并不大，不到 60mm，均在规范允许范围以内。开挖 3 号楼、5 号楼电梯井坑中坑时，支护结构水平变形过大，累计变形最大值达到 430mm。究其原因，主要有三点，一是坑中坑的开挖深度超过原设计假定，且距离基坑边不远；二是坑边堆放钢筋等材料，挖出的土方堆放在坑外 20m 处，以为对支护结构无影响，没有及时外运；三是开挖的分段超过 30m。

处理措施：①尽快施工电梯井、集水井承台和底板，尽可能缩短坑中坑暴露的时间。②移走坑边堆载，开挖出的土方及时外运。③开挖分段、分块，长度控制在 15～20m，土方开挖完成后，应在 2d 内完成垫层浇筑，力保在 7d 内完成该区域的地下室底板施工。(4) 信息化施工，加密基坑监测频率，通过变形观测数据指导施工，以 24h 不超过 8mm 为限方能继续施工，否则要采取回填反压等加固措施，控制变形速率，确保基坑支护结构安全。

4.4 施工现场

本基坑工程施工现场如图 4-6～图 4-16 所示。

图 4-6 4 号楼东南角地下室
底板钢筋绑扎完成

图 4-7 4 号楼电梯井承台（坑中坑）钢筋绑扎

图 4-8 1 号楼电梯井承台
（坑中坑）钢筋绑扎

图 4-9 5 号楼电梯井承台（坑中坑）钢筋绑扎

图 4-10　3 号楼、2 号楼
地下室土方开挖

图 4-11　1 号楼地下室底板钢筋绑扎，
3 号楼、2 号楼土方开挖

图 4-12　3 号楼基坑北侧渗水后，
排洪沟的水涌满基坑

图 4-13　3 号楼基坑北侧、排洪沟
边施打止水钢板桩

图 4-14　2 号楼基坑北侧、排洪沟边引孔、
施打高压旋喷止水桩

图 4-15　电梯井、集水井（坑中坑）
钢板桩＋钢支撑施工

图 4-16　东西向支撑梁（兼作施工通道）两侧地下室底板钢筋绑扎

4.5　基坑监测结果

本基坑工程委托第三方监测机构对土方开挖和地下室施工的全过程进行了动态监测（图 4-17～图 4-20），真正做到用监测数据来指导基坑土方开挖和地下室的施工，确保支护结构的安全。

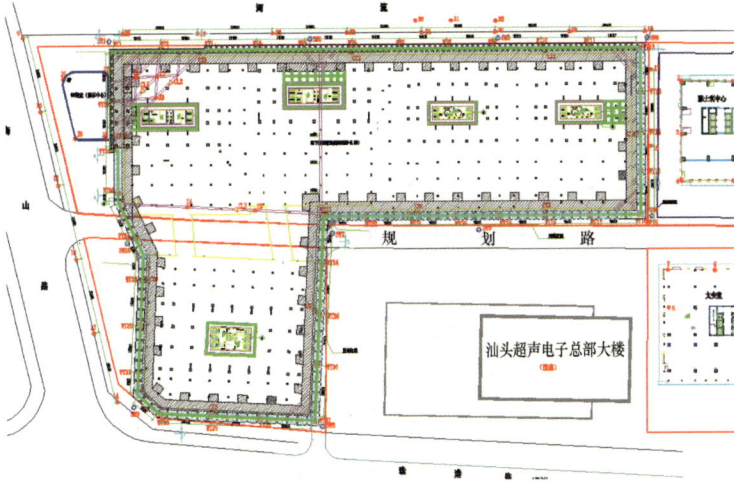

图 4-17　基坑及周边监测点布置图

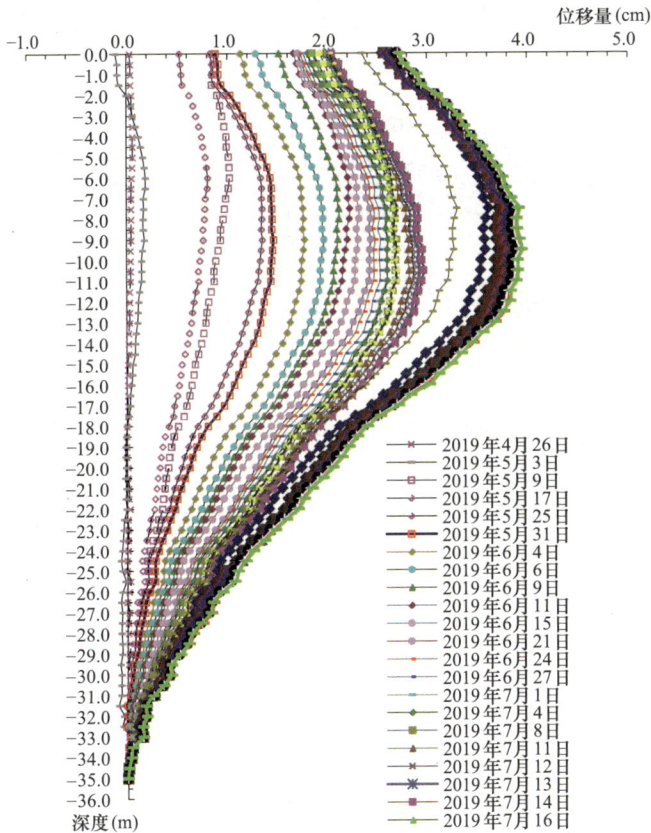

图 4-18　测斜孔 CX1 累计位移曲线

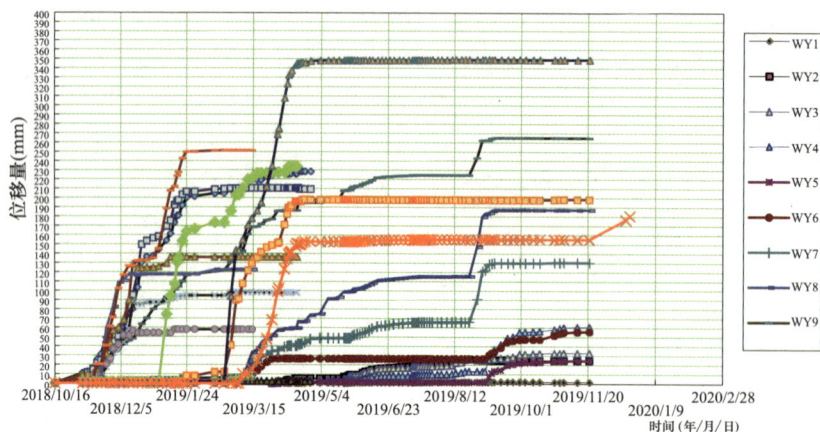

图 4-19　基坑压顶（北侧地下室）水平位移与时间关系曲线

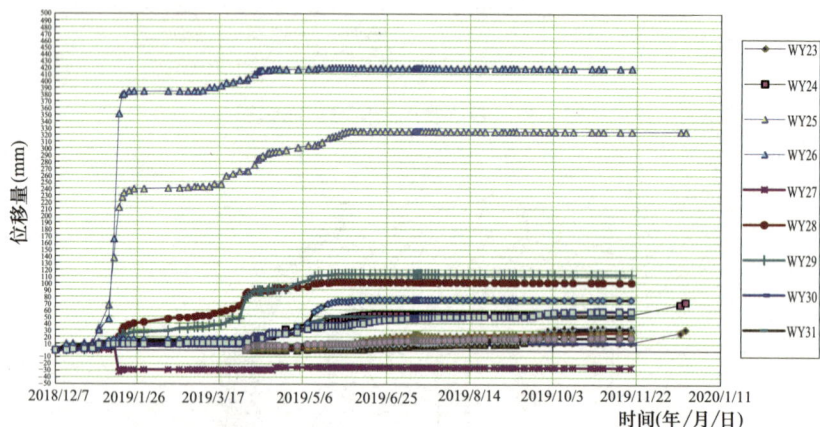

图 4-20　基坑压顶（南侧地下室）水平位移与时间关系曲线

5　结论

本基坑工程二层地下室开挖深度大于 8m，上部流塑状淤泥层厚度超过 30m，含水率高，力学性能差。采用以双排钻孔灌注桩＋坑底被动区格构式水泥搅拌桩加固为主的支护方案基本可行，经受住了坑中坑超原设计深度的严峻考验。虽然在土方开挖和地下室施工过程中，出现了基坑局部位置侧壁渗水、变形过大等异常状况，但通过信息化的施工手段，用监测数据指导施工进度，发现问题后及时处理，支护结构变形可控，基坑工程安全、稳定。

有两点需要在以后的基坑工程设计和施工中特别注意：①电梯井、集水井等坑中坑如果距离基坑边较近，除了做好坑中坑本身的挡土止水构造措施外，还要考虑坑中坑的开挖对基坑的不利影响，支护结构的计算和构造都应有所加强。②靠近河、沟的基坑，由于河、沟自身挡墙构造及地下有无旧堤坝、抛石等障碍情况可能不明确，基坑止水帷幕的设计及施工质量一定要加强。

1 工程概况

本工程位于汕头市澄海区玉亭路南面，泰乐西街东面，泰乐街西面，通裕路北面（图1-1）。基坑支护周长约598m，设置二层地下室。±0.000m相当于"1985国家高程"2.850m，现场地标高为−0.300～−0.500m，开挖深度为7.900～8.900m。东面地下室外墙距红线最近处13m，距道路边线6m；南面地下室外墙距红线最近处20m；西面地下室外墙距红线27m，距道路边线8m；北面地下室外墙距红线9m。基坑环境等级：靠近售楼中心处为一级，其余为二级；支护结构安全等级为二级。

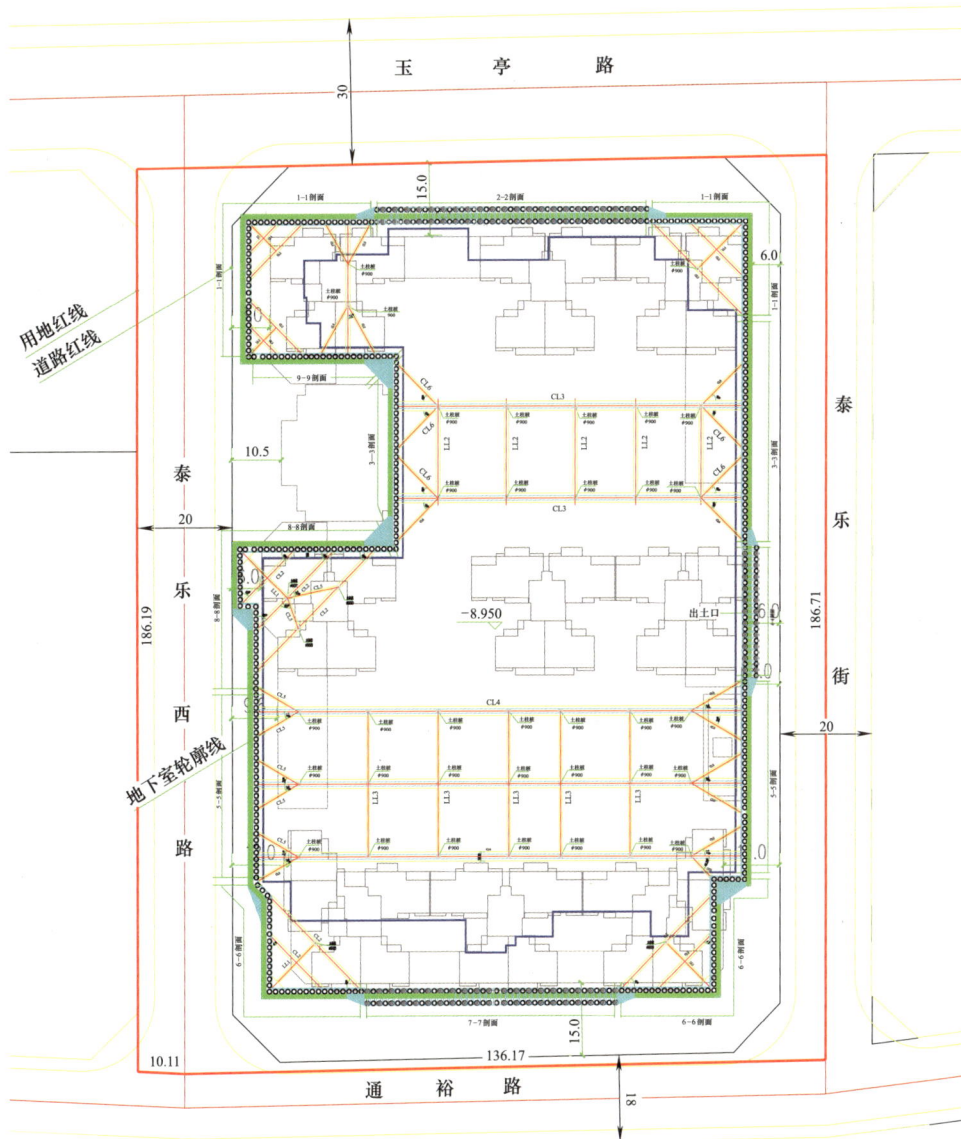

图1-1 周边环境示意

2 地质条件

场地地貌属韩江下游三角洲冲积平原。现状地形开阔，场地堆积大量淤泥及生活垃圾。根据钻探结果揭示，场地地基土按成因类型自上而下可划分为：

①人工填土（Q_4^{ml}）：主要由建筑废土及耕植土组成，为人工堆填。

②浅海—海湾相沉积土（Q_4^m）：主要由灰色松散—稍密细、中砂及灰—深灰色流塑淤泥组成，形成于第四纪全新世。

③海陆交互相沉积土（Q_3^{mc}）：主要由青灰色可塑黏土及粉质黏土，灰白色密实状中、粗砂和灰色软塑—可塑态灰色黏土等组成，形成于第四纪晚更新世。

④残积土层（Q_3^{el}）：为砂质黏性土，花岗岩风化形成的残积土。

⑤花岗岩侵入体（$\gamma_{53(1)}$）：主要为花岗岩风化带，形成于燕山四期。

勘察期间，测得场区地下水综合稳定水位埋深 0.40～1.65m，相应高程为 1.33～2.04m。场地地下水主要为孔隙潜水，赋存于①层和③层孔隙中，含水性好，透水性强，补给来源为大气降水和地表水。

地质剖面图如图 2-1 所示。

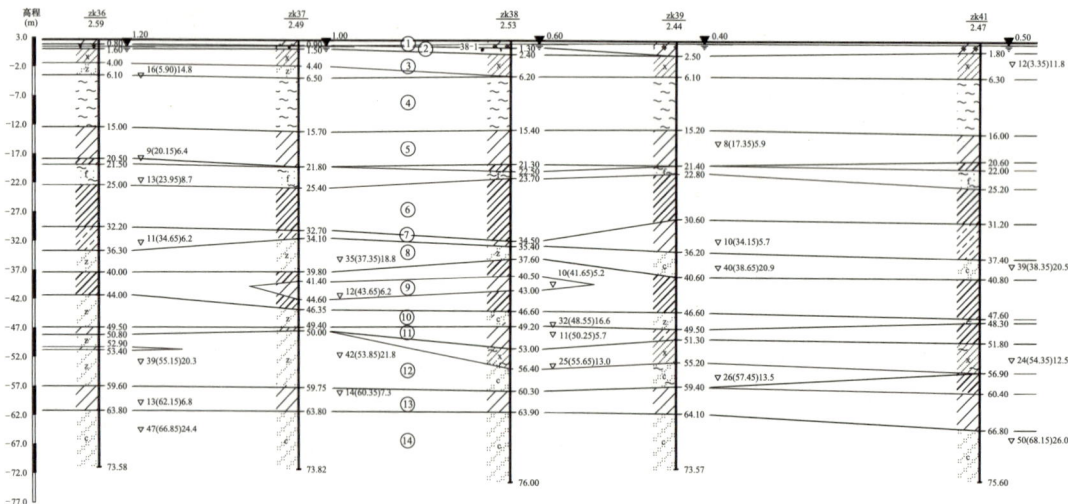

图 2-1 工程地质剖面示意图

3 设计方案

3.1 本基坑工程的特点

（1）基坑周边都是道路，尤其是北面的玉亭路为城市的主干道，车流量很大，动荷载对支护结构的水平位移影响不小。

（2）基坑底为较厚的淤泥层，对支护结构的变形控制是一个考验。

（3）售楼中心布置在西面，三个边靠近地下室，售楼中心先施工并很快投入使用，地下室后开挖，使支护结构的平面布置上出现了两个内阳角，对支护结构的受力非常不利。

3.2 基坑支护方案选择

在土方开挖和地下室施工过程当中，为将售楼中心的变形控制在尽可能小的范围，售楼中心临地下室的三边均采用单排钻孔灌注桩＋一道钢筋混凝土支撑＋外侧双排水泥搅拌桩＋坑底被动区水泥搅拌桩加固挡土止水支护方案。

其他位置，根据不同情况分别采用：①单排钻孔桩灌注桩＋一道钢筋混凝土支撑＋灌注桩外侧双排水泥搅拌桩＋坑底被动区水泥搅拌桩加固挡土止水支护方案；②双排钻孔灌注桩＋前后排灌注桩之间双排水泥搅拌桩＋坑底被动区水泥搅拌桩加固挡土止水支护方案。发挥两种支护形式的不同优点，既注意控制支护结构的变形，又方便土方的开挖、运输，加快地下室的施工进度。

3.3 基坑支护平面布置（图3-1）

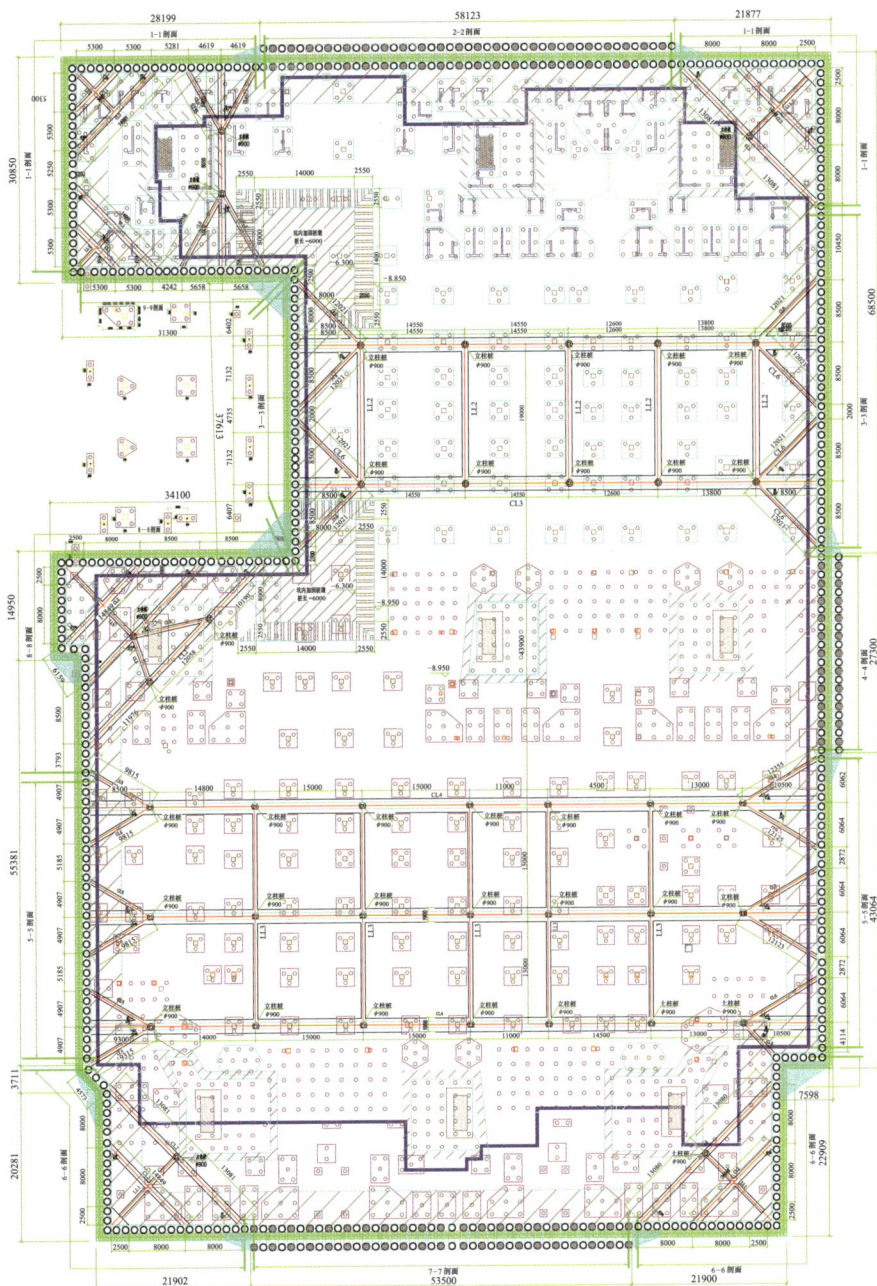

图 3-1 基坑支护平面图

3.4 基坑支护典型剖面（图3-2～图3-4）

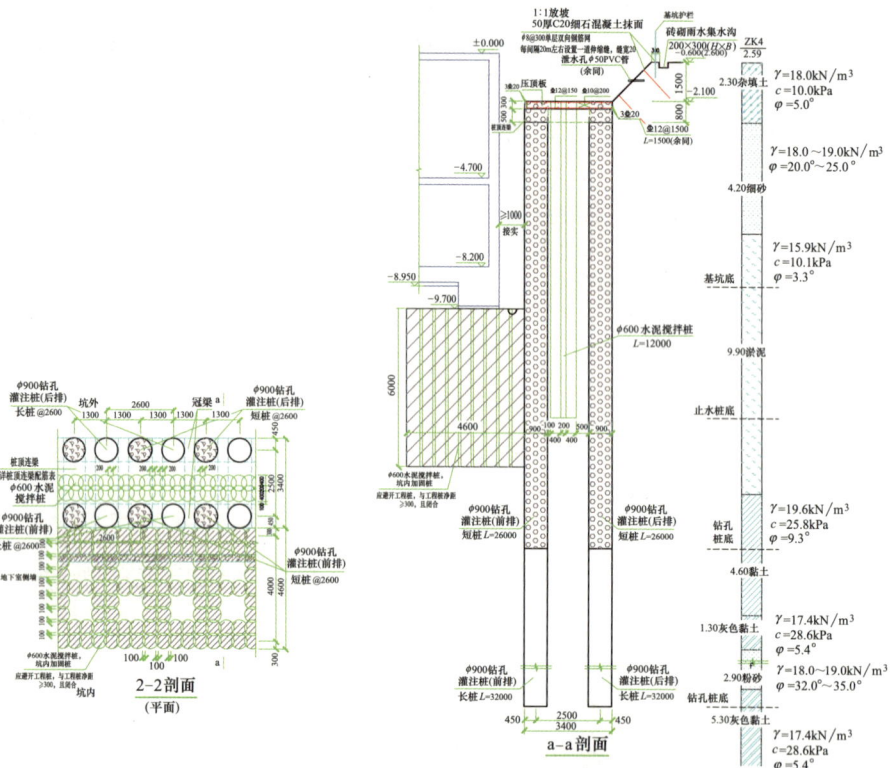

图3-2 双排钻孔灌注桩支护剖面图

注：采用双排钻孔灌注桩＋前后排灌注桩之间双排水泥搅拌桩＋坑底被动区水泥搅拌桩加固挡土止水支护方案。

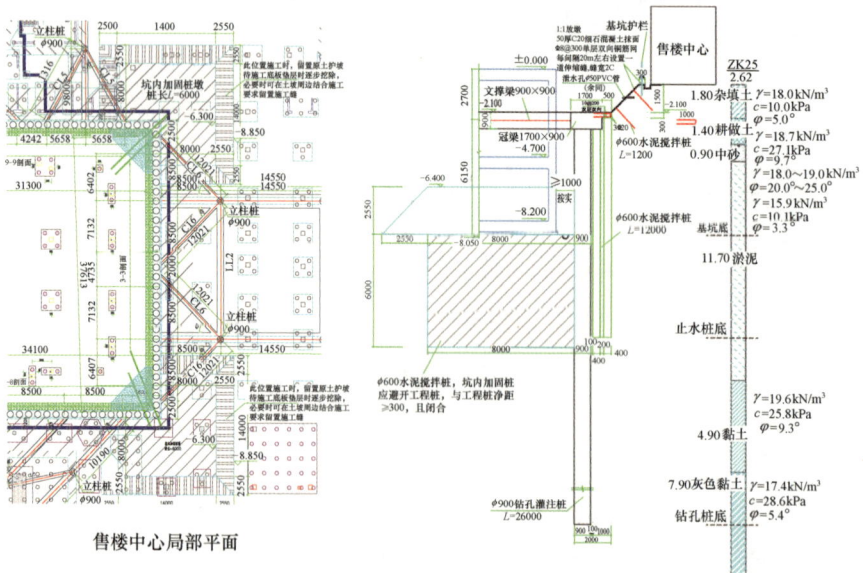

图3-3 售楼中心部位支护剖面图

注：采用单排钻孔桩灌注桩＋一道钢筋混凝土支撑＋外侧双排水泥搅拌桩＋
坑底被动区水泥搅拌桩加固挡土止水支护方案。

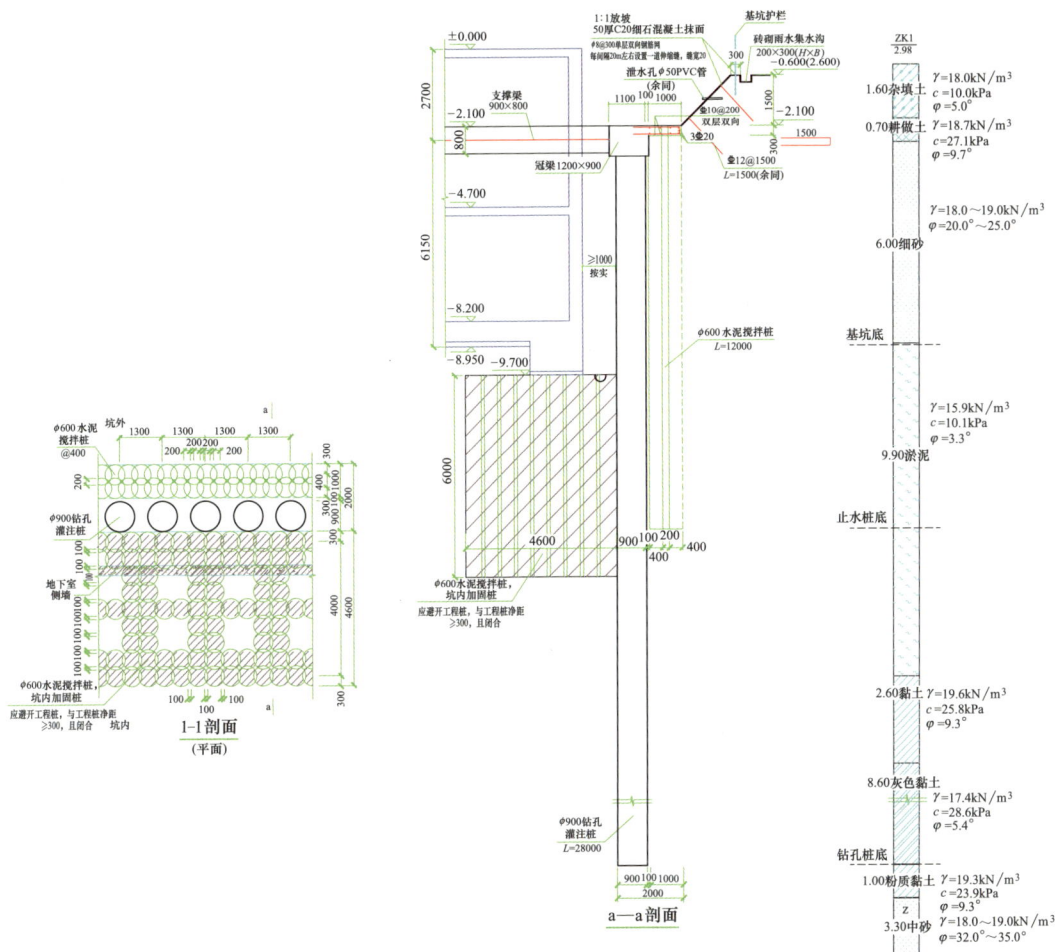

图 3-4　其他位置支护剖面图

注：采用单排钻孔桩灌注桩＋一道钢筋混凝土支撑＋灌注桩外侧双排水泥
搅拌桩＋坑底被动区水泥搅拌桩加固挡土止水支护方案。

4　施工过程

4.1　基坑土方开挖的技术要求

（1）基坑开挖前要求查明场地范围内的地下管线、地下构筑物情况，重点为北面玉亭路。如有管线不能拆移时，应采取切实可行的加固保护措施，确保施工期间地下管线的安全和正常使用。地下管线的迁改和保护须征得管线权属部门、业主等有关单位同意后方可施工。

（2）基坑土方应分块、分层开挖，每层开挖深度一般不大于 1.5m，分段长度不大于30m，严禁超挖及大锅底式开挖。开挖到坑底应及时浇筑混凝土垫层，承台需逐个开挖浇筑，底板需分块浇筑。

（3）出土口设置需方便施工且为最优路线。开挖基坑北面土方时，出土口设置在东面中部；北面地下室部分建成后，开挖中部土方及南面土方时，出土口设置在南面中部。凡开挖的土方应随挖随运走，严禁堆积在基坑顶及周边场地。

4.2 基坑降、排水措施

（1）坡顶 2m 范围按要求进行硬地化或喷混凝土护面施工，按设计要求布置截水沟，截水沟每间隔 25m 布置集水井。

（2）基坑采用集水明排降水方案，要求坑内地下水位降至承台底 500mm 以下，坑外水位控制在地面以下 1000～1500mm 范围，否则应及时采取回灌水措施，防止坑外水位下降过大。

（3）基坑土方开挖时，应随挖方布置临时集水井，以降低坑内地下水位，方便施工。

4.3 支撑的拆除

4.3.1 一般位置支撑拆除

一层地下室底板浇筑完成后，二层地下室至一层地下室楼板范围，在支护结构与地下室面墙间空隙分层回填石屑，施工混凝土传力板带，待混凝土达到龄期后方可拆除支撑（图 4-1）。本项目采用传统切割方式切割钢筋混凝土支撑梁及钢格构立柱，并用吊车吊出基坑。

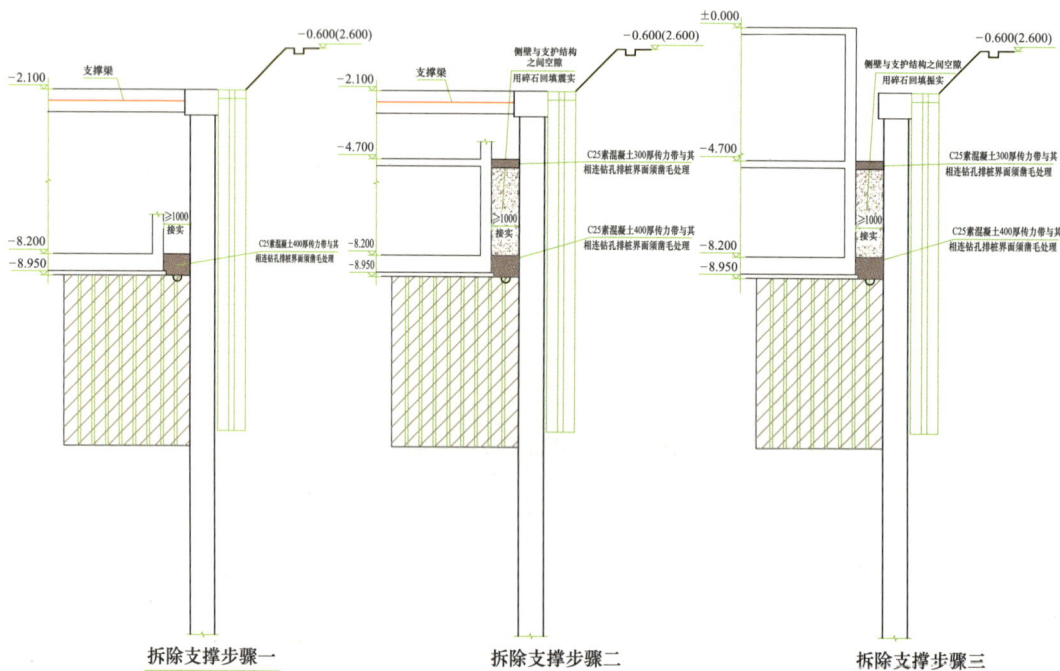

图 4-1 拆撑支撑步骤

4.3.2 售楼中心东北角、东南角支撑拆除

除按上述第 4.3.1 节的拆撑要求施工外，需特别注意的是，不同方向的支撑梁要同时拆除（图 4-2），否则会出现支撑反力不平衡，造成支护结构突然增大附加荷载，引发工程事故。

4.4 施工现场

本基坑工程施工现场如图 4-3～图 4-7 所示。

4.5 基坑监测结果

根据有关基坑监测规范，针对本基坑工程周边环境，设置了支护结构测斜观测点，支撑

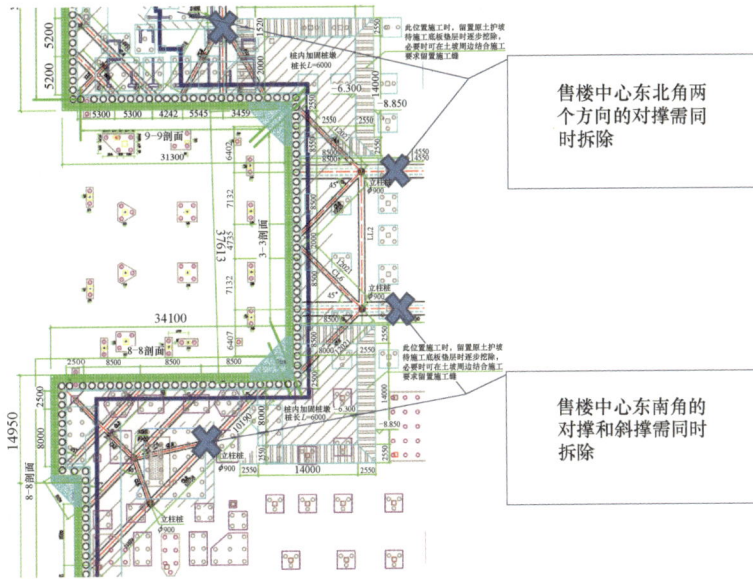

图4-2 售楼中心支撑平面图

图4-3 基坑全景　图4-4 基坑北面开挖（从东往西）　图4-5 售楼中心东西向基坑开挖

图4-6 售楼中心浇筑底板

图4-7 基坑支撑梁分段
切割吊装外运

轴力变化观测点，水平位移观测点，立柱和周边道路、售楼中心沉降观测点以及地下水位观测点等，在施工全过程中进行动态监测，监测结果与设计预期相吻合（图4-8～图4-11）。

图例：
—测斜孔，编号CX1-CX12
压顶水平位移（兼沉降）监测点，编号WY1-WY28
—周边沉降监测点，编号：周边建筑物F1-F10；周边地面DM1-DM21
—支撑立柱LZ1-LZ10
—支撑轴力监测点，编号：CL1-CL10
—坑外水位监测孔，编号SW1-SW10

图4-8　基坑及周边监测点布置图

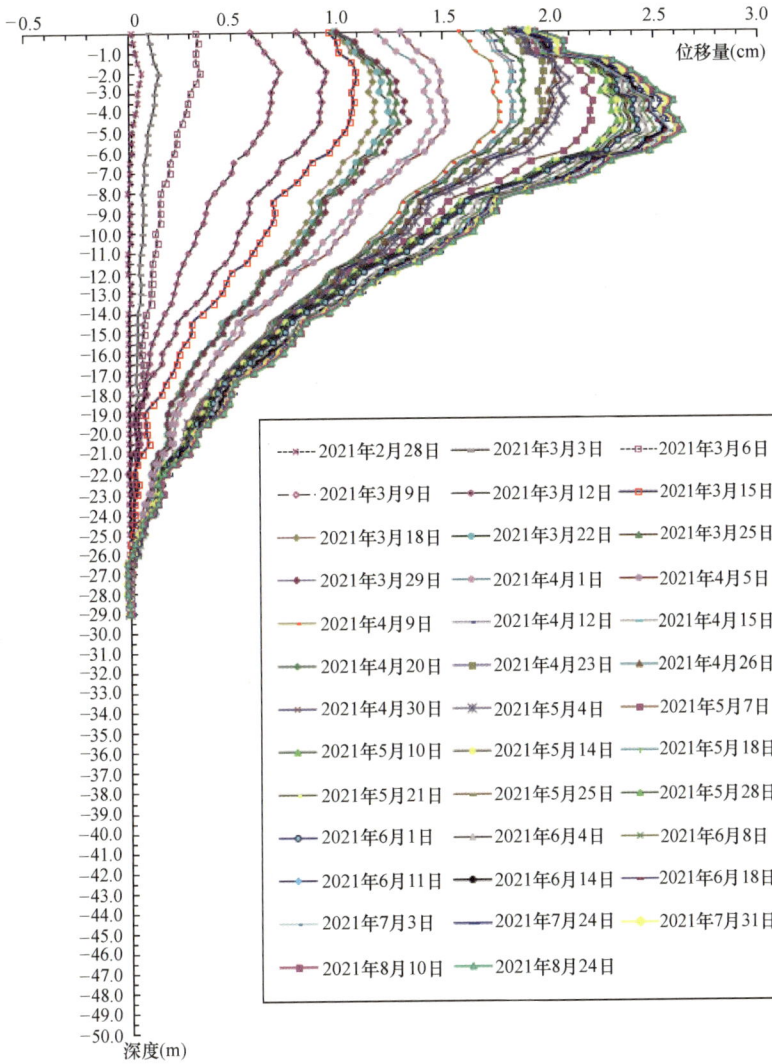

图 4-9 测斜孔 CX1 累计位移曲线

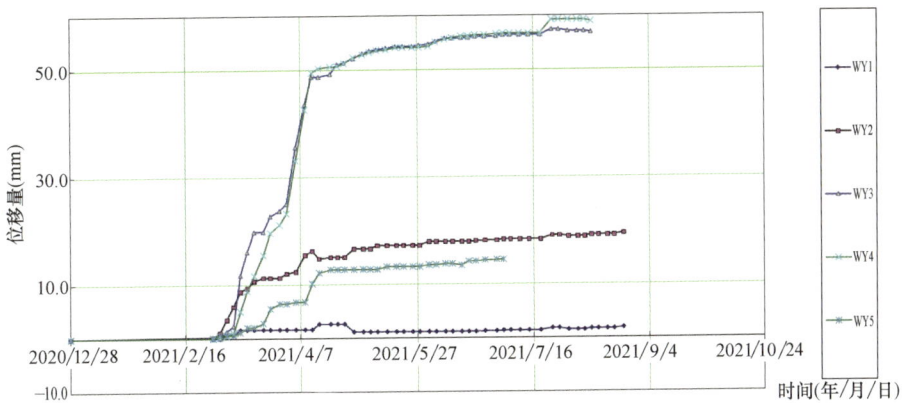

图 4-10 基坑压顶（北边）水平位移与时间关系曲线

图 4-11　基坑压顶（东边）水平位移与时间关系曲线

5　结语

本项目基坑工程根据场地周边环境、地质条件和开挖深度，采用了比较合理的挡土止水支护方案，其特点是在周边环境复杂的情况下，既方便了主楼区域的土方开挖和底板、承台的施工，同时在整个基坑开挖过程中，将基坑变形控制在合理范围内。但由于售楼中心先施工、先使用，基坑支护结构和地下室后施工，售楼中心有三个边与地下室面墙相距很近，且形成东北和东南两处基坑内阳角，导致支护结构受力复杂，增加了设计和施工的难度，风险大、成本高，工期长。建议软土地区设置二层及以上地下室时，尽量避免出现售楼中心有三个边与地下室面墙距离太近的情况。

案例 26　万欣新天地基坑工程

1　工程概况

本工程位于潮阳区和平镇紫南路南侧，公馆路东侧。拟建工程由 4 幢 26～31 层住宅楼、1 座 7 层商铺、1 座 4～5 层综合商场及配套 1～3 层商铺组成，设二、三层地下室，框架剪力墙结构。本工程±0.000m 相当于"1985 国家高程"3.450m，场地现有标高为－1.200m。东北面为综合商场，设二层地下室，底板面标高为－10.000m，底板垫层底标高为－10.950m，开挖深度为 9.750m；西北面和南面为高层住宅，设三层地下室，地下室底板面标高为－10.000m，底板垫层底标高为－10.950m，开挖深度为 9.750m。场地北侧临紫南路；东侧临 3 层住宅（石桩基础），地下室外墙距住宅外墙 22m；南侧临下寨路；西侧靠南端，临 8 层住宅（混凝土桩基础），地下室外墙距住宅外墙 24m，其余部分为空地（图 1-1）。基坑环境等级、支护结构安全等级均为二级。

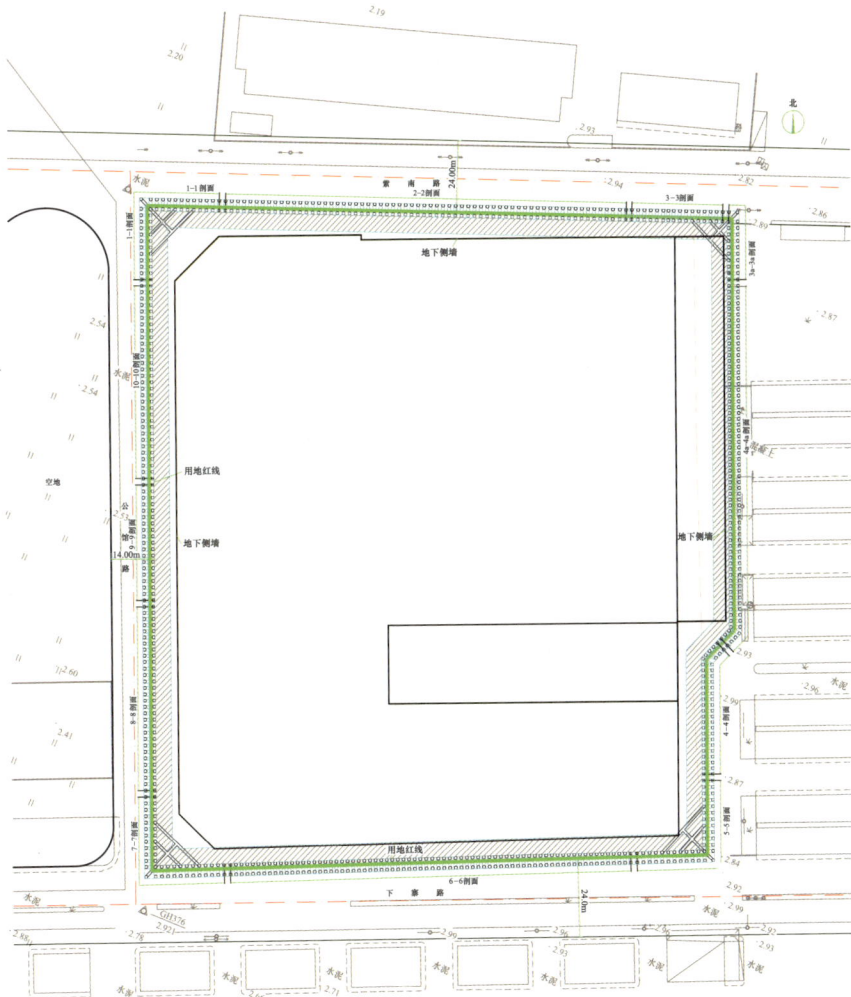

图 1-1　周边环境示意

2 地质条件

场区地貌属港湾式三角洲冲（沉）积平原，场区原为池塘和耕地，现已回填杂填土整平。其工程地质特征自上而下依次分述如下：

①杂填土：分布全区，层厚 0.80～2.80m，灰杂色，湿—饱和，强度不均匀，由建筑垃圾等废土组成。

②黏土：分布不连续，部分孔段缺失，层厚 0.50～2.40m，灰—灰黄色，可塑态，含细粉砂 10%～15%，为原地表耕植土。

③淤泥层：分布全区，层厚 4.40～10.90m，暗灰—灰色为主，饱和，流塑。

④黏土、砂土：分布全区，层厚 1.40～8.30m，上部为黏土，灰—灰黄—灰白等杂色，软可塑态，土质较纯。

⑤灰色黏土：分布全区，层厚 1.00～5.90m，灰—暗灰色，软可塑态，以软塑态为主，土质较纯。

⑥中、粗砂：分布全区，层厚 2.80～6.70m，灰白色，饱和，中密状为主，砂粒成分主要为石英，砂质较纯，次圆状，级配一般。

⑦灰色黏土：分布全区，层厚 6.60～13.20m，灰—暗灰色，软可塑态，土质较纯。

⑧黏土：分布全区，层厚 0.80～5.00m，灰白—灰黄色等杂色，可塑态，土质较纯。

⑨中、粗砂：分布不连续，层厚 1.20～5.80m，灰白色，饱和，中密—密实状，细、中、粗砂均可见，砂粒成分主要为石英，砂质较纯。

⑩灰色黏土、黏土：分布不连续，层厚 0.90～7.00m，部分孔段为灰色黏土，灰色，软可塑态，土质较纯或含中细砂。

勘察查明，场址地下水的主要类型为孔隙潜水和层间孔隙承压水。孔隙潜水赋存于①杂填土层孔隙中，补给来源为大气降水和地表水，以蒸发、渗漏及人工排水方式排泄，水质易受污染，受季节及气候制约，水位不稳定。层间孔隙承压水赋存于④、⑥、⑨层砂土中，含水性好，透水性强，受季节性影响小，地下水动态较稳定。

地质剖面图如图 2-1 所示。

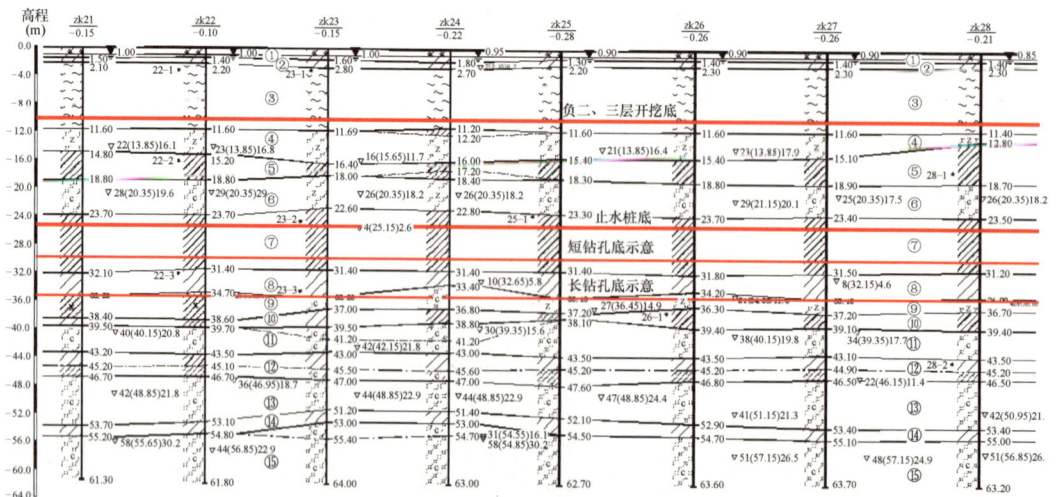

图 2-1　工程地质剖面示意图

3　设计方案

3.1　本基坑工程的特点

（1）本工程设二、三层地下室，基坑开挖深度为 9.75m，场地上部为 10m 厚的淤泥土层，含水率高，力学性能较差。

（2）地下室平面为方形，东西向为 185m，南北向为 205m，面积约为 37925m²。汕头地区软土地基二层地下室、开挖深度 8m 左右，基坑采用双排钻孔灌注桩支护方案比较常见，水平位移基本可控。但本基坑开挖深度为 9.75m，若采用双排钻孔灌注桩支护方案，桩的直径大、长度大、成本高；若采用钻孔灌注桩＋一道钢筋混凝土支撑支护方案，无论是水平支撑还是斜支撑，其工期长、造价也较高。

3.2　基坑支护方案选择

根据本工程周边环境、基坑开挖深度及地质条件，结合相关工程经验，充分利用现有场地条件，采用双排钻孔灌注桩＋前后排灌注桩之间双排水泥搅拌桩＋坑底被动区水泥搅拌桩加固挡土止水支护方案。但对于坑底被动区水泥搅拌桩加固，除东侧靠北段位置外，其他部位采用与以往工程不一样的方式，水泥搅拌桩加固宽度为 5.1m，加固深度为 6.5m（坑底以上 1.5m、坑底以下 5.0m），且加固宽度范围内预留原状土坡反压，从而达到减小基坑计算开挖深度的目的。

3.3　基坑支护平面布置（图 3-1）

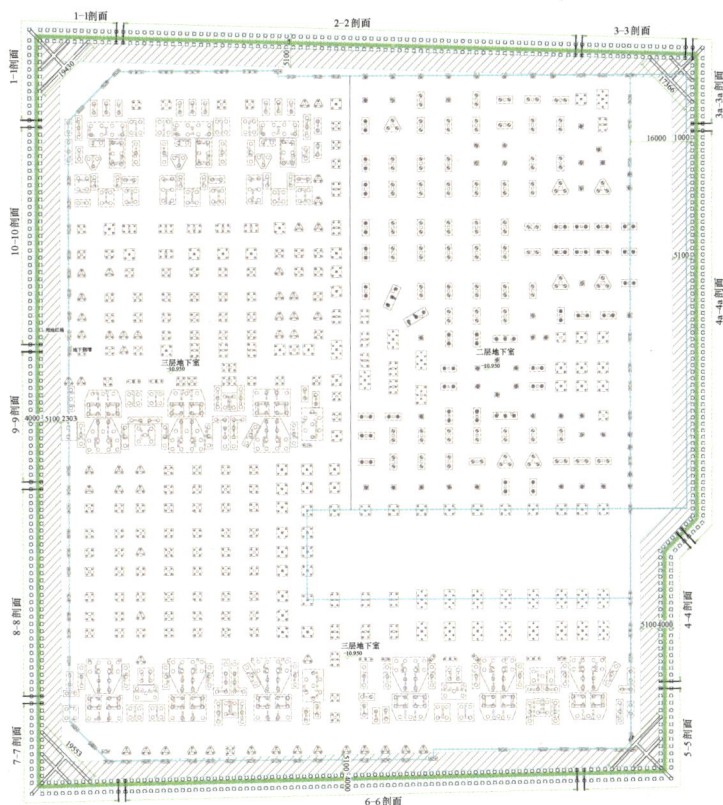

图 3-1　基坑支护平面图

3.4 基坑支护典型剖面（图 3-2、图 3-3）

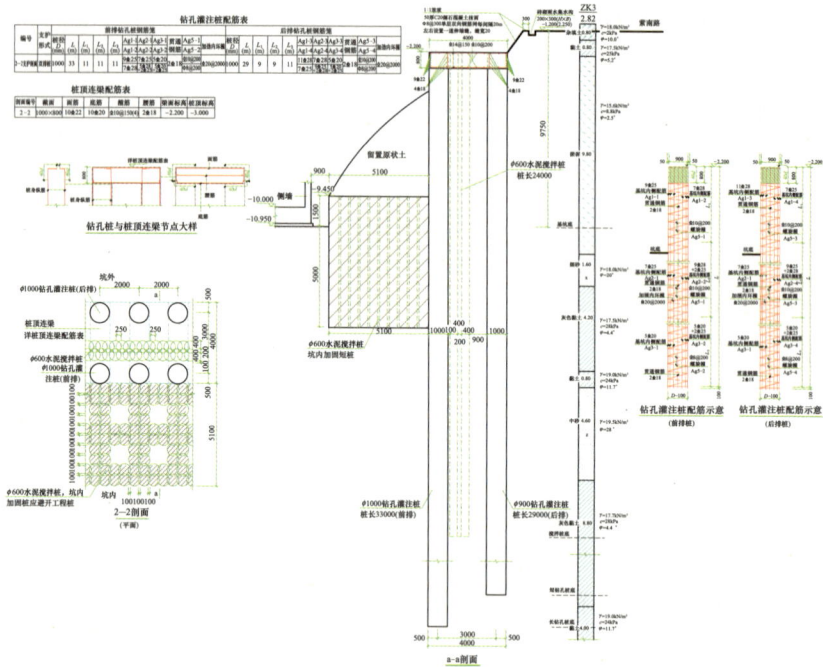

图 3-2　北面、东面南段、南面、西面地下室基坑支护剖面图

注：采用双排钻孔灌注桩＋前后排灌注桩之间双排水泥搅拌桩＋坑底被动区水泥搅拌桩加固挡土止水支护方案。

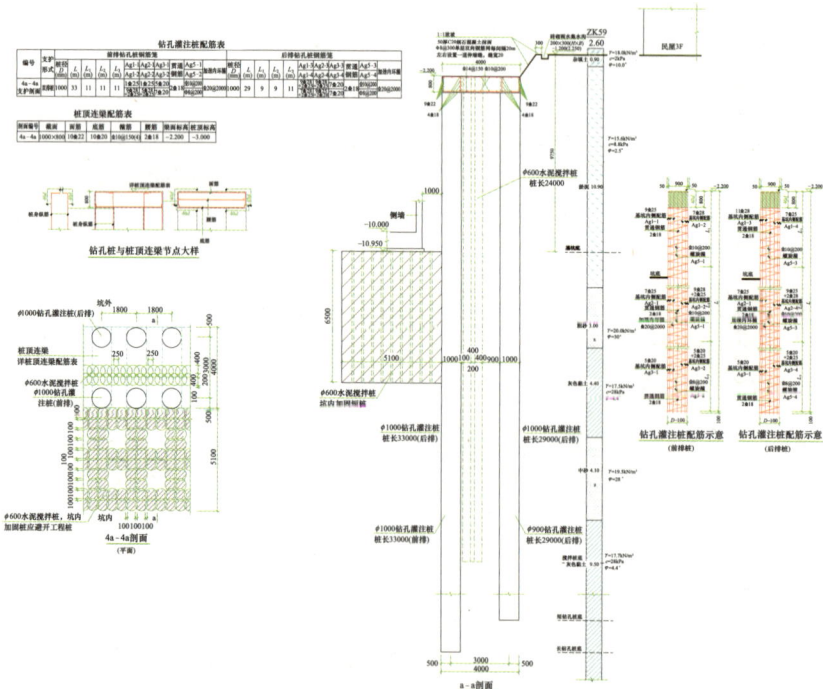

图 3-3　东面北段地下室基坑支护剖面图

注：采用双排钻孔灌注桩＋前后排灌注桩之间双排水泥搅拌桩＋坑底被动区水泥搅拌桩加固挡土止水支护方案。

4 施工过程

4.1 施工顺序

施工主体结构工程桩→水泥搅拌桩→钻孔桩→压顶梁、板→基坑开挖到底板垫层底标高、承台垫层底标高→主体结构承台、底板。

4.2 基坑土方开挖应采取的措施

(1) 基坑土方应分段、分块、分层开挖，每层开挖深度一般不大于1.5m，分段长度不大于30m，严禁超挖及大锅底式开挖。开挖到坑底应及时浇筑混凝土垫层，承台需逐个开挖浇筑，底板分块浇筑。

(2) 基坑二、三层地下室采用管井降水方案，要求坑内地下水位降至承台底500mm以下，坑外水位控制在地面以下1000~1500mm范围，否则应及时采取回灌水措施，防止坑外水位下降过大。

(3) 开挖的土方应随挖随运，严禁堆积在基坑顶及周边场地。

4.3 施工过程遇到的问题及处理措施

在基坑土方开挖和地下室施工过程中，通过第三方监测单位的监测，发现有些部位支护结构的水平位移超过报警值。为保证基坑支护结构的安全，控制水平变形，采取如图4-1、图4-2所示的应对措施。

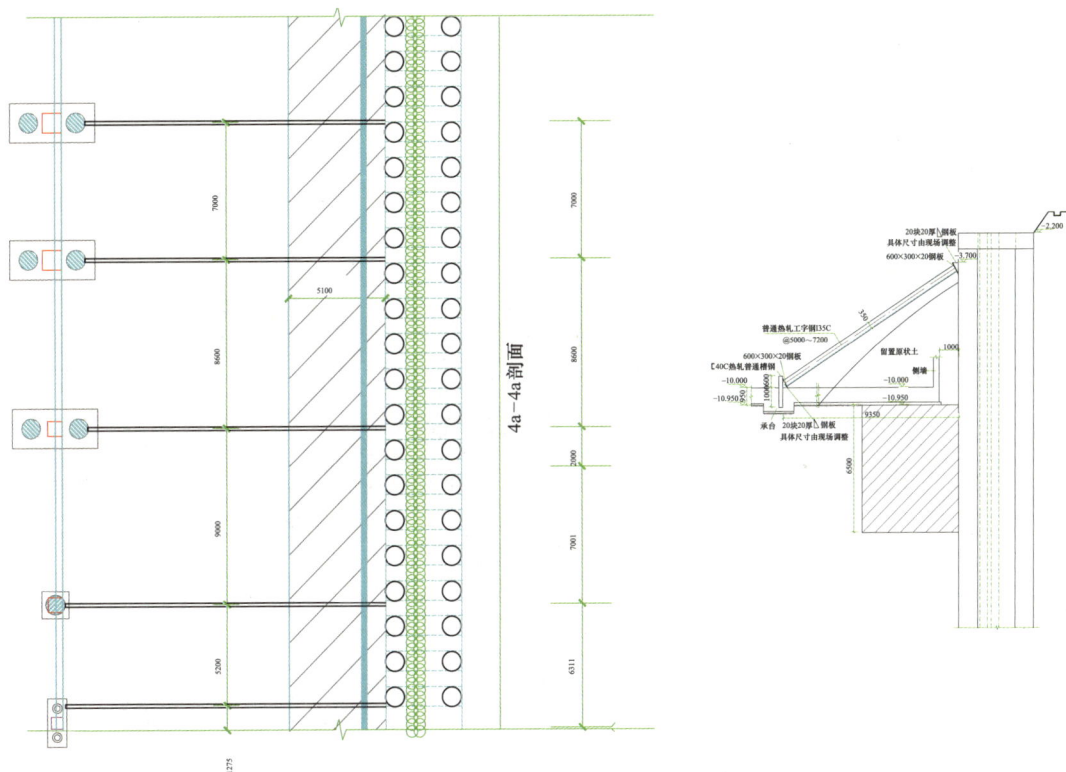

说明：(1) 支护桩内侧6m左右范围预留原状土坡，土坡外底板、承台先浇筑；加设工字钢斜支撑，然后挖除放坡土坡，浇筑坑边底板、承台、侧墙。

(2) 采用普通热轧工字钢I35C，支撑间距为5.0~7.2m。

图4-1 东面北段基坑支护局部加固平面及剖面图

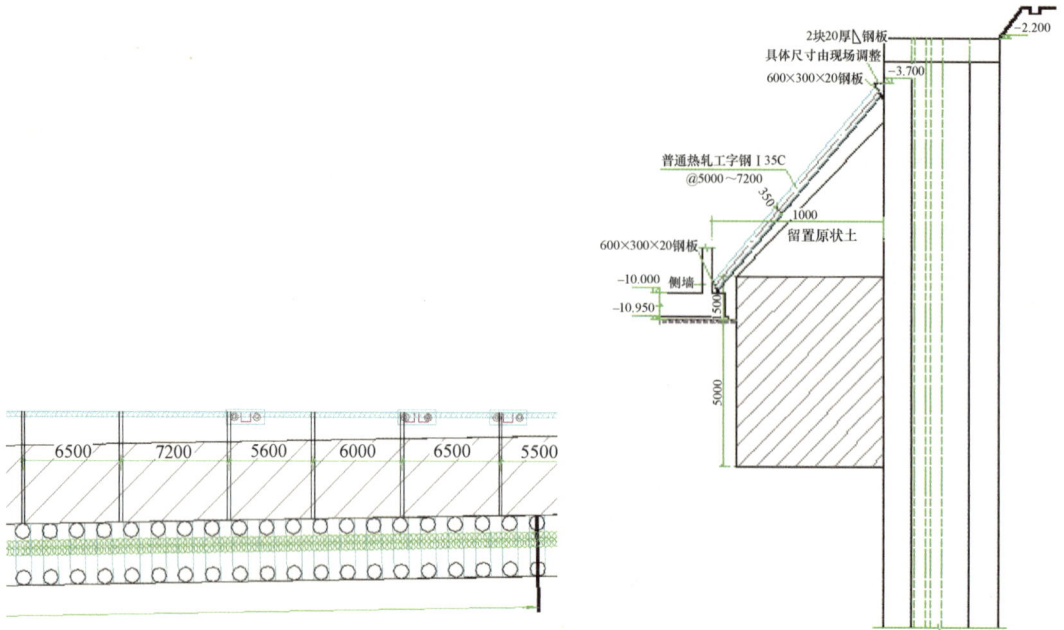

2块20厚钢板
具体尺寸由现场调整
600×300×20钢板
−2.200
−3.700

普通热轧工字钢Ⅰ35C
@5000~7200
350
1000
留置原状土
600×300×20钢板
−10.000 侧墙
−10.950
500
5000

6500 7200 5600 6000 6500 5500

说明：利用地下室侧墙外浇筑的底板加设工字钢斜支撑，采用普通热轧工字钢 I35C，支撑间距为 5.5~7.2m。

图 4-2　基坑支护局部加固平面及剖面图

4.4　施工现场

本基坑工程施工现场如图 4-3～图 4-9 所示。

图 4-3　西北角土方开挖到坑底

图 4-4　东北角承台、底板浇筑完成

图 4-5　东南角支护结构水平变形超过报警值，利用地下室侧墙外浇筑的底板加设工字钢斜支撑控制变形

图 4-6　东面支护结构水平变形超过报警值，
加设工字钢斜支撑控制变形

图 4-7　南面中部塔楼承台、
底板钢筋绑扎

图 4-8　西面支护结构水平变形超过
报警值，利用地下室侧墙外浇筑的
底板加设工字钢斜支撑控制变形

图 4-9　结构封顶全景

4.5　基坑监测

第三方基坑监测单位的监测数据表明（图 4-10～图 4-15），在基坑开挖及地下室施工过程中，虽有个别监测点超过报警值，但通过及时采取加固措施，保证了基坑和周边建筑物的安全。

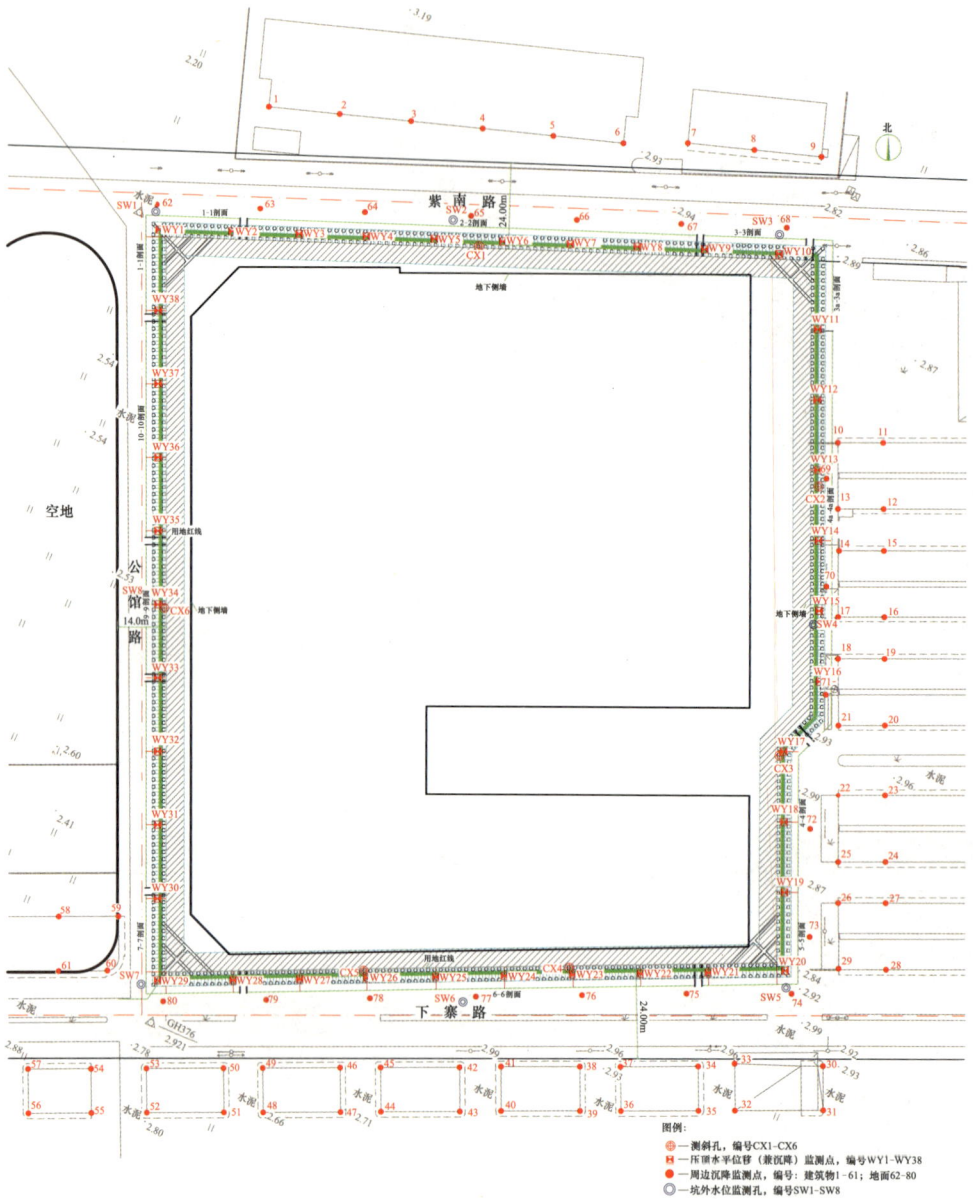

图 4-10　基坑监测平面布置图

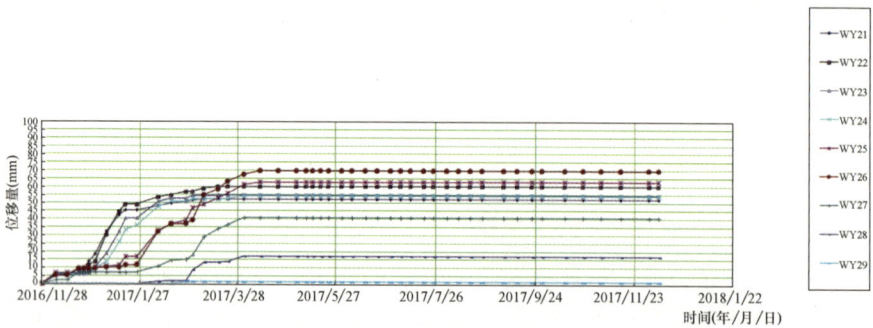

图 4-11　基坑压顶水平位移与时间关系曲线（南面）

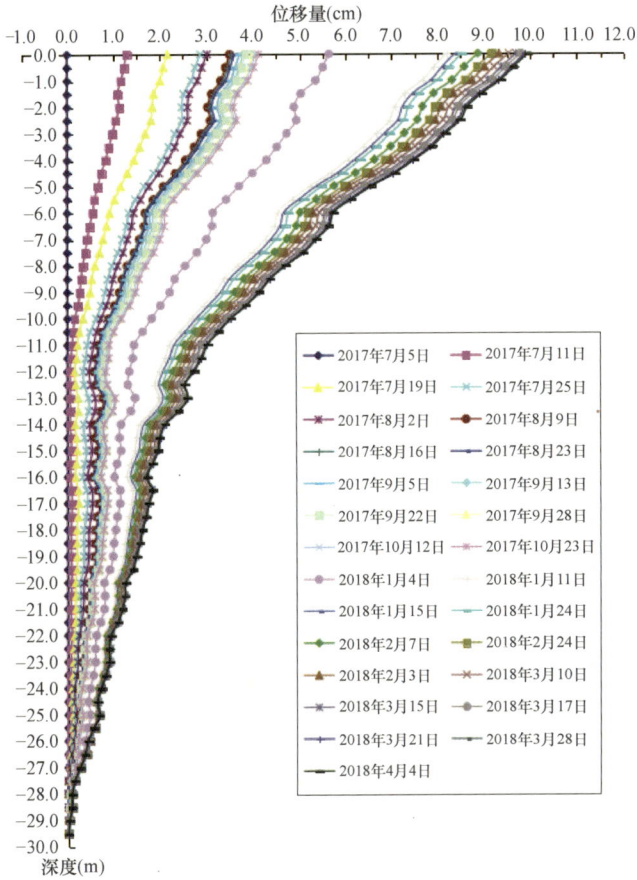

图 4-12 测斜孔 CX1 累计位移曲线（北面）

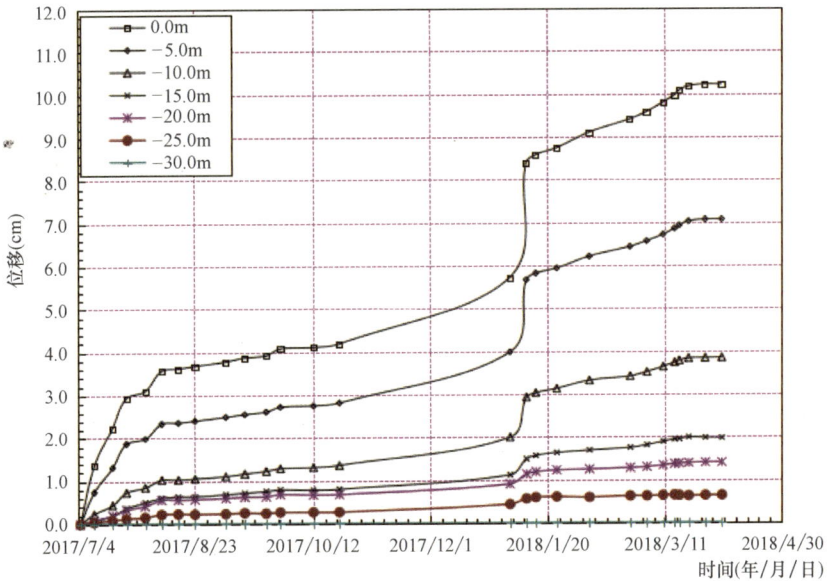

图 4-13 测斜孔 CX1 不同深度位移量与时间关系曲线（北面）

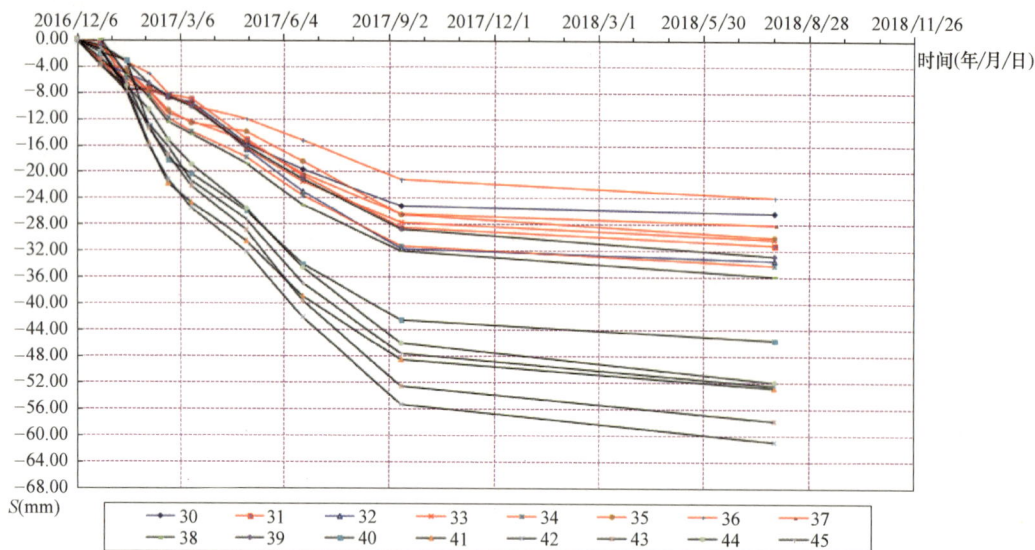

图 4-14　周边建筑物沉降量与时间关系曲线（南面）

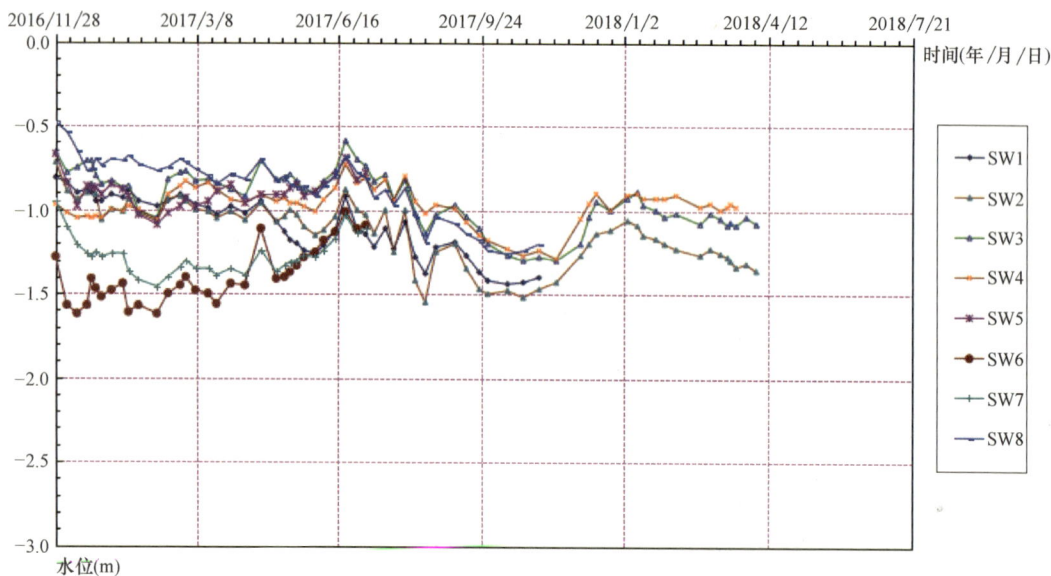

图 4-15　基坑外地下水位与时间关系曲线

5　结语

在汕头软土地基设二、三层地下室，基坑开挖深度近 10m，支护结构一般采用钻孔灌注桩＋一道钢筋混凝土支撑方案，但本基坑工程放弃"桩＋撑"方案，采用双排钻孔灌注桩支护结构方案，通过地下室侧墙外抬高被动区水泥搅拌加固桩顶标高＋反压土坡的构造措施，达到减小计算开挖深度、控制水平变形的目的。基坑开挖后，虽然局部位置出现了支护结构水平变形超过报警值的状况，但通过信息化的施工手段，用监测数据指导施工进度，分段开挖土方，分块浇筑承台、底板；发现问题，及时处理，采用局部加设工字钢斜支撑等方式，很快控制住水平变形，整个地下室施工过程中，基坑支护安全、稳定。

案例 27　利信·阳光丽景基坑工程

1　工程概况

本工程位于汕头市天山路与练江路交界西北侧，拟建主要建筑物为多栋 17～21 层住宅楼，设二层地下室。现场地标高为 −0.600m。二层地下室板面标高为 −7.800m，底板垫层底标高为 −8.550m，基坑开挖深度为 7.950m。北面、西面为区间路，东面为城市主干道天山路，南面为练江路（图 1-1）。北面、南面、西面地下室边线距用地红线 4.5m，东面地下室边线距用地红线 6.0m。基坑环境等级、支护结构安全等级均为二级。

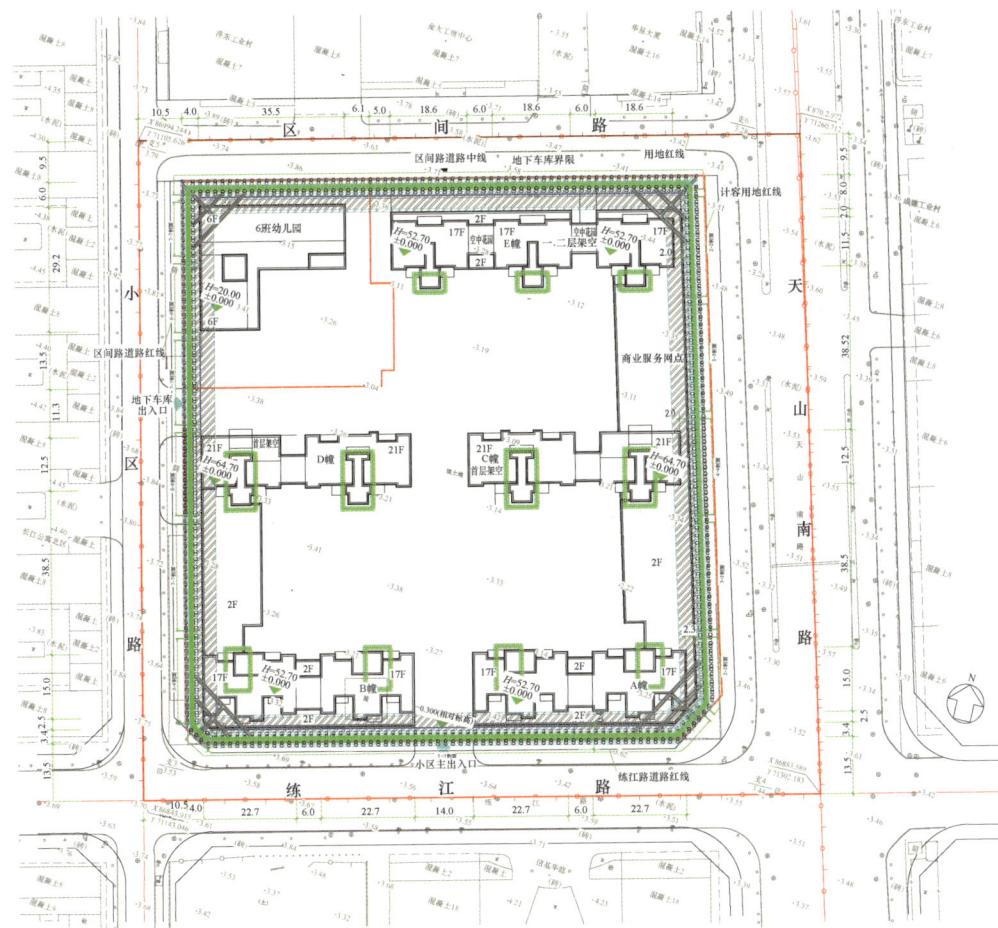

图 1-1　周边环境示意

2　地质条件

场区原为旧建筑，现拟拆迁改造，场区地形低洼，地形平坦开阔，岩土层自上而下划分为：

①杂填土：分布全区，层厚 0.36～2.03m。呈浅灰—黄色，湿—饱和，松散，由人工回填泥砂、废土、砖块、混凝土碎块等组成。

②粉砂：分布全区，层厚 3.56～5.81m，灰—浅灰色，饱和，以稍密为主。

③淤泥、淤泥质土：分布全区，层厚 4.51～6.77m，呈灰色—暗灰色，饱和，流塑。

④粗砂黏土：分布全区，层厚 1.10～6.98m，呈灰白色，饱和，稍密—中密，以粗砂为主。

⑤淤泥质土：分布全区，层厚 4.63～18.26m，呈灰色—暗灰色，饱和，流塑。

⑥黏土层：分布全区，层厚 2.28～10.32m，呈灰—灰白色，饱和，软—可塑。

⑦中细砂土：分布全区，层厚 6.20m，灰白—灰绿色，饱和，中密，局部稍密。

⑧黏土：分布全区，层厚 8.02m，呈灰色，饱和，软—可塑。

⑨中细砂：分布全区，层厚 0.60～7.00m，呈灰白色，局部黄灰色，饱和，中密—密实。

⑩粗砂：分布全区，层厚 6.72～16.12m，呈灰白色，局部黄灰色，饱和，密实。

⑪全风化花岗岩：分布全区，层厚 0.60～10.77m，呈灰白色，局部黄灰色，湿，硬塑—坚硬。

⑫强风化花岗岩：分布全区，层厚 1.00～8.16m，呈灰白色，局部黄灰色，湿，坚硬。

⑬强风化花岗岩（块状）：分布全区，层厚 5.07～7.85m，呈灰白色，局部黄灰色，湿，坚硬。

钻探深度范围内，场区地下水类型主要为孔隙潜水、孔隙承压水和基岩裂隙水。

孔隙潜水：赋存于①和②层孔隙中，补给来源为大气降水和地表水，以蒸发、渗漏及人工排水方式排泄，水质易受污染，受季节及气候制约，水位不稳定。

孔隙承压水：赋存于④、⑦、⑨、⑩层中，含水性好，透水性强，具承压性。

基岩裂隙水：主要赋存于⑬层强风化花岗岩的分化裂隙中，含水性好，透水性一般，水量不丰。

地质剖面图如图 2-1 所示。

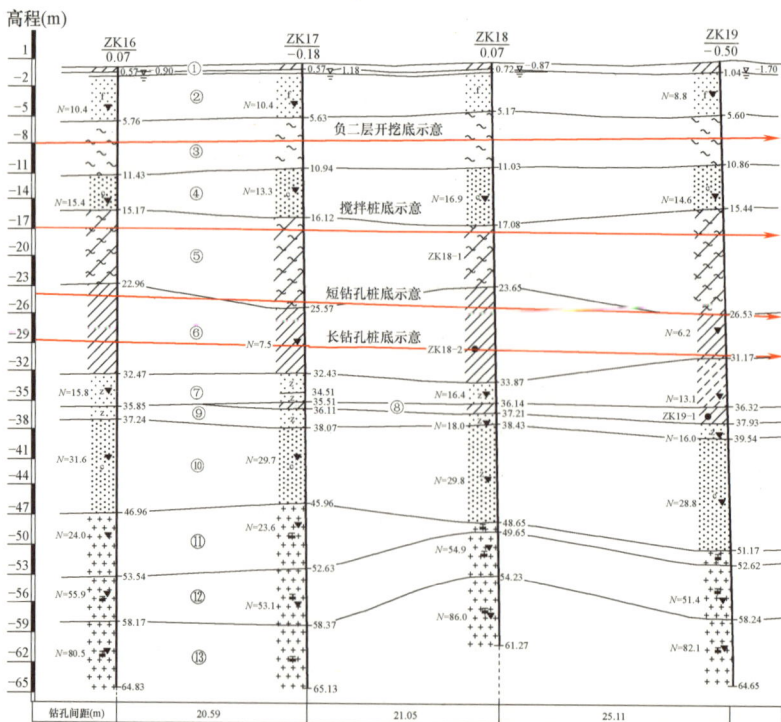

图 2-1　工程地质剖面示意图

3 设计方案

3.1 本基坑工程的特点

基坑的形状为方形，南北向为 119m，东西向为 125m；西侧邻近的 8 层住宅楼为天然地基、条形基础，没有打桩；东侧天山路、南侧练江路埋有管道、电缆等设施，基坑周边环境比较复杂。由于基坑四面均临道路，无放坡空间，只能考虑垂直开挖土方的支护形式。

3.2 基坑支护方案选择

根据本工程周边环境、地质条件及基坑开挖深度，结合相关工程的实施经验，基坑采用双排钻孔灌注桩＋前后排灌注桩之间双排水泥搅拌桩＋坑底被动区水泥搅拌桩加固挡土止水支护方案。

3.3 基坑支护平面布置（图 3-1）

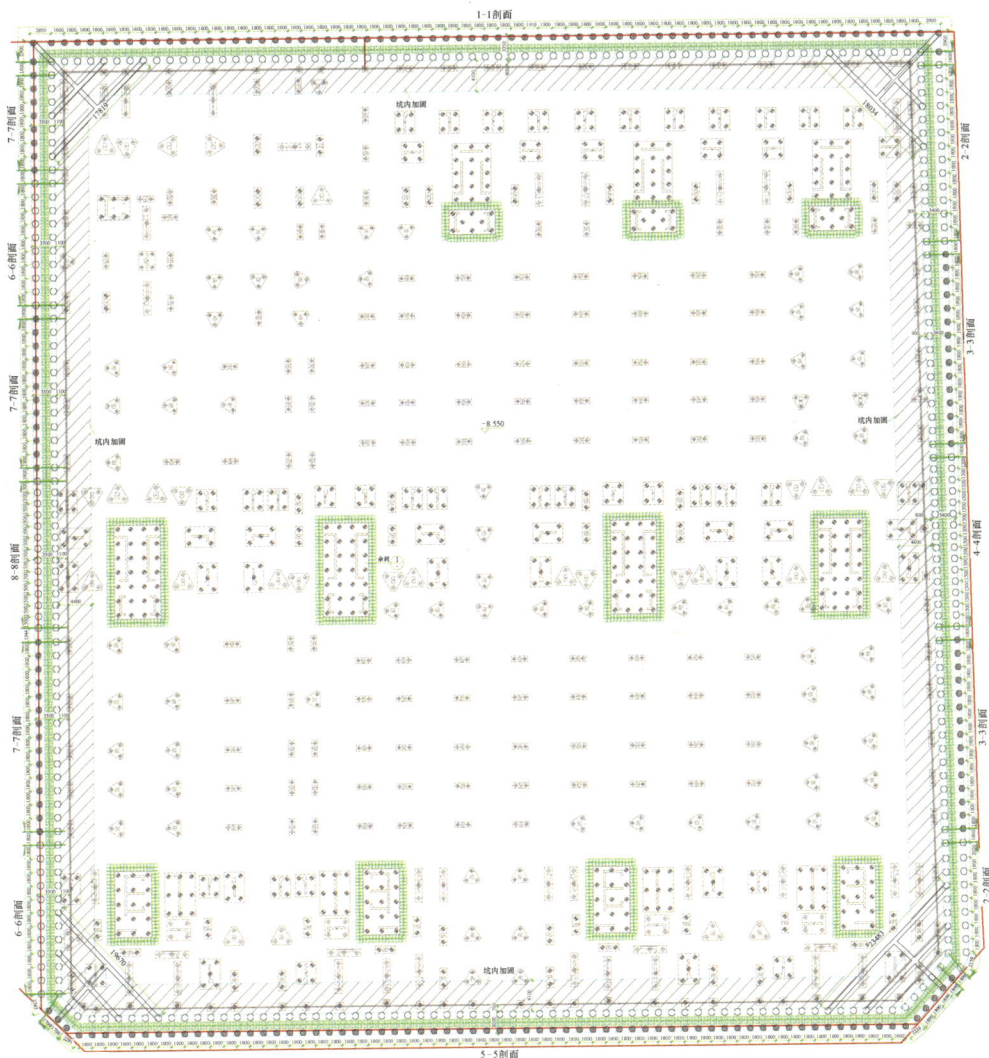

图 3-1 基坑支护平面示意图

3.4 基坑支护典型剖面（图 3-2、图 3-3）

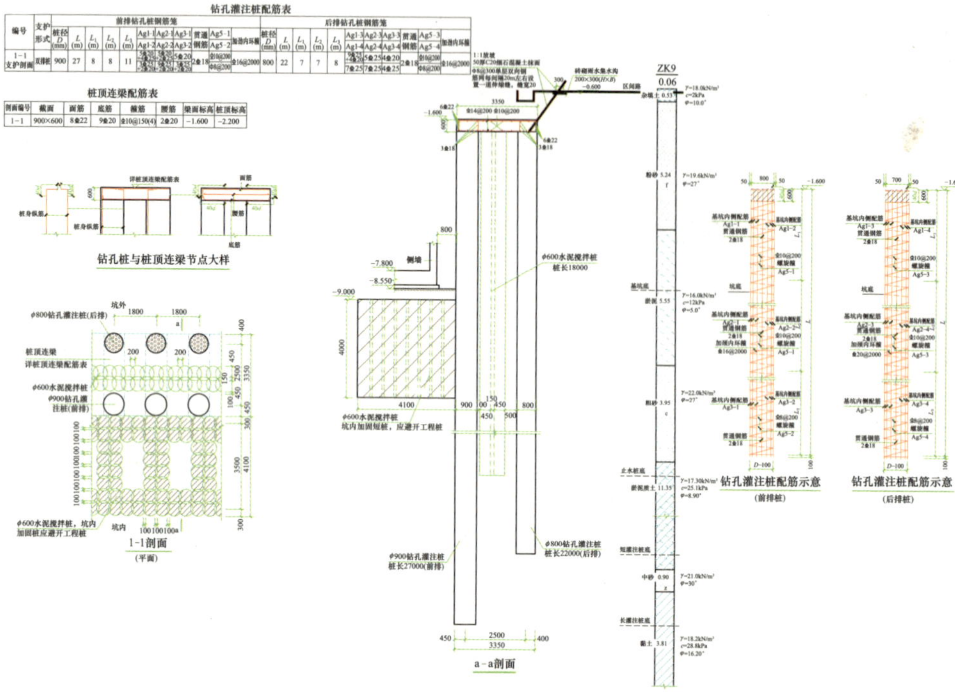

图 3-2 北面、南面二层地下室基坑支护剖面图

注：采用双排钻孔灌注桩＋前后排灌注桩之间双排水泥搅拌桩＋坑底被动区水泥搅拌桩加固挡土止水支护方案。

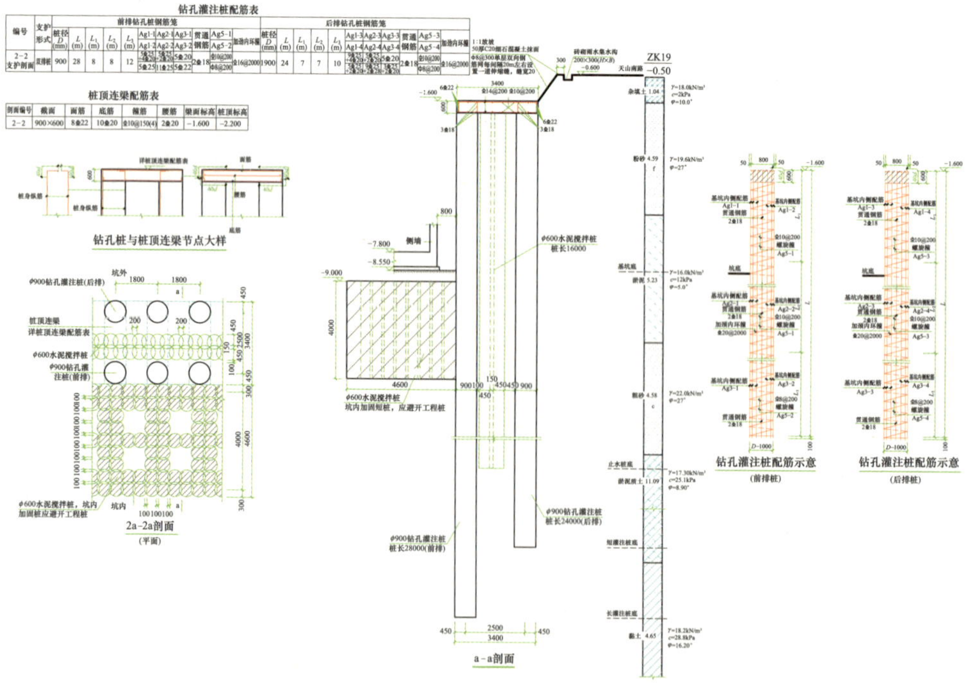

图 3-3 东面、西面二层地下室基坑支护剖面图

注：采用双排钻孔灌注桩＋前后排灌注桩之间双排水泥搅拌桩＋坑底被动区水泥搅拌桩加固挡土止水支护方案。

4　施工过程

4.1　施工顺序

施工主体结构工程桩→水泥搅拌桩→钻孔桩→压顶梁、板→基坑开挖到底板垫层底标高、承台垫层底标高→主体结构承台、底板。

4.2　基坑土方开挖应采取的措施

（1）基坑土方应分段、分块、分层开挖，每层开挖深度一般不大于1.5m，分段长度不大于30m，严禁超挖及大锅底式开挖。开挖到坑底应及时浇筑混凝土垫层，承台需逐个开挖浇筑，底板分块浇筑。

（2）地下室采用管井降水方案，要求坑内地下水位降至承台底500mm以下。坑外水位控制在地面以下1000～1500mm范围，否则应及时采取回灌水措施，防止坑外水位下降过大。

（3）开挖的土方应随挖随运，严禁堆积在基坑顶及周边场地。

4.3　施工现场

本基坑工程施工现场如图4-1～图4-5所示。

图4-1　双排灌注桩连梁钢筋绑扎

图4-2　地下室东南角承台浇筑完成、底板钢筋绑扎

图 4-3 西北角塔楼一层地下室楼板浇筑完成

图 4-4 西面角裙楼承台浇筑完成

图 4-5 东面中部塔楼地下室承台浇筑完成、底板钢筋绑扎

4.4 基坑监测

根据有关基坑监测技术规范，针对本基坑工程周边环境，设置了支护结构水平位移、竖向位移及深层水平位移，周边建筑物沉降以及地下水位的观测点，对基坑土方开挖、地下室施工进行全过程监测。

从 2016 年 9 月 17 日至 12 月 28 日，基坑压顶水平位移量如表 4-1 所示。

基坑压顶水平位移量（mm）   表 4-1

点号	WY1	WY2	WY3	WY4	WY5	WY6	WY7	WY8	WY9
累计位移量	0.0	4.1	8.2	11.3	5.3	2.1	0.0	12.9	20.8
点号	WY10	WY11	WY12	WY13	WY14	WY15	WY16	WY17	WY18
累计位移量	19.2	19.3	18.9	5.7	11.2	20.8	13.8	11.8	11.7
点号	WY19	WY20	WY1	WY22	WY23	WY24	WY25	—	—
累计位移量	4.1	6.9	11.6	23.5	31.9	26.3	10.5	—	—

由表 4-1 可见，最大位移量为 31.9mm（WY23 点）。各边的最大位移分别为：北边 11.3mm（WY4 点），东边 20.8m（WY9 点），南边 20.8mm（WY15 点），西边 31.9mm（WY23 点），各观测点均小于设计允许值（80mm）。由位移点位移与时间关系曲线可知，最后两个周期各测点位移曲线趋向平缓，表明位移变形已趋向稳定。

第三方基坑监测单位的监测数据表明（图 4-6～图 4-9），基坑开挖及地下室施工过程对周边建筑物的影响较小，支护结构是安全的。

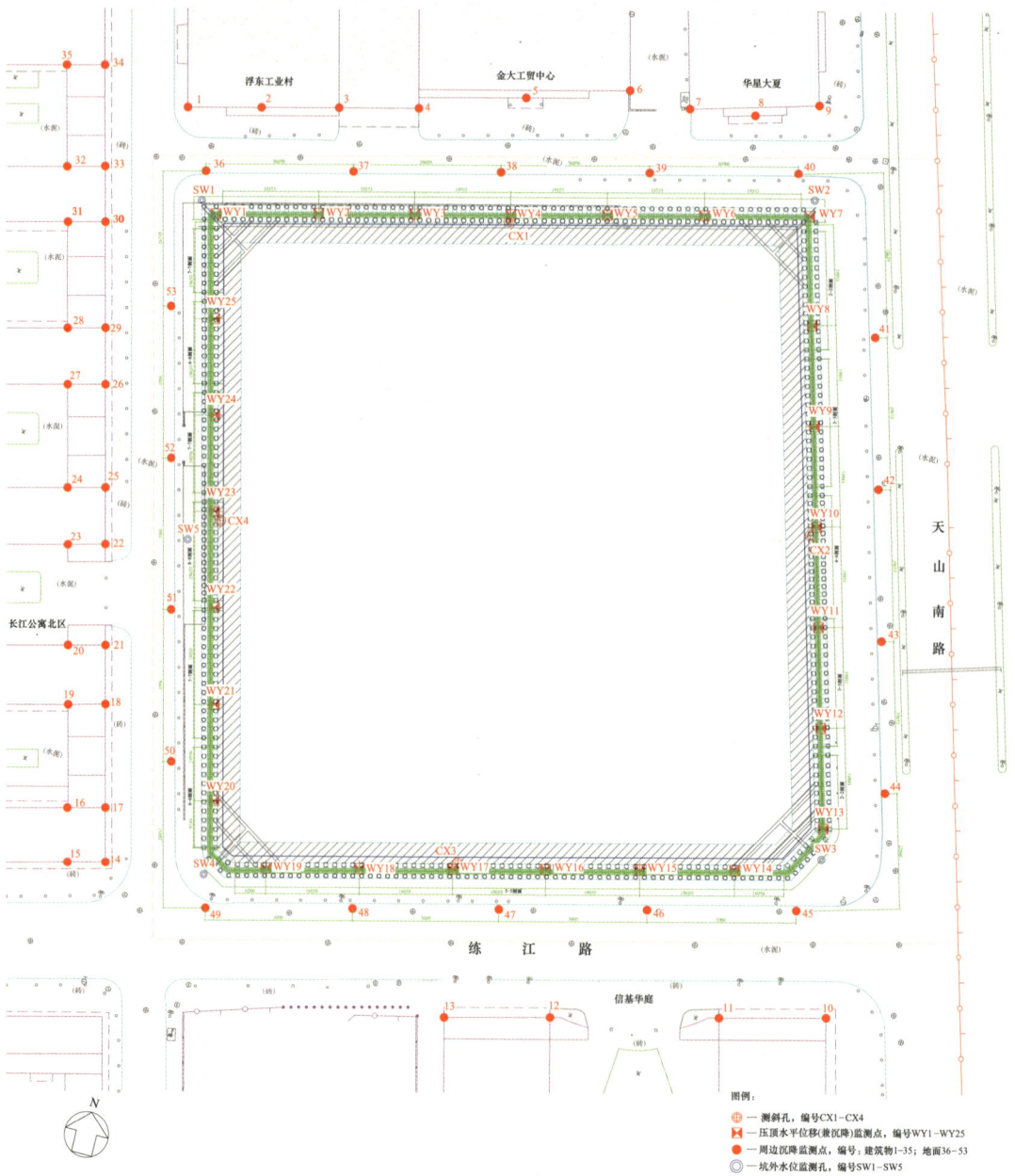

图 4-6　基坑监测平面布置图

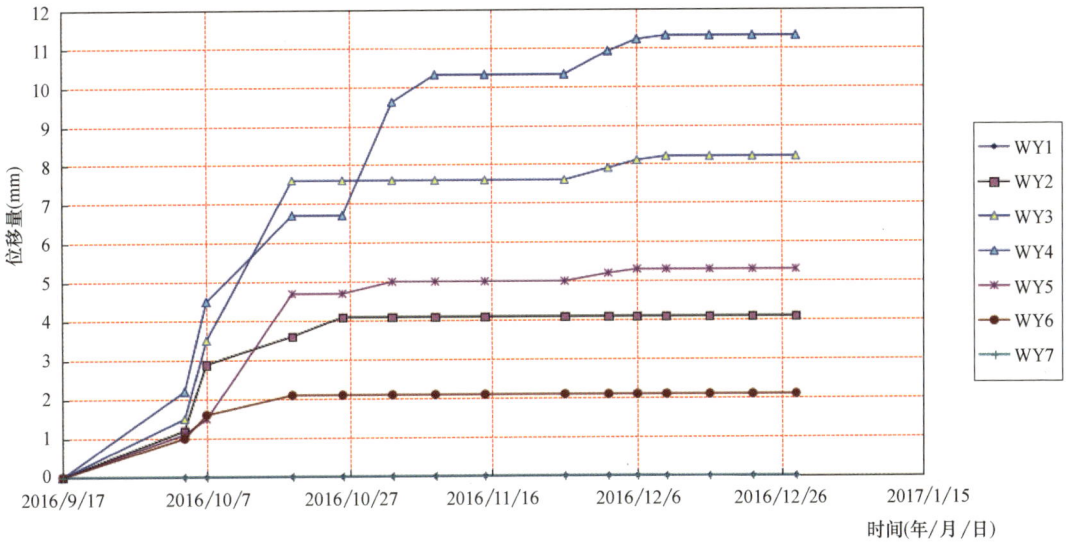

图 4-7　基坑压顶（北边）水平位移与时间关系曲线

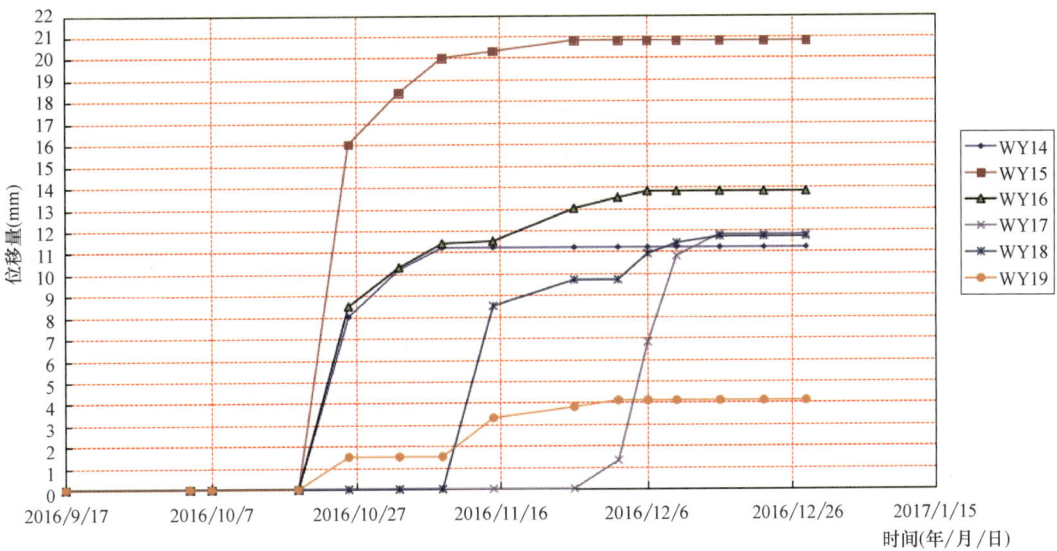

图 4-8　基坑压顶（南边）水平位移与时间关系曲线

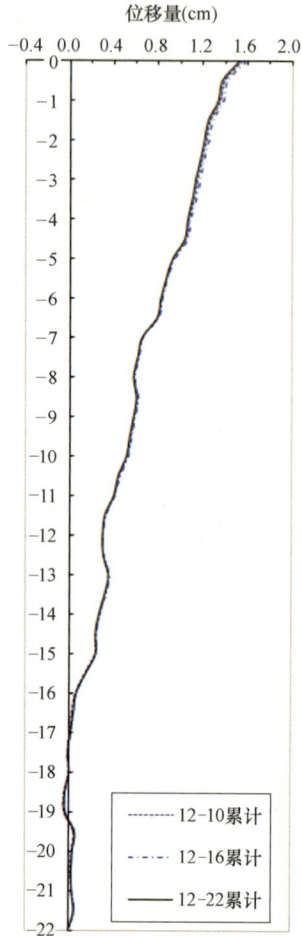

图 4-9 测斜孔 CX1 累计位移曲线

5 结语

本工程二层地下室，开挖深度近 8m，基坑支护结构采用双排钻孔灌注桩＋前后排灌注桩之间双排水泥搅拌桩＋坑底被动区水泥搅拌桩加固挡土止水支护方案。根据工程经验，采用理正深基坑 6.5 版软件进行计算，支护结构的安全性基本上是有保证的。从基坑开挖后的实际效果来看，支护结构水平变形和地面沉降均在可控范围之内，周边道路及建筑物的沉降未见异常。

案例28 金华豪庭基坑工程

1 工程概况

本工程位于汕头市澄海区澄华路与宁川东路交界处，东面为澄海地方公路管理站，北面隔16m区间路为澄华中学。主要建筑物为4幢16层住宅楼，框架剪力墙结构，拟采用桩基础。本工程±0.000m相当于"1985国家高程"3.300m，场地标高平整为−0.400m。一层地下室板面标高为−3.700m，底板垫层底标高为−4.250m，开挖深度为3.850m；二层地下室板面标高为−7.300m，底板垫层底标高为−8.050m，开挖深度为7.650m。场地东面临澄海地方公路管理站的8～9层建筑物（未打桩），距地下室范围线6.00～7.50m，距北侧红线16m为澄华中学，北、南、西三面均为市政道路（图1-1）。基坑工程扰动程度：东面为受扰动最大区，基坑环境等级、支护结构安全等级为一级；其余为受扰动较小区，基坑环境等级、支护结构安全等级为二级。

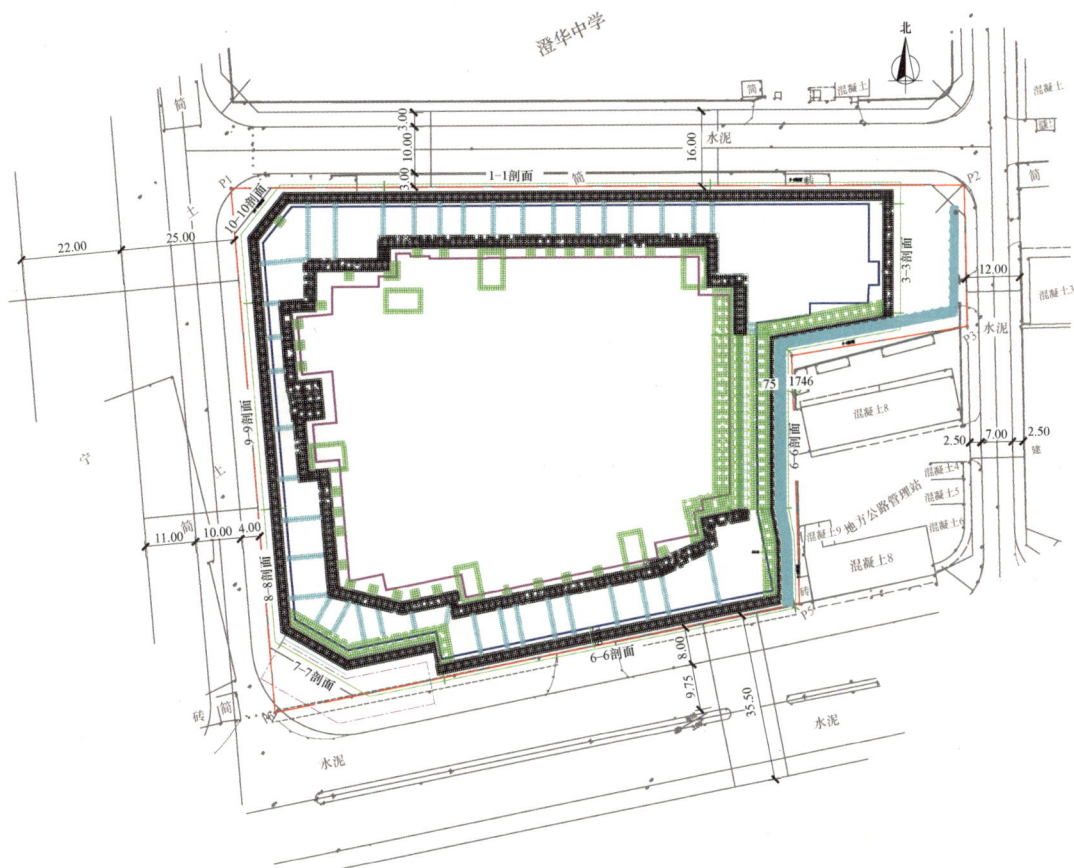

图1-1 周边环境示意

2 地质条件

场区原址为单层临建（简易厂房），近期经拆除、平整，地势较平坦；地貌属第四纪滨海低地类型。场地勘探深度范围内，根据土层的成因及形成地质年代自上而下可划分为：

①人工填土（Q_4^{ml}）：主要由砂土、粉质黏土等组成，含大量建筑废土等，为人工堆填。

②浅海—海湾相沉积土（Q_4^m）：主要由灰黄色可塑黏土、灰黄色—灰色稍密—中密中砂、深灰色流塑淤泥等组成，形成于第四纪全新世。

③海陆交互相沉积土（Q_3^{mc}）：主要由灰黄色—灰白色软塑—可塑黏性土、灰黄色—灰白色中密—密实中砂、深灰色流塑淤泥质土等组成，形成于第四纪晚更新世。

④第四系残积层（Q^{el}）：为砂质黏性土。

拟建场区勘探深度范围内，地下水类型主要为第四纪孔隙潜水、微承压水和孔隙承压水。

第四纪孔隙潜水：含水层为①层填土，补给来源为地表水和大气降水，其排泄方式为蒸发、渗流及人工排水，水质易受污染，地下水位受季节变化影响较大。

微承压水：主要含水层为④层中砂，含水性较好、透水性较强，地下水受季节影响小，动态较稳定，其补给和排泄以渗流为主。

孔隙承压水：地下水受季节影响小，动态较稳定，其补给和排泄以渗流为主。因⑤土层厚度小，透水性差，含水性差，储水量贫乏，勘察期间未能测得其地下水位。

地质剖面图如图 2-1 所示。

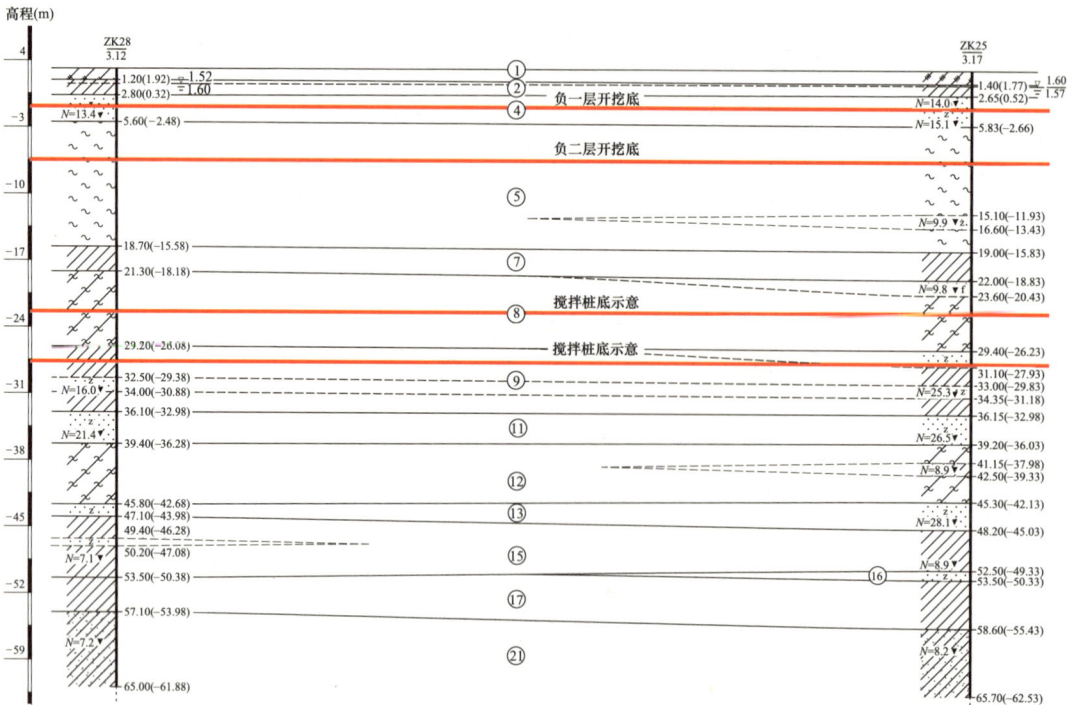

图 2-1　工程地质剖面示意图

3 设计方案

3.1 本基坑工程的特点

（1）由于基坑东面靠近未打桩的8～9层既有建筑，为了防止静压工程管桩在施工过程产生的超孔隙水压力对相邻建筑造成损害，在地下室东面靠近位置，先施打4排水泥搅拌桩＋单排钻孔灌注桩组合式地下连续墙，减小挤土效应，保护相邻建筑，同时可作为先行施工的支护结构的一部分。

（2）一层地下室在红线范围内满堂布置；二层地下室适当缩小，向内退台式布置。

（3）一层地下室的坑底为中砂层；二层地下室的坑底为淤泥层。

3.2 基坑支护方案选择

根据本工程周边环境、基坑开挖深度及地质条件，结合相关工程的实施经验，基坑支护实施方案为：

（1）基坑北面、南面、西面采用台阶形格构式水泥搅拌桩挡土止水支护方案。

（2）东面采用4排水泥搅拌桩＋单排钻孔灌注桩组合（先施工）＋内侧双排水泥搅拌桩挡土止水支护方案。

（3）在东面一、二层地下室交界处，采用双排预应力支护管桩（PRC）＋前后排管桩之间双排水泥搅拌桩挡土止水支护方案。

（4）坑底被动区局部位置采用格构式水泥搅拌桩墩加固。

3.3 基坑支护平面布置（图3-1）

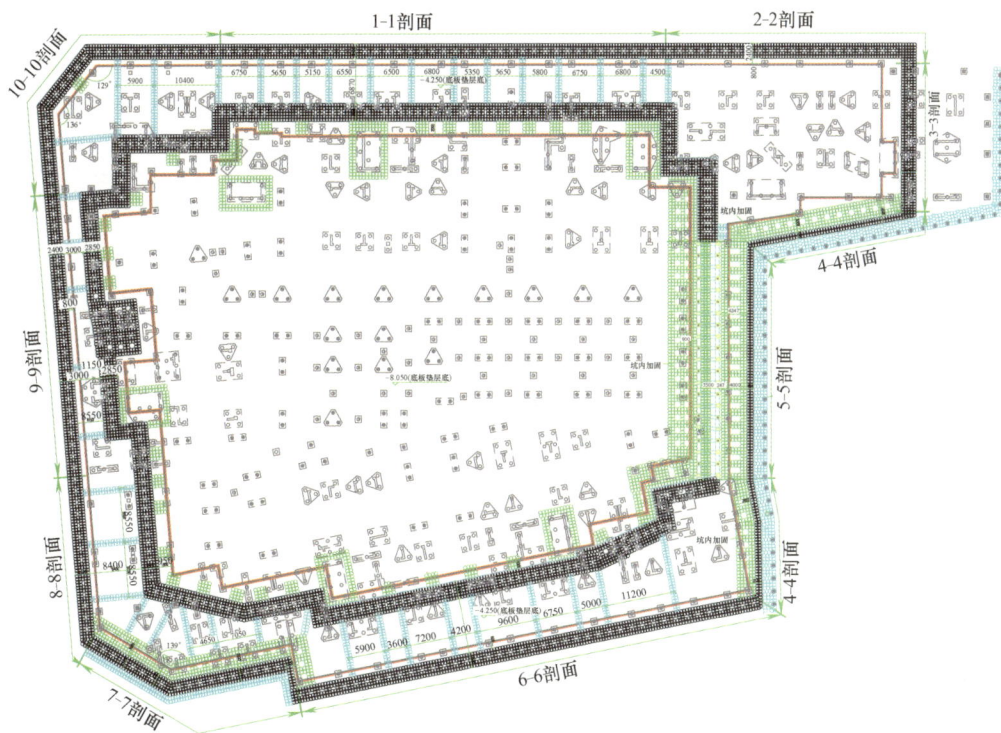

图3-1 基坑支护平面图

3.4 基坑支护典型剖面（图 3-2～图 3-4）

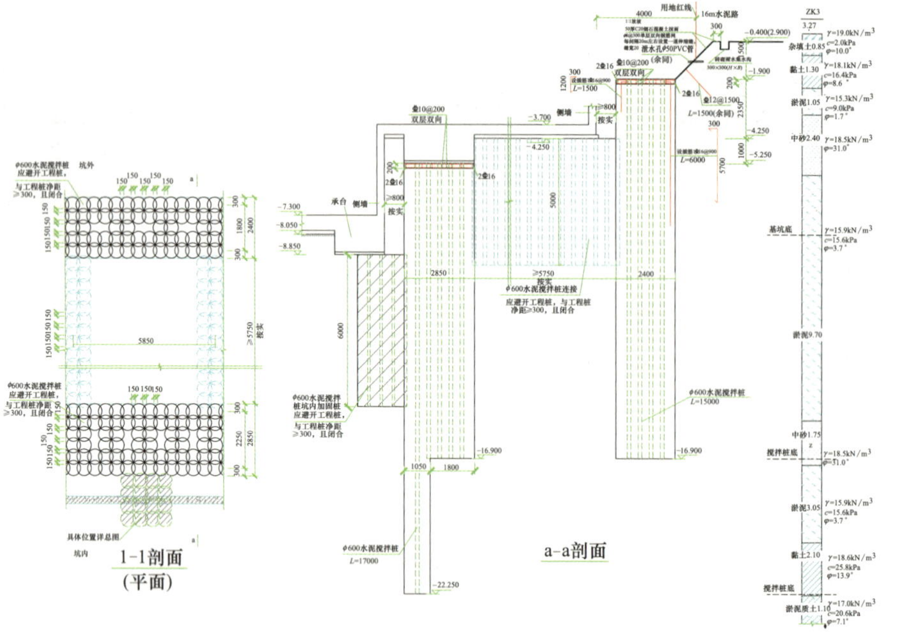

图 3-2 北面、南面、西面一、二层地下室基坑支护剖面图

注：采用台阶形格构式水泥搅拌桩＋坑底被动区水泥搅拌桩墩加固挡土止水支护方案。

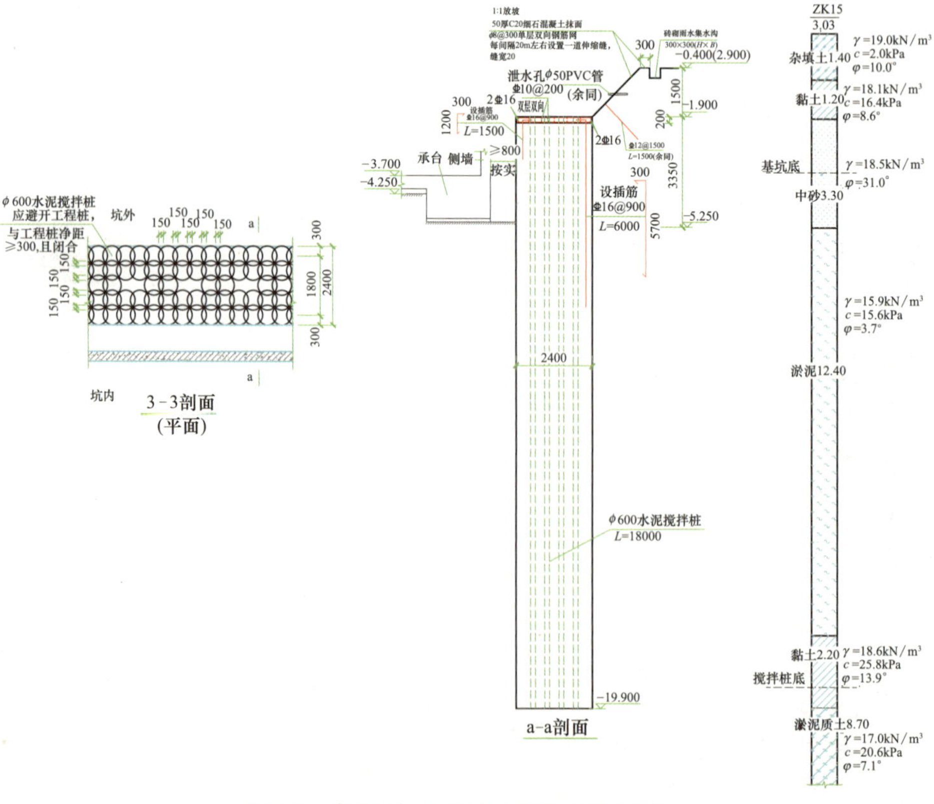

图 3-3 东北面一层地下室基坑支护剖面图

注：采用格构式水泥搅拌桩挡土止水支护方案。

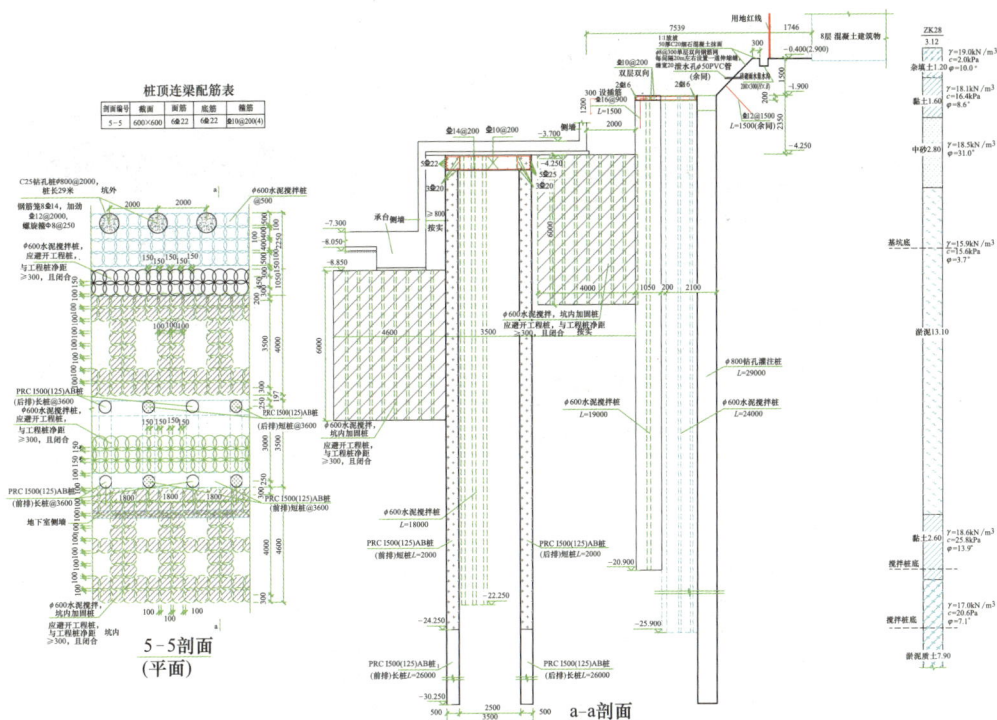

图 3-4　东面一、二层地下室交界处基坑支护剖面图

注：采用双排预应力支护管桩（PRC）＋前后排管桩之间双排水泥搅拌桩挡土止水支护方案。

4　施工过程

4.1　施工顺序

施工主体结构工程桩→支护管桩（PRC）→格构式水泥搅拌桩→压顶板、梁→基坑开挖到底板垫层底标高、承台垫层底标高→主体结构承台、底板。

4.2　基坑土方开挖应采取的措施

（1）根据本工程周边环境，出土口设置在南面中部，土方开挖顺序为从北至南；先施工一层地下室，后施工二层地下室，先浅后深。

（2）分段、分层开挖地下室土方，分块浇筑地下室底板、承台。

（3）开挖的土方应随挖随运，严禁堆积在基坑顶及周边场地。

4.3　基坑降、排水措施

基坑土方开挖前，采用轻型井点降水施工方案；开挖二层地下室时，采用明降明排的降水施工方案，随挖方布置临时集水井或降水坑，以降低坑内地下水位，方便施工。

4.4　施工现场

本基坑工程施工现场如图 4-1～图 4-7所示。

图 4-1　预应力支护管桩（PRC）接头焊接完成

图 4-2　北面一层地下室开挖至坑底

图 4-3　东面一层地下室开挖至坑底

图 4-4　东北面二层地下室部分承台浇筑完成

图 4-5　东面二层地下室开挖到坑底，预应力支护管桩

图 4-6　北面一、二层地下室交界处支护结构压顶

图 4-7　基坑全景

4.5 基坑监测结果

第三方基坑监测单位的监测数据表明（图 4-8～图 4-12），在基坑开挖及地下室施工过程中，支护结构的顶部水平位移、坑外地面及东面建筑物沉降均在规范允许范围内，支护结构和周边环境安全可控。

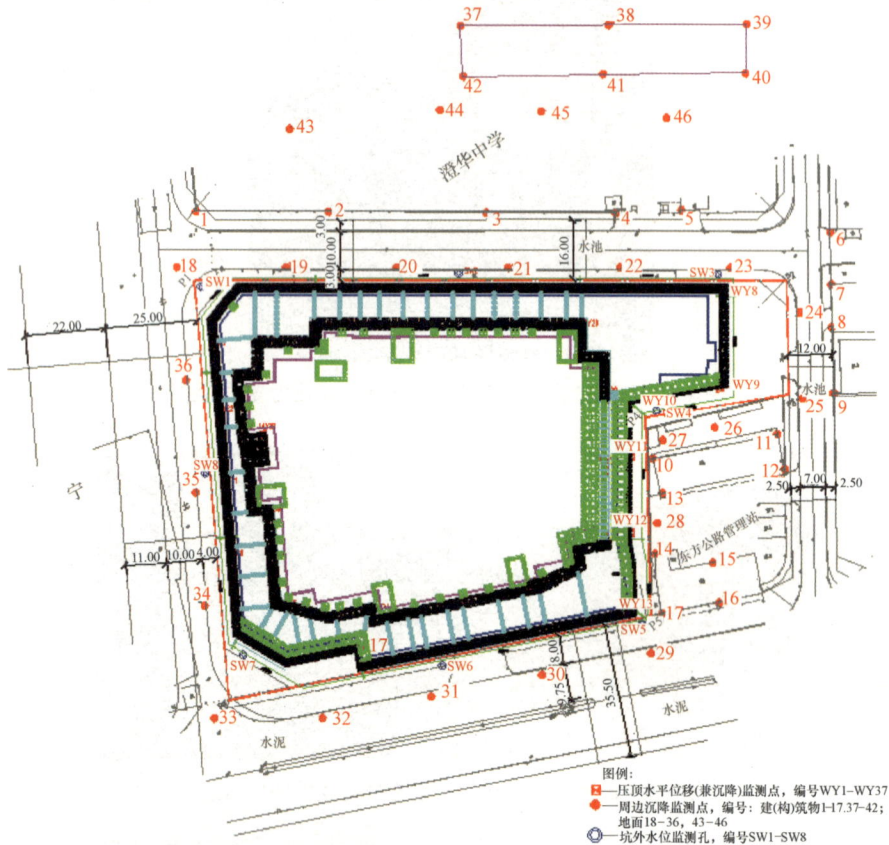

图 4-8　基坑监测平面布置图

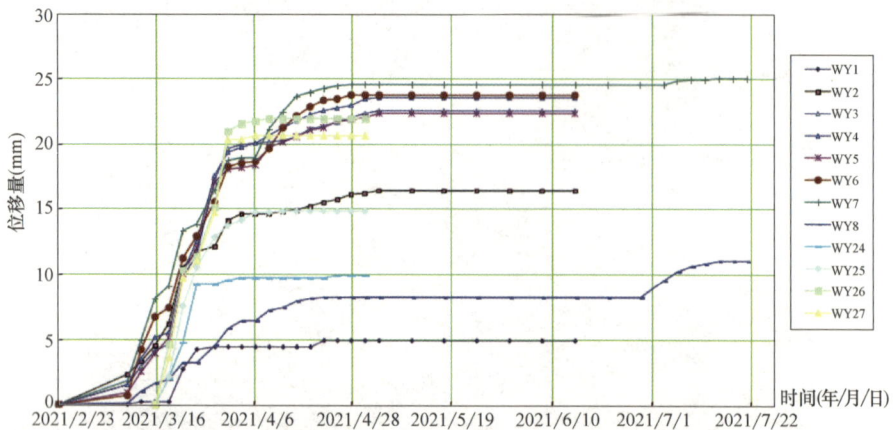

图 4-9　基坑压顶（北边）水平位移与时间关系曲线

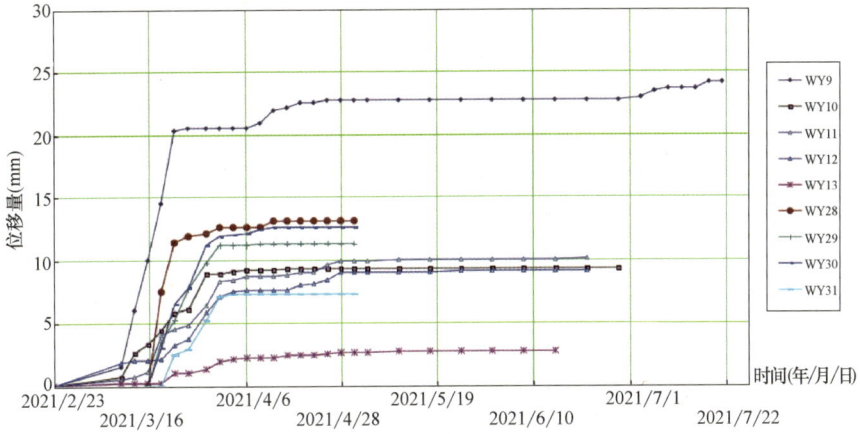

图 4-10　基坑压顶（东边）水平位移与时间关系曲线

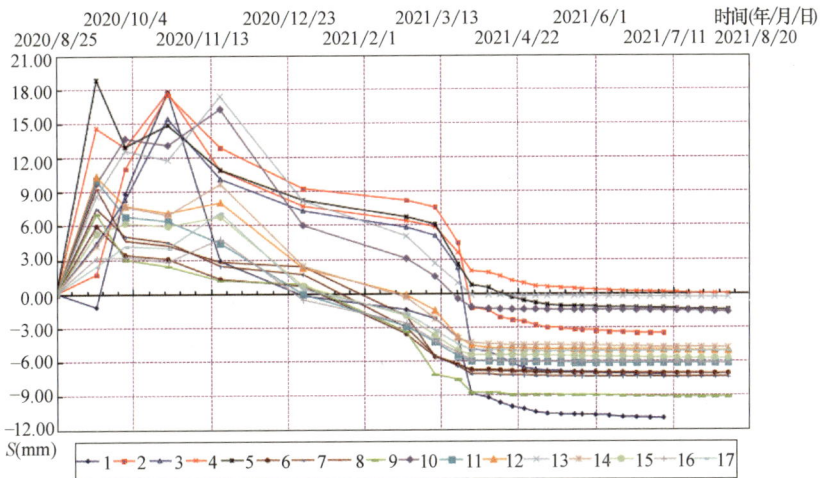

图 4-11　周边建筑物沉降量与时间关系曲线

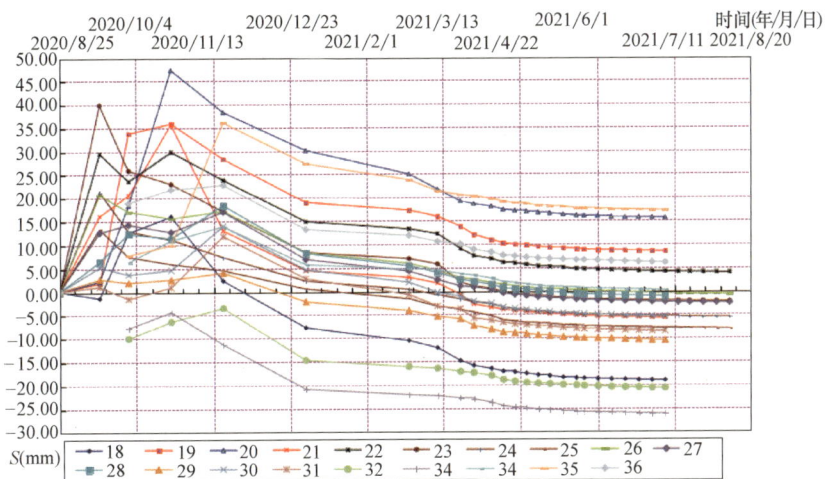

图 4-12　周边地面沉降量与时间关系曲线

5 结语

（1）对于上部淤泥层较厚、力学性能较差的工程地质条件，如采用一层地下室在红线范围内尽量满堂布置、二层地下室往内退台式布置方式，基坑支护就基本可采用台阶形格构式水泥搅拌桩挡土止水方案，与其他基坑工程二层地下室垂直开挖、采用双排钻孔灌注桩或单排钻孔灌注桩＋一道钢筋混凝土支撑方案比较，节省成本、方便施工、变形小、不渗水。

（2）基坑东面场地狭窄且紧靠 8～9 层既有建筑，首先施打 4 排水泥搅拌桩＋单排钻孔灌注桩组合式地下连续墙，对主体工程静压管桩施工产生的挤土效应起到很好的阻挡作用，保护相邻建筑不受损坏。同时，在支护结构设计中又将其重复利用，形成新的组合式支护结构。不论是在静压管桩施工过程，还是在地下室土方开挖及承台、底板浇筑过程，相邻建筑都安然无恙，几乎没有变形和沉降。

（3）东面一、二层地下室交界处，采用双排预应力支护管桩挡土支护形式，基坑开挖后，变形不大，效果好，为软土地区采用预应力支护管桩设计基坑支护结构积累了经验。

案例 29 瑞馨府基坑工程

1 工程概况

本工程位于汕头市澄海区玉潭路和玉亭路交界的东南角，主要建筑物为 2 幢 15 层住宅楼，设二层地下室，主体采用桩基础。本工程 ±0.000m 相当于黄海高程 3.800m，现有场地标高约为 −1.000m（黄海高程 2.800m），二层地下室底板面标高为 −8.500m，底板垫层底标高为 −9.100m，主楼筏板垫层底标高为 −10.100m；开挖深度约为 8.100～9.100m；支护周长约为 420m。场地周边环境比较复杂（图 1-1），北面为玉亭路，地下室面墙距道路边 10.4m，距红线 5.9m；东面为泰乐西路，地下室面墙距道路边 11m，距红线 7m；南面为新建的澄海实验学校，地下室面墙距学校围墙即红线 5m；西面为玉潭路，地下室面墙距道路边 10m，距红线 7m。基坑环境等级：北、东、西三面为二级，南面为一级；支护结构安全等级为二级。

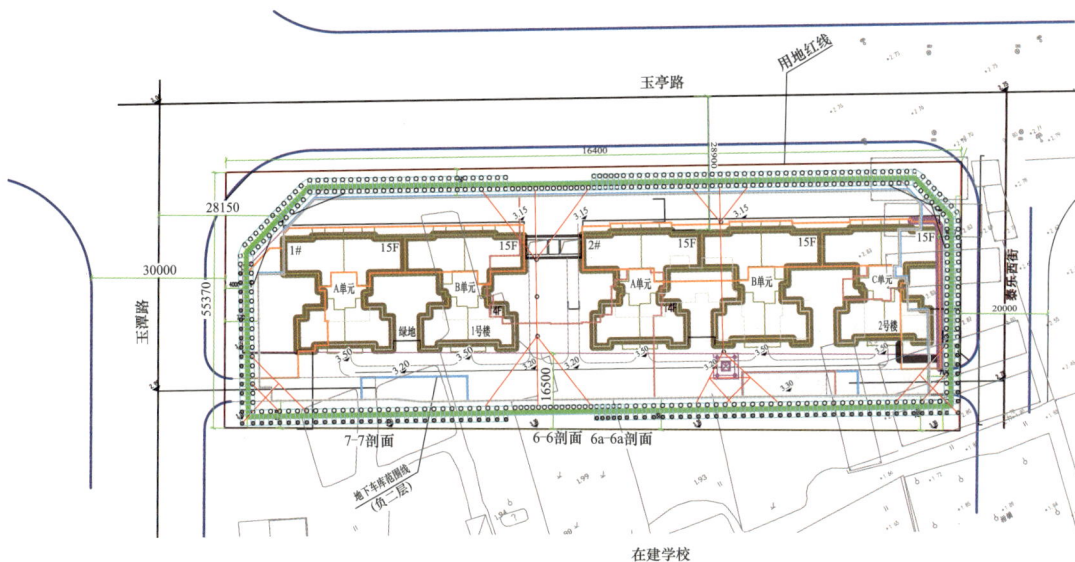

图 1-1 周边环境示意

2 地质条件

场地地貌单元属韩江三角洲平原前缘滨海低地类型。场地土层自上而下划分为：人工填土（主要由含碎砖块的建筑垃圾、部分生活垃圾和粗砂、黏土等混填而成，未压实）；浅海—海湾相沉积土（主要由深灰色淤泥、淤泥质土和中砂、粗砂组成）。

根据勘察报告可知，勘察期间钻孔揭露到地下水较高，宜以地平作为水位标高，场地地下水主要为浅层土孔隙潜水及粗砂层、细砂层的承压水。

地质剖面图如图 2-1 所示。

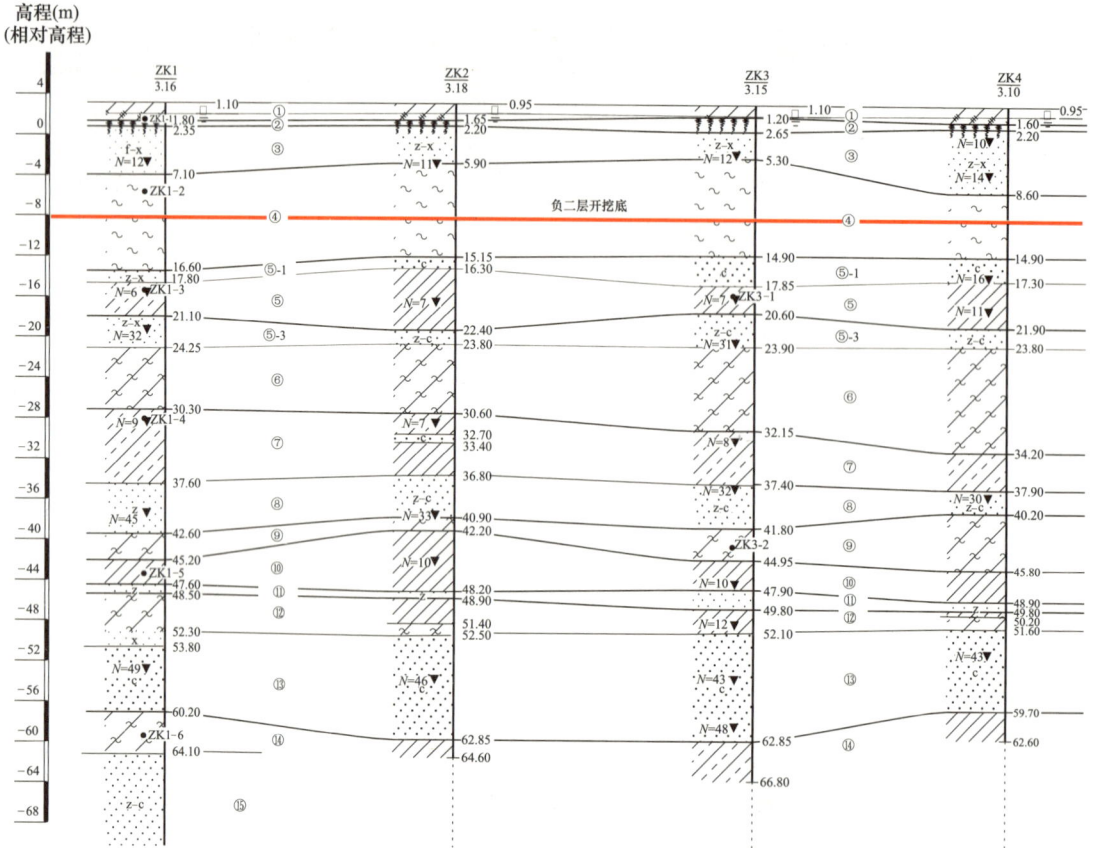

图 2-1　工程地质剖面示意图

3　设计方案

3.1　本基坑工程的特点

（1）本项目地下室的形状为长方形，开挖深度超过 8m，北面和西面为城市主要干道，车流量大，产生的动荷载对支护结构的水平位移影响不小；南面距离新建学校围墙很近，对基坑的变形比较敏感。

（2）坑底为含水率高、力学性能较差的淤泥层，对支护结构变形控制是一个难题。

3.2　基坑支护方案选择

项目周边环境比较复杂，基坑的变形需控制在合理范围以内，同时要求施工方便，不能影响项目进度。若采用桩撑支护结构形式，对控制基坑变形和造价比较有利，但会影响施工工期；若采用双排桩支护结构形式，虽然施工很方便，但造价高，基坑变形控制也比较难。

结合本工程周边环境及基坑开挖深度，经多种支护方案比较，基坑采用以双排钻孔灌注桩为主、四角设置混凝土角撑梁（板）、沿东西向在基坑的中部设置一道钢筋混凝土对撑梁的支护方案，同时在坑底被动区采用水泥搅拌桩进行加固，止水帷幕采用双排水泥搅拌桩。在双排钻孔灌注桩的后排桩基本施工完成的情况下，建设单位担心南北向水平变形会比较大，要求设计在基坑中部再加设一道钢筋混凝土对撑梁，并调整原对撑梁的位置，尽可能减小支护结构的变形。

3.3 基坑支护平面布置（图3-1）

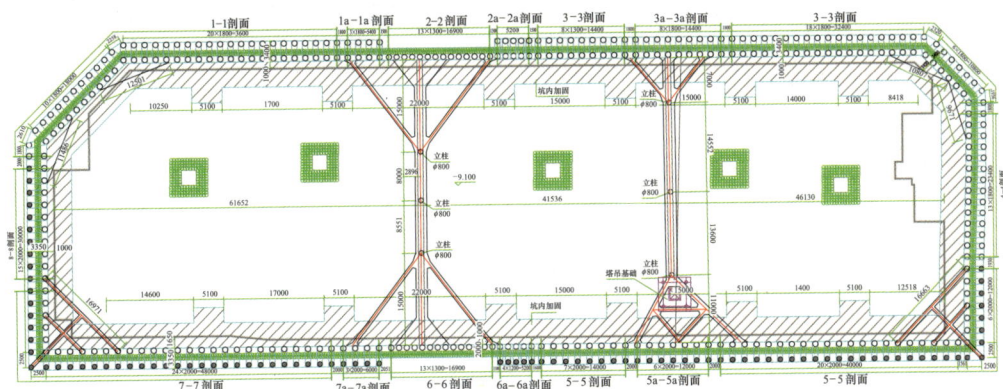

图3-1 基坑支护平面图

3.4 基坑支护典型剖面（图3-2～图3-4）

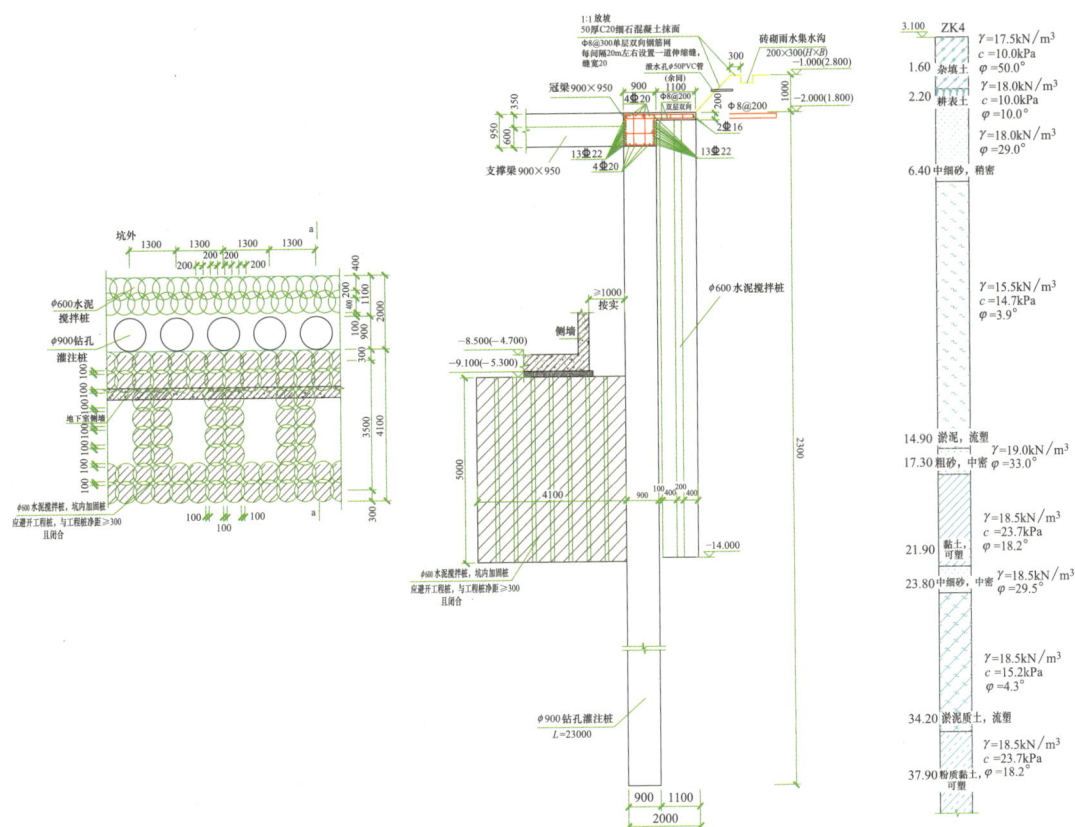

图3-2 单排钻孔灌注桩＋一道钢筋混凝土支撑支护剖面图

注：采用单排钻孔灌注桩＋一道钢筋混凝土支撑＋灌注桩外侧双排水泥搅拌桩＋
坑底被动区水泥搅拌桩加固挡土止水支护方案。

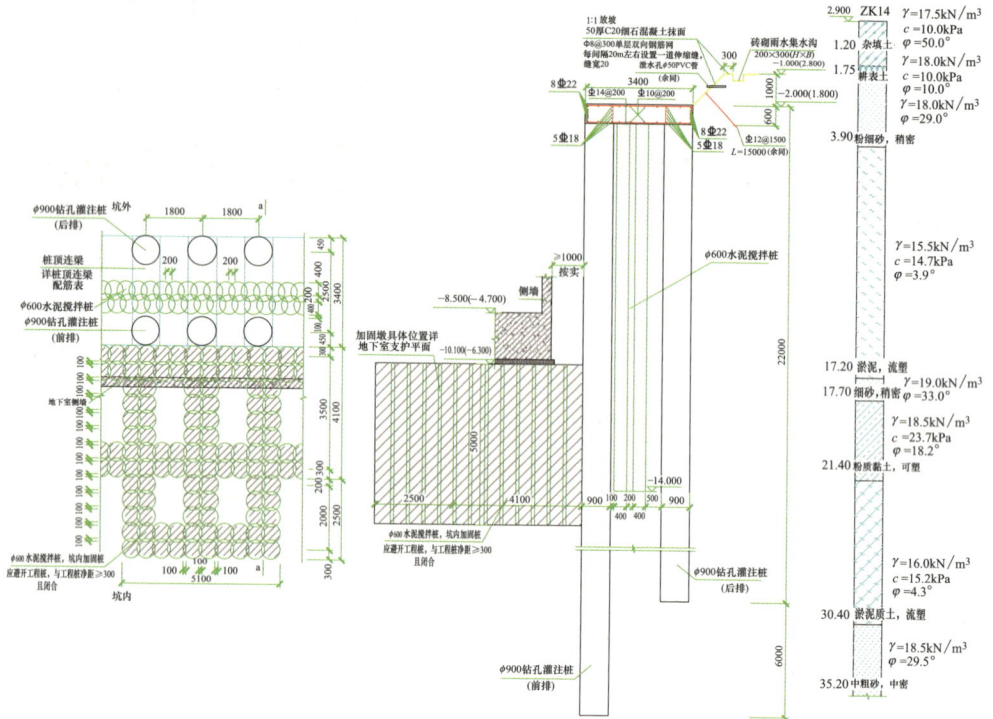

图 3-3　双排钻孔灌注桩支护剖面图

注：采用双排钻孔灌注桩＋前后排灌注桩之间双排水泥搅拌桩＋坑底被动区水泥搅拌桩加固挡土止水支护方案。

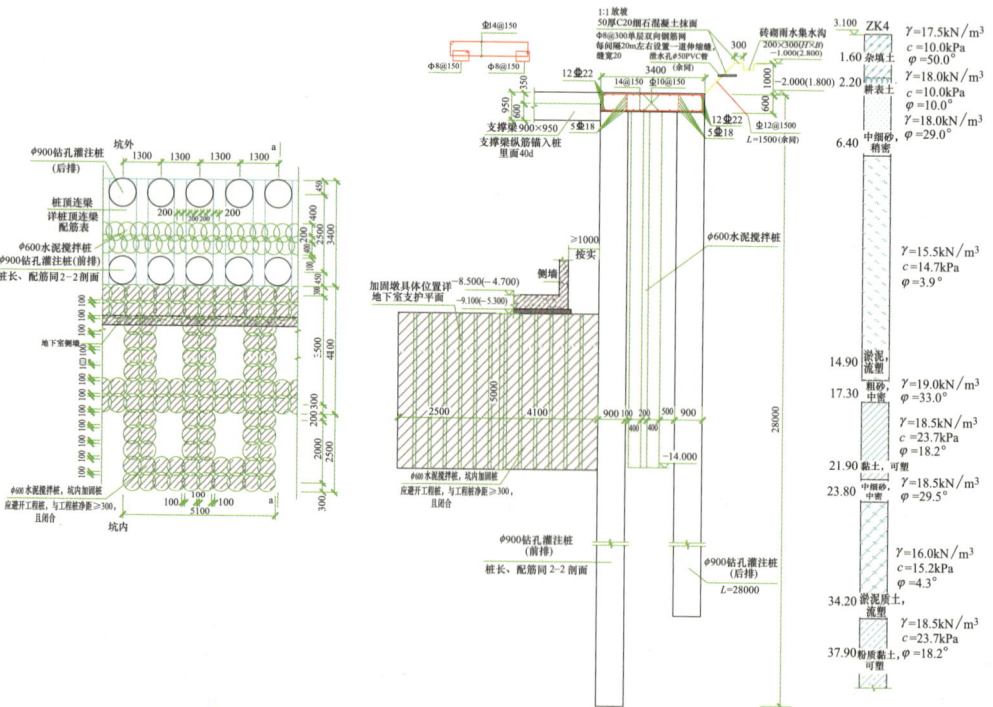

图 3-4　双排钻孔灌注桩＋一道钢筋混凝土支撑支护剖面图

注：采用双排钻孔灌注桩＋一道钢筋混凝土内支撑＋前后排灌注桩之间双排水泥
搅拌桩＋坑底被动区水泥搅拌桩加固挡土止水支护方案。

4　施工过程

4.1　基坑土方开挖的技术要求

（1）基坑开挖前要求查明场地范围内的地下管线、地下构筑物情况，重点为北面玉亭路及西面玉谭路。如有管线不能拆移时，应采取切实可行的加固保护措施，确保施工期间地下管线的安全和正常使用。地下管线的迁改和保护须征得管线权属部门、业主等有关单位同意后方可施工。

（2）以各栋塔楼为分段单位，基坑从西面往东面，分层、分块开挖土方，每层开挖深度一般不大于1.5m，严禁超挖及大锅底式开挖。开挖到坑底应及时浇筑混凝土垫层，承台需逐个开挖浇筑，底板需分块浇筑。

（3）出土口设置在基坑的北面，临玉亭路，方便土方外运。凡开挖的土方应随挖随运走，严禁堆积在基坑顶及周边场地。

4.2　基坑降、排水措施

（1）坡顶2m范围按要求进行硬地化或喷混凝土护面施工，按设计要求布置截水沟，截水沟每间隔25m布置集水井。

（2）基坑采用管井降水方案，要求坑内地下水位降至承台底500mm以下，坑外水位控制在地面以下1000～1500mm范围，否则应及时采取回灌水措施，防止坑外水位下降过大。

（3）基坑土方开挖时，应随挖方布置临时集水井，以降低坑内地下水位，方便施工。

4.3　支撑的拆除

拆撑需待一层地下室底板浇筑完成后，二层地下室至一层地下室楼板范围，在支护结构与地下室面墙间空隙分层回填石屑，施工混凝土传力板带，待混凝土达到龄期方可拆除支撑（图4-1）。本项目采用传统切割方式切割钢筋混凝土支撑梁及钢筋混凝土立柱，并用吊车吊出基坑。

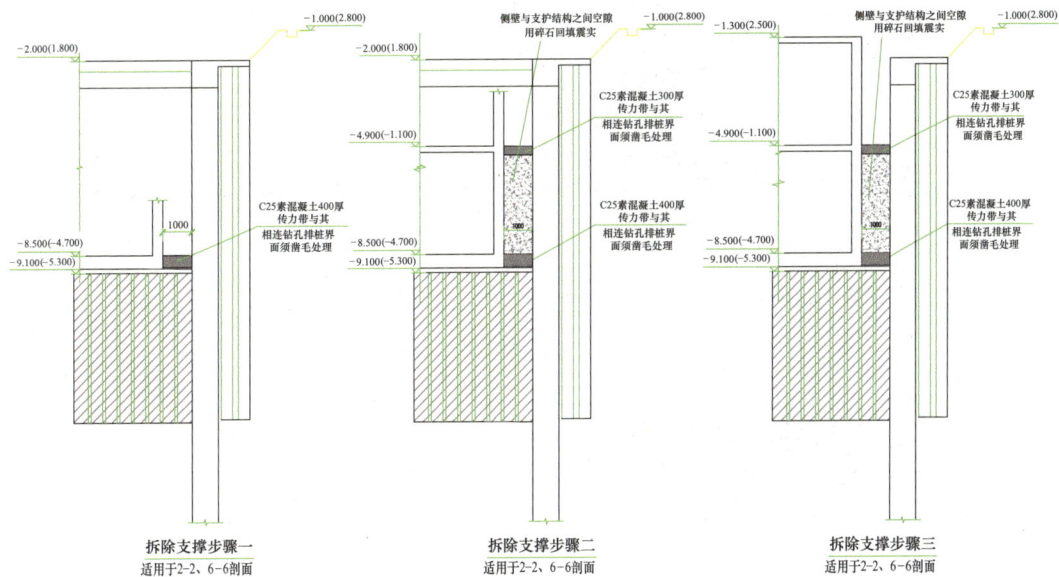

图4-1　拆除支撑步骤

4.4 施工过程遇到的问题及处理措施

制订施工方案时，发现中部南面的一个塔吊基础必须设在对撑主梁的下方，无法移位；而此时所有钻孔灌注桩，包括立柱桩均已施工完毕，经过仔细分析和讨论，只能调整支撑梁的布置形式，如图 4-2 所示。

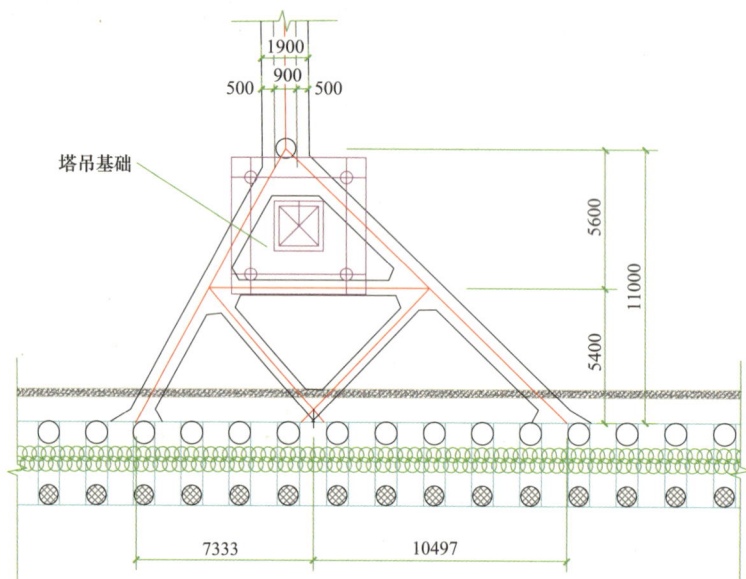

图 4-2　局部支撑平面布置图

4.5 施工现场

本基坑工程施工现场如图 4-3～图 4-10 所示。

图 4-3　西面塔楼土方开挖

图 4-4 西面塔楼土方开挖到底

图 4-5 西面塔楼一层地下室楼板支模、东面对撑梁钢筋绑扎

图 4-6　中间塔楼土方开挖

图 4-7　西面塔楼对撑梁承台垫层浇筑完成

图 4-8 东面塔楼土方开挖

图 4-9 西面两栋塔楼拆撑出正负零，同时东面土方继续开挖

图 4-10 西面两栋塔楼施工至 5 层以上，中间塔楼施工至一层地下室、东面塔楼完成底板浇筑

4.6 基坑监测

根据有关基坑监测技术规范，针对本基坑工程周边环境，设置了支护结构水平位移、竖向位移及深层水平位移，对撑轴力、角撑轴力，立柱和周边建筑物沉降以及地下水位的观测点，对基坑土方开挖、地下室的施工进行全过程监测。

第三方基坑监测单位的监测数据表明，在基坑开挖及地下室施工过程中，支护结构的顶部和深层水平位移、坑外地面及周边建筑物沉降均在规范允许范围内，支护结构和周边环境安全可控。

5 结语

根据现场周边环境、开挖深度及地质资料，结合相关工程实践经验，本基坑工程采用以双排钻孔灌注桩为主的支护形式，同时，在其支护范围 45m 以内设置对撑或角支撑，充分发挥两种支护形式的优点，形成组合式支护结构。在基坑开挖和整个地下室施工过程中，支护结构变形可控，对周边环境影响较小，方便施工，获得参建各方的好评。